U0334315

“十三五”国家重点图书出版规划项目

·盾构隧道建养丛书·

城市地下空间出版工程

地下工程建设运维监测检测技术

王如路 郭春生 褚伟洪 陈丽蓉 ○ 编著

Monitoring and Testing Technology for Operation and Maintenance of Underground Engineering

同济大学出版社
TONGJI UNIVERSITY PRESS

图书在版编目(CIP)数据

地下工程建设运维监测检测技术 / 王如路等编著
. —上海：同济大学出版社，2020.11
(城市地下空间出版工程·盾构隧道建养丛书 / 王如路总主编)
"十三五"重点图书出版规划项目
ISBN 978-7-5608-9450-8

Ⅰ.①地… Ⅱ.①王… Ⅲ.①城市空间—地下工程—工程施工—检修②城市空间—地下工程—工程施工—施工监测 Ⅳ.①TU94

中国版本图书馆CIP数据核字(2020)第228485号

"十三五"国家重点图书出版规划项目

城市地下空间出版工程·盾构隧道建养丛书

地下工程建设运维监测检测技术

王如路　郭春生　褚伟洪　陈丽蓉　编著

出 品 人：华春荣
策划编辑：吕　炜　马继兰
责任编辑：吕　炜　宋　立
责任校对：徐春莲
装帧设计：唐思雯

出版发行　同济大学出版社　www.tongjipress.com.cn
（地址:上海市四平路1239号　邮编:200092　电话:021-65985622)
经　　销　全国各地新华书店、建筑书店、网络书店
排版制作　南京文脉图文设计制作有限公司
印　　刷　浙江广育爱多印务有限公司
开　　本　787mm×1092mm　1/16
印　　张　21.75
字　　数　543 000
版　　次　2020年11月第1版　　2020年11月第1次印刷
书　　号　ISBN 978-7-5608-9450-8
定　　价　148.00元

内 容 提 要

本书根据近年来国内外城市地下工程建设和运维监测检测技术发展和实践经验，梳理了地下工程特点与监测检测要求，阐述了基于精密测量技术、自动化监测技术、无损检测、信息化管控平台的地下工程信息化施工与运维健康管理体系，系统论述了各类监测检测技术手段的原理和方法，结合实际工程案例，重点介绍了上海地区深大基坑、长距离隧道在建设与运营过程中的监测检测方法与整体解决方案。针对地下工程发展的趋势，展望了未来地下工程监测检测技术面临的机遇与挑战。

本书系统介绍了各种监测与检测方法，包括先进自动化监测、无损检测技术手段，列举了地下工程监测与检测的经典案例，可供相关从业人员及高校专业师生学习参考。

“盾构隧道建养丛书”编委会

总序
PREFACE

自20世纪70年代末改革开放以来，我国城市化进程加快，城市化率至今已经达60%。随着城市规模迅速扩张，城市人口急速膨胀，产生了诸如地面交通拥挤严重、大气污染等一系列问题，使城市运行效率大为下降。为解决或缓解交通矛盾，许多大城市都着手建立与城市发展相适应的城市快速公共交通体系，大力发展以轨道交通为骨干的城市快速交通网络。截至2020年6月底，全国开通运营轨道交通的城市有41座，运营里程达6 917.62 km，城市轨道交通客流占比逐年攀升，城市轨道交通在城市及城镇化区域交通中正发挥着不可或缺的作用。与此同时，城市内部的公路隧道和各类市政管道建设更是如火如荼，城市间的交通通道建设蓬勃兴起，而盾构隧道建设成为这些重大基础设施的重要支撑。

近30年来，上海在地铁建设、运维领域积累了较为丰富的技术理论和实践经验，而全国各地介绍盾构隧道设计施工、装备制造等方面的书籍、标准、规范和论文文献虽如雨后春笋般涌现，但目前系统介绍地铁隧道建设运维的相关书籍仍较为欠缺，基于这样的背景，“盾构隧道建养丛书”应运而生。

丛书以城市地铁为对象，结合编写团队在地铁建设及运营维护领域近30年的研究成果，围绕软土地铁盾构隧道建设、运维一体化理念，从多个方面组织策划，内容涉及地下工程建设运维监测检测关键技术、盾构隧道建养关键技术、软土盾构近距离穿越地铁运营隧道关键技术及高风险基坑工程对地铁安全的影响与保护技术等，为地铁运维的关键技术难点和决策提供理论与实践支持。

“盾构隧道建养丛书”的理论成果来自于国家重点研发计划“地下基础设施智慧集成平台构建及应用示范”、科技部973基础研究计划“城市轨道交通地下结构性能演化与感控基础理论”及上海市科学技术委员会科研计划“基于多源数据提取与挖掘的地下工程全过程精细化管控技术”等科研项目。

此次编写的“盾构隧道建养丛书”无论对建设过程中的理论应用和技术装备选取，还是运营过程中的智能化的“测/查—评(估)—(维)修—救(治)—治(理)”，均给出比较全面和系统的阐述，无论是从学术上，还是从技术上，于产、学、研、用全方位都具有重大的现实意义，对推动城市轨道交通的发展具有重大作用。希望本丛书可以对行业专家、学者有所帮助，更好地推进城市基础设施的建设和发展。是以为序。

钱七虎

2020 年 11 月 24 日

序

PREFACE

习近平总书记在全国科技创新大会、两院院士大会、中国科协第九次全国代表大会上都明确指出："向地球深部进军是我们必须解决的战略科技问题。"在这一战略方针的指引下，我国城市地下空间建设发展迅猛，呈现出由浅层开发向中、深部开发，由局部开发向网络化开发的态势，由此产生了大量超深、超大、超近的基坑、隧道等具有宏伟规模的各种类别地下工程，对土木工程行业提出了全新挑战。

地下工程的复杂性、隐蔽性及各种不确定性，决定了其施工与运营过程的高风险。为消除风险隐患、及时了解结构所处的安全状态，地下工程的监测与检测工作显得至关重要，已被喻为保证地下工程安全的"一双眼睛"。近年来，随着技术进步及实践积累，监测、检测各种新技术、新标准、新方法不断涌现，"自动化""无损化""智能化"监测、检测手段的采用已成为必然趋势，很多具有可喜前景的经验亟待面向行业积极施行和推广。

基于上述背景条件，《地下工程建设运维监测检测技术》一书可谓正当其时。本书结合作者30多年来国内和上海市轨道交通工程建设和运维管理中的大量成功实践，系统而全面地阐述了围绕地下工程建设、运维全寿命周期的监测和检测技术，包括已大量应用于实践的新技术和许多好案例，全书涵盖了技术要求、作业方法、控制指标、信息管理等方方面面。本书理论与实践密切结合，顺应技术创新发展趋势，在很大程度上满足了城市建设精细化管理的迫切需求。

目前，各大城市深层地下空间的开发尚处于开创阶段，未来更深层次、更广阔的城市地下空间开发仍面临不可预知的众多技术风险与挑战。本书可说是一本内容丰硕的参考书，也是一本很具实用价值的工具书，既具有学术内涵上的前瞻性、技术上的创新性，也极富工程实践上的指导性，值得期待。希望本书可以成为对地下工程相关业界人员极有助益的良师益友，帮助大家掌握新的科学知识和新的技术要领，并更好地应用于城市地下工程基本建设。

我乐于写述了以上一点文字，是为序。

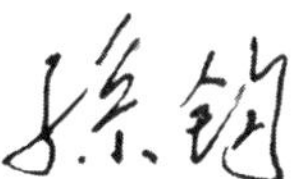

（孙钧，同济大学一级荣誉教授、中国科学院技术科学部资深院士）

2020年6月9日　初夏佳日于同济园

前言
FOREWORD

随着城市建设的快速发展，地下工程的建设规模越来越大，环境保护要求越来越高，建设难度也越来越大，这对地下工程施工和运维监测检测技术提出了新的挑战。地下工程建设和运维监测检测技术主要包括人工监测技术、自动化监测技术、无损检测技术以及信息化系统等。合理使用监测检测技术能对地下工程项目施工运维过程中的风险进行准确的评估，进而采取合理的措施以保障项目安全运营，从而全面提高项目抗风险的能力。

监测检测技术日新月异，自动化、智能化、信息化平台层出不穷，为更好服务于工程建设和运维，本书总结了近年来国内外地下工程施工和运维监测检测技术的工程实践经验和研究成果，紧密结合工程实例，系统阐述了涵盖基坑工程监测、隧道施工测量与监测、地下结构质量检测、地下工程运维监测以及地下工程全过程远程监控的全面监测检测体系，着重介绍了近年来出现的多项自动化监测新技术，如超深自动化测斜、三维激光扫描综合监测、相机视觉检测、远程监控与预警系统等，并针对地下工程面临的挑战，提出了工程监测检测技术发展的趋势与展望，可供相关领域的研究者与实践者学习借鉴。

本书由王如路、郭春生、褚伟洪、陈丽蓉编著，参加各章编写和审核工作的有许杰、胡绕、袁钊、唐坚、刘丹、朱黎明、刘伍、朱光远、张存丰、尚颖霞、邰俊、徐良义、蔡国栋、彭艾鑫、李家平、闫静雅、王鲁杰、唐涛等。对各位的支持和帮助，谨表诚挚的谢意。

衷心感谢孙钧院士为本书作序，并在编写过程中给以诸多指导和帮助。

感谢同济大学出版社对本书出版发行的大力支持以及所做的辛勤工作。

由于时间和水平有限，书中难免有错误和疏漏之处，也难免会存在一些不成熟的见解，还需要更多的工程实践来检验，敬请广大读者不吝指正。

本书编委会

2020 年 4 月

目录
CONTENTS

1

绪　论

1.1　地下工程监测检测的必要性

1.2　地下工程监测检测技术现状

地下工程开发在大中型城市、特大型城市的发展中不可或缺，地下工程的复杂性、隐蔽性及不确定性，决定了其施工与运营过程中的高风险。随着深基坑开挖深度越来越大、隧道推进距离越来越长，加之环境复杂，各类风险叠加耦合，地下工程规模与难度不断加大，造成了一定的事故和风险事件。为消除风险隐患，及时了解结构安全状态，地下工程监测与检测工作至关重要。

1.1 地下工程监测检测的必要性

1.1.1 地下工程发展背景与现状

随着城市化进程加快，城市人口急剧膨胀，建筑用地紧张、城市交通拥堵、环境恶化、生态失衡、生存空间拥挤等问题愈演愈烈，合理开发利用地下空间成为必然的选择。1863年，英国伦敦建成世界上第一条地下铁道，揭开了人类开发利用城市地下空间的序幕。自此以后，以地下交通设施、地下街、综合管廊为代表的地下空间开发利用在欧美、日本等国家和地区迅速发展。20世纪60年代以后，地下空间开始与商业建筑、城市公共空间等进行功能和空间的有机结合，在人口和建筑密集的城市中心区，形成高密度的空间利用模式，如日本东京、大阪的地下商业街。20世纪末期至今，这种模式又继续发展，功能单一的地下街已演变为“地下城”或“地下综合体”，与地面建筑、交通枢纽交互融合形成更为庞大而复杂的立体式空间，如加拿大的多伦多伊顿中心和蒙特利尔地下城、巴黎拉德芳斯新城等，这种大规模空间开发，自然与大规模、高难度和大风险的地下工程开发密不可分。

自改革开放以来，我国进行大规模地下空间的开发利用，并推行城市中心区立体式的空间开发模式，增强高层建筑群、地上和地下商业综合体、地铁车站、地下车库的功能结合，“十三五”以来，新增地下空间建筑面积达8.4亿m^2。

以上海为例，其作为我国的超大规模城市，地下空间开发速度及水平位居全国前列。1949年前，上海地下工程总面积不足14万m^2，而到了2016年，已发展到7 000余万m^2。在建筑最密集的中心城区，特别是多条轨道交通枢纽站区域，结合周边物业开发，已建成不少大规模、多功能的地下空间综合体，如人民广场地下空间、外滩综合交通改造工程、五角场城市副中心地下空间、虹桥综合交通枢纽及商务区地下空间等。

同时，上海已建成世界上规模最大的城市轨道交通运营网络。截至2019年年底，上海城市轨道交通运营网络中，含线路17条、车站415座，里程超过705 km，根据规划，预计2030年地铁线总长度将超过1 000 km。轨道交通的网络化运营，在大大提升城市交通的可达性、便捷性、可靠性，提高居民出行效率的同时，也带动了轨道交通沿线商业、物业的发展，逐渐形成以交通线路为中心、规模化的大型商圈。

上海市政交通体系中建成了跨黄浦江隧道、地下通道等大量地下工程。已建成的黄浦江底越江隧道有 14 条，分别是延安东路隧道、大连路隧道、S20 外环隧道、复兴东路隧道、翔殷路隧道、上中路隧道、西藏南路隧道、人民路隧道、新建路隧道、打浦路隧道、龙耀路隧道、军工路隧道、虹梅南路隧道、长江路隧道。重要的市政通道有中环线的西段和邯郸路地下段、外滩通道、跨虹桥机场的多条通道、北横通道等地下工程。

同时，上海建设了大量综合管廊、大口径输水管道、排水管道、电力隧道等地下城市生命线工程，为城市安全运行发挥了不可或缺的作用。

地下空间工程在有效利用空间，解决城市环境问题，改善交通问题方面，其作用无法替代。目前，我国多数一线城市已具备了系统化、规模化开发利用地下空间的经济基础，并已进入更大范围、更大深度地继续开发地下空间阶段。未来也将产生更多大规模、复杂的地下空间工程，其工程安全将持续成为城市安全的重要组成部分。

1.1.2 地下工程的特点

由于不同地区土层和岩层的物理力学性质存在较大差异，所以在土层和岩层中进行地下工程施工的难度和风险相差很大。大量地铁、市政道路及民用商用地下工程开发深度已超过 35 m，跨黄浦江隧道工程深度约 50 m，上海苏州河调蓄深层排水隧道工程、硬 X 射线大科学装置工程等少数工程深度已超过 60 m。

归纳起来，地下工程建设具有以下特点：

(1) 地层条件复杂，长期存在施工期的安全风险和运维期的结构变形问题

我国地域广阔，地形、地貌和地层条件复杂多样。上海地区城市地下工程埋深 30 m 范围内大多为第四系冲积或沉积层，其他地区或为全、强风化岩层，地层多松散无胶结，存在上层滞水或潜水。此外，如武汉、南京、杭州、上海等部分区域地层中，承压水含水层顶板埋藏深度浅且承压水位高，工程中发生渗漏水的可能性大，一旦发生渗漏水，对地下工程施工影响巨大。尤其是近年来随着地下工程纵深发展，越来越多的工程进入承压含水层范围，面临着承压水突涌的巨大风险。以上海为例，轨道交通车站深基坑开挖深度和盾构隧道施工深度越来越大，基坑开挖深度已接近 36 m(如地铁豫园站、昌邑路站等)，一批车站坑底与承压水直接发生联系。一大批民用建筑基坑开挖深度超过 25 m，一旦发生承压水突涌，将直接影响工程安全与环境安全。每年因承压水突涌而发生险情的工程和事故案例屡有报道。

上海的软土地层具有孔隙比大、压缩性高、含水量高、灵敏度高、抗剪强度低、重新固结变形量大且周期长等特点，地下结构敷设于低强度、高灵敏度的饱和软土地层中，受建设质量、赋存环境(地质条件和大面积地表沉降等)、运行中振动冲击及动静荷载等影响，伴随着结构服役期增长，长期存在整体沉降、差异沉降以及隧道管径断面收敛变形等问题，并逐步累积，同时和结构破损、开裂、渗漏水等病害相互影响、相互加剧，存在严重的安全问题。某地铁运营 2 年后的沉降曲线如图 1-1 所示，地铁某区间运营 8 年后的水平直径与设计值比较的差值如图 1-2 所示。

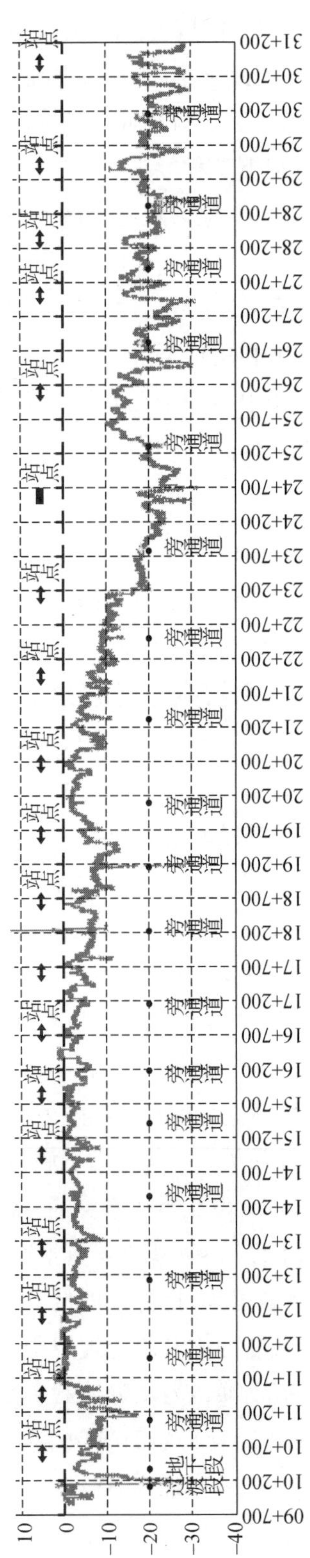

图 1-1　某地铁运营 2 年后的沉降曲线

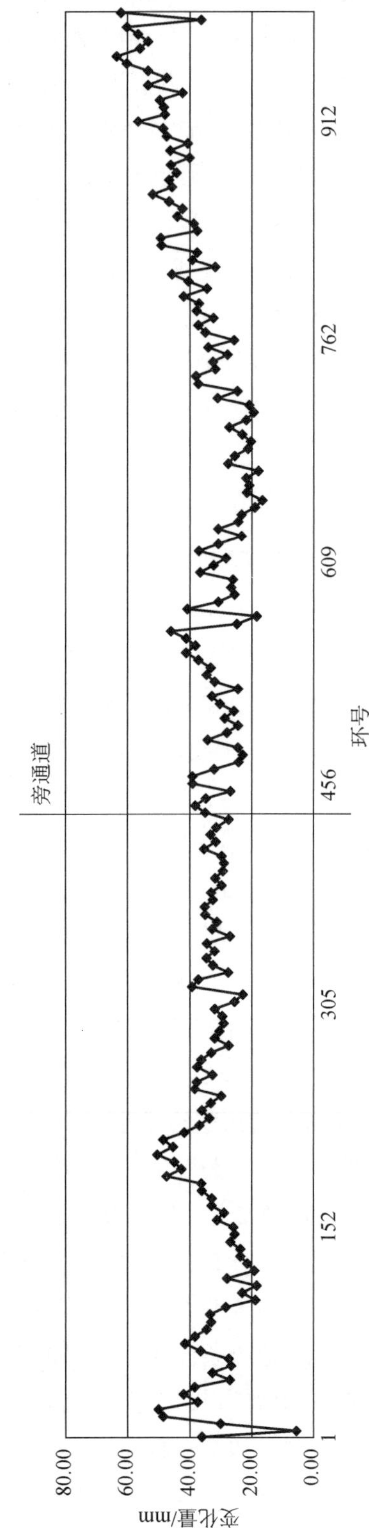

图 1-2　地铁某区间运营 8 年后的水平直径与设计值比较的收敛变形情况

(2) 周边环境复杂,建设风险极高

市区的地铁工程、市政工程、民用建筑等往往修建在地面建筑物高度密集的地区,在城市道路下面通过或邻近各种管线。工程施工往往会引起地层变形和地表沉降,在一定程度上改变地层中建(构)筑物和地下管线的正常状态,当土体变形过大时,会造成邻近结构和设施的失效或破坏。施工会引起一定范围的地表沉降,当沉降达到临界值时会引起建筑物的倾斜。同时,邻近基坑建筑物的荷载、基坑周围雨污水管或给水管变形后引起的渗漏又会加剧土体变形。另外,由于作业面小、空间有限,岩土体的分布范围及物理力学性质多变,常受地下水等条件的影响,基坑和隧道易产生变形,严重时会引起坍塌等事故。因此,研究地下工程在施工过程中对周围环境的影响及其监测、控制技术就显得尤为重要。

(3) 周边工程活动频繁,对主体工程影响大

深大基坑工程和盾构穿越施工都会对一定范围内的建筑物和地下构筑物带来影响,如 2011 年 11 月 22 日,上海在建世纪大道 2-4 地块项目出现涌水,基坑发生承压水突涌,造成地铁线路短时间内变形过大,严重威胁运营地铁的安全,经多日抢险无效,最终只好回灌水以保证基坑和环境安全。这样的情况在全国各地屡见不鲜。

综上所述,地下工程在建设与运维阶段都具有不确定性、复杂性、高风险性,迫切需要通过精细化的监测与检测技术手段,获取准确有效的数据,指导设计与施工,及时发现和预报风险,将风险控制在萌芽状态,确保城市建设和运营的安全。

1.1.3 地下工程典型事故与险情

1. 地下工程施工阶段

由于地下工程的特殊性,施工过程中的风险及对环境的影响尚不能完全避免,近年来国内外工程建设中出现了多起案例。

2004 年 4 月,新加坡主要交通干道——尼诰大道公路的部分路段突然发生坍塌,该起意外事故是新加坡有史以来发生的最为严重的地铁工地和高速公路坍塌事故,造成 1 人死亡,3 人受伤和 3 人失踪,坍塌路面长 100 m、宽 150 m。

2003 年 7 月,上海地铁 4 号线董家渡段隧道,35 m 深的地下联络通道冻结壁出现缺口,高压力地下承压水和流砂通过缺口涌入已贯通的两条隧道内,造成地层水土急速流失,隧道塌陷破裂,地表进而发生大范围沉陷,建(构)筑物倾斜、倒塌。

2007 年 11 月,南京地铁 2 号线盾构机已到达元通路车站南端头井,但在盾构机尚未完全进入端头井内时,洞圈下部出现涌水流砂情况(260 m^3/h)。施工人员当即在端头井内实施封堵,但依旧无法控制水势。几个小时内隧道内大量进水涌砂,随后人员从隧道内撤出、隧道坍塌,盾构机以及车架均被埋在塌陷的区间隧道内。

2008 年 11 月,杭州地铁 1 号线萧山湘湖站施工现场突然发生路面大面积塌陷事故,

导致该路面风情大道有 75 m 路面坍塌，并下陷 15 m，造成重大人员伤亡事故。

2011 年 5 月，天津地铁 2 号线在盾构推进过程中，因螺旋机被水泥土固结块卡死无法运转，在开启观察孔进行处理时，发生螺旋机观察孔突砂涌水事件，导致两条隧道被淹，隧道沉降超过 100 cm，地面累计沉降达 45 cm，附近地铁线路下沉 44～57 cm，两台盾构机被埋。

2012 年 11 月，南昌地铁 1 号线八一馆站天虹商场地下室原边坡围护结构锚杆破除工程中，发生坍塌事故，死亡 1 人。

2013 年 5 月，西安地铁 3 号线通化门至胡家庙区间，始发井左侧隧道开挖作业面突然出现暗挖隧道顶部塌方，造成人员伤亡。

2018 年 2 月，广东佛山市轨道交通 2 号线一期工程 TJ1 标段湖涌站至绿岛湖站盾构区间右线盾尾漏水漏砂，引发隧道及路面坍塌，并造成人员伤亡。

2. 地下工程运维阶段

1995 年 12 月，俄罗斯圣彼得堡地铁 1 号线“森林站—英勇广场站”之间隧道下行线因隧道大量涌水涌砂，上线隧道急剧下沉。次日，隧道停运报废。重建新方案被迫改线绕行，重建工程(双线 800 m) 2003 年竣工，改线重建花了 8 年时间，耗资 1.45 亿美元。

2006 年 8 月，上海地铁 2 号线过江段发生渗水现象，导致次日上午部分列车停运。

2012 年 1 月，上海地铁 4 号线海伦路站由于长期的不均匀沉降，不得不实施封站大修，导致一站两区间连续停运 7 天。

2012 年 5 月，南京地铁 2 号线马群站至金马路站区间隧道受渣土重压发生过大收敛变形，需在地铁运营不间断的条件下进行加固，施工工期约为 2 个月，花费大量资金。

2013 年 1 月，广州地铁某线区间约 153 m 范围内监测到异常沉降，经调查，区域上方地表进行土石方施工，擅自将大量弃运土方堆积在运营地铁隧道上方，造成上、下行线隧道均产生较大沉降。

2014 年 5 月，上海某地铁区间由于长期地面超载，封顶块一钢栓断裂，经测量该环水平直径收敛超 10 cm。超载引起了严重的渗漏水及结构损伤病害，部分衬砌环出现顶部混凝土块状脱落及螺栓断裂现象，威胁结构及运营安全。

2017 年 12 月，深圳地铁 11 号线因非地铁工程施工单位违规施工，桩头击穿地铁 11 号线红树湾南—后海下行盾构隧道结构，管片结构严重受损，致使 11 号线运行被迫中断，而此类风险两个月内连续发生两次。

从上述典型事故案例可知，除突发意外，地下工程事故或险情的发生通常有一个积累演变的过程，事故发生之前常常会出现一些征兆，但因为无法做到实时监测，也就错失了将风险和事故控制在可控范围内的最佳时机。如果能够实时地对地下工程从建设到运行的全过程进行监测与检测，通过科学布点、监测，以有限的点、合适的测量频次，提供数据、发现规律，为工程安全和环境安全提供及时可靠信息，提前预报隐患，通过专业预估风险，及时采取应对措施，就不仅可挽回不必要的巨大损失，而且可以带来安定平稳的社会发展环境。因此，工程监测、检测与风险预警技术被誉为地下空间开发风险管控的“眼睛”，对地下工程设计理论和方法的验证、防范风险及事故发生、保障地下空间开发建设及城市安全具有重要意义。

1.2 地下工程监测检测技术现状

随着地下空间开发向纵深发展，风险发生的概率剧增，事故造成的影响愈加严重，为有效保障地下工程及其周边环境安全，高效、精准的工程监测和检测技术手段必不可少。

20 世纪 50 年代，奥地利学者拉布西维兹(L.V. Rabcewicz)教授提出了新奥法技术，并指出了测量工作对工程的重要作用。与此同时，瑞士科学家施密特(E. Schmidt)成功研制回弹仪，莱斯利(Leslie)等人用超声脉冲成功检测了混凝土质量。此后，监测与检测技术开始了飞速发展。尤其是在 90 年代以后，随着测试技术、地球物理技术、信息技术等多学科技术的融合发展，涌现出一批新的监测与检测方法，如传感器技术、GPS 技术、三维激光扫描技术、红外成像法、CT 法、智能监控系统等[1]，推动人工监测、自动化监测、破损及无损检测、信息化系统等方面的快速发展。

1.2.1 人工监测技术

为保证地下工程建设的安全性和正常使用，需要对其结构和设施的位移、应力、应变、裂缝开合、地下水和环境等进行现场监测，并及时反馈。传统的人工监测方法一直以来都是该领域的主要监测方法，它通过各种测量技术和元器件辅以人工实现，按照监测对象的不同可以简单分为变形监测和内力监测两类。常规的变形监测仪器包括水准仪、经纬仪、全站仪、测斜仪、水位计等；内力监测的内容包括支撑内力、土压力、孔隙水压力等。目前工程中采用较多的传感器有振弦式和电阻式两类，前者由于耐久性好、防潮绝缘等优点应用更为广泛。常规的内力监测仪器有轴力计、钢筋应力计、土压力计、孔隙水压力计等。

随着技术的发展，针对不同的应用方向，人们开发了一批更高效、亮点更突出的新型监测技术。数字近景摄影测量具有精度高、非接触测量、便携高效、受外界环境影响小等特点，监测精度达到毫米级，在变形监测领域受到广泛重视。三维激光扫描技术又称为“实景复制技术”，是一种全自动高精度立体扫描技术，其采用格网扫描方式，是一种高精度、高密度、高速度和非接触式技术，具有高时间分辨率、高空间分辨率和测量精度均匀等特点，在管道、隧道、地形等复杂领域优势更是显著。由于其技术上突破了传统的单点测量方法，成为国内外变形监测领域关注的热点之一[2]。

1.2.2 自动化监测技术

随着无线传感技术和网络技术水平的提升，自动化监测技术也发展迅速。自动化监测是指监测数据采集、传输、管理和分析的自动化，在提高监测效率和监测精度、降低工作人员的劳动强度、提高安全度等方面都具有现实的指导意义。目前监测自动化主要还是体现在监测数据的采集自动化，这也是最重要的部分。传统的监测手段是人工观测各种监测仪器，再人工对数据进行整理、分类，然后输入计算机；自动化监测的实现方法是用自动化采集装置将所有传感器的信号以模拟量（电压、电阻、电感、频率等）形式采集，传给计算机进行数据处理，重新还原成所需要的物理量[3]。相对于人工监测方法，自动化监测具有连续性、实时性等特点，更容易满足地下工程对监测准确、及时、预报警等更高要求。

自动化监测方法种类繁多，针对地下空间的安全考虑，最主要的是变形自动化监测。常用的变形监测方法有静力水准测量技术、电子水平尺监测技术、固定式自动测斜仪、测量机器人、光纤光栅技术等。在众多的监测方法中，光纤光栅技术由于分布式、长距离、实时性、耐腐蚀、抗电磁、轻便灵巧等优点在隧道和地下埋藏的管道等工程中表现突出，是地下工程监测发展方向之一。而轴力、孔隙水压力等内力监测目前普遍采用的是相应的应力传感器配套传感器数据采集箱，如支撑轴力监测多采用振弦式传感器和弦式采集箱，也是高要求环境下的常用手段。

近年来，自动测量、自动计算、自动识别与报警的智能化设备和技术不断涌现和更新。

1.2.3 破损性检测技术

破损性检测方法相对于无损检测方法，一般会对结构造成一定的损伤，常规的破损性检测方法有取芯法、劈裂抗拉试验法、孔内摄像法、拔出法等。取芯法是利用专用钻机，从结构混凝土中钻取芯样，然后进行抗压试验，以芯样强度评定结构混凝土强度或观察混凝土内部质量的方法，是一种简便、直观、检测精度较高的局部破损检测方法。孔内摄像法依据光学原理可以实现对钻孔内部的直观观测，具有高分辨率、高孔壁覆盖率和高可信度等特征[4]。孔内摄像技术可以作为钻芯法检测的一个重要验证方法，以钻芯孔为观测行进通道可以有效地弥补钻芯法在机械破损、水平裂缝判别等方面的不足，提高检测的科学性[5]。拔出法是 20 世纪 70 年代由美国研究开发出来的一种方法，用于检测混凝土的强度，它是通过测定被埋入混凝土表层锚件在拔出时的抗拔力，并根据抗拔力与混凝土强度的关系来推定混凝土强度的一种半破损（局部破损）检测方法。破损性检测方法虽然耗时长，有破损，但是该方法直观、准确、可靠，是其他无损检测方法不可取代的，一般将其与其他无损检测方法结合，取长补短。

1.2.4 无损检测技术

无损检测技术的特点是在不扰动介质性状、不损害材料承载能力的条件下实现对结构和性质的测定[6]。地下工程作为隐蔽工程，为避免结构受到损坏或使用性能受到影响，一般采用无损检测方法检测地下结构。常用的无损检测方法包括回弹法、超声回弹综合法、雷达法、冲击回波法、红外成像法、超声波 CT 法等[7]。

回弹法是通过对混凝土表面硬度的测定来推算其强度的一种测试方法，具有操作简便、省时省力、经济实用等优点。超声回弹综合法是指采用超声仪和回弹仪，由超声波波速、回弹值两项参数测定混凝土强度。目前这两种方法是混凝土强度无损检测中最常用的方法。在地下工程中，除了混凝土强度问题，整个结构的裂损、空洞、变形、隐患等方面的信息也十分重要。雷达法、红外成像法、超声波 CT 法等方法，由于其高分辨率、高效率、大面积并可重复检测等优点，在大量的工程实践中得到了应用。

1.2.5 信息化系统

监测检测信息化系统是一个多专业、多技术、多功能的系统，以监测检测为基础，以 WEB、GIS、BIM 等作为技术支撑，辅以信息集成管理、预报警、可靠性评估等多种手段，从而达到有效保障地下工程及其周边环境安全的目的。

早在 20 世纪 80 年代，系统地阐述利用先进的计算机技术辅助工程项目管理的著作 *Construction Project Management Using Small Computer* 就已经问世；日本的建筑行业也于 90 年代中期开始采取 CALS/EC（Continuous Acquisition and Lifecycle Support/Electronic Commerce）等措施推动信息化施工在重点工程上的应用；意大利的 GeoDATA 公司推出了信息化管理平台，用于地下工程施工的风险管理，此系统使用了 WEB 和 GIS 技术，由文档管理系统、建筑物状态管理系统、监测数据管理系统、建筑物风险评估系统以及盾构数据管理系统五个子系统构成，并在意大利罗马和俄罗斯圣彼得堡等地铁工程中得到应用。

国内在地下工程远程监控与预警系统研发领域，已历经多年发展，同济大学朱合华和李元海开发了“岩土工程施工监测信息系统”，主要以隧道、基坑和边坡工程施工监测为应用对象，运用工程可视化技术与地理信息系统 GIS 的思想，将数据库管理、分析预测与测点图形功能三者无缝集成，实现了以测点地图为中心的查询和数据输入输出的双向可视化，并提供监测概预算和图形报表等工具。上海勘察设计研究院（集团）有限公司开发了“天安远程自动化监测系统”与“云图地铁结构立体感知系统”，面向深基坑监测与地铁隧道结构健康监测提供了自动化监测解决方案。中国台湾亚新公司开发的“监测资料处理系统”用于监控和处理台湾地区地下工程施工安全问题，此系统对监测数据有效性的检查及处理考虑得较为全面，但是监测信息可视化功能相对较弱。上海同是公司依托同济大学综合了管理、施工、监测、监理等多种信息，基于网络传输、数据分析以及自动预报预警等技术，研发了“安程地铁工程远程监控管理系统”。

综上所述，搭建集硬件传感、数据服务、前端展示为一体的地下工程远程监控与预警系统具有迫切需求。

2

基坑工程监测

基坑工程往往位于城市地上建筑物和地下构筑物密集区，基坑开挖所引起的土体变形将在一定程度上改变这些建(构)筑物及地下管线的正常状态，甚至造成邻近结构和设施的失效或破坏。基坑工程具有以下五个明显特征。

(1) 基坑工程具有较大的风险性。基坑支护体系一般为临时措施，其荷载、强度、变形、防渗、耐久性等方面的安全储备较小。

(2) 基坑工程具有明显的区域特征。不同区域具有不同的工程地质和水文地质条件，即使同一城市也可能存在较大差异。

(3) 基坑工程具有明显的环境保护特征。基坑工程的施工会引起周围地下水位变化和应力场的改变，导致周围土体的变形，对相邻环境会产生影响。

(4) 基坑工程理论尚不完善。基坑工程涉及岩土、结构及施工等专业，且受到多种复杂因素相互影响，土压力理论、基坑设计计算理论等方面尚待进一步发展。

(5) 基坑工程具有很强的个体特征。基坑所处区域地质条件的多样性、基坑周边环境的复杂性、基坑形状的多样性、基坑支护形式的多样性，决定了基坑工程具有明显的个体特征。

因此，基坑施工是地下工程中风险聚集、事故多发的重要环节，采取有效的技术手段对基坑变形与内力进行监控，是保障工程安全的重要手段。在基坑开挖与围护结构施工过程中，必须要求围护结构及被支护土体是稳定的，在避免其极限状态和破坏发生的同时，不产生由于围护结构及被支护土体的过大变形而引起邻近建(构)筑物的过度变形、倾斜或开裂以及邻近管线的渗漏等情况。

基坑工程监测是以实际基坑工程为对象，在施工建设期对整个支护结构、岩土体以及周围环境，于事先设定的点位上，按设定的时间间隔进行应力和变形现场观测。通过执行有效的信息反馈机制，达到如下三个目的：保障基坑本体和周边环境的安全，指导围护结构的施工和基坑开挖施工，为基坑工程设计和施工的技术进步提供数据支撑。

2.1 监测内容和要求

基坑工程施工监测采用仪器监测与现场巡视相结合的方式。仪器监测可以采用现场人工监测或自动化实时监测。基坑监测的对象有基坑支护结构、周围岩土体及基坑周边环境。基坑支护结构包括围护桩墙、冠梁及围檩、支撑或土层锚杆、立柱等；周围岩土体主要是指基坑内外的土体及地下水位等；基坑周边环境包括邻近建(构)筑物、地下管线及其他地下设施、道路、地表等。需要注意的是，不同保护对象处于不同状态，其监测要求并不相同。

2.1.1 基坑监测项目

基坑工程监测项目根据基坑工程围护体系选型、周边环境对象、工程等级等设置。施工过程中，对监测对象进行变形、受力监测以及现场巡视。根据上海市工程建设规范《基坑工程施工监测规程》(DG/TJ 08—2001—2016)、《基坑工程技术标准》(DG/TJ 08—61—2018)中关于监测项目的规定，各类监测对象和监测项目见表 2-1。

表 2-1　　基坑监测项目一览表

序号	监测对象	监测项目	开挖前	开挖阶段						
				重力式围护体系		板式围护体系			放坡	复合土钉支护
				二级	三级	一级	二级	三级	三级	三级
(一) 基坑支护结构及周围岩土体										
1	现场巡视	支护体系观察		√	√	√	√	√	√	√
2	围护桩墙	围护墙(边坡)顶部水平位移		√	√	√	√	√	√	√
3		围护墙(边坡)顶部竖向位移		√	√	√	√	√	√	√
4		围护结构深层水平位移		√	○	√	√	√	○	○
5		围护墙深层水平土压力				○	○			
6		逆作法外墙竖向位移				√				
7		围护墙内力				○	○			
8		结构梁板、冠梁及围檩内力				○	○			
9		围护桩墙裂缝		√	√	√	√	√		√
10	支撑体系	支撑内力				√	√	○		
11		锚杆、土钉拉力		○		√	√	○		
12		立柱竖向位移				√	√	○		
13		立柱内力		○		○	○			
14		支撑体系裂缝		√	√	√	√	√		√
15	周围土体	土体深层水平位移	○	○		○	○			
16		土体分层竖向位移		○		○	○			
17		坑底隆起(回弹)		○		○	○			
18	地下水	孔隙水压力	○	○		○	○			
19		坑内(外)地下水位	√	√	√	√	√	√	√	√
20	地表	地表竖向位移	○	√	○	√	√	○	○	○
21		地表裂缝	√	√	√	√	√	√	√	√
(二) 周边环境										
22	现场巡视	周边环境观察	√	√	√	√	√	√	√	√

续表

序号	监测对象	监测项目	开挖前	开挖阶段						
				重力式围护体系		板式围护体系			放坡	复合土钉支护
				二级	三级	一级	二级	三级	三级	三级
23	周边建（构）筑物	竖向位移	√	√	√	√	√	√	√	√
24		水平位移	○	○	○	○	○	○	○	○
25		倾斜		○		○	○			
26		裂缝	√	√	√	√	√	√	√	√
27	周边地下管线	竖向位移	√	√	√	√	√	√	√	√
28		水平位移	○	○	○	○	○	○	○	○

注："√"表示应测项目；"○"表示选测项目。

基坑工程监测贯穿工程施工全过程，在基坑施工开始前采集周边环境的初始数据，按工程进度开展相应的监测工作，直至基坑工程回填完成后结束监测工作。监测频率主要根据监测项目性质、施工工况及工程设计要求设置，表 2-2 是上海市工程建设规范《基坑工程施工监测规程》(DG/TJ 08—2001—2016)、《基坑工程技术标准》(DG/TJ 08—61—2018)中关于监测频率的规定。其中，基坑工程开挖前根据工程实际需要确定监测频率，影响明显时 1 次/d，不明显时(1～2)次/周。结构底板浇筑完成后 3 d 到地下结构施工完成期间，支撑拆除过程中及拆除完成 3 d 内监测频率为1 次/d，其他阶段可根据监测数据变化情况放宽监测频率，一般为(2～3)次/周。当周边建筑(构)物和大型管线状态欠佳时，应视风险累计情况加密监测频率。

表 2-2　　监测频率

监测频率		基坑设计深度/m				
		≤4	4～7	7～10	10～12	≥12
基坑开挖深度/m	≤4	1 次/d	1 次/d	1 次/2d	1 次/2d	1 次/2d
	4～7	—	1 次/d	1 次/2d～1 次/d	1 次/2d～1 次/d	1 次/2d
	7～10	—	—	1 次/d	1 次/d	1 次/2d～1 次/d
	≥10	—	—	—	1 次/d	1 次/d

注：监测过程中，应根据变形速率、现场实现情况及时调整监测频率，必要时针对重点部位、重要点位加强监测。

2.1.2 监测工作要求

基坑监测的基本要求如下。

(1) 方案编制符合工程实际

监测方案必须结合设计要求、工程特点、周边环境要求等综合制定;监测方案需保证监测工作能够按计划稳步实施,需包含应急预案以便必要时启用;监测方案需要明确监测体系构成、测点布设方法及位置、测试仪器及原理、监测频率及监测精度等;监测方案需根据现场情况进行动态调整,满足工程实际需要。

(2) 监测实施统一监测基准

工程监测基准一般同施工控制保持一致,并需定期开展基准点联测工作。竖向位移监测系统宜采用绝对高程系统,水平位移监测宜采用独立平面坐标系统。变形监测网根据作用类型分为基准点、工作基点和监测点,且基准点数量不少于 3 个,并布设在工程施工影响范围外。

(3) 精度满足要求

竖向位移监测可采用几何水准、静力水准测量等方法,水平位移监测可采用交会法、自由设站、极坐标、小角法、经纬仪投点法、激光准直法、方向线偏移法、视准线法等方法。竖向位移监测和水平位移监测的精度应满足工程需要并符合相关规范、标准等的规定,如深层水平位移宜采用测斜仪进行监测,测斜仪的系统精度不宜低于±0.25 mm/m,分辨率不宜低于±0.02 mm/500 mm。

(4) 监测报警值满足工程风险识别的需要

基坑支护结构的报警值一般由设计单位提供,周边环境的报警值则根据设计文件、规范和权属单位要求确定。

(5) 数据具备真实性和及时性

现场测点的布设位置、方法,采用的仪器精度以及监测人员的专业能力、职业素质都对监测数据的真实性及有效性产生影响,需要保证监测数据的可追溯性,监测技术的先进性及实用性,以保证监测数据真实、连续、准确、完整。监测数据采集后应及时整理、分析,结合不同监测内容、施工工况、巡视情况等综合分析各物理量、状态量之间内在的紧密联系,便于相互印证、相互检验,从而对监测结果有全面正确的把握,使分析结论起到指导施工的作用。

(6) 加强现场巡视

现场巡视在监测工作中十分重要,需要加强现场监测人员对工程环境的关注度,对工程现场环境进行定期巡视,并加强记录,特别是在出现异常情况涉及不安全因素时应时刻关注现场环境变化。巡视工作包括对工程自身结构和周边环境的现场安全巡视。现场巡检宜以目视为主,可辅以量尺、放大镜等工具以及摄像、摄影等手段进行,对巡检中发现的周围地表、支护结构和建(构)筑物的主要裂缝应统一进行编号,选取其中宽度较大、有代表性的裂缝重点观测。

(7) 建立预警及响应机制

监测数据必须及时,所以监测数据的处理与发布应当在数据采集结束后尽快完成,特别在重大项目或风险系数较大的项目中,应适当采取自动化监测技术手段,充分发挥监测指导施工的作用。基坑开挖是一个动态的施工过程,应紧密结合监测数据及巡视情况,及时发现隐患,及时采取措施。当发现监测数据变化速率突然增大或监测数据超过监测预警控制值时应根据实际工况及时分析原因,并加密监测,然后根据预先设定的预警响应机制进行警情报送,及时传递报警信息,并采取有效的应急保障措施。

(8) 加强监测文件管理

监测方案需经过严格的审批,对于重大风险性工程,应当通过专家评审进一步对监测方案进行管控,使监测工作发挥实效;注重监测过程管理,严格按照审批的监测方案和有关技术标准、文件及要求等开展工作,并整理完整的监测记录表(如测点验收、初始值验收、仪器运行记录等)、数据报表、监测报告等。

2.2 仪器监测

2.2.1 监测基准点设置

为使测点监测数据保持连续,便于解释分析阶段变化及累计变化数据,需要为变形监测提供统一的高程基准及平面基准,设置一定数量的基准点、工作基点,使其与监测点一同构成合理、有效的变形监测网。监测点及工作基点的设置应满足下列要求:基准点应在工程施工影响范围外,选择稳固、易于保护、使用方便的位置,基准点数量不应少于 3 个。当基准点距离所监测工作较远或由于通视条件不良,致使监测作业不方便时,应设置工作基点。基准点和工作基点应在工程施工前埋设,并经观测确定其稳定后,方可投入使用。监测期间,基准点和工作基点应定期联测,以修正工作基点的数据并检验基准点的稳定性。

1. 竖向位移监测基准点

竖向位移监测一般采用水准测量方法,为此应设置竖向位移监测基准点。基准点是水准测量的起算点,由三个水准基点构成一组,要求埋设在基岩上或在基坑开挖影响范围之外稳定的建筑物基础上,其埋设形式可分为地面岩石标、下水井式混凝土标、深埋钢管标三种,如图 2-1 所示。

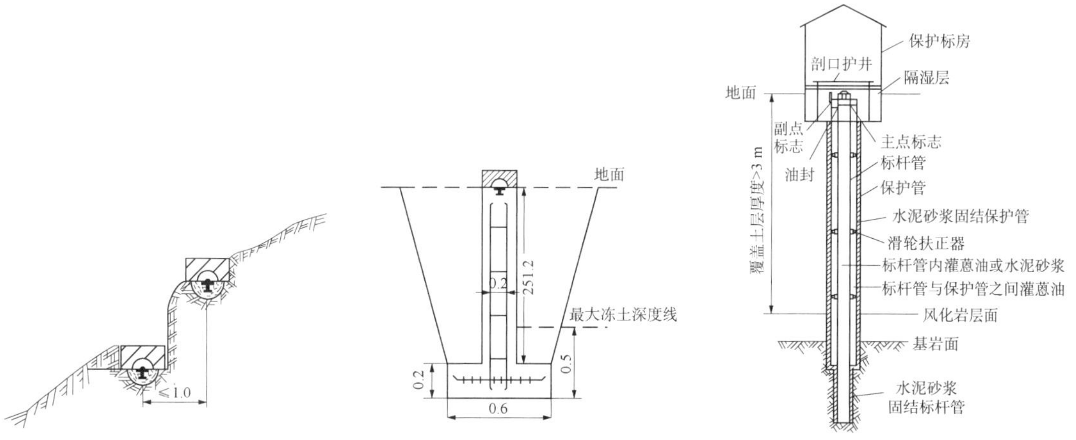

(a) 地面岩石标　　(b) 下水井式混凝土标　　(c) 深埋钢管标

图 2-1　竖向位移监测基准点埋设形式

(1) 地面岩石标：用于地面土层覆盖很浅的地方，如有可能可直接埋设在露头的岩石上。

(2) 下水井式混凝土标：用于土层较厚的地方，为了防止雨水灌进水准基点井里，井台必须高出地面 0.2 m。

(3) 深埋钢管标：用于覆盖层很厚的平坦地区，采用钻孔穿过土层和风化岩层达到基岩里埋设钢管标志。

2. 水平位移监测基准点

水平位移基准点可根据现场条件及观测仪器而定。水平位移监测基准点通常埋设在比较稳固的基岩上或在变形影响范围之外，尽可能长期保存，稳定不动。水平位移监测工作基点一般设置观测墩，作为基准点和监测点间的联系点，观测墩的位置宜布设在基坑变形较小的阴角处，布设形式如图 2-2所示。

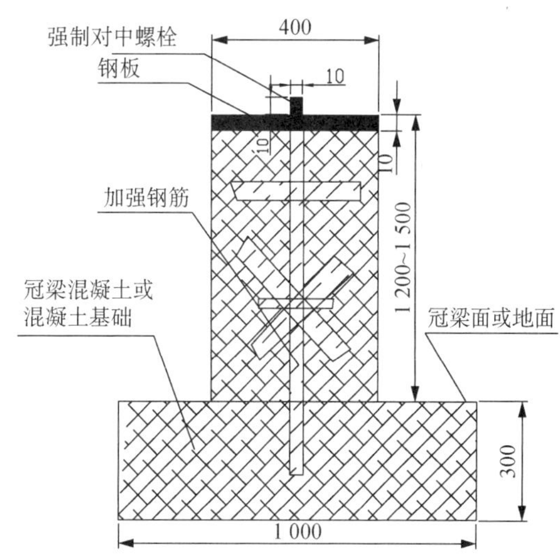

图 2-2　工作基点观测墩示意图(单位:mm)

2.2.2　支护结构监测

基坑开挖不可避免地会引起土中应力的释放，周围岩土体会将内部应力以不同的形式作用到基坑支护结构上，从而引起基坑支护及受力的变化变形。基坑工程施工过程中，通过对支护结构的观测点进行周期性测量，为支护结构的稳定性评价提供技术依据。

1. 围护墙(边坡)顶部竖向位移、水平位移监测

围护墙(边坡)顶部竖向位移监测主要关注围护结构顶部在竖直方向上的变化,有助于准确掌控基坑围护墙(边坡)的沉降及差异沉降情况,主要采用精密水准测量方法。围护墙(边坡)顶部水平位移监测一般监测围护结构在基坑边垂直方向上的位移量,并与邻近深层水平位移变形数据相联系进行基坑水平位移的整体分析,一般采用视准线法、小角度法、前方交会法、三角测量法等。

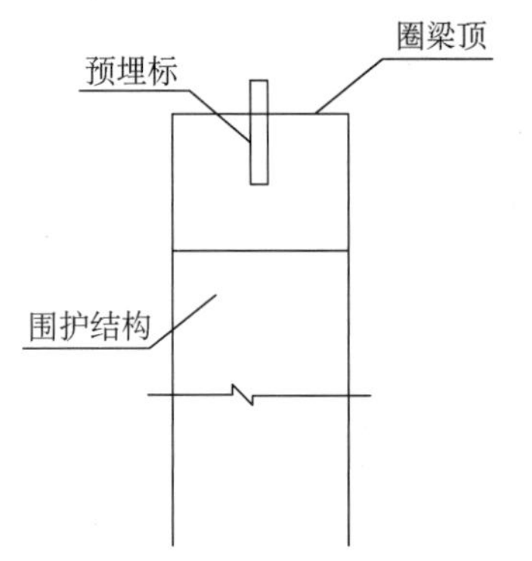

图 2-3 围护墙(边坡)顶部竖向位移、水平位移监测点

1) 测点布设

围护墙(边坡)顶部竖向位移和水平位移监测点沿基坑周边布设在冠梁上,水平位移和竖向位移监测点共点。一般情况下,测点布设在基坑各侧边的中部位置、阳角部位、外基坑深度变化处、地质条件复杂处、邻近存在重要保护对象等部位。在这些位置,测点能够较好地表征基坑支护结构的稳定性。此外在围护墙深层水平位移测孔位置处需布设围护墙(边坡)顶部竖向位移和水平位移监测点。测点一般利用长 8 cm 的带帽钢钉直接布置在新浇筑的围护顶部,如图 2-3 所示。

2) 围护墙(边坡)顶部竖向位移监测

围护墙(边坡)顶部竖向位移监测是利用精密电子水准仪(光学水准仪)配合条码水准尺(铟瓦尺)通过工作基点间联测一条水准闭(附)合线路,由线路的工作点来测量各监测点的高程,各监测点高程初始值 H_0在监测工程前期连续三次测定(三次取平均),某监测点本次高程 H_i减前次高程 H_{i-1}的差值为本次沉降量 Δh_i,本次高程减初始高程的差值为累计沉降量$\sum h$。计算公式如式(2-1)和式(2-2)所示。

$$\Delta h_i = H_i - H_{i-1} \tag{2-1}$$

$$\sum h = H_i - H_0 \tag{2-2}$$

3) 围护墙(边坡)顶部水平位移监测

根据现场控制点布设情况和测点通视情况选用视准线法、小角测量法或极坐标法,某监测点本次测量值与前次测量值的差值为该点本次位移变化量,本次测量值与初始测量值之差值即为该点累计位移量。

(1) 视准线法:如图 2-4 所示,点 A、点 B 是视准线的两个基准点(端点),1,2,3 为水平位移观测点。观测时将经纬仪或全站仪置于 A 点,将仪器照准 B 点,将水平制动螺旋制动。竖直转动仪器,分别转至 1,2,3 三个点附近,用钢尺等工具测得水准观测点至 A—

B这条视准线的距离。根据前、后两次的测量距离，得出这段时间内水平位移量。

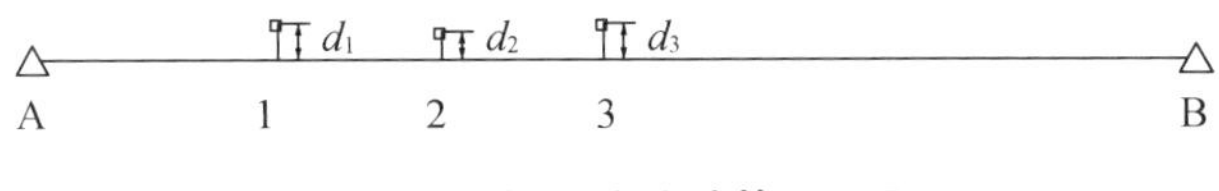

图 2-4 视准线法计算原理图

(2) 小角度法：如图 2-5 所示，如需观测某方向上的水平位移 PP′，在监测区域一定距离以外选定工作基点 A，水平位移监测点的布设应尽量与工作基点在一条直线上。沿监测点与基准点连线方向在一定距离处(100～200 m)选定一个控制点 B，作为零方向。在 B 点安置觇牌，用测回法观测水平角 BAP，测定一段时间内观测点和基准点连线与零方向间角度变化值，根据 $\delta=\Delta\beta\times D/\rho$（式中，$D$ 为观测点 P 至工作基点 A 的距离，$\rho=$ 206 265)计算水平位移。

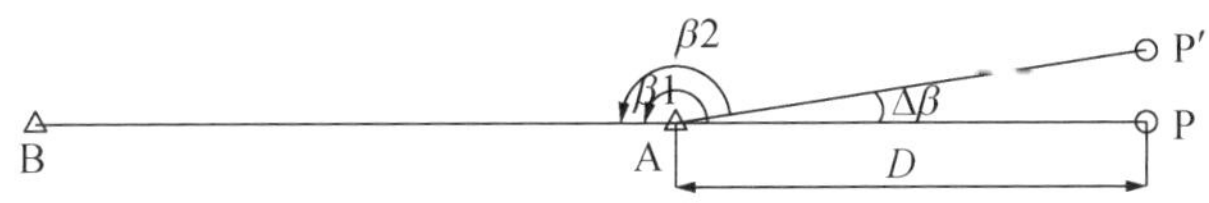

图 2-5 小角度法计算原理图

(3) 极坐标法：按《城市轨道交通工程测量规范》(GB/T 50308—2017)中二等水平位移监测技术要求进行观测。平面监测控制网布置不少于 3 点，监测期间定期进行相邻控制点间边角检测。

极坐标法计算原理如图 2-6 所示。

将全站仪架设在 B 点位置，以 A 点为后视可测得夹角 β，边长 S，继而获得待测点 C 的坐标。

C 点对应坐标计算公式如式(2-3)—式(2-6)所示。

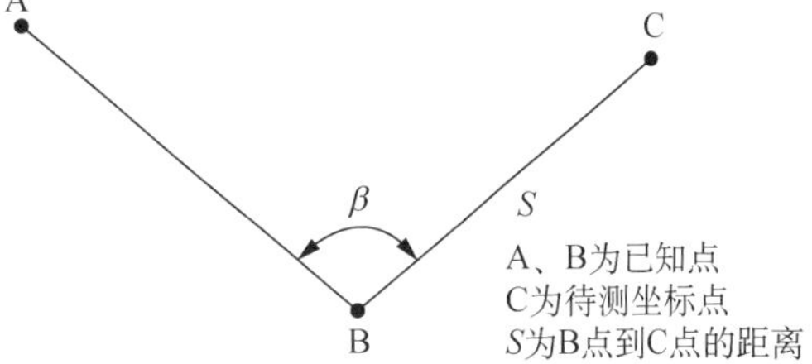

图 2-6 极坐标法计算原理图

$$X_C=X_B+S\cdot\cos\alpha_{BC} \tag{2-3}$$

$$Y_C=Y_B+S\cdot\sin\alpha_{BC} \tag{2-4}$$

$$\alpha_{BC}=\alpha_{AB}\pm\beta\mp180^\circ \tag{2-5}$$

$$\alpha_{BC}=\arctan\frac{Y_A-Y_B}{X_A-X_B} \tag{2-6}$$

2. 围护结构深层水平位移监测

围护结构深层水平位移是围护墙在不同深度处垂直于基坑边线方向的水平位移，将其按一定比例绘制围护结构深层水平位移历时变化曲线，可以形象地表现围护结构在水平向的变形情况。围护结构深层水平位移通常依据围护结构形式不同，采取绑扎法、钢抱箍法、钻孔法安装测斜管配合活动式测斜仪进行观测。

1）测试原理

将测斜管埋设在围护结构中，当围护结构发生水平位移时认为围护结构中的测斜管随围护结构同步位移，用测斜仪沿深度方向逐段测量测斜探头与铅垂线之间的倾角 α，可以计算各测量段上的相对水平偏移量，通过逐点累加可以计算其不同深度处的水平位移。管口的水平位移量采用常规水平位移测量方法获得。

测试原理见图 2-7。

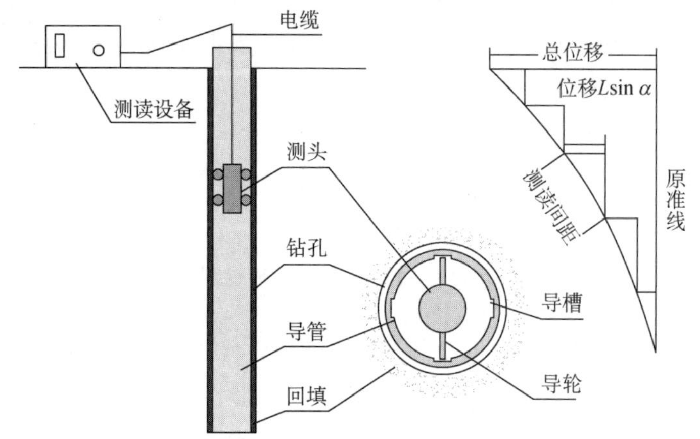

图 2-7　活动式测斜仪测试原理图

计算公式如式(2-7)、式(2-8)所示。

$$X_i = \delta_0 - \sum_{i=0}^{i} L\sin\alpha = \delta_0 - C\sum_{i=0}^{i}(A_i - B_i) \tag{2-7}$$

$$\Delta X_i = X_i - X_{i0} \tag{2-8}$$

式中　ΔX_i ——i 深度的累计位移(计算结果精确至 0.1 mm)；

X_i——i 深度的本次坐标(mm)；

X_{i0}——i 深度的初始坐标(mm)；

A_i——仪器在 0°方向的读数；

B_i——仪器在 180°方向上的读数；

δ_0——实测管顶的水平位移(mm)；

C——探头标定系数；

L——探头长度(mm)，通常取 500 mm，1 000 mm；

α——倾角(°)。

2）测试设备

活动式测斜仪如图 2-8 所示，按测头传感器不同，可细分为滑动电阻式、电阻应变式、钢弦式及伺服加速度计式四种。目前用得较多的是电阻应变片式和伺服加速度计式测斜仪，电阻应变片式测斜仪优点是产品价格便宜，缺点是量程有限，耐用时间不长；伺服加速度计式测斜仪优点是精度高、量程大、可靠性好等，缺点是目前国产伺服加速度计抗震性能较差，当测头受到冲击或受到横向振动时，传感器容易损坏。

图 2-8 活动式测斜仪

测斜系统由测头、测读仪、电缆和测斜管四部分组成。

(1) 测头：装有测斜传感元件。

(2) 测读仪：测斜仪测头的二次仪表，与测斜仪探头配合使用，是提供电源、采集和变换信号、显示和记录数据的仪器核心部件。

(3) 电缆：用于连接测头和测读仪，通过电缆向测头供给电源和向测读仪传递监测信号，此外，电缆上标记有 0.5 m 及 1 m 刻度线，可用于量测探头位置距孔口深度。

(4) 测斜管：测斜管一般由塑料(PVC、ABS)和铝合金材料制成，管节长度为 2～4 m，常用直径为 50～75 mm，管节之间由外包接头管连接，接头管有固定式和伸缩式两种，管内有相互垂直的两对凹形导槽，测量时，测头导轮在导槽内可上下自由滑动。ABS 是一种性能优异的工程塑料，拉伸强度为 35～50 MPa、抗弯强度为 28～70 MPa，具有重量轻、强度高的特点，适用于超深地墙测斜工作。铝合金管具有相当的柔性和韧度，较 PVC 管更适合现场监测，但成本远大于后者。

3) 埋设

围护结构深层水平位移监测孔一般布设在基坑平面上挠曲较大的位置，如悬臂式结构的长边中心，设置在水平支撑结构的两道支撑之间，或根据需要埋设于支撑对应位置。孔深宜与围护体入土深度相同，孔与孔之间的布置间距宜为 20～50 m，每侧边至少布设 1 个监测孔，具体设孔视工程和环境保护需要而定。当基坑周围有诸如建(构)筑物、地下管线等重点监护对象时，离监护对象最近的围护段内应布置监测孔。围护结构深层水平位移监测孔示意图见图 2-9。

测斜管的埋设方法包括绑扎法、钻孔法、钢抱箍法。

(1) 绑扎法：在地下连续墙、钻孔灌注桩等围护结构中埋设测斜管通常采用绑扎法，如图 2-10 所示。以地下连续墙为例，在地下连续墙的钢筋笼上绑扎安装带导槽的测斜管安装方法如下。

① 将测斜管按设计长度在空旷场地上用束节逐节连接在一起，连接时将测斜管上的凸槽和测斜管接头上的凹槽相吻合，然后沿凹凸槽轻轻推移直至两端的测斜管完全碰头。接管时除外槽口对齐外，还要检查内壁上两组互成 90°的纵向导槽是否对齐。管与管连接

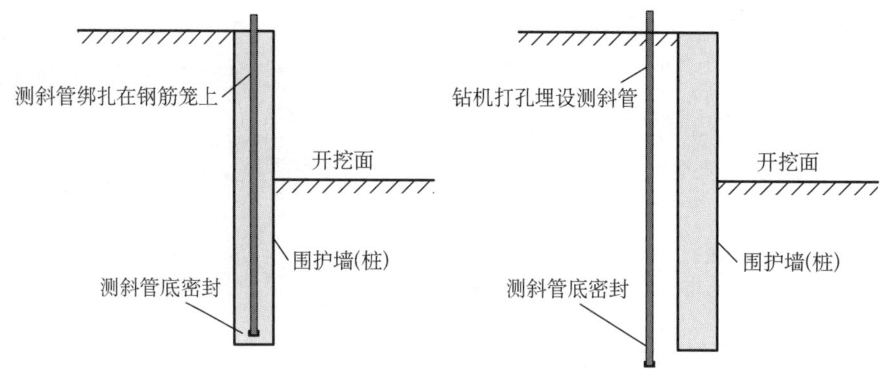

图 2-9　围护结构深层水平位移监测孔示意图

图 2-10　ABS 测斜管与铝合金测斜管的对接安装及埋设实景

时先在测斜管外侧涂上 PVC 胶水，然后将测斜管插入束节，在束节四个方向用 M4×10 自攻螺钉或铝铆钉固紧束节与测斜管。在每个束节接头两端用防水胶布包扎，防止水泥浆从接头中渗入测斜管内。测斜管长度要略小于钢筋笼的长度。

② 将连接好的测斜管沿主筋方向放入钢筋笼中，抬测斜管时，要防止其弯曲过大。

③ 调整方向，使一组导槽的延长线经过灌注桩钢筋笼的圆心或垂直于地下连续墙钢筋笼的长边，保证让一组导槽垂直于围护墙体，另一组平行于围护墙体。

④ 用自攻螺钉把底盖固定，再用 8×400 的扎带将其固定在主筋上。然后依次将测斜管放平顺，沿同一根主筋，用扎带固定在主筋上，注意不要让测斜管产生扭转，扎带要密集，一般每 0.5 m 绑扎一根扎带，以防止钢筋笼吊起时测斜管扭转以及放笼时水的浮力作用将管子浮起。

⑤ 测斜管一般应安装在钢筋笼面向土体的一侧。

(2) 钻孔法：在土体、搅拌桩、地基加固体中埋设测斜管主要采用钻孔法。钻孔位置准确定位后，用工程钻探机钻取直径比测斜管略大、深度比测斜管安装深度稍深一些的钻孔。钻头钻到预定位置后，接水泵向钻孔内灌清水直至泥浆水变成清水为止，在提钻后立即安装测斜管。注意保持钻孔的垂直度，调整好测斜管导向槽方向，借助钻孔钻机或吊机将连接好的测斜管缓慢放入钻孔，可以向管内注入清水以抵抗浮力，同时要注意导向槽的方向不发生变化。管子安装到位后，用中粗砂或现场的细土回填，一边回填一边轻摇测斜管，避免形成空腔及塞孔情况。当测斜孔较深或埋管与观测时间间隔较短时，应采用孔壁注浆的方法，即从管外由下向上注入水泥浆直至溢出地表，然后进行孔口设置与记录工作，包括：安装保护盖，在测斜管四周砌好保护窨井并做标记，测量测斜管顶端高程，记录工程名称、测孔编号、孔深、孔口坐标、高程、埋设日期、人员及该点钻孔地质情况等。待两天或一周后再测读初次读数。

(3) 钢抱箍法：在 SMW 工法、H 型钢、钢板桩中埋设测斜管通常采用钢抱箍法。将测斜管靠在 H 型钢的一个内角，调整一对内槽使其始终垂直于 H 型钢翼板，间隔一定距离以及在束节处焊接短钢筋把测斜管固定在 H 型钢上。管底用管盖盖住，然后测斜管随型钢插入水泥土搅拌桩中。在圈梁施工阶段要注意对测斜管的保护，在圈梁混凝土浇捣前，应检验测斜管是否能伸出圈梁顶面，是否有滑槽和堵管现象，如有堵管现象要做好记录，待圈梁混凝土浇好后及时进行疏通。

4) 测试与计算

测试时，测斜仪探头沿导槽缓缓沉至孔底，在恒温一段时间后，自下而上按 0.5 m 间距测出 X 方向上的位移，每次测量时，应将测头稳定在各深度位置上，待稳定后方可采集数据。测量完毕后，将测头旋转 180°插入同一对导槽，按以上方法重复测量。两次测量的各测点应在同一位置上，此时各测点的两个读数应数值相近、符号相反。基坑工程中通常只需监测垂直于基坑边线方向的水平位移。但对于基坑阳角的部位，需测量平行于基坑边线方向的水平位移，即用另一对导槽的水平位移，测试方法相同。部分测读仪可以同时测出两个相互垂直方向的深层水平位移。深层水平位移的初始值应是基坑开挖之前连续 3 次测量无明显差异读数的平均值。同时用光学测量仪器测量管顶位移作为控制值，以便必要时根据孔口水平位移量对深层水平位移量进行校正。

3. 立柱竖向位移监测

由于基坑内土方的开挖，坑内土体卸载造成坑底土体回弹，导致土体和立柱上抬，回弹量的大小关系到围护结构的稳定性，可采用精密水准测量方法对立柱点进行竖向位移测试。立柱竖向位移监测点常布置在基坑中部、多根支撑交汇处、施工栈桥处、逆作法施工时承担上部结构荷载及逆作区与顺作区交界处、地质条件复杂处等。

4. 支撑轴力监测

为掌握围护结构支撑的设计轴力与实际受力情况的差异，及时掌握轴力大小，需对支撑结构中受力较大的断面、应力变幅较大的断面进行监测。围护结构支撑一般采用钢筋混凝土支撑杆件或钢结构杆件，一般采用钢筋应力计、应变计等测量，传感器如图 2-11 所示。无论混凝土支撑还是钢支撑，其轴线方向的垂直度十分重要。

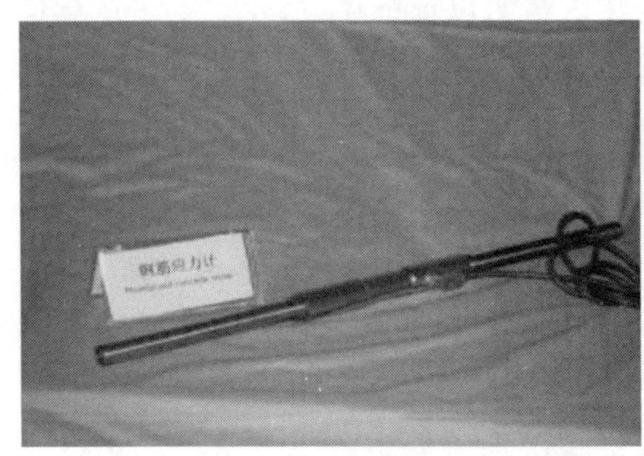

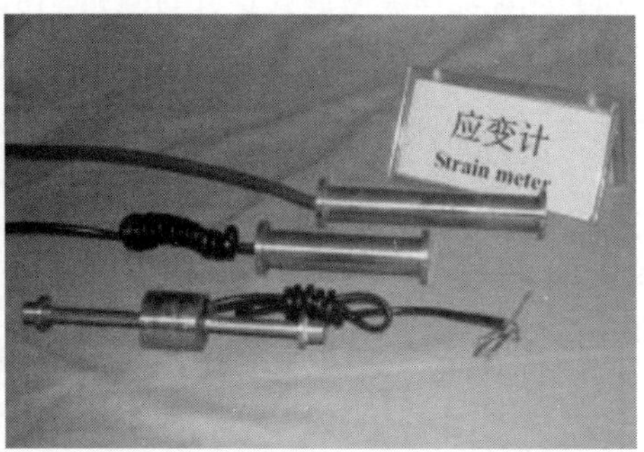

图 2-11　钢筋应力计及应变计实物图

1）钢筋混凝土支撑轴力监测

钢筋混凝土支撑杆件，主要采用钢弦式钢筋计监测钢筋的应力，然后通过钢筋与混凝土共同工作、变形协调条件反算支撑的轴力。钢弦式钢筋计埋设时需与结构主筋轴心对焊，并与受力主筋串联连接，由监测得到的频率计算钢筋的应力值。由于主钢筋一般沿混凝土结构截面周边布置，所以钢弦式钢筋应力计应上下对称或左右对称布置。传感器分布位置如图 2-12 所示。

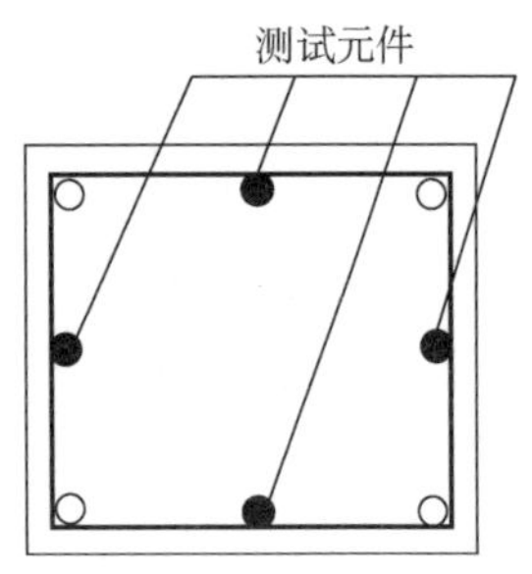

图 2-12　传感器分布示意图

钢筋混凝土支撑轴力现场采集可使用频率计进行手动采集。采集到的数据为钢筋计的频率数据，根据材料力学基本原理，轴向受力可表述为式(2-9)。

$$N=\sigma A=E\varepsilon A \tag{2-9}$$

对钢筋混凝土杆件，在钢筋与混凝土共同工作、变形协调条件下，轴向受力可表述为式(2-10)。

$$N=\varepsilon(E_c A_c+E_s A_s) \tag{2-10}$$

钢筋混凝土支撑轴力计算方法(不考虑温度修正)如式(2-11)、式(2-12)所示。

$$N_c=\sigma_s\left(\frac{E_c}{E_s}A_c+A_s\right)=\bar{\sigma}_{1s}\left(\frac{E_c}{E_s}A_c+A_s\right) \tag{2-11}$$

$$\bar{\sigma}_{1s}=\frac{1}{n}\sum_{j=1}^{n}\left[k_j\left(f_{j1}^2-f_{j0}^2\right)/A_{js}\right] \tag{2-12}$$

式中　N_c——支撑轴力(kN)；

σ_s——钢筋应力(kN/mm²)；

$\bar{\sigma}_{1s}$——钢筋计监测平均应力(kN/mm^2)；

k_j——第 j 个钢筋计标定系数(kN/Hz^2)；

f_{j1}——第 j 个钢筋计监测频率(Hz)；

f_{j0}——第 j 个钢筋计安装后的初始频率(Hz)；

A_{js}——第 j 个钢筋计截面积(mm^2)；

E_c——混凝土弹性模量(kN/mm^2)；

E_s——钢筋弹性模量(kN/mm^2)；

A_c——混凝土截面积(mm^2)，$A_c = A_b - A_s$；

A_b——支撑截面积(mm^2)；

A_s——钢筋总截面积(mm^2)。

在室外温度变化幅度较大的季节，还需注意温差对监测结果的影响。钢筋混凝土支撑轴力计算方法(考虑温度修正)：

实际监测时的钢筋混凝土支撑轴力如式(2-13)所示。

$$N = \bar{\varepsilon}(E_c A_c + E_s A_s) \tag{2-13}$$

式中，$\bar{\varepsilon}$ 为传感器应变测值的平均值。由于温度的影响，各个传感器的应变值需要进行温度修正，修正公式如式(2-14)、式(2-15)所示。

混凝土应变计：

$$\varepsilon = k'(f_i^2 - f_0^2) + T_b(T_i - T_0) \tag{2-14}$$

钢筋应力计：

$$\varepsilon = k(f_i^2 - f_0^2)/E_s A_s + T_b(T_i - T_0) \tag{2-15}$$

式中，T_b 为温度修正系数，取 2.0×10^{-6}/℃。

2) 钢支撑轴力监测

对于 H 型钢、钢管等钢支撑的轴力监测，可通过串联安装轴力计或压力传感器的方式来进行，钢支撑轴力计安装实景如图 2-13 所示，安装采用专门的轴力计支架，将轴力计放入轴力计支架中，支架的外面焊有四块翼板以稳定支撑轴力计支架，支架焊接到钢支撑的法兰盘上，与钢支撑一起支撑到圈梁或围檩的预埋件上。尽管支撑轴力计价格略高，但经过标定后可以重复使用，测试简单，测得的读数根据标定曲线可直接换算成轴力，数据比较可靠。在施工单位配置钢支撑时就需要考虑轴力计安装事宜，由于轴力计是串联安装的，安装不当容易影响支撑受力，甚至引起支撑失稳或滑脱。近年来已开发使用千斤顶直接测量轴力，这种新的方法通常称为“轴力自动补偿系统”或“轴力伺服系统”，可直接读数得到轴力值。

在现场监测环境许可条件下，亦可在钢支撑表面粘贴钢弦式表面应变计、电阻应变片等测试钢支撑的应变。在钢支撑施加预顶力之前，将表面应变计焊接在钢支撑同一截面的两侧，应变计应与支撑轴线保持平行或在同一平面上。

图 2-13　钢支撑轴力计安装实景

轴力计可直接监测支撑轴力，其计算公式如式(2-16)所示。

$$N = k(f_{\mathrm{i}}^2 - f_0^2) \tag{2-16}$$

式中　N——钢支撑轴力(kN)；

k——轴力计标定系数(kN/Hz²)；

f_{i}——轴力计监测频率(Hz)；

f_0——轴力计安装后的初始频率(Hz)。

表面应变计是通过量测到的应变再计算支撑轴力，计算公式如式(2-17)所示。

$$N = \left[\frac{1}{n}\sum_{j=1}^{n} k_j (f_{j\mathrm{i}}^2 - f_{j0}^2)\right] E_{\mathrm{s}} A \tag{2-17}$$

式中　N——钢支撑轴力(kN)；

A——钢支撑截面积(mm²)；

E_{s}——钢筋弹性模量(kN/mm²)；

k_j——第 j 个表面应变计标定系数(10^{-6}/ Hz²)；

$f_{j\mathrm{i}}$——第 j 个表面应变计监测频率(Hz)；

f_{j0}——第 j 个表面应变计安装后的初始频率(Hz)。

5. 冠梁及围檩应力监测

围护系统中冠梁、围檩一般采用钢筋混凝土结构或钢结构，钢筋混凝土冠梁、围檩应力传感器安装同钢筋混凝土支撑，采用钢筋计监测钢筋的应力，然后根据不同位置的应力测值按结构力学的相关公式计算围檩构件的弯矩。钢围檩应力传感器安装采用表面应变计，通过监测钢围檩应变，计算钢围檩应力。传感器安装方法同钢筋混凝土支撑。

6. 立柱内力监测

立柱内力监测主要用于逆作法施工，监测点宜布置在受力较大的立柱上。传感器安装部位宜设置在坑底以上立柱长度的 1/3 处，每个截面内不应少于 4 个传感器。立柱内力的计算方法同钢支撑轴力计算方法。

7. 围护墙内力监测

围护墙内力监测断面应选在围护结构中出现弯矩极值的部位。在平面上，可选择围护结构位于两支撑的跨中部位，开挖深度较大以及水土压力或地表超载较大的地方。在立面上，可选择支撑处和每层支撑的中间，此处往往发生极大负弯矩和极大正弯矩。若能取得围护结构弯矩设计值，则可参考最不利工况下的最不利截面位置进行钢筋计的布设。

围护墙内力测试传感器采用钢筋计，安装方法同钢筋混凝土支撑。当钢筋笼绑扎完毕后，将钢筋计串联焊接到受力主筋的预留位置上，并将导线编号后绑扎在钢筋笼上导出地表。从传感器引出的测量导线应留有足够的长度，中间不宜有接头，在特殊情况下采用接头时，应采取有效的防水措施。钢筋笼下沉前应测定全部钢筋计并核查焊接位置及编号，确认无误后方可施工。浇捣混凝土的导管与钢筋计位置应错开，以免导管上下时损伤监测传感器电缆。电缆露出围护结构，应套上钢管，避免日后凿除浮渣时造成损坏。现场监测时采用频率计进行人工监测。

围护墙内力监测通过钢筋计量测不同位置钢筋受力情况，然后可根据不同位置的应力测值按结构力学的相关公式计算围护墙的弯矩。

围护墙内力计算公式如式(2-18)、式(2-19)所示。

$$N_{\mathrm{q}}=\sigma_{\mathrm{s}}\left(\frac{E_{\mathrm{c}}}{E_{\mathrm{s}}}A_{\mathrm{c}}+A_{\mathrm{s}}\right) \tag{2-18}$$

$$=\bar{\sigma}_{j\mathrm{s}}\left(\frac{E_{\mathrm{c}}}{E_{\mathrm{s}}}A_{\mathrm{c}}+A_{\mathrm{s}}\right)$$

$$\bar{\sigma}_{j\mathrm{s}}=\frac{1}{n}\sum_{j=1}^{n}\left[k_j\left(f_{j\mathrm{i}}^2-f_{j0}^2\right)/A_{j\mathrm{s}}\right] \tag{2-19}$$

式中 N_{q}——围护墙内力(kN)；

σ_{s}——钢筋应力(kN/mm^2)；

$\bar{\sigma}_{j\mathrm{s}}$——钢筋计监测平均应力(kN/mm^2)；

k_j——第 j 个钢筋计标定系数(kN/Hz^2)；

$f_{j\mathrm{i}}$——第 j 个钢筋计监测频率(Hz)；

f_{j0}——第 j 个钢筋计安装后的初始频率(Hz)；

$A_{j\mathrm{s}}$——第 j 个钢筋计截面面积(mm^2)；

E_c ——混凝土弹性模量(kN/mm²)；

E_s ——钢筋弹性模量(kN/mm²)；

A_c ——混凝土截面面积(mm²)，$A_c = A - A_s$；

A——围护墙截面面积(mm²)，连续墙为每延米，灌注桩以单桩计；

A_s ——钢筋总截面面积(mm²)。

8. 锚杆拉力监测

岩土层锚杆由单根钢筋或钢管或若干根钢筋形成的钢筋束组成。在基坑开挖过程中，岩土层锚杆要在受力状态下工作数月，为了掌握其在整个施工期间是否按设计预定的方式起作用，需要对一定数量的锚杆进行监测。

岩土层锚杆监测一般仅监测其拉力的变化。由单根钢筋或钢筋束组成的岩土层锚杆可采用钢筋应力计和应变计监测其拉力，与钢筋混凝土构件中的埋设和监测方法相类似。但钢筋束组成的岩土层锚杆必须在每根钢筋上都安装监测元件，它们的拉力总和才是岩土层锚杆总拉力，而不能只测其中一根或两根钢筋的拉力求其平均值，再乘以钢筋总数来计算锚杆总拉力。因为，由钢筋束组成的土层锚杆，各根钢筋的初始拉紧程度不一样，所测得的各根钢筋拉力与其初始拉紧程度的关系很大。

9. 土体深层水平位移监测

监测方法和原理同“围护墙体深层水平位移监测”，其测斜管一般采用钻孔方式埋设，用 ϕ150 钻头成孔，通常比围护结构深 5 m，测斜管为 ϕ70 的专用监测 PVC 管，下管后通过注浆管注入水泥浆，使测斜管与周围土体融为一体，确保土体深层水平位移监测质量。各监测点初始值在监测工程前期连续三次测定(三次取平均)，数据处理同“围护墙体深层水平位移监测”，监测数据可与邻近围护墙体深层水平位移监测孔相互比较、相互印证。

10. 土体分层竖向位移监测

土体分层竖向位移监测是监测土体在不同深度处的沉降或隆起的变化量，采用磁性分层沉降仪测量，或采用多点位移计测量。

1) 原理及仪器

磁性分层沉降仪由对磁性材料敏感的探头、埋设于土层中的分层沉降管和磁环、带刻度标尺的导线以及电感探测装置组成。分层沉降管由柔性塑料管制成，管外根据监测目的和土层分布情况每隔一定距离安放一个磁环，土层沉降时带动磁环同步下沉。当探头从钻孔中缓慢下放遇到预埋在钻孔中的磁环时，电感探测装置上的蜂鸣器就发出蜂鸣声，这时根据测量导线上标尺在孔口的刻度以及孔口的标高，就可计算磁环所在位置的标高，测量精度可达 1 mm。在基坑开挖前预埋分层沉降管和磁环，并测读各磁环的起始标高，与其在基坑施工开挖过程中测得标高的差值即为各土层在施工过程中的沉降量或隆起量。土体分层竖向位移监测可获得各土层的竖向位移随深度的变化规律，沉降管上设置的磁环密度越高，所得到的分层沉降规律越是连贯与清晰。

2）分层沉降管和磁环的埋设

图 2-14 为分层沉降管及磁环。一般沉降管的埋设深度超过 $2H$（H 为基坑开挖深度），视监测的深度范围而定。埋设时，用钻机在预定孔位处钻孔，根据磁环的设计布设位置，下套管前按设计深度将各磁环套在 PVC 观测管外，并设置相应的定位设施。逐节下入套管时，将套管徐徐下放，管与管的连接采用螺钉定位。下管时要平稳放入，禁止冲击。然后加压，使磁环脚外伸，插入孔外坑壁土中固定。下压套管至设计深度，并固定孔内 PVC 管，然后回填泥球将磁环和土层黏结固定。磁环埋设后至少 1 周，确认磁环位置稳定后，按地面标志高程，实测并记录各磁环高程。

图 2-14　土体分层沉降监测管及磁环

3）测量

测量方法有孔口标高法和孔底标高法两种：孔口标高法，以孔口标高作为基准点，孔口标高由测量仪器测量，这是通常采用的方法；孔底标高法，以孔底为基准点从下往上逐点测试，用该方法时沉降管应落在地下相对稳定点。具体测量和计算方法如下。

（1）分层沉降管埋设完成后，采用水准仪测出管口标高（或利用管口标高计算孔底标高），同时利用分层沉降仪测出各磁环的初始深度。

（2）基坑开挖后测量磁环的新高程。测量磁环位置时，要求缓慢上下移动伸入沉降管内的电磁感应探头，当探头探测到土层中的磁环时，接收系统的音响器会发出蜂鸣声，此时读出钢尺电缆在管口处的深度尺寸，这样逐点地测量到孔底，称为进程测读，当在该沉降管内收回测量电缆时，也能通过土层中的磁环接收到系统音响仪器发出的音响，此时也需读写出测量电缆在管口处的深度尺寸，如此测量到孔口，称为回程测读，该孔各磁环在土层中实际深度的计算公式如式(2-20)所示。

$$D_c = H_c - h_c \tag{2-20}$$

式中　D_c——分层沉降标（磁环）的绝对高程(m)；

H_c——沉降管管口绝对高程(m)；

h_c——分层沉降标（磁环）距管口的距离(m)。

由式(2-20)可以分别算出磁环前后两次位置变化，即本次竖向位移量和累计竖向位移量。

11. 坑底隆起(回弹)监测

坑底隆起(回弹)是基坑开挖中,坑底土层的卸荷过程引起的基坑底面一定范围内土体的回弹变形或隆起。深大基坑的回弹量对基坑本身和邻近建筑物都有较大影响,因此需进行基坑回弹监测。基坑回弹监测可采用回弹监测标和深层沉降标两种标志进行测量,另外,当分层沉降环埋设于基坑开挖面以下时所监测到的土层隆起就是土层回弹量。回弹监测标只能监测基坑开挖后坑底总的回弹量,而深层沉降标和分层沉降环可以监测基坑开挖过程中坑底回弹的发展过程,但深层沉降标和分层沉降环在基坑开挖过程中的保护比较困难。

1）回弹标监测

回弹标的埋设和监测方法如下。

(1) 钻孔至基坑设计标高以下 500～1 000 mm,将回弹标旋入钻杆下端,顺钻孔徐徐放至孔底,并压入孔底土中 400～500 mm,即将回弹标尾部压入土中。旋开钻杆,使回弹标脱离钻杆,提起钻杆。

(2) 放入辅助测杆,用辅助测杆上的测头进行水准测量,确定回弹标顶面标高,即在基坑开挖之前测读的初读数。

(3) 测读完初读数后,将辅助测杆、保护管(套管)提出地面,用砂或素土将钻孔回填,为了便于开挖后找到回弹标,可先用白灰回填 500 mm 左右。

(4) 在基坑开挖到设计标高后,再对回弹标进行水准测量,确定回弹标顶面标高,在浇筑基础底板混凝土之前再监测一次。

2）深层沉降标监测

深层沉降标由一个三卡锚头、一根内管和一根外管组成,内管和外管分别是 0.6 cm 和 2.5 cm 的钢管。内管可在外管中自由滑动,锚头连接在内管的底部。用光学仪器测量内管顶部的标高,标高的变化就相当于锚头位置土层的沉降或隆起。其埋设方法如下。

(1) 用钻机在预定位置钻孔,孔底标高略高于欲测量土层标高约一个锚头长度。

(2) 将内管旋到锚头顶部外侧的螺纹连接器上,用管钳旋紧,将锚头顶部外侧的左旋螺纹用黄油润滑后,与外管底部的左旋螺纹相连接,但不必太紧。

(3) 将装配好的深层沉降标慢慢地放入钻孔内,并逐步加长内管和外管,直到放入孔底,用外管将锚头压入监测土层的指定标高位置。

(4) 在孔口临时固定外管,将内管压下约 150 mm,此时锚头上的三个卡子会向外弹,卡在土层里,卡子一旦弹开就不会再缩回。

(5) 顺时针旋转外管,使外管与锚头分离,上提外管,使外管底部与锚头之间的距离稍大于预估的土层隆起量。

(6) 固定外管,将外管与钻孔之间的空隙填实,设置好测点的保护装置。

孔口一般以高出地面 200～1 000 mm 为宜，当地表下降及孔口回弹使孔口高出地表太多时，应将其往下截。

同时在基坑开挖过程中，对深层沉降标进行水准测量，确定其标高的变化。

2.2.3 周围岩土体监测

由于岩土体的工程性质复杂而多变，勘察时往往难以掌握清楚，以致所作的评价不够确切，因此十分有必要对岩土体进行监测，不仅可及时发现问题，采取对策和措施，以保证工程的正常施工和使用，而且可以积累有价值的经验资料，对提高勘察设计及施工水平都有重要意义。

1. 地表竖向位移监测

为了监控基坑施工对周围土体的影响范围，监测地表竖向变形发展趋势，可在基坑周围布置若干组地表沉降监测点，并按距离由近及远形成剖面，从而监测施工影响范围及大小。

1）原理

地表竖向位移监测一般采用常规水准测量的方法进行，仪器设备及测试原理同基坑支护结构竖向位移监测。各监测点高程初始值在基坑工程前期连续三次测定（三次取平均），某监测点本次高程减前次高程的差值为本次沉降量，本次高程减初始高程的差值为累计沉降量。获得各地表沉降监测点的监测数据后，应当连同所在剖面上的其他地表沉降监测点一起绘制地表沉降剖面曲线（纵坐标为累计变化量，横坐标为测点与基坑边线的距离），便于进行地表沉降剖面监测数据规律分析。

2）布点要求

一般垂直于基坑工程边线布设地表竖向位移监测剖面线，剖面线间距为 30～50 m，至少在每侧边中部布置一条监测剖面线，并延伸到施工影响范围外，每条剖面线上一般布设 5 个监测点，监测点间距按由内向外变稀疏的规则布置，作为地下管线间接监测点的地表监测点，布置间距般为 15～25 m。

在测点布设时应尽量将围护结构深层水平位移、支撑轴力和围护结构应力、土体分层沉降和水土压力等测点布置在相近的范围内，形成若干个系统监测断面，以使监测结果互相对照，相互检验。

位于地铁、上游引水、合流污水等主要公共设施安全保护区范围内的监测点设置，应根据相关管理部门技术要求确定。

测点埋设一般利用长 8 cm 的带帽钢钉直接布置在相应路面或地表上，并测得稳定的初始值，但这种测点容易因交通车辆碾压而受到影响。特殊情况时，为保护测点不受碾压影响，沉降剖面监测点可采用窨井形式，采用钻具成孔方式进行埋设，埋设形式如图 2-15 所示。这种埋点方法可以测量土体真实沉降值。

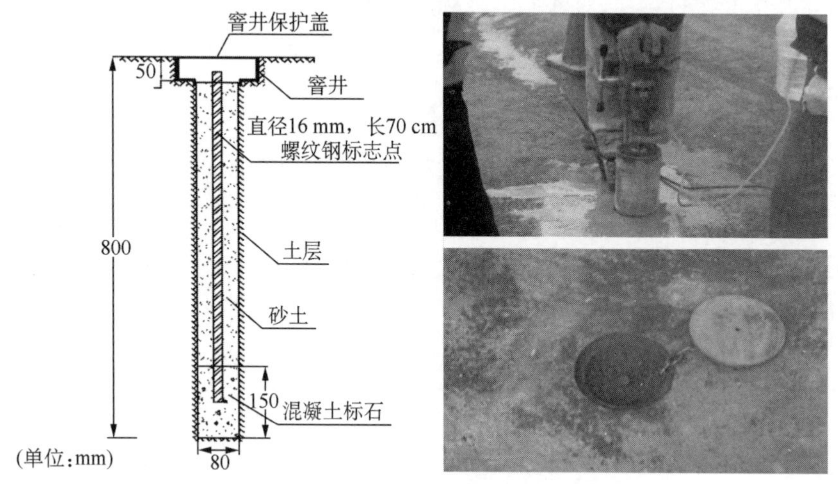

图 2-15　窨井测点埋设形式图及实景图

2. 地下水位监测

在基坑开挖施工中，须在基坑内进行大面积疏干降水以保持基坑内土体相对干燥，以便于土方开挖，如果止水帷幕的实际效果不够理想，将势必对周边环境和建筑物造成危害性影响，严重时将产生基坑管涌、塌方危害。为了使浅层地下水位保持某一适当水平，以使周边环境处于相对稳定可控状态，应加强对水位的动态观测和分析，这对于了解和控制基坑降水深度、判定围护体系的隔水性能、分析坑内和坑外地下水的联系程度具有十分重要的意义。

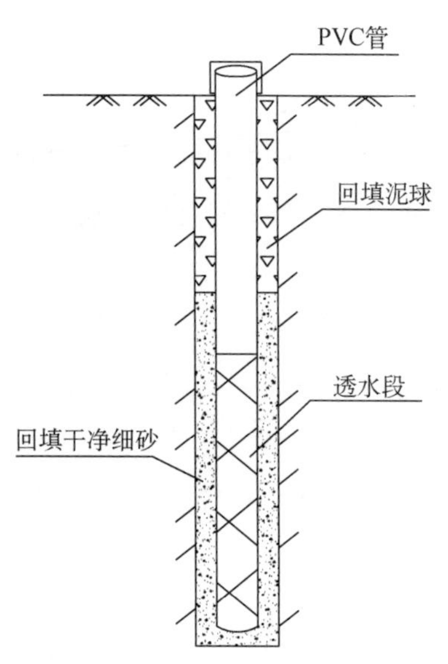

图 2-16　地下水位观测井示意图

1）潜水水位观测井

地下水位通过埋设地下水位观测井，采用钢尺、电测水位计等进行监测，如图 2-16 所示。在地下水位比较高的情况下，可以用干的钢尺直接伸入水位观测井，记录湿迹与管顶的距离，根据管顶高程即可计算地下水位的高程，钢尺长度需大于地下水位与孔口的距离。

电测水位计由测头、电缆、滚筒、手摇柄和指示器等组成，其工作原理是当探头接触水面时两电极使电路闭合，信号经电缆传到指示器及触发蜂鸣器或指示灯，此时可从电缆的标尺上直接读出水深，再根据管顶高程即可计算地下水位的高程。地下水位观测井是在钻孔内埋入滤水塑料管，管子 2 m 以下部分或特定的部位钻有小孔，并包裹以砂布抹丝，管底有封盖，管径约 90 mm，埋设时用钻机钻孔到要求的深度后，将管子放入钻孔，管子与孔壁间用干净细砂填实，在近地表 2 m 内的管子与孔壁间用黏土和干土球填实密封，以免地表水进入孔中，然后用清水冲洗孔底，以防泥浆堵塞测孔，保证水路畅通，测管高出地面约 200 mm，上面加盖，不让雨水进入，并做好观测井的保护装置。

需要分层监测地下水位时，应该分组布置水位观测井，以便对比各层水位变化。如在长江漫滩地区，对基坑工程有影响的含水层为上部由淤泥质粉质黏土组成的潜水含水层以及下部由粉砂组成的承压含水层，应分别对两含水层设置水位观测井。此种情况下，水位观测井的深度应进入被测土层 1 m 以上，只在埋设到被测土层的管子上钻小孔、包裹以砂布抹丝，并在这段管子与孔壁间用干净细砂填实，其余部分管子与孔壁间用黏土和干土球填实密封。多层地下水位的监测也可以在土层埋设水位观测井后下放孔隙水压力计来进行。

2）仪器设备

人工水位观测可采用 SWJ—90 电测水位计。在基坑施工过程中，基坑内水位变化观测一般由降水单位实施，可在降水井定时停抽后测量井内水位的变化。水位自动化监测可以通过在水位观测孔内安装振弦式渗压计实现。

3）数据分析处理

对于水位动态变化的观测，可在基坑降水前测得各水位孔孔口标高及各孔水位深度，孔口标高减水位深度即得水位标高，初始水位为连续三次测得的平均值。每次测得水位标高与初始水位标高的差即为水位累计变化量。

计算公式如式(2-21)—式(2-23)所示。

$$D_s = H_s - h_s \tag{2-21}$$

式中 D_s ——水位管内水面绝对高程(m)；

H_s ——水位管管口绝对高程(m)；

h_s ——水位管内水面距管口的距离(m)。

本次水位变化：

$$\Delta h_s^i = D_s^i - D_s^{i-1} \tag{2-22}$$

累计水位变化：

$$\Delta h_s = D_s^i - D_s^0 \tag{2-23}$$

式中 D_s^i ——第 i 次水位绝对高程(m)；

D_s^{i-1} ——第 $i-1$ 次水位绝对高程(m)；

D_s^0 ——水位初始绝对高程(m)；

Δh_s ——累计水位差(m)。

3. 土压力监测

土压力是基坑支护结构周围的土体传递给围护墙的压力，也称支护结构与土体的接触压力，包括自重及基坑施工过程中深部土体应力重分布引起土体内部的压力变化。通常采用在监测位置上埋设土压力计来进行监测，土压力计监测的压力为水、土压力的总和。

1）监测仪器

土压力监测采用的土压力计一般为振弦式土压力盒，如图 2-17 所示。

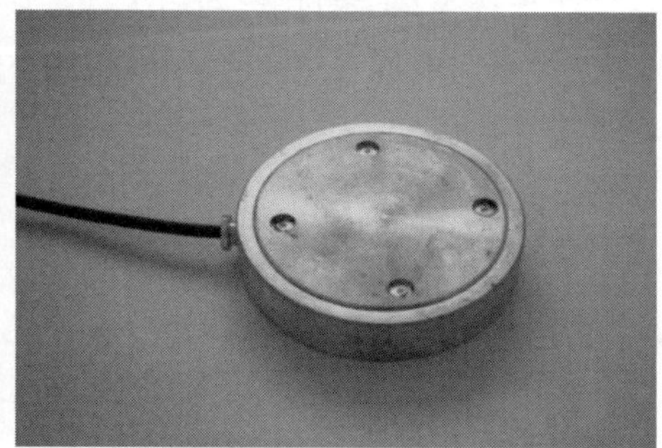

图 2-17　振弦式土压力盒

2）传感器埋设

土压力计埋设方法根据埋设场景不同可采用钻孔法、钢抱箍法、挂布法、气顶法等。

（1）钻孔法：监测土体内土压力的土压力计埋设可采用钻孔法。钻孔法是先在预定位置钻孔，钻孔深度略大于最深的土压力计埋设位置，孔径大于土压力计直径，将土压力计固定在定制的薄型槽钢或钢筋架上一起放入钻孔，放入时应使土压力计敏感面面向所测土压力的方向，就位后回填细砂。根据薄型槽钢或钢筋架的沉放深度和土压力计的相对位置，可以确定其所处的标高，土压力计导线沿槽钢纵向间隙引至地面。由于钻孔回填砂石的固结需要一定的时间，因而土压力值前期数据偏小。另外，考虑钻孔位置与桩墙之间不可能直接密贴，会离开一段距离，因而测得的数据与桩墙作用荷载相比具有一定近似性。

（2）钢抱箍法：在 SMW 工法、H 型钢、钢板桩中埋设土压力盒通常采用钢抱箍法。围护墙为钢板桩 SMW 工法桩时，施工时多用打入或振动压入方式。土压力计及导线只能在施工前安装在构件上，土压力计用钢抱箍安装在钢板桩和 H 型钢上，钢抱箍、挡泥板及导线保护管使土压力计和导线在施工过程中免受损坏。

（3）挂布法：围护墙为地下连续墙时土压力计的埋设一般采用挂布法，如图 2-18 所示。安装时，预先将缝有土压力计的帆布挂帘平铺在钢筋笼表面并与钢筋笼绑扎固定，挂帘随钢筋笼一起吊入槽内，在浇筑混凝土时，由于混凝土在挂帘的内侧，利用流态混凝土的侧向挤压力将挂帘连同土压力计一起压向土层，迫使土压力计与土层垂直表面密贴。在钢筋笼起吊前和吊入槽孔内就位后都要测读土压力计的读数，在浇筑过程中要连续观测土压力计读数，以监视土压力计随混凝土浇筑面上升与槽孔侧壁接触情况的变化。

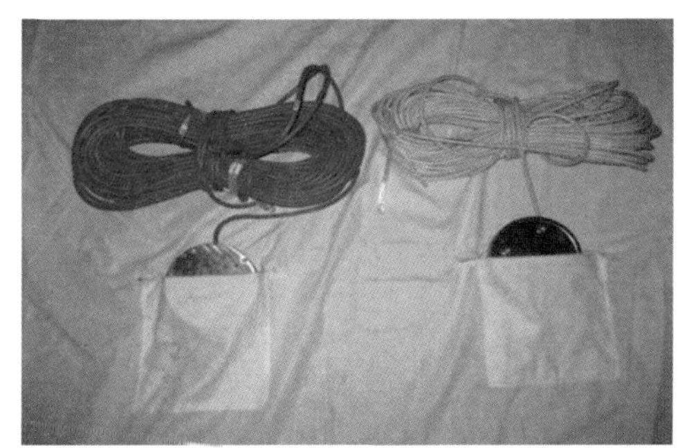

图 2-18 挂布法埋设实景

(4) 气顶法：气顶法是利用气缸为顶出装置，利用气源为动力，将传感器顶入土体，它比挂布法定位更准确，安装更到位，更贴近土压力实际情况。如图 2-19 所示，安装时，将传感器通过相关装置固定在气缸的伸出杆的前端，且传感器的前端平面尽量与主筋齐平，气缸通过前后两块安装板牢固地焊接在钢筋笼上（也就是传感器的安装点），把传感器的电缆和气缸的气管一起用电工胶带绑扎在钢筋笼的钢筋上，直至钢筋笼的上端（待钢筋笼就位后，必须保证气管的长度能够到进气泵的位置），当钢筋笼就位后，先检查气缸处传感器的预留导线是否足够（预留导线长度必须大于气缸最大伸出距离），并在浇灌混凝土前，用气泵加气压，通过气管施加压力将气缸的伸出杆顶出即可。围护结构地下连续墙成槽开挖后，槽段中充满泥浆，采用气顶法可使传感器紧贴槽壁土体，从而避免混凝土覆盖压力计表面，使压力计失去功效。

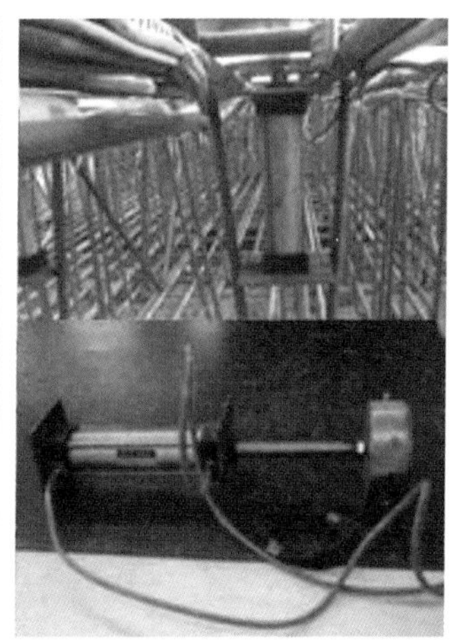

图 2-19 气顶法埋设实景

3) 数据分析处理原理

现场监测用的土压力计一般是钢弦频率式的，将埋设好后引出的土压力计的导线与数字式频率仪连接即可读取频率值，用出厂时提供的标定公式换算成土压力值即可。用之后的压力值与初始压力值相比较，最终作出土压力随时间的变化曲线。根据曲线变形趋势进行判断，评价支护结构所受到土压力的发展过程，从而指导施工。

其计算理论公式如式(2-24)所示。

$$P=K(F_0^2-F_x^2) \tag{2-24}$$

式中 K——率定系数(kPa/Hz²);

F_0——土压力计初始频率(Hz);

F_x——土压力计测试频率(Hz);

P——实测的土压力值(kPa),计算结果精确至 1 kPa。

4. 孔隙水压力监测

基坑开挖及降水将引起孔隙水压力的变化,对孔隙水压力的变化进行监测,其测量结果可用于固结计算及有限应力法的稳定性分析,在基坑开挖和降水等引起的地表沉降的控制中具有十分重要的作用。其原因在于饱和软黏土受荷后,首先产生的是孔隙水压力的增高或降低,随后才是土颗粒的固结变形。孔隙水压力的变化是土层运动的前兆,掌握这一规律就能及时采取措施,避免不必要的损失。

1) 监测仪器

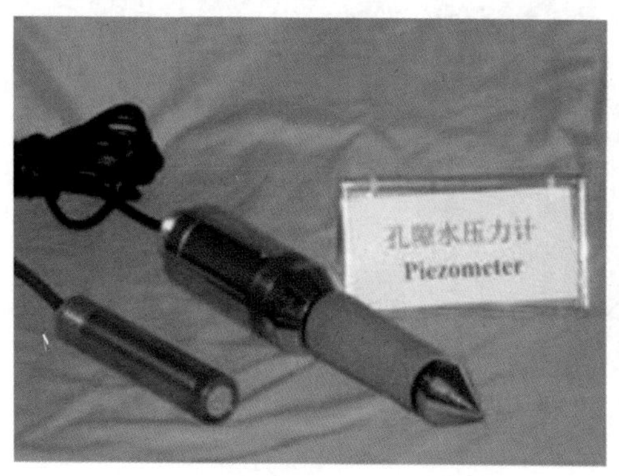

图 2-20 孔隙水压力传感器

孔隙水压力采用振弦式水压力计进行数据采集,如图 2-20 所示。孔隙水压力探头由金属壳体和透水石组成。孔隙水压力计的工作原理是把多孔元件(如透水石)放置在土中,使土中的水连续通过元件的孔隙(透水后),把土体颗粒隔离在元件外面而只让水进入有感应膜的容器内,容器中的水压力即为孔隙水压力。孔隙水压力计的安装和埋设应在水中进行,透水石不得与大气接触,一旦与大气接触,透水石应重新排气。

2) 传感器埋设

孔隙水压力计埋设方法有压入法和钻孔法。

压入法埋设:如果土质较软,可用钻杆将孔隙水压力计直接压入预定的深度。若有困难,可先钻孔至埋设深度以上 1 m 处,再用钻杆将其压到预定的深度,上部用黏土球封孔且至少封 1 m 以上,然后用钻孔时取出的黏土回填封孔至孔口。

钻孔法埋设:在埋设地点采用钻机钻深度大于预定的孔隙水压力计埋设深度约 0.5 m 的钻孔,达到要求的深度或标高后,先在孔底填入部分干净的砂,将孔隙水压力计放入,再填砂到孔隙水压力计上面 0.5 m 处为止,最后采用膨胀性黏土或干燥黏土球封孔 1 m 以上。为了监测不同土层或同一土层中不同深度处的孔隙水压,需要在同钻孔中不同标高处埋设孔隙水压力计，每个孔隙水压力计之间的间距应不小于 2 m，埋设时要精确地控制好填砂层、隔离层和孔隙水压力计的位置，以便使每个探头都在填砂层中，并且各个探头之间都由黏土球或膨胀性黏土严格地相互隔离，否则达不到测定各土层孔隙水压力变化的目的。孔隙水压力计埋设时若采用一孔多点方式，宜用粗砂作为透水填料，透水层填料厚度取为 0.8 m，孔隙水压力计之间用黏土球填料隔离，投放黏土球时，应缓慢、均衡投入。

3）数据分析处理

用振弦式孔隙水压力计实测其频率的变化，根据传感器的标定曲线把测量的频率转化为水压力值，可绘制水压力随时间的变化曲线。根据曲线变形趋势进行判断，评价支护体周边水压力的发展过程，从而指导施工。

计算公式如式(2-25)所示。

$$P=K(f_0^2-f_x^2) \tag{2-25}$$

式中 P——孔隙水压力(kPa)，计算结果精确至 1 kPa；

f_x——压力传感器的本次读数(Hz)；

f_0——压力传感器的初始读数(Hz)；

K——压力传感器的标定系数(kPa/Hz^2)。

2.2.4 周边环境监测

基坑施工必定会对周围岩土体产生不同程度的扰动，进而引起邻近建(构)筑物的变形，过量的变形将影响邻近建(构)筑物和市政管线的正常使用，甚至致使其破坏，因此必须在基坑施工期间对它们的变形及受力进行监测。建(构)筑物主要监测竖向位移，当竖向不均匀位移较大，或有整体移动趋势时，增加水平位移监测，高度大于宽度的建筑物要进行倾斜监测，当建(构)筑物有裂缝时，应选择典型和重要的裂缝进行监测。对地下管线需同时进行竖向位移和水平位移监测。根据监测数据，对邻近建(构)筑物和地下管线的安全作出评价，及时调整开挖速度和支护措施，使基坑开挖顺利进行，以保护周边环境不因过量变形而影响它们的正常使用功能或遭到破坏。相邻环境监测的范围宜从基坑边线起到开挖深度 2～3 倍的距离，监测周期应从施工可能会对环境造成影响前开始，至地下室施工结束为止。

1. 建(构)筑物监测

建筑物的变形监测包括竖向位移、水平位移、倾斜和裂缝监测等内容。

邻近建(构)筑物变形监测点布设的位置和数量应根据基坑开挖有可能影响的范围和程度，以及建筑物本身的结构特点和重要性确定。与建筑物的永久竖向位移观测相比，基坑开挖引起相邻建(构)筑物竖向位移的监测点数量较多，监测频率较高(通常每天 1 次)，监测总周期较短(一般为数月),且监测精度要求需根据相邻建筑物的种类和用途区别对待。

竖向位移监测的基准点必须设置在基坑开挖影响范围之外(至少大于5倍基坑开挖深度),同时亦需考虑重复测量通视等便利,减少转站引点导致的误差。

在基坑工程施工前,必须对建筑物的现状进行详细调查,调查内容包括建筑物结构和基础设计图纸,地基处理资料,建筑物平面布置及其与基坑围护工程的相对位置等,建(构)筑物竖向位移资料,开挖前基准点和各监测点的高程,建筑物裂缝的宽度、长度和走向等裂缝发展情况,并做好素描和拍照等记录工作。将调查结果整理成正式文件,请业主及施工、建设、监理等有关各方签字或盖章认定,作为以后发生纠纷时仲裁的依据。

2. 建筑物竖向及水平位移监测

1) 建筑物竖向位移监测

建筑物的竖向位移是地基、基础和上层结构共同作用的结果。此项监测数据是研究解决地基沉降问题和改进基坑结构设计的重要手段。同时通过监测来分析相对沉降量的程度,以监视建筑物的安全。建筑物竖向位移采用精密水准测量方法进行人工监测,布点时尽可能利用建筑物上原有的测量标志,如果没有测量标志可在墙面钻孔,埋入弯成"L"形的 ϕ14 圆钢筋,用混凝土浇筑固定,或用射钉枪在相应部位直接打入钢钉,并测得稳定的初始值。图 2-21 为不同建筑结构"L"形测点布设示意图。

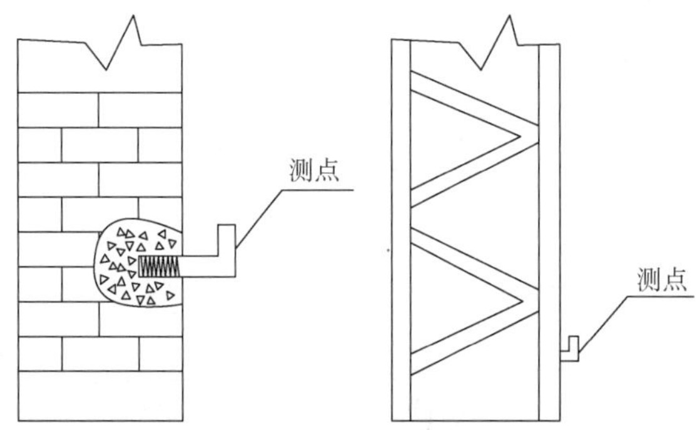

图 2-21 砖混/混凝土/钢结构建(构)筑物监测点布置图

2) 建筑物水平位移监测

建筑物的基础受到水平应力的影响,易发生整体平面移动,建筑物水平位移监测是指测定平面位置随时间变化的移动量,以监视建筑物的安全性或采取加固措施。建筑物水平位移监测一般采用前方交汇法、自由设站法、全站仪极坐标法等。具体方法需根据被测建筑物实际情况进行选取,相应的水平位移监测点的布设要求也不尽相同,但无论采取哪种形式,变形点的位置必须具有变形代表性,必须与建筑物稳固连接,且尽可能与基准点或者工作基点通视。

3. 建筑物倾斜监测

建筑物的主体倾斜监测，应测定建筑物顶部相对于底部或各层间相对于下层的水平位移与高差，分别计算整体或分层的倾斜度、倾斜方向以及倾斜速度。建(构)筑物的倾斜监测方法有两种：一是直接测定建(构)筑物的倾斜；二是通过测量建(构)筑物基础相对沉降的方法来确定建(构)筑物的倾斜。

建筑物倾斜可采用测水平角法或测水平距离法。如图 2-22 所示，在建筑物顶部、底部同一竖直线上设置观测点 A、A′，沿建筑物两侧面建立 X、Y 坐标系，在 X 方向(或 Y 方向)近似延长线上设置仪器；通过测量设站点与 A、A′的水平距离，比较距离差，可以计算 X 方向上的倾斜度；通过测量 I 点至 A、A′的水平夹角，沿 Y 方向的倾斜量与水平夹角变化量 α 的正弦值、仪器 I 到 A 点的距离 D 成正比，如式(2-26)、式(2-27)所示。

$$\delta_X = D_{上} - D_{下} \tag{2-26}$$

$$\delta_Y = D \cdot \sin\alpha \tag{2-27}$$

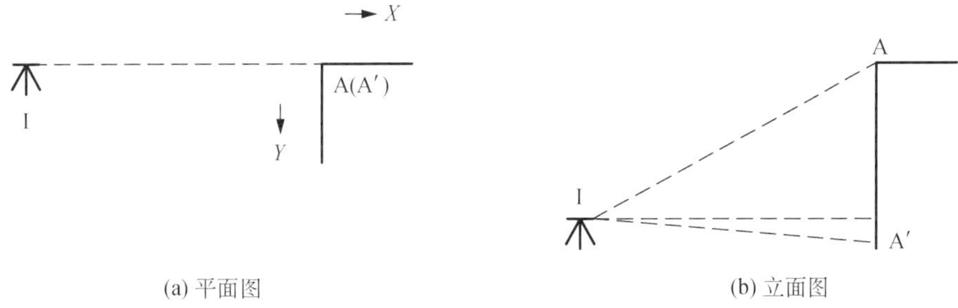

(a) 平面图　　(b) 立面图

图 2-22　建筑物倾斜测量示意图

建筑物倾斜采用全站仪及配套棱镜、测量标志进行观测。也可采用全站仪，利用其无合作目标的功能通过红外测距，结合角度测量进行观测。亦可将同一建筑物的监测点的差异沉降除以测点的平面距离换算出各建筑物因基坑施工影响地基不均匀沉降产生的相对倾斜。

计算公式如式(2-28)所示。

$$q = |\Delta C_{\mathrm{m}} - \Delta C_{\mathrm{n}}| / L_{\mathrm{mn}} \tag{2-28}$$

式中　ΔC_{m}，ΔC_{n} ——建筑物垂直位移测点 m、点 n 的累计垂直位移；

L_{mn} —— 点 m、点 n 间的距离。

4. 建筑物裂缝监测

在施工开始前，对场地周边的建筑物进行现场观察，并拍照进行描述，对建筑物上已

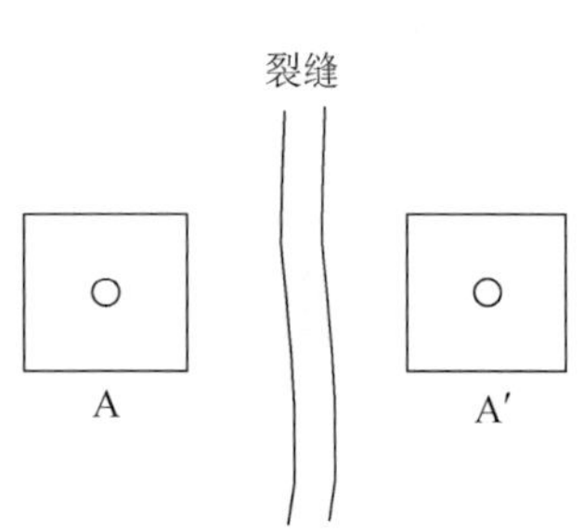

图 2-23 裂缝监测示意图

有的裂缝设点，记录裂缝的特征并编号。施工期间加强对这些建筑物的巡视，如果有新裂缝产生，及时设置测点以观测裂缝的发展变化趋势。裂缝监测如图 2-23 所示。在监测裂缝中部的两侧各粘贴一块不锈钢板，钢板中心钻一个小圆孔，埋设时圆孔连线方向垂直于裂缝，同时在裂缝的两端也各做一个标记，以观测裂缝的发展情况；也可以在裂缝两端设置石膏薄片，使其与裂缝两侧牢固黏结，当裂缝裂开或加大时，石膏片也裂开，在裂缝两侧做好标记，监测时可测定裂缝的大小和变化。

观测所用的量具是一种特殊构造的卡尺，尺身长 700～800 mm，刻度为 1 mm，尺上附有一个水准管，在尺的一端安有一根钻有孔距为 1 cm 的定位小孔、可以上下游动的测针。尺上还附有一个游标，游标带有一根可上下微动的测针。当两测针对准刻度 0，同时气泡在水准管中心时，两测针尖端在同一水平面上。卡尺的垂直和水平最小读数为 0.1 mm。其结构形式见图 2-24。不锈钢板中心圆孔的形状与卡尺测针的尖端必须完全吻合。

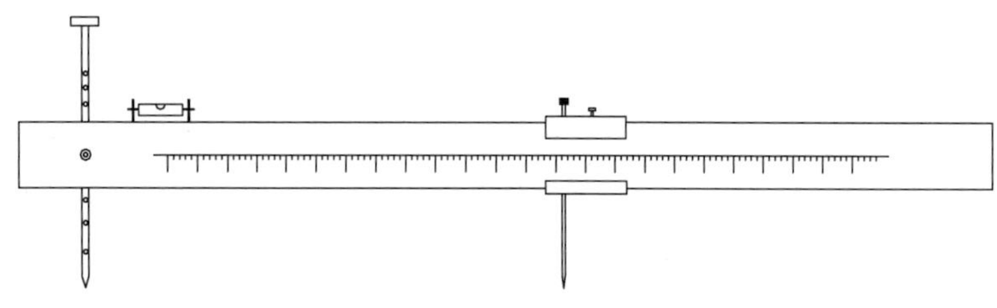
图 2-24 裂缝观测游标卡尺

应特别注意：应重视初始测量，基坑开挖施工对周边环境产生一定影响是难免的，对于周边建筑、管线，应在施工前测定其初始状态，必要时应摄影、摄像作证，客观记录其原始状态，以在施工后正确、公正评估施工影响！

5. 地下管线监测

城市地下管线是城市生活的命脉，其安全与人民生活和国民经济紧密相连。城市市政管理部门和燃气、输变电、自来水及电信等与管线有关的公司都对各类地下管线允许变形量制定了十分严格的规定，基坑开挖施工时必须将地下管线的变形量控制在允许范围内。相邻地下管线的监测内容包括竖向位移和水平位移两部分，监测点布设前应听取地下管线所属部门和主管部门的意见，并考虑地下管线的重要性及对变形的敏感性，结合地下管线的年份、类型、材质、管径、管段长度、接口形式等情况，综合确定监测点及监测频率。

测点布设前需对管线现状调查，内容包括：

(1) 管线埋置深度、管线走向、管线及其接头的形式、管线与基坑的相对位置等。可根据城市测绘部门提供的综合管线图，并结合现场踏勘确定。

(2) 管线的基础形式、地基处理情况、管线所处场地的工程地质情况。

(3) 管线所在道路的地面人流与交通状况。

地下管线可分为刚性管线和柔性管线两类。燃气管、上水管及预制钢筋混凝土电缆管等通常采用刚性管道，刚性管道在土体移动不大时可正常使用，土体移动幅度超过一定限度时则将发生断裂破坏。采用承插式接头或橡胶垫板加螺栓连接接头的管道，受力后接头可产生一定量自由转动的角度，常视为柔性管道，如常见的下水道等。接头转动的角度及管节中的弯曲应力小于允许值时，管道可正常使用，否则也将产生断裂或泄漏，影响使用。地下管线位于基坑工程施工影响范围以内时，施工前一般需在调查的基础上，根据基坑工程的设计和施工方案运用有关公式对地下管线可能产生的最大沉降量作出预估，并根据计算结果判断是否需要对地下管线采取主动的保护措施，并提出经济合理和安全可靠的管线保护方法。对地下管线进行主动保护的方法有跟踪注浆加固和开挖暴露管道后对其进行结构加固等多种方法。

对地下管线进行监测是对其进行被动保护，监测点设计原则为：取距基坑开挖最近的管线；取硬质压力管线(如上水、煤气、下水管线等)；取埋设管径最大的管线；一条路上尽可能取一条最危险的管线设直接监测点；监测点尽可能设在管线出露点，如阀门、窨井上。

在监测中主要采用间接测点和直接测点两种形式。根据监测点尽可能设在管线出露点(如阀门、窨井)的原则，采用直接点和间接点相结合的方法布设；有条件开挖或钻孔的管线，通常采用直接测点，主要是通过埋设一些装置直接测读管线的竖向位移，观测时用水准仪测量测杆的高程变化，即是管线的竖向位移。

直接法埋设方式有抱箍式和套筒式两种，如图 2-25 所示。

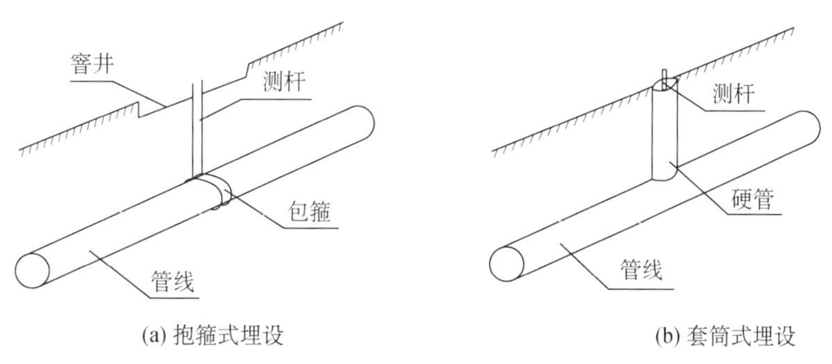

(a) 抱箍式埋设　　(b) 套筒式埋设

图 2-25　直接法埋设示意图

(1) 抱箍式：用扁铁做成稍大于管线直径的圆环，将测杆与管线连接成为整体，测杆伸至地面，地面处布置窨井，保证道路、交通和人员正常通行。抱箍式测点能直接测得管线的沉降和隆起，但埋设时必须凿开路面，并开挖至管线的底面，对城市主干道路而言，很难实现。对于次干道和十分重要的地下管线，如高压燃气管道等，有必要按此方案设置测点并予以严格监测。

（2）套筒式：用钻机垂直钻孔至所测管线管顶深度后找出埋设在地下的所测管线，在管顶安放 ϕ50 mm 的 PVC 管直到地表管顶，在 PVC 管中插入一螺纹钢筋，使钢筋顶端露出地面 2～5 cm，再在 PVC 管中装满黄沙，并将 PVC 管周边土填实，并做好测点保护标志；或者将钢管打设或埋设于所测管线顶面和地表之间，掏出管中泥土，测量时将测杆放入埋管，再将标尺搁置在测杆顶端。只要测杆放置的位置固定不变，监测结果就能够反映出管线竖向位移的变化。套筒式埋设方案简单易行，特别是对于埋深较浅的管线，可避免道路开挖，其缺点是可靠性比抱箍式略差。为了保证道路、交通和人员正常通行，可以在地面处布置窨井。如果有可以开挖地面到管线顶部的条件，对金属材质的地下管线则可以将螺纹钢筋测杆焊到其上面（燃气管不能焊接），对其他材质的地下管线，则可以用砂浆等将螺纹钢筋测杆管固定在其上面，以增加监测的可靠性。

间接测点是间接法埋设的测点，不是直接布设在被保护管线上，通常设在管线的窨井盖上，或管线轴线相对应的地表，将钢筋直接打入地下，深度与管底一致，作为观测标志；或在管线上方使用水钻在道路路面上开孔，深度要求穿透道路表层结构，并确保监测点在原状土层中的深度不小于 0.2 m，开孔后垂直打入 ϕ20 mm 的螺纹钢筋，并安装直径与水钻开孔直径相同的保护筒，再用砂土与木屑的混合填料隔离层将保护筒四周填满。间接测点由于测点与管线之间存在着介质，与管线本身的变形之间有一定的差异，在人员与交通密集不宜开挖的地方，或设防标准较低的场合可以采用另一种间接法埋设的测点，即将测点布设在地下管线靠基坑一侧内侧土体中（距离管线 2～5 m 的范围内），对于埋设深于管线底部 2 m 的测斜管，通过监测测斜管的水平位移来判断地下管线的水平位移则是比较安全和可靠的方法。

2.3 巡视检查

基坑工程监测除使用仪器设备测量监测点的变形及受力值外，还应配合开展巡视检查工作，及时发现基坑不稳定因素。基坑工程具有显著的时空效应，巡检工作作为工程监测中的基本方法之一，配合先进仪器监测，是防止基坑及周围环境中隐患事故发生的重要手段。尤其是在特殊天气（如持续大雨）情况下，与现场仪器监测相比，现场巡检更为简单、直观、可行，因此，在基坑工程施工期间，应由有工程经验的专业监测人员进行现场巡检。

现场巡视检查是以目视为主，辅以量尺、放大镜等工具以及摄像、摄影等手段，凭经验观察获得对判断基坑稳定和环境安全性有用的信息，这是一项十分重要的工作。巡检人员应具有高度责任感和丰富监测经验，并有一定分析能力。当巡检发现异常情况时，应做好详细的记录，认真校核，并与仪器监测数据进行综合分析比较，还应与施工单位的工程技术人员配合，及时交流信息和资料，同时，记录施工进度与施工工况。这些内容都要详细地记录在监测日记中，重要的信息则需写在监测报表的备注栏内，发现重要的工程隐患则要专门出具监测备忘录。当分析认为异常情况可能是事故的预兆时，应立即通知建设方及其他相关单位，以便尽快提出应急预案，避免引起严重后果。

基坑工程现场巡检主要包括以下内容。

(1) 支护结构及周围岩土体

① 冠梁、腰梁、支撑裂缝及发展情况；

② 围护墙、支撑、立柱变形情况；

③ 围护墙体开裂、渗漏情况；

④ 墙后土体裂缝、沉陷及滑移情况；

⑤ 基坑隆起、流砂、管涌情况。

(2) 周边环境

① 周边管道破损、渗漏情况；

② 周边建筑开裂、裂缝发展情况；

③ 周边道路开裂、沉陷情况；

④ 周边开挖、堆载、沉桩等可能影响基坑安全的施工情况。

(3) 施工工况

① 土质条件与勘察报告的一致性情况；

② 基坑开挖分段长度、开挖深度及支撑架设情况；

③ 场地地表水、地下水排放状况，以及基坑降水、回灌设备的运转情况；

④ 基坑周边地面的超载情况。

(4) 监测设施

① 基准点、监测点的完好情况；

② 监测元件的完好情况及保护情况；

③ 影响正常观测工作的障碍物情况。

具体实施中，可根据建设方及其他相关单位的要求，补充新的巡检内容，使现场巡检与仪器监测组成一个完整的监控体系，防止事故的发生。

巡检工作的频率与仪器监测频率相同，当监测点变形量达到报警的测点位置附近时应重点巡检。

2.4 基坑工程自动化监测技术

2.4.1 竖向位移和平面位移的自动化监测

被测对象空间三维变形(平面位移、竖向位移)直接反映被测对象状态。静力水准可监测被测对象间的差异竖向位移,主要适用于周边建(构)筑物的竖向位移监测。测量机器人通过测量角度和距离来计算被测对象的三维变形,可用于周边建(构)筑物、围护顶部变形、立柱变形等的观测,受限于测量原理,测量精度受到距离、气象等因素的影响。

1. 静力水准自动化监测

静力水准仪系统由传感器、数据采集装置、计算机监控管理系统组成(图 2-26)。数据采集装置放置在监测仪器附近,对所接入的仪器按照监控主机的命令或预先设定的时间自动进行控制、测量,并就地转换为数字量暂存于数据采集装置中,再根据监控主机的命令向主机传送所测数据,并向管理中心传送经过检验的数据入库,监测技术人员对存储的数据进行处理和分析。

图 2-26 布置在某保护建筑上的静力水准仪

静力水准的监测原理可参见本书 5.5.3 节。

监测建筑竖向位移时,通过传感器测得任意时刻各测点容器内液面相对于该点安装高程的距离 h_{ji}(含 h_{j1}及首次的 h_{0i}),则可求得该时刻各点相对于基准点 1 的相对高程差。如把任意点 $g(1, \cdots, i, \cdots, n)$作为相对基准点,将 f 测次作为参考测次,则按式(2-29)同样可求出任意测点相对 g 测点(以 f 测次为基准值)的相对高程差 H_{ig}。

$$H_{ig}=(h_{ji}-h_{jg})-(h_{fi}-h_{fg}) \tag{2-29}$$

2. 测量机器人自动化监测

1）系统功能及实现

测量机器人变形监测系统由智能全站仪、数据采集器（一体化智能终端）、服务器和网页端组成。智能全站仪是整个自动化测量系统硬件组成中的核心部件，智能型全站仪拥有自动目标识别功能（Automatic Target Recognition，ATR）和精密伺服马达驱动系统（直驱、压电陶瓷技术），可以调整仪器 ATR 视场角，提供了小视场技术，当视场内出现多个棱镜的时候仪器能进行分辨。

系统利用蜂窝移动网络实现远程通信连接，利用 WebSocket 技术实现实时双向通信。用户可以在网页上完成全站仪自动化项目管理、远程控制、实时数据采集、数据查询和下载以及测点配置等工作。自动化测量系统架构如图 2-27 所示。

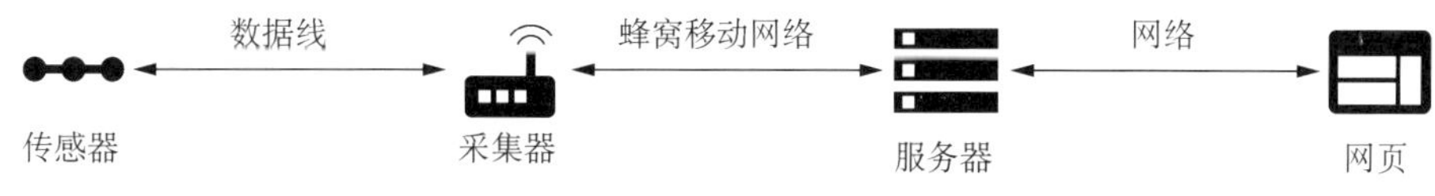

图 2-27　自动化测量系统架构图

测量机器人监测系统的具体实现可参见本书第 5.5.5 节。

2）数据处理

测量机器人应用于周边建（构）筑物、围护顶部变形、立柱变形等的观测，坐标系统的设置、位移计算和数据发布如下。

（1）坐标系统

平面坐标系：根据现场情况，建立独立平面直角坐标系。

高程系统：采用独立高程系，采用三角高程的方法进行观测。

（2）竖向位移计算

通过全站仪平差得到监测点三维坐标后，z 坐标即代表当前测点的高程，通过比较本次高程与初始高程的差值即可得到观测点的沉降量，见式（2-30）。

$$\Delta H = Z_i - Z_0 \tag{2-30}$$

式中　ΔH ——累计沉降量；

Z_i ——第 i 次观测的测点高程；

Z_0 ——测点的初始高程。

（3）水平位移计算

通过全站仪获取测点 A 的三维坐标后，通过以下计算过程得到测点的位移值。

假设测得测点 A 坐标为（X_a，Y_a，Z_a），A 点水平位移 ΔA 计算见式（2-31）：

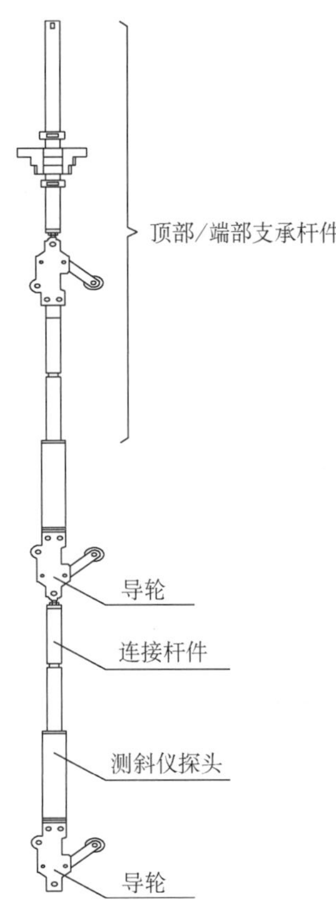

图 2-28　固定式测斜仪示意图

$$\Delta A=\sqrt{(X_{ai}-X_{a0})^2-(Y_{ai}-Y_{a0})^2} \tag{2-31}$$

式中　X_{ai}，Y_{ai}——第 i 次测得 A 点的 X、Y 坐标；

X_{a0}，Y_{a0}——A 点的初始 X、Y 坐标。

根据 X 和 Y 的变形量方向的夹角，可以确定测点水平位移的方向。

3) 成果发布

经过数据处理计算完成的成果直接发布在多传感器自动化监测系统中。数据结果可查询和导出，任何接入网络的设备(电脑、PAD、手机等)都可以通过网页端实时访问查看。

2.4.2　超深地墙的水平位移自动化监测

当前，我国城市地下空间开发规模不断扩大，逐步呈现向纵深开发的态势，基坑最大开挖深度已达 60 m，地下围护结构埋深最大已达 115 m，现有的基坑自动化监测技术与装备，在测试效率、测试精度、数据采集稳定性等方面存在明显不足，难以满足超深基坑安全监控需求，亟须采用新的自动化测试技术与装备，实时感知工程安全风险，揭示深部结构与水土间相互作用的科学规律，验证深层空间的理论设计方法。

1. 系统组成

基坑开挖前，在预留的地下连续墙测斜孔或土体钻孔中放置固定式测斜仪，同时将传感导线接入无线测量模块，通过通信模块实现远程自动监控。

固定式测斜仪主要由以下几部分组成：地面接口盒、数字探头、导轮组、连接杆、中间连接电缆、传输电缆、顶部夹具(图 2-28)。固定式测斜仪采用数字化探头，用一个数据采集仪对所有探头进行循环采集或命令式采集。

一般情况下，将测斜管置入钻孔中并灌浆固定，测斜探头由连接管和万向接头连接在一起后置入测斜管中，固定在测斜管导槽中每个探头顶部安置的滑轮用于确保调整传感器的定位。探头可以固定在测斜孔内需要测定的深度(通过改变接杆长度的办法)，一个测斜孔内可以在不同深度上固定多个探头。

通过综合计算所有探头读数就可以得到测斜管不同深度部位的相对位移。不断地读取数据并将这些读数表示的位移与前面所得到的位移进行比较，就能轻易地得到地下某些位置的位移精确值。读数可以通过在测斜管口旁的总线电缆上连接便携式读数装置和电脑来读取，一条或者多条总线电缆上的探头都可以连接在自动数据采集器上。连接了数据采集器后，可以通过调制解调器由远程电脑读取和使用数据。

2. 数据分析处理原理

测斜传感系统固定在测斜管中，并埋在待测围护墙体或土体内，待稳定后将随着墙体或土体一起变形发生倾角变化。无线传输系统按设定的采集频率将该倾角变化值实时传输至远端服务器。系统软件根据传感器倾角变化值与相邻两个倾角传感器之间的距离（传感器标距）换算这一段管体的相对水平位移值，各段管体的相对水平位移值逐段叠加即得整根测斜管的水平位移值。

2.4.3 支撑轴力自动化监测

1. 监测仪器、设备

为掌握支撑的设计轴力与实际受力情况的差异，防止围护体的失稳破坏，须对支撑结构中受力较大的断面、应力变幅较大的断面进行监测。支撑钢筋制作过程中，在被测断面的上下左右四侧埋设钢筋应力计，同时将钢筋应力计导线接入自动化数据采集单元，通过通信模块实现远程自动监控。

自动化数据采集单元内置智能测量模块，具有自动集测、信号处理、控制和通信功能，可测量振弦式、差阻式、电解质式、电位器式、标准信号、应变片等类型的仪器，有 8，16，32，48 个等多个数量的采集通道，主要功能和技术指标包括以下方面。

（1）能够联结、集测上述各类传感器，包括振弦式仪器、超声波水位计、气压计、测缝计等。

（2）数据采集单元采用智能化模块结构，包括测量、工程单位转换、数据处理和外部通信功能等。

（3）数据采集单元的外部供电电源从本工程提供的交流电源取得，交流电源为220 V ±15％×220 V。

（4）具有掉电自保护功能，具有对处理器、存储器、电源、测量电路、时钟、接口、传感器线路进行自诊断功能。

（5）应带有免维护的蓄电池作后备电源。当外部电源消失时，后备电源能自动启动。

（6）配备的电源容量必须保证 MCU 正常工作。

（7）在现场数据采集单元上应设有人工读数的接口，以便进行人工采集。

（8）应设有与便携式微机的接口，以便操作人员进行现场检查、率定和诊断。

（9）设有 RS232/RS485 通信接口。

（10）应具有很强的实时观测功能。提供各种模式的数据采集方式，如自动定时采集、根据指令随机采集、针对某一特定通道的采集等。

(11) 应配备数据采集软件,要求 MCU 单机能正常工作。

(12) 应支持多任务运行。

(13) 电源系统、通信系统、传感器线路均设有有效的防雷设施。

(14) 工作温度为－20～＋50℃。

(15) 观测时间:每通道不超过 3 s。

(16) 数据存储容量:不低于 40 测次。

(17) 应提供自动报警功能,如测压管水位或其他参数异常变化时自动向中心站发送报警信号。

(18) 支持多种通信方式,如有线 MODERM、光端机、无线模块等。

钢筋应力计和无线数据采集单元如图 2-29 所示。

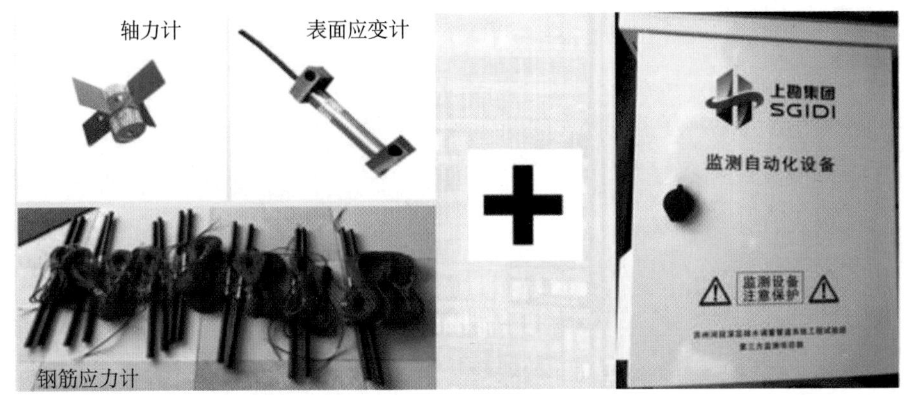

图 2-29 钢筋应力计和无线数据采集单元

2. 布设方法

1) 混凝土支撑(钢筋应力计)

混凝土支撑轴力测点埋设在混凝土支撑浇筑前完成,钢筋应力计与受力主筋一般通过绑扎的方式连接,可避免焊接法将主筋割断导致支撑刚度受影响。钢筋应力计绑扎时选取支撑各面的中间部位,用铁丝与待测主筋绑扎牢固,电缆线按固定线路绑扎于钢筋笼上,且带有编号的线缆端部应支起、远高于支撑钢筋笼,以免混凝土浇捣时线缆被损坏。钢筋应力计电缆一般一次成型,不宜在现场加长。如需接长,应在接线完成后检查钢筋应力计的绝缘电阻和频率初值是否正常。要求电缆接头焊接可靠、稳定且防水性能达到规定的耐水压要求,并做好钢筋应力计的编号工作。

2) 钢支撑(表面应变计)

在钢支撑同一截面两侧分别焊上表面应变计,应变计应与支撑轴线保持平行或在同一平面上。焊接前先将安装杆固定在钢支座上，确定好钢支座的位置，然后将钢支座焊接在钢支撑上。待冷却后将安装杆从钢支座取出，装上应变计。调试好初始频率后将应变计固定在钢支座上。需要注意的是，表面应变计必须在钢支撑施加预顶力之前安装完毕。

然后，将上述钢筋应力计或表面应变计导线接入自动化数据采集单元即可实现自动化监测。支撑监测点现场布设示意如图 2-30、图 2-31 所示。

图 2-30　支撑监测点现场布设示意图

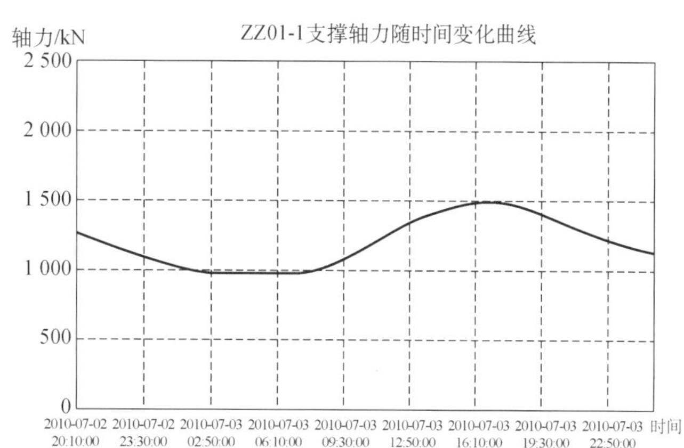

图 2-31　支撑轴力的自动化监测

2.4.4　水、土压力自动化监测

围护结构荷载的最主要来源就是基坑侧壁水、土压力，水、土压力的大小直接影响围护结构变形、内力。基坑开挖过程中水、土压力沿深度变化的规律是极其复杂的，与基坑地质状况、支护方式、施工方法有着密切的联系，超深基坑坑壁水、土压力的监测数据对基坑工程设计与施工具有重要的现实意义与科学价值。因此需要对超深地下连续墙水、土压力进行自动化监测。

地下连续墙的水、土压力一般采用孔隙水压力计、土压力计进行监测。土压力计如采用挂布法安装，容易导致土压力计被混凝土包裹、土压力计受力面不能保持竖直、土压力计成活率低等情况，致使土压力测值不能反映真实土压力的大小。在超深地下连续墙中应采用气顶法安装土压力计(具体安装方法见本书 2.2.3 节的气顶法安装步骤)，保证测试效果。将安装在不同深度的土压力传感器导线引出到地表，导线接入自动化数据采集单元，通过通信模块实现远程自动监控。在地下连续墙侧埋设孔隙水压力计时，可采用挂布法安装，条件具备时也应采用气顶法安装。

2.4.5 地下水位自动化监测

水位可以通过在水位观测孔内安装振弦式渗压计来测读，同样将渗压计导线接入无线自动化数据采集单元，通过通信模块实现远程监控。

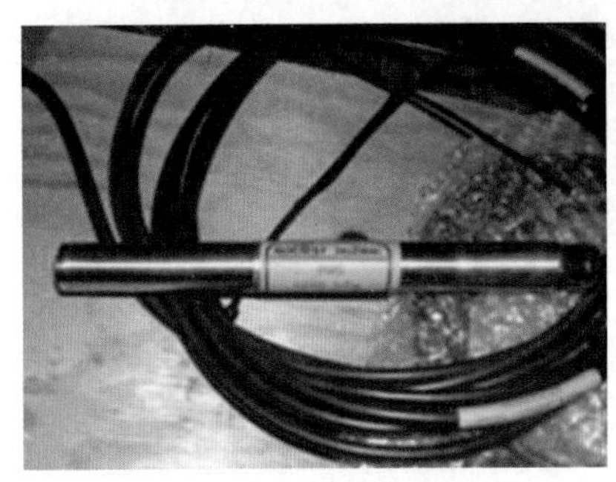

图 2-32 渗压计实物图

振弦式渗压计是一个振动膜压力传感器，传感元件是把柔软的压力膜焊接在坚固的圆柱体空腔上而组成的，除振弦外的所有部分都是由高强不锈钢组成，高强度的振动弦一端夹在膜的中间，另一端夹在空腔的另一端，在制造过程中振弦预紧到一定的张力状态后密封，确保其使用寿命和稳定性，读数仪连接到电磁线圈后激励线圈并测量线圈的振动周期。渗压计实物如图 2-32 所示。

使用过程中，地下水压力导致膜的变形而改变钢弦的张紧度和共振频率，数据采集器精确测量弦的共振频率并且以周期或线性读数显示，采用渗压计的压力计算公式便可以计算水头高度，从而得出当前水位。

2.5 监测预警控制标准

通过分析大量工程事故案例发现，基坑工程发生重大事故前都有预兆，这些预兆首先反映在监测数据中，如围护墙体变形过大、变形速率超快、地面沉降加速等，每一测试项目都应根据实际情况事先确定其预警控制标准，根据位移或受力状况是否超过允许的范围，来判断当前工程是否安全可靠，从而进一步判断工程施工是否需调整施工工序或优化设计方案。因此，制定基坑工程监测预警控制标准对工程安全至关重要。

由于设计理论的不尽完善以及基坑工程的地质、环境的差异性和复杂性，人们的认知能力和经验还十分不足，建立一套合理的基坑工程监测预警控制标准十分困难，且工程的重要性越高，其报警值的建立就越重要，难度也越大，未发生险情但数据频繁报警的情况也时有发生。因此，在确定监测预警控制标准时需要将设计计算理论、相关标准、有关主管部门的规定及类似工程经验等结合起来综合考虑。

1. 规范标准及确定依据

国家行业标准《建筑基坑工程监测技术标准》(GB 50497—2019)编制过程中围绕监测报警值开展了充分的专题调研，根据专家调查及专题调查报告，相关的国家、行业和地方标准，工程实践经验的总结等，规定基坑工程监测报警值由监测项目的累计变化量和变化速率值共同控制，并对基坑支护结构、周边环境监测等分别给出了相应监测项目的报警值，如表 2-3、表 2-4 所示。

表 2-3　　基坑及支护结构监测报警值

序号	监测项目	支护结构类型	基坑类别								
			一级			二级			三级		
			累计值		变化速率/($mm \cdot d^{-1}$)	累计值		变化速率/($mm \cdot d^{-1}$)	累计值		变化速率/($mm \cdot d^{-1}$)
			绝对值/mm	相对基坑深度(H)控制值		绝对值/mm	相对基坑深度(H)控制值		绝对值/mm	相对基坑深度(H)控制值	
1	围护墙(边坡)顶部水平位移	放坡、土钉墙、喷锚支护、水泥土墙	30～35	0.3%～0.4%	5～10	50～60	0.6%～0.8%	10～15	70～80	0.8%～1.0%	15～20
		钢板桩、灌注桩、型钢水泥土墙、地下连续墙	25～30	0.2%～0.3%	2～3	40～50	0.5%～0.7%	4～6	60～70	0.6%～0.8%	8～10
2	围护墙(边坡)顶部竖向位移	放坡、土钉墙、喷锚支护、水泥土墙	20～40	0.3%～0.4%	3～5	50～60	0.6%～0.8%	5～8	70～80	0.8%～1.0%	8～10
		钢板桩、灌注桩、型钢水泥土墙、地下连续墙	10～20	0.1%～0.2%	2～3	25～30	0.3%～0.5%	3～4	35～40	0.5%～0.6%	4～5
3	深层水平位移	水泥土墙	30～35	0.3%～0.4%	5～10	50～60	0.6%～0.8%	10～15	70～80	0.8%～1.0%	15～20
		钢板桩	50～60	0.6%～0.7%	2～3	80～85	0.7%～0.8%	4～6	90～100	0.9%～1.0%	8～10
		型钢水泥土墙	50～55	0.5%～0.6%		75～80	0.7%～0.8%		80～90	0.9%～1.0%	
		灌注桩	45～50	0.4%～0.5%		70～75	0.6%～0.7%		70～80	0.8%～0.9%	
		地下连续墙	40～50	0.4%～0.5%		70～75	0.7%～0.8%		80～90	0.9%～1.0%	
4	立柱竖向位移		25～35	—	2～3	35～45	—	4～6	55～65	—	8～10
5	基坑周边地表竖向位移		25～35	—	2～3	50～60	—	4～6	60～80	—	8～10
6	坑底隆起(回弹)		25～35	—	2～3	50～60	—	4～6	60～80	—	8～10
7	土压力		(60%～70%)f_1		—	(70%～80%)f_1		—	(70%～80%)f_1		—
8	孔隙水压力										

续表

序号	监测项目	支护结构类型	基坑类别								
			一级			二级			三级		
			累计值		变化速率/(mm·d^{-1})	累计值		变化速率/(mm·d^{-1})	累计值		变化速率/(mm·d^{-1})
			绝对值/mm	相对基坑深度(*H*)控制值		绝对值/mm	相对基坑深度(*H*)控制值		绝对值/mm	相对基坑深度(*H*)控制值	
9	支撑内力		(60%～70%)f_2		—	(70%～80%)f_2		—	(70%～80%)f_2		—
10	围护墙内力										
11	立柱内力										
12	锚杆内力										

注:1. H 为基坑设计开挖深度,f_1为荷载设计值,f_2为构件承载能力设计值。
2. 累计值取绝对值和相对基坑深度(h)控制值二者中的小值。
3. 当监测项目的变化速率达到表中规定值或连续 3 d 超过该值的 70%时,应报警。
4. 嵌岩的灌注桩或地下连续墙位移报警值宜按表中数值的 50%取用。

表 2-4 基坑周边环境监测报警值

序号	监测对象			累计值/mm	变化速率/(mm·d^{-1})	备注
1	地下水位变化			1 000	500	—
2	管线位移	刚性管道	压力	10～30	1～3	直接观察点数据
			非压力	10～40	3～5	
		柔性管道		10～40	3～5	—
3	邻近建筑位移			10～60	1～3	—
4	裂缝宽度	建筑		1.5～3	持续发展	—
		地表		10～15	持续发展	—

注:建筑整体倾斜度累计达到 2‰或倾斜速度连续 3 d 大于 $0.0001H$/d(H 为建筑承重结构高度)时应报警。

监测报警值可分为变形监测报警值和受力监测报警值,变形报警值给出容许位移绝对值、与基坑深度比值的相对值以及容许变化速率值。基坑和周围环境的位移类监测报警值是为了基坑安全和对周围环境不产生有害影响,需要在设计和监测时严格控制;而围护结构和支撑的内力、锚杆拉力等,则是在满足以上基坑和周围环境的位移和变形控制值的前提下由设计计算得到的,因此,围护结构和支撑内力、锚杆拉力等应以设计预估值为确定报警值的依据,该规范中将受力类的报警值按基坑等级分别确定了设计允许最大值的百分比值。

上海市《基坑工程施工监测规程》(DG/TJ 08—2001—2016)根据上海地区软土时空效应的特点以及施工过程中分级控制的需求,根据工程的实际需要将监测预警控制标准分为监测预警值和监测报警值。

(1) 监测预警值是指针对基坑工程监测而设定的低一等级的定量化指标，是引起警戒措施的起始值，监测数据达到预警值，表明基坑支护体系及周边环境的受力、变形状态达到设计的计算值。

(2) 监测报警值是指比预警值高一等级的量化指标，为提出报警的起始值，监测数据达到报警值，表明基坑支护体系可能存在一定的安全隐患，周边环境受到一定影响。此时，工程参建各方应引起足够的重视，基坑监测单位也应采取相应的措施。

支护结构及周围岩土体监测报警值、基坑周边环境报警值见表 2-5、表 2-6。

表 2-5　支护结构及周围岩土体监测项目报警值

监测项目	支护结构类型	基坑类别								
		一级			二级			三级		
		累计值		变化速率/(mm·d⁻¹)	累计值		变化速率/(mm·d⁻¹)	累计值		变化速率/(mm·d⁻¹)
		绝对值/mm	相对基坑深度(*H*)控制值		绝对值/mm	相对基坑深度(*H*)控制值		绝对值/mm	相对基坑深度(*H*)控制值	
围护桩墙顶部水平位移	放坡、锚拉体系、水泥土墙	—	—	—	—	—	—	30～60	0.7%～0.9%	4～6
	钢板桩、灌注桩、型钢水泥土墙、地下连续墙	15～25	0.2%～0.3%	2～3	20～30	0.3%～0.5%	3～4	25～40	0.5%～0.7%	4～5
围护桩墙顶部竖向位移	放坡、锚拉体系、水泥土墙	—	—	—	—	—	—	30～50	0.7%～0.9%	4～6
	钢板桩、灌注桩、型钢水泥土墙、地下连续墙	15～25	0.2%～0.3%	2～3	20～30	0.3%～0.4%	3～4	25～35	0.4%～0.5%	4～5
围护桩墙深层水平位移	放坡、锚拉体系、水泥土墙	—	—	—	—	—	—	60～80	0.8%～1.0%	4～6
	钢板桩、灌注桩、型钢水泥土墙、地下连续墙	30～50	0.4%～0.5%	2～3	40～60	0.5%～0.6%	3～4	45～65	0.6%～0.8%	4～5
地表竖向位移		20～40	0.2%～0.3%	2～3	30～50	0.3%～0.5%	3～4	40～60	0.5%～0.7%	4～5
立柱竖向位移		20～30	0.2%～0.3%	2～3	25～35	0.3%～0.4%	3～4	30～40	0.4%～0.5%	4～5
坑底隆起(回弹)										
地下水位		1 000		300	1 000		300	1 000		300
土压力		$(60\%\sim70\%)f_1$			$(70\%\sim80\%)f_1$			$(70\%\sim80\%)f_1$		
孔隙水压力										
桩、墙、柱内力		$(60\%\sim70\%)f_2$			$(70\%\sim80\%)f_2$			$(70\%\sim80\%)f_2$		
支撑内力		$80\%f_3\sim70\%f_2$			$70\%f_3\sim80\%f_2$			$70\%f_3\sim80\%f_2$		
锚杆拉力										

注：1. H 为基坑设计开挖深度，f_1 为荷载设计值，f_2 为构件承载能力设计值，f_3 为预应力设计值。
2. 累计值取绝对值和相对基坑深度(H)二者中的小值。
3. 报警值可按基坑各侧边情况分别确定。

表 2-6　基坑周边环境监测报警值

监测对象	变化速率/(mm·d^{-1})	累计量/mm	备注
供水、燃气管线位移	2～3	10～30	刚性管道
电缆、通信管线位移	3～5	10～40	柔性管道
邻近建(构)筑物位移	1～3	10～40	根据建(构)筑物对变形的适应能力确定

注:建(构)筑物整体倾斜率累计值达到 2‰或者新增 1‰时,应报警。

国家标准《建筑基坑工程监测技术标准》(GB 50497—2019)规定监测报警值由基坑工程设计方确定,同时对基坑工程监测报警值的确定设定了如下依据。

(1) 监测报警值应满足基坑工程设计、地下结构设计以及周边环境中被保护对象的控制要求。

(2) 基坑内、外地层位移控制应满足以下要求:不得导致基坑的失稳,不得影响地下结构的尺寸、形状和地下工程的正常施工,对周边已有建筑引起的变形不得超过相关技术规范的要求或影响其正常使用,不得影响周边道路、管线、设施等的正常使用,满足特殊环境的技术要求等。

(3) 基坑及支护结构监测报警值根据土质特征、设计结果及当地经验等因素确定。

(4) 基坑周边环境报警值根据主管部门的要求确定。

(5) 基坑周边建筑、管线的报警值除考虑基坑开挖造成的变形外,尚应考虑其原有变形的影响。

2. 报警分级

在施工险情预报中,应同时考虑各项监测项目的累计值和变化速度及其相应的实际历时变化曲线。结合观察到的结构、地层和周围环境状况等综合因素进行预报。从理论上说,设计合理、可靠的基坑工程,在每一工况的挖土结束后,一切表征基坑工程结构、地层和周围环境力学形态的物理量应该随时间而渐趋稳定。反之,如果测得表征基坑工程结构、地层和周围环境力学形态特点的某一种或某几种物理量,其变化随时间不是渐趋稳定,则可以断言该工程是不稳定的,必须修改设计参数,调整施工工艺。

报警制度宜分级进行,如深圳地区深基坑地下连续墙给出了安全、注意、危险三种警示状态。上海市《基坑工程施工监测规程》(DG/TJ 08—2001—2016)在监测报警值前还提出了预警值作为引起警戒措施的起始值,对应三种不同的警示状态,工程人员应采取不同的应对措施。

未达到预警的"安全"状态时,在监测日报表上作安全记号,口头报告管理人员;达到预警值的"注意"状态时,除在监测日报表上作报警记号外,还应写出书面报告和建议，并面交管理人员；达到报警值的“危险”状态时，除在监测日报表上作紧急报警记号，写出书面报告和建议外，还应通知主管工程师立即到现场调查，召开现场会议，研究应急措施。

除监测数据分级报警外，需同时关注现场巡视情况。现场巡查过程中发现下列情况之一时，须立即报警。

(1) 基坑围护结构出现明显变形、较大裂缝、撕裂、较严重渗漏水，支撑出现明显变位或脱落、锚杆出现松弛或拔出等。

(2) 基坑周围岩土体出现涌砂、涌土、管涌，较严重渗漏水、突水，滑移、坍塌，基底较大隆起等。

(3) 周边地表出现突然明显沉降或较严重的突发裂缝、坍塌。

(4) 建(构)筑物、桥梁等周边环境出现危害正常使用功能或结构安全的过大沉降、倾斜、裂缝等。

(5) 周边地下管线变形突然明显增大或出现裂缝、泄漏等。

(6) 根据当地工程经验判断应进行警情报送的其他情况。

出现以上这些情况时，基坑及周边环境的安全可能已经受到严重威胁，所以要立即报警，以便及时决策，采取相应措施，确保基坑及周边环境的安全。

2.6 工程实例

2.6.1 某工程项目主楼基坑工程信息化监测

1. 工程概况

项目位于城市中心核心区，场地面积约为 30 370 m^2，总建筑面积约为 565 000 m^2。由 1 幢 121 层主楼(结构高度 580 m、建筑顶高度 632 m)和 1 幢 5 层商业裙房(高度 38 m)组成，整个场地下设 5 层地下室，基础形式采用桩筏基础，主楼基础埋深为 31.1 m，裙房基础埋深约为 26.3 m。主楼基坑先施工，待主楼地下室施工出±0.000 后再进行裙房基坑施工。主楼区域地下结构采用明挖顺作法施工，裙房区域地下结构采用逆作法施工。

如图 2-33 所示，主楼区域基坑呈圆形，采用地下连续墙(简称：地墙)(墙厚 1.2 m、墙深 50 m)作为围护结构，每幅地墙外转折点到圆心的距离约 61.77 m。主楼区基坑内设置 6 道环形支撑，顶面设置 4 个挖土平台。各道环撑及栈桥范围内支撑详细情况如表 2-7 所示。

图 2-33　主楼基坑实景图

表 2-7　　主楼支撑详细情况表

支撑层数	截面尺寸/(mm×mm)	支撑中心相对标高/m
第一道	3 700×1 500	−1.75
第二道	2 800×1 500	−9.30
第三道	2 800×1 600	−15.30
第四道	3 000×1 600	−20.30
第五道	3 000×1 800	−24.90
第六道	3 000×1 800	−28.90

如图 2-34 所示，本工程四周均为城市主干道，且紧邻基坑有多幢超高层建筑，周边建筑物距离本项目最近处仅 20 多米，且场地四周管线极为复杂，密布多条地下管线。场地周边环境极其复杂，保护要求极高。

场地下伏巨厚的复合承压含水层，由第一承压含水层与第二承压含水层组成。由于本场地内缺失具有相对隔水性能的第⑧层，第一、第二承压含水层相互连通，复合承压含水层厚度近百米，基坑突涌风险高。承压水常年水位地表下约 8 m，围护结构渗漏风险大。

本工程基坑底面置于第⑥层或第$⑦_1$层中，基坑周边以第③、④、$⑤_1$ 等软弱黏性土层为主，有较明显触变及流变特性；场地第③层夹黏质粉土、第$⑦_1$层为粉(砂)性土，透水性较好，若降水和止水措施不当，极易产生流砂、管涌等不良地质现象；基坑开挖深度大，开挖时坑底土体会有一定的回弹，土体回弹会对基坑支护结构、逆作法施工的地下结构、周围邻近已有建筑物、地下管线等产生不利影响，同时土体回弹可能引起已施工钻孔灌注桩的回弹拉裂问题。

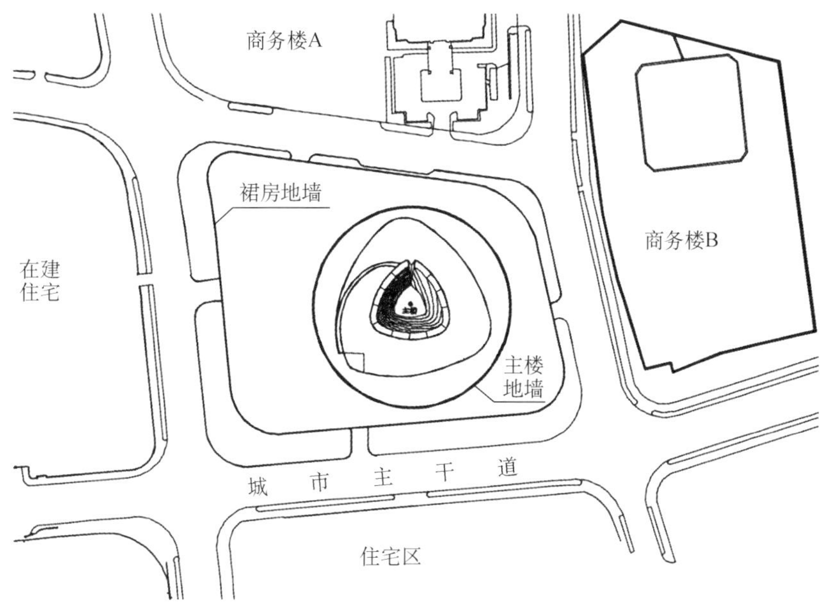

图 2-34 项目周边环境

2. 测点布设及监测方法

根据工程的要求、周围环境、地质及水土条件、基坑本身的特点及相关工程的经验，按照安全、经济、合理的原则，按照设计要求对主楼本体结构、周围岩土体、周边环境等进行监测。

主楼基坑测点布设如图 2-35 所示，主要设置围护顶部变形监测、围护结构深层水平位移监测、立柱桩竖向位移监测、立柱桩桩身应力监测、环形支撑钢筋应力、混凝土应力监

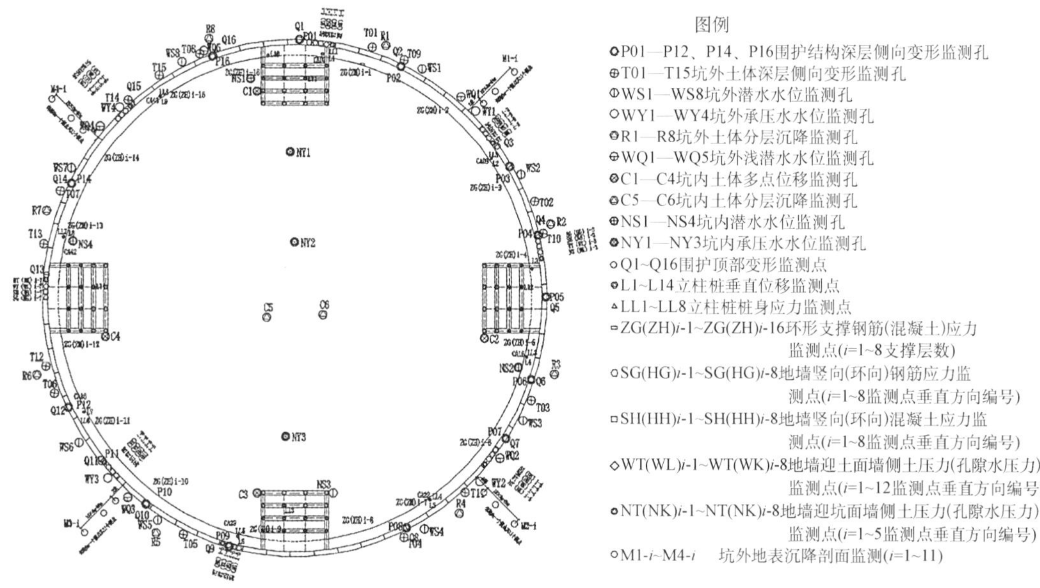

图 2-35 主楼基坑监测布点

测、地墙竖向钢筋应力和混凝土应力监测、地墙环向钢筋应力和混凝土应力监测、坑外土体深层水平位移监测、坑外分层沉降监测、坑内土体隆沉监测、坑内外潜水水位和承压水水位监测、墙侧土压力监测、墙侧孔隙水压力监测等。

周边环境监测包括地表沉降剖面监测、周边建筑物变形监测、周边管线监测等测项。周边环境测点情况统计见表 2-8。

表 2-8　　周边环境测点统计表

序号	监测项目		测点数量
1	周边地下综合管线监测	给水管线	90 点
2		天然气管线	71 点
3		供电管线	27 点
4		雨水管线	22 点
5		污水管线	25 点
6		信息管线	26 点
7		上话管线	22 点
8		原水管线	28 点
9		商务楼 A 地下综合管线	5 点
10		商务楼 B 地下综合管线	10 点
11		住宅区水池、燃气管线	10 点
12	周边建(构)筑物竖向位移监测	商务楼 A	33 点
13		商务楼 B	25 点
14		住宅区建筑物	29 点
15	地表沉降剖面监测	共计 11 组，每组按 5 m，5 m，5 m，10 m，15 m 的间距布设 5 点	55 点

(1) 围护顶部变形监测

基坑围护顶部竖向位移及水平位移监测点一般布设在侧边中部或阳角部位，点位间距不超过 20 m，本基坑共计布设围护顶部变形监测点位 16 点，竖向位移利用长 8 cm 的带帽钢钉直接布置在新浇筑的围护顶部，水平位移测点利用钢制三角架固定在围护顶部。竖向位移采用瑞士 WILD NA2 自动安平水准仪配合铟瓦尺进行观测，水平位移采用极坐标法由 Leica TS30 全站仪进行坐标数据的采集。本基坑监测控制网采用项目平面、高程控制网，与施工控制网保持一致。

(2) 围护结构深层水平位移监测及坑外土体深层水平位移监测

围护结构深层水平位移监测采用在基坑围护地下连续墙的钢筋笼上绑扎埋设带导槽 PVC 塑料管的方式，坑外土体深层水平位移监测采用在坑外以钻孔方式埋设带导槽 PVC

塑料管的方式，并采用美国 Geokon-603 测斜仪进行测试，测斜精度为±0.1 mm/500 mm。围护墙体测斜孔深同墙深，共计 14 孔，孔深 45 m，坑外土体测斜孔深约 60 m，共 15 孔。

(3) 立柱桩竖向位移监测及桩身应力监测

立柱桩竖向位移监测点布设在立柱桩的顶部，共设置监测点 14 点，观测方法同围护顶部竖向位移监测。选择坑内 8 根立柱进行应力监测，在每根立柱桩布置 4 只钢筋应力计测试柱身应变，立柱桩桩身应力监测桩对应立柱桩竖向位移监测桩。测试时用 ZXY-Ⅱ型频率计实测混凝土应变计频率变化，从而计算桩身应力。

(4) 环形支撑内力监测

主楼基坑采用 6 道环形支撑作为支撑体系。环形支撑内力监测点布置在设计指定位置，沿环向主筋埋设钢筋应力计及混凝土应变计。各道环形支撑上分别设置 16 组钢筋应力测点、16 组混凝土应力测点，每组钢筋应力测点分别埋设 4 个钢筋应力计，每组混凝土应力测点分别埋设 2 个混凝土应变计。测试时同样采用 ZXY-Ⅱ型频率计实测。

(5) 地墙钢筋应力及混凝土应力监测

在测试地墙槽段内设置 8 组竖向应力监测断面及 8 组环向应力监测断面，且每组竖向应力监测断面与环向应力监测断面对应布设。为与地墙钢筋受力情况进行对比，同位置附近设置混凝土竖向应力监测点 8 组，环向应力监测点 8 组，埋设的相对标高分别为：−10.15m，−16.2m，−21.2m，−25.9m，−29.9m，−31.6m，−36.0m，−44.0m。同幅墙体内地墙应力测点均在迎土面、迎坑面各设 2 个测点。测试方式同环形支撑内力。

(6) 坑内、外水位观测

在基坑地墙外侧 1.5 m 范围内及坑内设计位置分别布置潜水水位观测孔及承压水水位观测孔。根据设计要求，坑外布设潜水水位观测孔 8 孔；坑内布设潜水水位观测孔 4 孔，孔深约 24 m。坑外布设承压水位观测孔 4 孔，坑内布设承压水位观测孔 3 孔，孔深约 45 m。测试时采用 SWJ-90 电测水位计进行观测。

(7) 坑外分层沉降及坑内土体回弹观测

在基坑外布置 8 个分层沉降监测孔，坑内布置 6 个土体回弹观测孔。坑内土体回弹观测采用 NVD 系列振弦式多点位移计，直接安装在孔径为 120 mm 钻孔中，每组多点位移计观测孔从相对标高−32.0 m 处起沿竖向每隔 5 m 深度设置一个锚头，灌浆锚固，每组共设 6 点。在设计深度各设置 6 个沉降磁环，从相对标高−32.0 m 处起沿竖向每隔 5 m 设置 1 个沉降磁环。测试时利用分层沉降仪测量基坑开挖过程中土层的回隆量及坑外土体的沉降量。

(8) 地墙墙侧土压力及孔隙水压力

地墙墙侧土压力计与孔隙水压力计布设位置与地墙环向钢筋应力监测点平面位置基本相对应，便于进行数据对比分析。根据设计要求，共选择 8 幅地墙的迎土面、迎坑面设置土压力监测断面及孔隙水压力断面，均采用挂布法埋设。测试时，采用频率计进行传感器频率测读，并根据公式计算土压力及孔隙水压力。

(9) 周边环境监测

本基坑周边环境监测包括周边建筑物监测、周边地下管线监测、地表沉降剖面监测等。对约 45 m 范围内的主要建(构)筑物，包括商务楼 A、商务楼 B、住宅区建筑物等，共计布设 87 个点，布点时尽可能利用建(构)筑物上原有的测量标志，如果没有测量标志，可在离墙角 50 cm 处的墙面钻孔，埋入弯成“L”形的 ϕ14 圆钢筋，用混凝土浇筑固定；或用射钉枪直接在相应部位打入钢钉。基坑周边地下管线密集，共计布设各类地下管线监测点 156 个，所有管线监测点均进行竖向位移监测，距离基坑最近的一排管线同时观测水平位移，管线点的埋设方式尽可能采用直接法。距离主楼基坑外侧 2 m 起设置 4 组沉降剖面，每组 11 点，点间距为 6 m，工程周围设置 11 组沉降剖面，每组 5 点，按基坑围护外侧算起 5 m，5 m，5 m，10 m，15 m 的间距设置。竖向位移监测方法采用二等水准测量，水平位移监测采用轴线投影法。

3. 监测成果分析

本基坑工程测项较多，选择典型测项进行监测成果分析。

1) 围护顶部变形监测成果分析

根据监测数据分析，围护顶部变形主要受基坑开挖及承压水降水影响，整体呈上抬趋势，累计历时变化曲线见图 2-36。在第 2 层土方开挖阶段(开挖深度约 10 m)、第 3 层土方开挖阶段(开挖深度约 16 m)，坑内土体回弹带动围护墙体抬升；在第 4 层土方开挖阶段(开挖深度约 20 m)，主楼基坑承压井降水开始(水位深度－17.5 m 左右)，受降水影响，基坑周边土体下沉，围护墙体的顶部位移回弹变缓；在第 5 层土方开挖阶段(开挖深度约 25.4 m，主楼承压井降水降至深度－20.5 m 左右)及在第 6 层土方开挖阶段(开挖深度

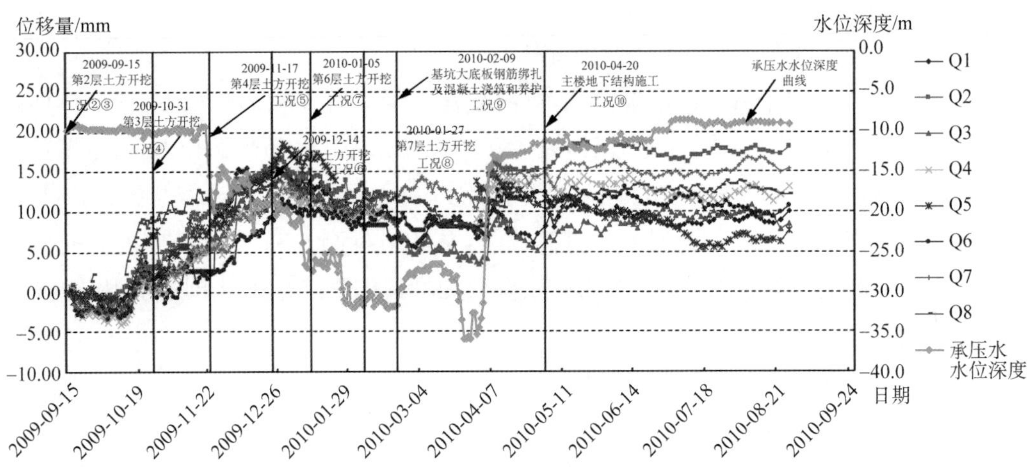

图 2-36 围护顶部竖向位移累计历时变化曲线

约 29.3 m，主楼承压井降水降至深度−29.5 m 左右)，基坑周边土体下沉加快，导致围护墙体顶部位移呈一定下沉趋势。在主楼基坑承压水降水停止后，基坑周围土体回弹带动墙体上抬，平均上抬量约为 4 mm。围护顶部在主楼基坑开挖阶段，卸土带动围护体抬升，降水引起围护体下沉，围护体隆沉是卸土和降水影响叠加的结果。

2) 围护墙体及坑外土体深层水平位移监测

主楼基坑墙体深层水平位移最大值(均值)为 78.3 mm，出现在开挖深度为 18 m 左右，约为基坑开挖深度的 61%；坑外土体深层水平位移最大值(均值)为 79.4 mm，出现在开挖深度为 17 m 左右，约为基坑开挖深度的 58%；对应第④层灰色淤泥质黏土土层的层底深度。墙体与坑外土体的水平位移最大值及深度基本相当，变形基本协调。

取主楼基坑 P06 号测孔及邻近 T03 号土体测孔进行分析，历时变化曲线见图 2-37—图 2-39。结合工况分析如下：墙体及土体的深层水平位移主要在主楼基坑土方开挖阶段形成。在工况②～⑦，第一道至第六道环撑形成期间，墙体及土体变形量均值已达 73.2 mm 和 72.4 mm，各占总变形量的 93%和 91%，并随着各开挖工况进行，各阶段最大位移增量逐渐减少，最大位移量所在深度逐渐加深。在基坑大底板施工及主楼地下结构施工期间，受坑内荷载增加和基坑时空效应叠加影响，围护墙体及坑外土体位移略有增加，为 5～6 mm，深层水平位移的变化量较小反映出土体自身受扰动后其时空效应的不利作用及地下结构刚度和自重荷载增加对基坑变形控制的有利作用之间的相互作用。

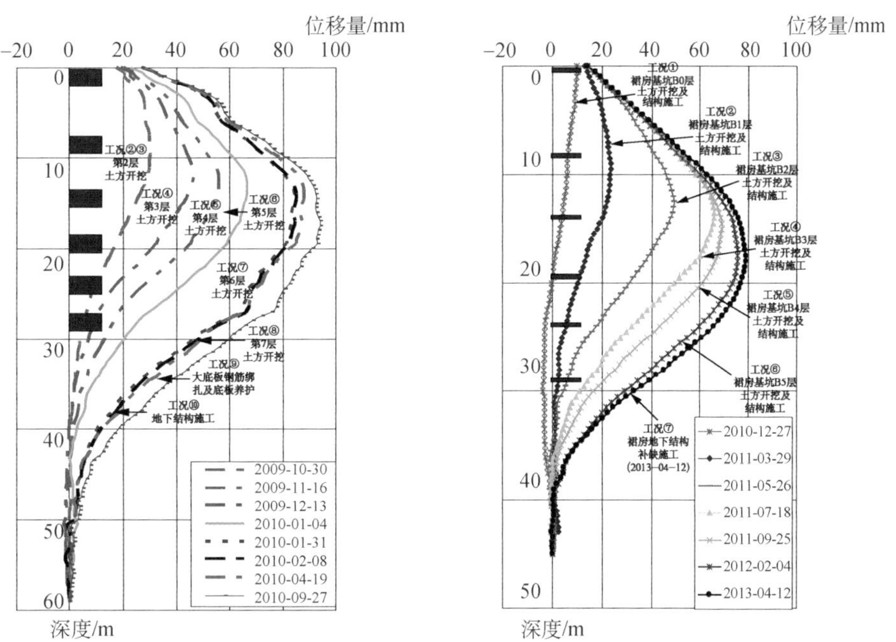

图 2-37 围护结构测斜及坑外土体测斜曲线

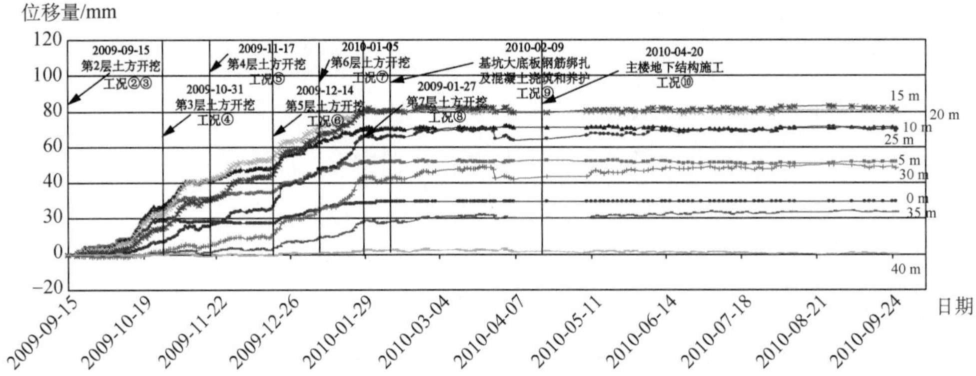

图 2-38　P06 孔不同深度深层水平位移历时变化曲线

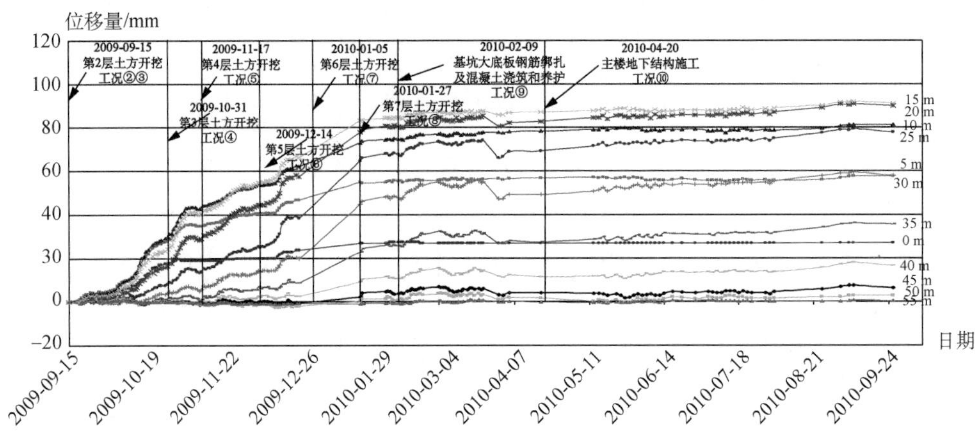

图 2-39　T03 孔不同深度深层水平位移历时变化曲线

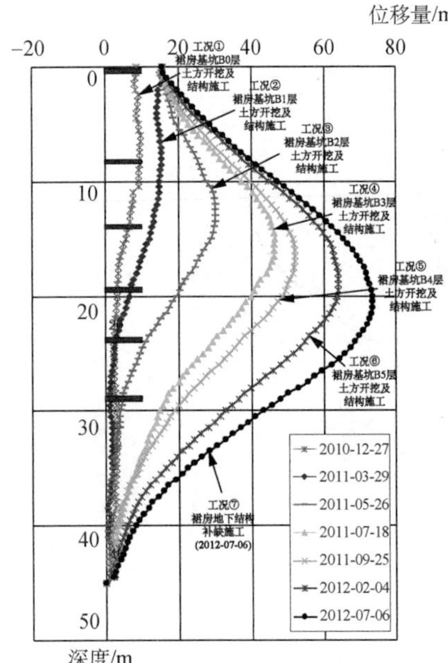

图 2-40　围护结构 P11 孔测斜曲线

主楼基坑墙体深层水平位移最大点均位于南偏西 45°(P11 孔)，历时变化曲线见图 2-40，最大位移量为 97.2 mm(18.5 m 深度)，超过均值(78.3 mm)约 19 mm，主要原因如下：该地墙位于重车行驶区域，重车荷载会加大变形；此处地墙槽段接头为套铣接头平隔板(其他为 V 形隔板)，整体性相对较差。

3) 地墙结构内力监测

在主楼基坑开挖过程中，地墙中迎坑面的竖向钢筋应力在 25～30 m 以上主要表现为拉应力，在此以下反转，主要表现为压应力，表明第 6 道环撑有效提高了邻近坑底区域的围护结构刚度。在基坑开挖前期，地墙中迎坑面的竖向钢筋应力的峰值不断增加，深度不断向下延伸，开挖完第 5 层土方时(开挖深度为 20.0 m),峰值趋于稳定,深度维持在 20.0 m 左右;基坑开挖后期,峰值深度以下的钢筋应力增加明显,钢筋应力随深度变化曲线趋于饱满。这一现象同相同位置的地墙深层水平位移类似,呈现出基坑开挖过程中地墙变形和内力变化的协调发展。地墙竖向钢筋应力主要在主楼基坑土方开挖阶段(第 1～6 道环撑形成期间)发展,主楼深基坑开挖、大底板及地下结构施工阶段较稳定,与地墙深层水平变形的历时曲线基本一致。

如图 2-41、图 2-42 所示,在基坑西南侧区域地墙钢筋竖向应力 SG6 测孔(T05 槽段内),迎坑面在深度 16.6 m 的测点拉应力异常增加,在第 4 层土方开挖(开挖深度为 20.0 m)阶段增加 112.3 MPa,在第 5 层土方开挖(开挖深度为 25.4 m)增加 33.9 MPa,并在 2009 年 12 月 15 日达到峰值 183.7 MPa,此阶段相同槽段内的地墙深层水平位移最大值为 82 mm 左右,虽超过地墙变形报警值,但钢筋应力尚未屈服,还有一定安全储备,以此判断基坑尚在安全可控状态;地墙竖向钢筋应力的峰值深度与常规工程经验基本一致,即出现在当时开挖深度的(1/2～2/3)处;钢筋竖向应力 SG6 较其他槽段明显偏大,这与 P11 孔侧向位移也比其他孔偏大情况类似,两者吻合较好,变形和受力两种监测方法相辅。分析此现象的主要原因:①重车荷载长期作用导致墙体迎坑面承受弯矩;②第 4 道环撑强度形成后、第 5 道环撑进入工作状态前,继续开挖加剧对应环撑深度处墙体的弯拉应力;③第 5 道环撑进入工作后,使墙体弯矩降低,迎坑面弯拉应力下降;④受土方开挖顺序影响,该区域的土方开挖早于其他区域。

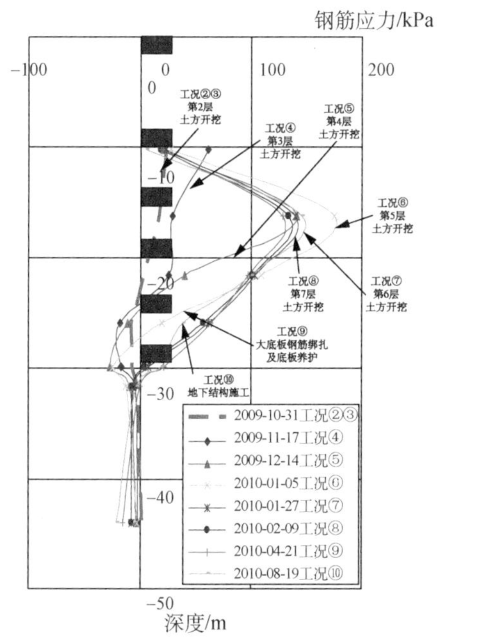

图 2-41 SG06 迎坑面竖向钢筋应力曲线

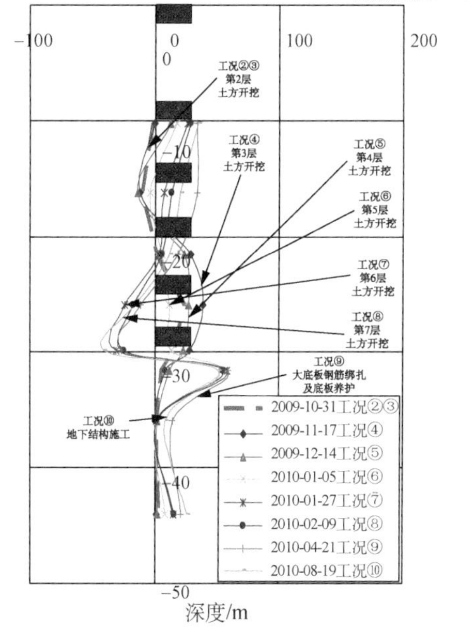

图 2-42 SG06 迎土面竖向钢筋应力曲线

如图 2-43、图 2-44 所示,地墙环向轴力的发展主要集中在主楼基坑土方开挖阶段。

随土方开挖进展，环向轴力随深度变化的曲线逐渐饱满，而在主楼深基坑开挖、大底板及地下结构施工阶段较稳定，与地墙竖向钢筋应力的历时曲线变化类似。在主楼基坑开挖过程中，地墙环向轴力为压应力，环向轴力的最大值主要集中在深度 16.2～21.6 m 的区域，与地墙深层水平位移最大值的情况基本一致。在深度 30 m 左右，地墙环向轴力趋于零，或出现反转，表现为拉应力。

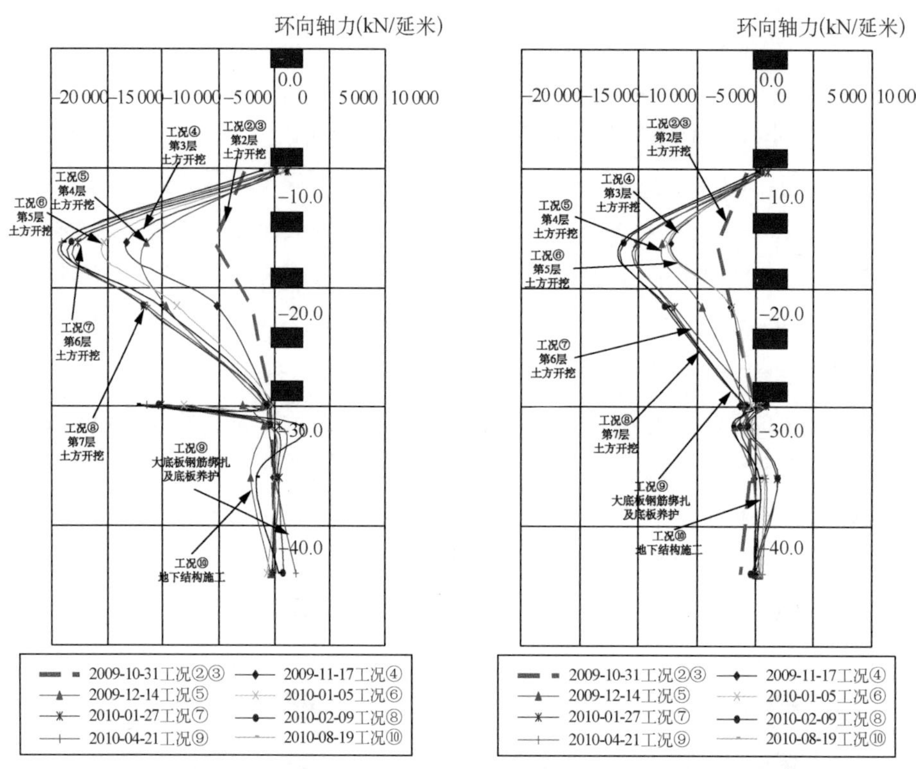

图 2-43　HG3 地墙环向轴力曲线　　**图 2-44　HG6 地墙环向轴力曲线**

4) 墙侧水、土压力监测

土压力监测分析：在整个主楼基坑开挖过程中，迎坑面的土压力随着坑内土体的卸荷呈现下降趋势，尤其是土方开挖至第 4 层土方(开挖深度 16.0 m)后，土压力下降现象更加显著，在基坑大底板钢筋绑扎及混凝土浇筑期间，土压力有一定增加，而在主楼地下结构施工期间土压力逐渐趋于稳定。

如图 2-45、图 2-46 所示为同一面地墙中迎坑面与迎土面土压力随深度变化曲线，可以看出：迎土面的土压力随土方开挖和地墙的变形，主要表现为土压力的衰减，尤其对于深度 20.0 m 以下，土压力下降明显加剧。随着基坑开挖深度的增加，靠近开挖面的墙侧迎土面的土压力伴随地墙的变形有明显的衰减，而开挖面以上的土压力由于土体的变形和固结，衰减变化不大。迎坑面设计坑底以下土体的土压力也未达到或接近被动土压力，反而随着开挖而不断降低，这表明环形地墙与环撑形成的拱效应，以及在足够的地墙插入比的作用下，一方面使坑内土体相对独立于坑外土体，另一方面也较好地隔断了坑外土体向坑内的流动。

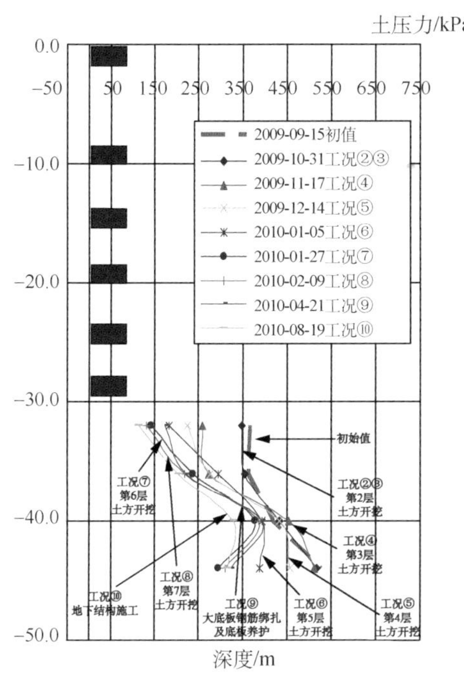

图 2-45　NT6 迎坑面土压力变化曲线

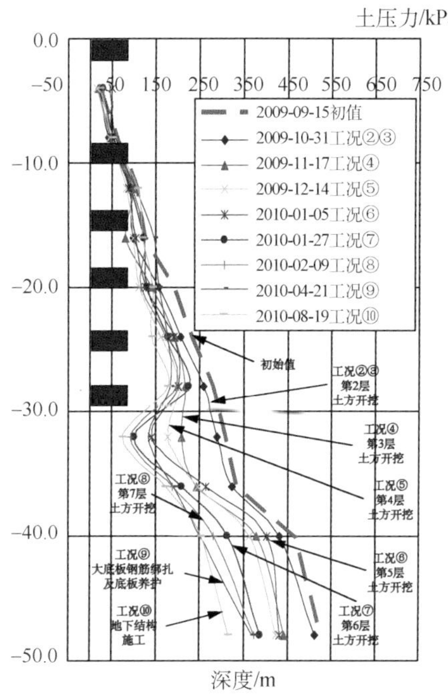

图 2-46　WT6 迎土面土压力变化曲线

孔隙水压力监测分析：如图 2-47、图 2-48 所示，在工况②、工况③及工况④的大部分时间内，由于开挖深度在 16.0 m 之内，承压水降水井尚未开启，主要受坑内疏干井降水影响，坑内、坑外孔隙水压力变化不大；在工况⑤第 4 层土方开挖初期(2009 年 11 月 22 日开始)，开始承压井降水，坑内坑外的孔隙水压力有了明显的下降；随着土方开挖深度增加和所需降水深度的增加，降压井开启数量增加，孔隙水压力均有一个明显的下降。迎土面的孔隙水压力在深度 16.0 m(④层淤泥质黏土)以上随承压水下降变化不明显，深度 20.0 m 及 24.0 m(⑤、⑥层黏土和粉质黏土中)的测点孔隙水压力有一定的减小，而深度 28.0 m 及以下(⑦层粉砂)的测点孔隙水压力减小明显。总体而言，根据基坑施工需要，承压水头压力的下降和恢复，坑内和坑外墙侧孔隙水压力也随之波动，两者之间具有良好的相关性。

5) 基坑内、外土体变形综合分析

针对基坑、内外土体，本工程共实施了坑内土体回弹、墙外土体深层水平位移、墙外土体分层沉降、墙外土体地表沉降剖面分析，根据本工程的地质条件，坑外土体以③、④、⑤层的黏性土层为主，含水量高、触变性和灵敏度高，开挖引起的时空效应显著。在基坑开挖后，这几层土在邻近基坑一定范围内，将产生不同程度的塑性流动。根据上述监测成果，在不同施工阶段、不同深度、不同距离的时间与空间场内，土体的受力与变形情况的分析见表 2-9。

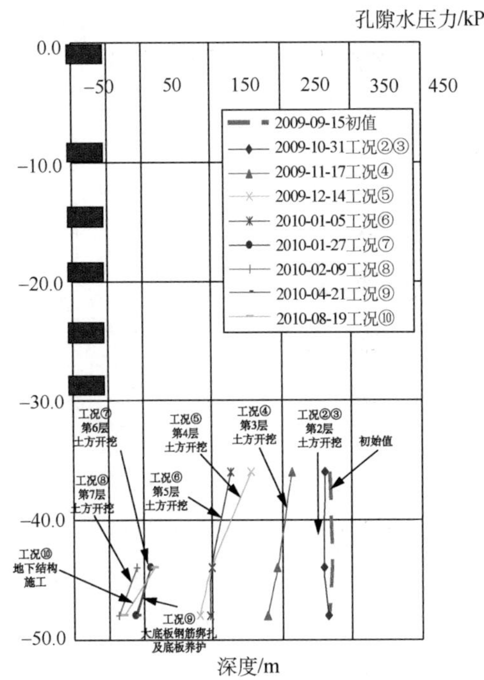

图 2-47 NT6 迎坑面孔隙水压力变化曲线

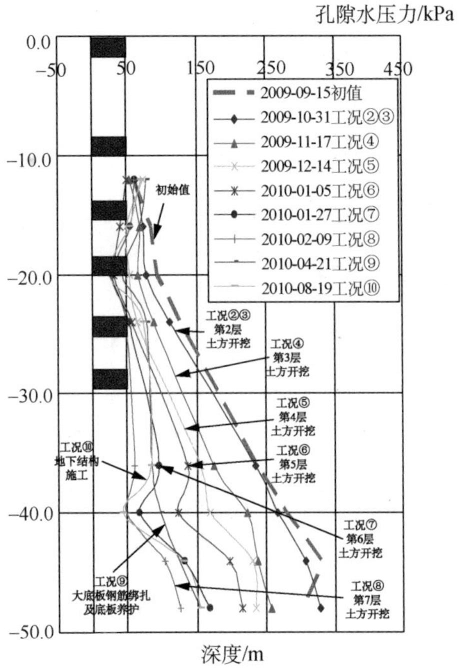

图 2-48 WT6 迎土面孔隙水压力变化曲线

表 2-9 不同工况下土体受力与变形对比表

阶段		土体流动补偿作用	卸荷回弹作用	叠加作用	
				至围护墙较近区域	至围护墙较远区域
基坑开挖	坑外 30 m 以上	显著	显著	补偿作用为主；沉降及向基坑方向水平位移显著	降水引起的固结作用为主；显著沉降
	坑外 30 m 以下	显著	显著	回弹作用为主；回弹及向基坑方向水平位移显著	降水引起的固结作用为主
	坑内土体		显著	回弹作用为主；水平位移及回弹显著	回弹作用为主；回弹显著
地下结构施工	坑外 30 m 以上	基本稳定	作用降低	降水引起的固结作用为主；沉降继续发展且速率变缓、水平位移少量发展	降水引起的固结作用为主；沉降继续发展且速率变缓
	坑外 30 m 以下	基本稳定	作用降低	累计回弹量减小；水平位移基本稳定	基本稳定
	坑内土体		作用降低	结构刚度与荷载发挥作用；变形基本稳定	回弹作用为主；仍有显著回弹增量

4. 结语

本工程基坑为超大直径无水平对撑圆形基坑，围护结构经受大面积土方开挖、长时间承压水降水及地下结构施工等的考验。由于采用了周密、周全的监测和信息化施工，成功地保障了围护结构的安全和周边环境的正常运行，表明此围护结构工程的设计、施工、监测是非常成功的。

2.6.2 某地铁车站深基坑信息化监测

1. 工程概况

车站主体结构外包尺寸长 155 m，宽 23.6～28.35 m，为地下 6 层岛式站台车站。地下一至三层为开发层，地下四层为站厅层，地下五层为设备层，地下六层为站台层。南端头井开挖深度为 32.775 m，北端头井及标准段开挖深度为 32.473 m，标准段开挖深度为 30.923 m，附属 5 层开挖深度为 26.34 m，地铁风亭开挖深度为 9.3 m，3 号出入口开挖深度为 18.3 m。围护结构采用 1.2 m 厚地下连续墙，车站主体结构采用框架逆作法施工。地下连续墙既作为基坑开挖时的围护结构，使用阶段又与内衬两墙合一，成为车站结构的主体部分。

如图 2-49 所示，车站北半部位于向明中学地块下，顶板覆土厚约 2.1 m；南半部贯通后开发龙凤地块，地面以上为龙凤商厦待建物业，共 5 层，钢筋混凝土框架结构，柱与车站框架柱对齐。位于车站投影面范围内地块地下室与车站统一设计，同时施工。本工程施工难度大，且城市密集区道路管线密集，基坑周边保护建筑物众多，标准段西侧卜令公寓，最近处距离约为 16 m；北端头井北侧复兴商厦，最近处距离约为 14 m；东南侧地下五层附属结构东侧华狮广场，最近处距离约为 10 m。此外，本项目环境保护要求高。

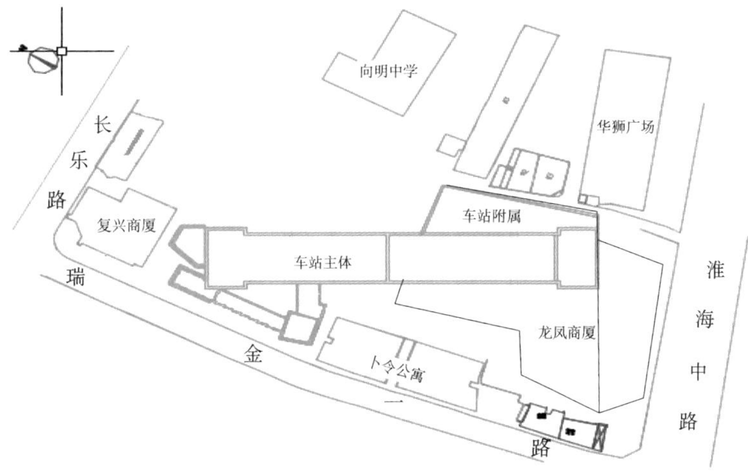

图 2-49 工程位置图

工程沿线场地浅部地下水属潜水类型，其水位变化受大气降水及地表径流和蒸发的影响，并随季节变化，水位埋深一般为 0.3～1.5 m。根据现场承压水水头观测成果，初步确定勘察期间承压水水头：当第⑦$_1$层为第一承压含水层时，水位埋深为 7.2 m(标高−3.94 m)。

2. 测点布设及监测方法

根据周边环境、基坑本身的特点及设计要求，按照安全、经济、合理的原则，设置的监测项目包括：周边地下管线竖向、水平位移监测；周边建(构)筑物竖向位移监测；周边地表竖向位移剖面监测；围护顶部竖向、水平位移监测；围护结构深层水平位移监测；支撑轴力监测；立柱桩竖向位移监测；坑外潜水水位监测；坑外微承压水水位监测(第⑤$_2$层)；坑外土体分层沉降监测；坑外土压力监测，等等。各测项测点布设情况见表 2-10。

表 2-10　　测点布设情况表

序号	监测项目	人工测点	自动化测点	备注
1	周边地下管线竖向、水平位移监测	99 点		
2	周边建(构)筑物竖向位移监测	119 点	7 点	自动化构成 4 组倾斜监测
3	周边地表竖向位移剖面监测	6 组		共 30 点
4	地表竖向位移监测	44 点		
5	围护顶部竖向、水平位移监测	63 点		
6	围护结构深层水平位移监测	63 孔	4 孔，每孔 14 个传感器	孔深同墙深，自动化监测孔深 48 m
7	立柱桩竖向位移监测	41 点		
8	支撑轴力监测	106 组	2 组，20 个监测剖面	164 只钢筋应力计 104 只表面应变计
9	坑外潜水水位监测	17 孔	3 孔	孔深 12 m
10	坑外微承压水水位监测	5 孔		孔深 28 m
11	坑外土压力监测	4 孔		共 32 只土压力盒
12	坑外土体分层沉降监测	2 孔		共 16 只沉降磁环

(1) 竖向位移监测

采用 WILD NA2＋GPM3 自动安平水准仪(标称精度：±0.3 mm/km)及配套铟瓦尺实施作业。在远离施工影响范围以外布置 3 个以上稳固高程基准点，这些高程基准点与施工用高程控制点联测，沉降变形监测基准网以上述稳固高程基准点作为起算点，组成水准网进行联测。按建筑变形测量规范二级水准测量规范要求，历次竖向位移监测通过工作基点间联测一条二级水准闭(附)合线路，由线路的工作点来测量各监测点的高程。

(2) 水平位移监测

采用 TM30 全站仪，以轴线投影法施测。向明中学及卜令公寓沉降和倾斜观测采用全站仪自动化监测方法。根据现场情况，建立独立平面直角坐标系，坐标系统 X 轴与地铁车站基坑长边线平行，Y 轴垂直于 X 轴，平行于车站基坑短边线；高程系统采用独立高程系；测站点选择在向明中学的逸夫楼顶层，通视情况良好；在地铁保护区范围外，东侧的社联顶层、南侧的华狮广场顶层、西侧的向明中学教学楼顶层分别设置 3 个基准点用于校核测站稳定性。

(3) 深层水平位移监测

地墙深层水平位移监测采用绑扎方式埋设测斜管，孔深基本同墙深，测试时使用美国新科活动式测斜仪进行观测，同时用全站仪测量管顶位移作为控制值。南北端头井地墙与已有人工测孔平行设置 6 个自动化测孔，孔深 48 m，安装基康固定式测斜仪监测系统，配合无线测量模块进行远程自动化监控。

(4) 支撑轴力监测

本基坑围护结构支撑体系中包含钢支撑及钢筋混凝土支撑，在钢筋混凝土支撑中安装钢筋应力计，钢支撑上安装表面应变计，人工测试时采用频率计进行现场测读并记录在手簿上。在基坑北标准段中选取 2 个轴力监测剖面，将监测元件的电缆线接入自动化采集系统中，实现远程自动化频率监测。

(5) 地下水位监测

本基坑工程地下水位观测分为坑外潜水水位监测和坑外微承压水位监测，潜水水位孔深 12 m，微承压水位观测孔深 29 m，采用 SWJ-90 电测水位计人工观测。另在本基坑北端头井及北标准段钻孔设置 3 个水位自动化观测孔，水位观测孔内安装孔隙水压力计，并引入自动化采集系统中进行实时远程自动化监测。

(6) 土体分层沉降监测

本基坑北标准段东、西两侧分别设置一个分层沉降监测孔（西侧监测孔位于卜令公寓西北角)，各孔设置 8 只沉降磁环，设置深度为地面下 7 m，12 m，17 m，22 m，25 m，27 m，34 m，39 m。测试时采用海岩分层沉降仪进行观测，沉降仪测头感应信号并启动声响器，根据声响读取钢尺距管顶的距离，管顶高程以二级水准联测求得，由管顶高与沉降仪钢尺上的读数求得磁环埋设点的高程。

(7) 墙侧土压力监测

本基坑南、北标准段东西两侧各设置 1 个土压力监测孔，共计 4 孔，每孔布设 8 只土压力传感器，设置深度为地面下 7 m，12 m，17 m，22 m，25 m，27 m，34 m，39 m。测试时采用频率计实测振弦式土压力计频率的变化，根据标定的频率-压力率定值，求得土压力值。

3. 监测成果分析

由于基坑监测过程中获得的监测成果较多，本案例仅列举其中部分进行成果分析。

(1) 周边建筑物竖向位移监测

周边建筑物垂直位移变化历时曲线如图 2-50—图 2-52 所示，在桩基施工阶段各监测点沉降变化很小，基坑开挖阶段房屋监测点下沉明显。2013 年 7 月 25 日，由于地墙漏水，复兴商厦发生明显下沉，卜令公寓基坑较近测点也受开挖影响监测到一定沉降。

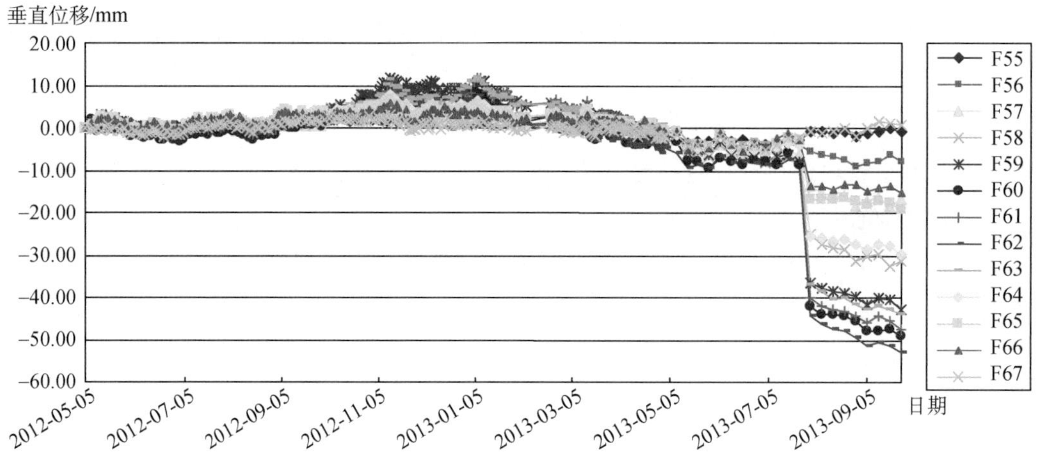

图 2-50 复兴商厦监测点垂直位移变化曲线

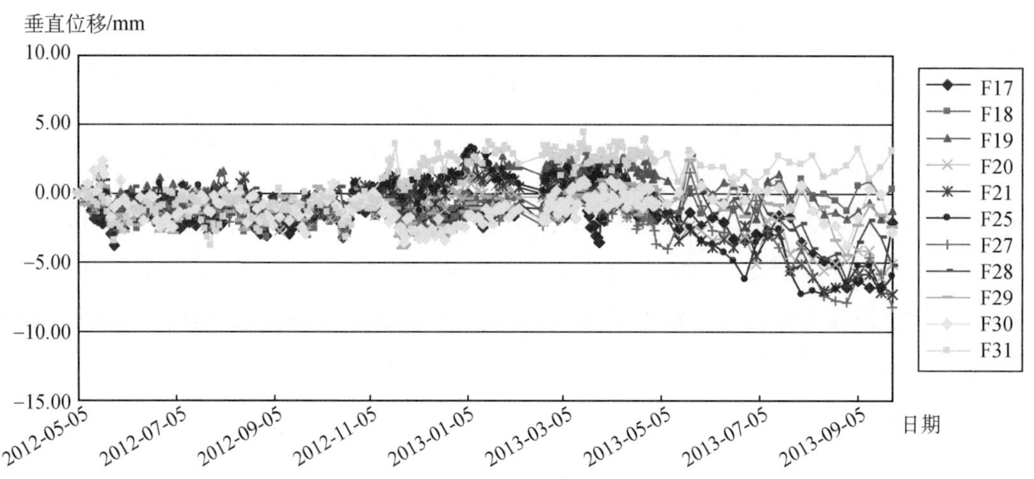

图 2-51 华狮广场监测点垂直位移变化曲线

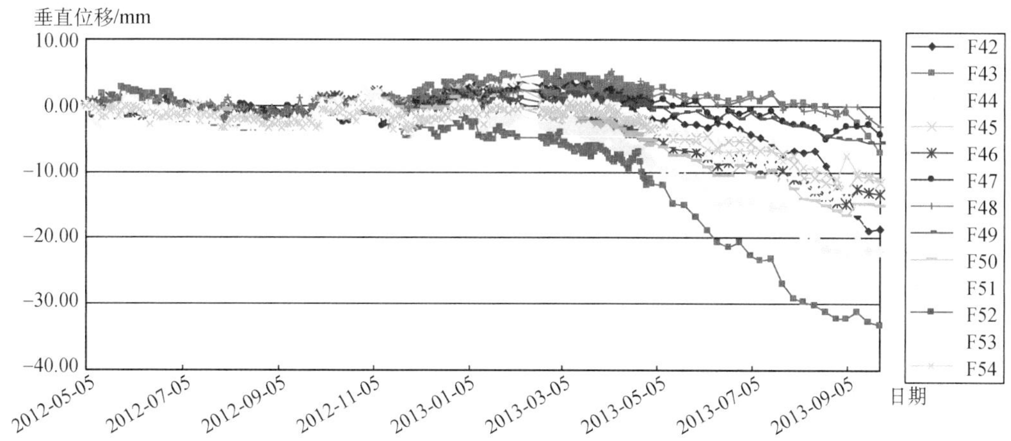

图 2-52　卜令公寓监测点垂直位移变化曲线

（2）周边地表沉降剖面监测

选取基坑长边 B1-*i*、B2-*i*、B7-*i* 监测剖面进行分析，汇总剖面累计沉降图、各剖面累计沉降历时变化曲线，如图 2-53—图 2-56 所示。

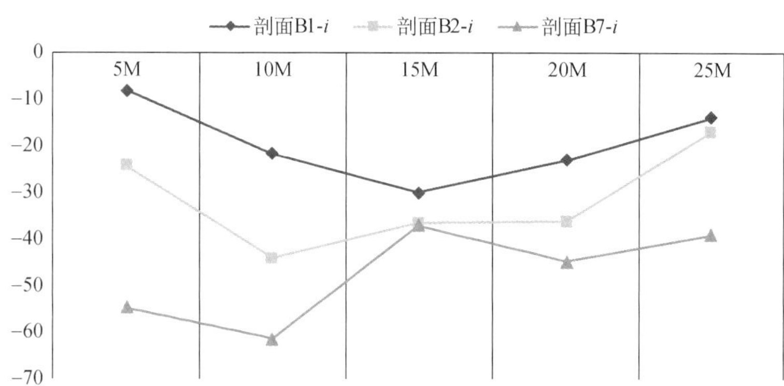

图 2-53　累计沉降监测剖面

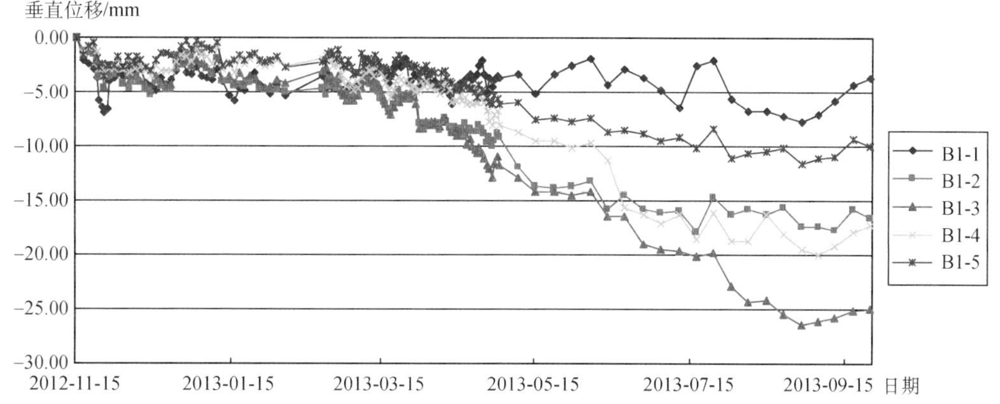

图 2-54　地表剖面监测点垂直位移变化曲线(第 1 剖面)

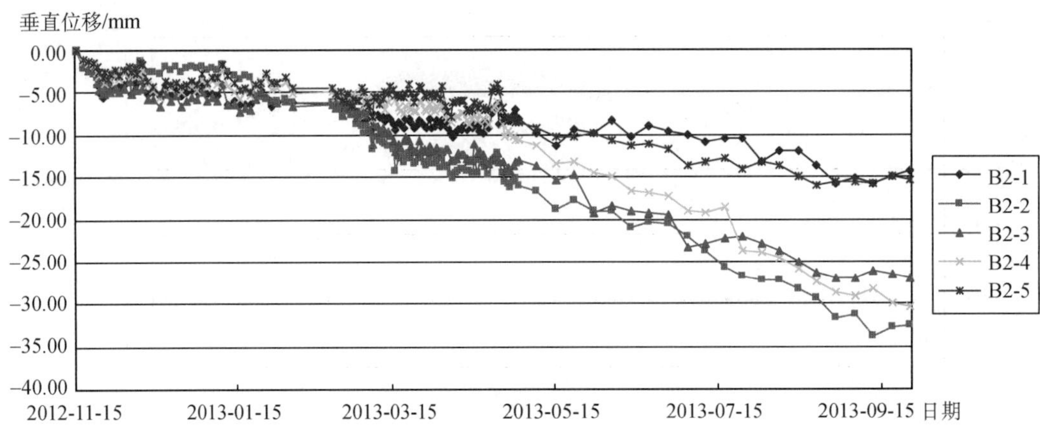

图 2-55 地表剖面监测点垂直位移变化曲线(第 2 剖面)

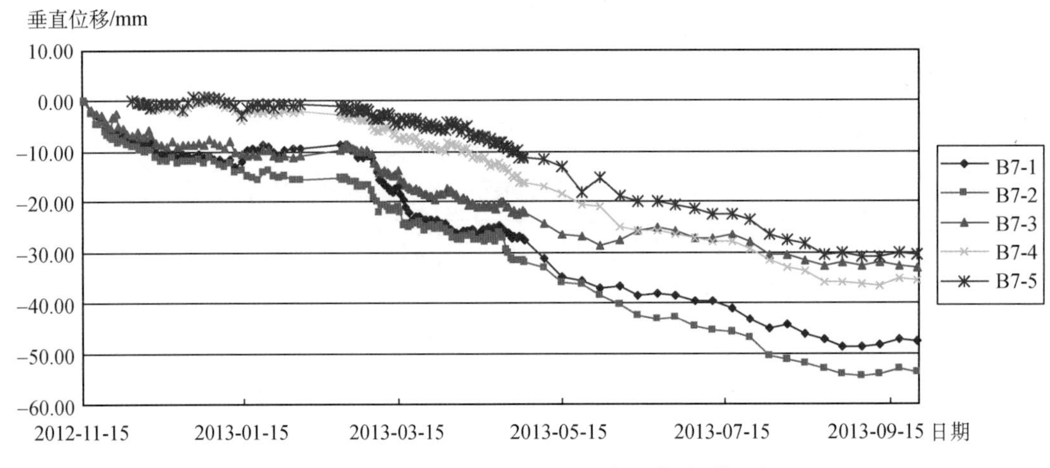

图 2-56 地表剖面监测点垂直位移变化曲线(第 7 剖面)

由图 2-53 可知,沉降量最大位置并没有出现在紧邻基坑边线处,而是出现在距离基坑 10～15 m 处,在距离基坑 25 m 左右处沉降量逐渐减小,其变形发展规律基本与带有内支撑体系的基坑地表沉降规律相吻合。

周边地表沉降点在围护结构及工程桩施工期间,基坑开挖前地表的变形数据变化较小。基坑开挖后,围护结构向坑内侧位移逐渐发展,周边土体随之发生一定的变形,周边地表因而出现向下位移的现象,随着开挖深度的增加,周边地表的垂直位移量不断增加,且速率也不断增加。随着基坑大底板浇筑完成,围护结构变形逐渐趋于稳定,周边地表的沉降速率明显变缓。

(3) 基坑围护顶部变形

如图 2-57 所示,在基坑开挖过程中,大部分围护顶部监测点下沉变形量不大,沉降速率较平稳;在地下结构施工阶段,围护顶部的沉降速率先增加然后逐渐趋于平稳,变形缓慢趋于收敛。

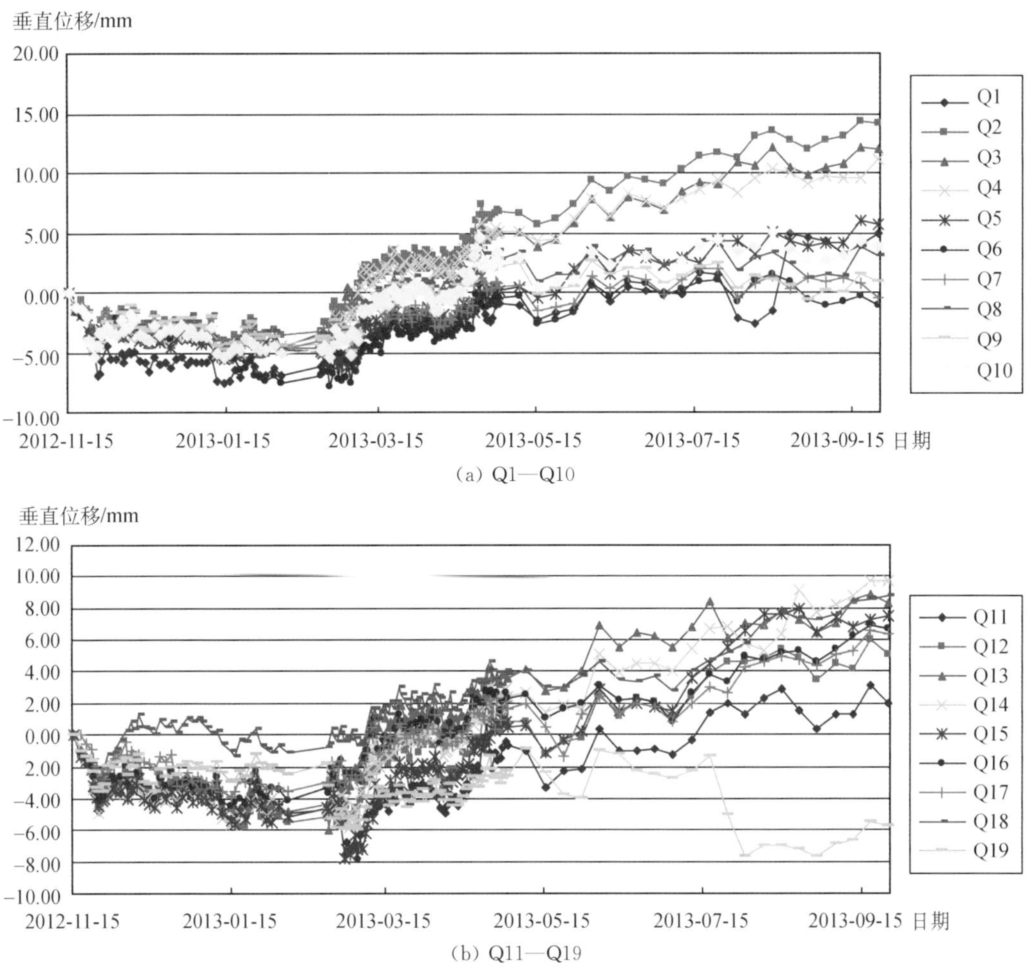

图 2-57　围护顶部监测点垂直位移变化曲线

(4) 围护结构深层水平位移监测

本基坑围护结构侧向位移监测分为人工测孔监测及自动化测孔监测。人工测孔监测选取在基坑土方开挖各阶段和地下结构施工过程中有代表性的测斜孔监测数据进行分析，从图 2-58 中可以看出：在开挖过程中，开挖面附近位移最大，随开挖深度增加，水平位移不断增大，底板完成后变化不大且趋于平稳，拆撑过程中墙体向坑内移动，但变化量不大。

自动化测孔监测数据分析如下：在基坑开挖初期，2013 年 2 月 25 日至 3 月 6 日期间，根据相关单位要求在该施工区段内进行了坑内承压水降水试验，图 2-59 为 PZ03 孔在此期间测试曲线，从图中可以看出，在基坑开挖初期围护结构发生一定的向坑内位移；在承压水降水后，在深度 30 m 附近区域明显发生向坑内的位移，如 2013 年 2 月 28 日、3 月 6 日曲线；在停止降水后，该区域围护结构在深度 30 m 附近区域的变形明显减小，此时曲线主要表现为基坑开挖后在开挖面附近围护结构向坑内变形，并逐渐增大。

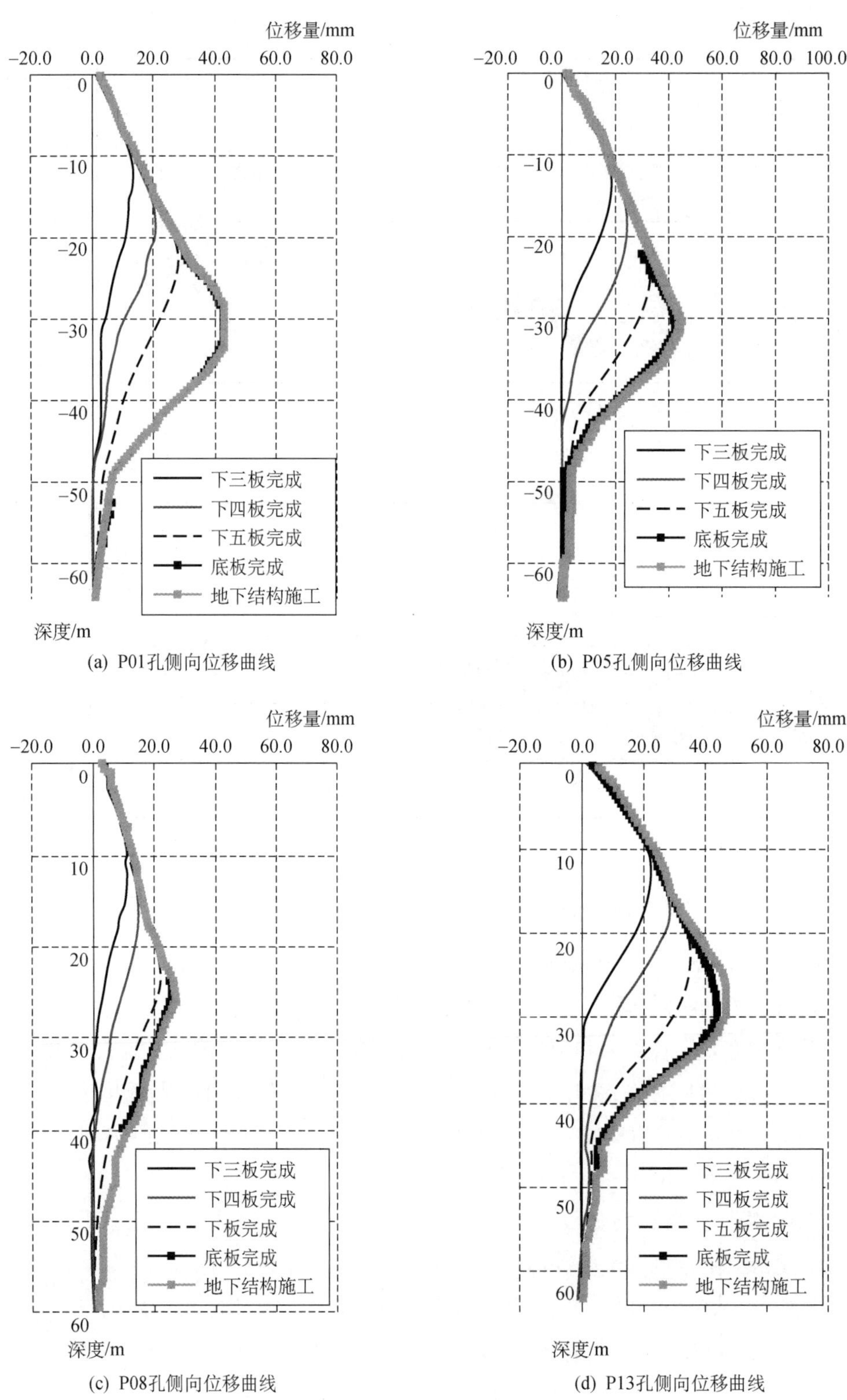

图 2-58 代表性测孔测斜变化历时曲线

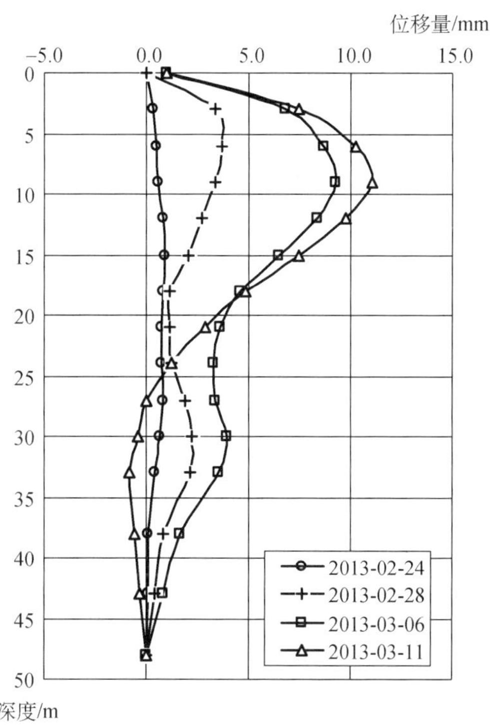

图 2-59　PZ03 孔在开挖初期深层水平位移曲线

图 2-60 为固定测斜仪测孔 PZ03 孔第 11 个测点(位于深度 33 m 处)在 2013 年 2 月 21 日至 2013 年 3 月 15 日期间水平位移曲线,从图中可以看出该点明显受到降水施工的

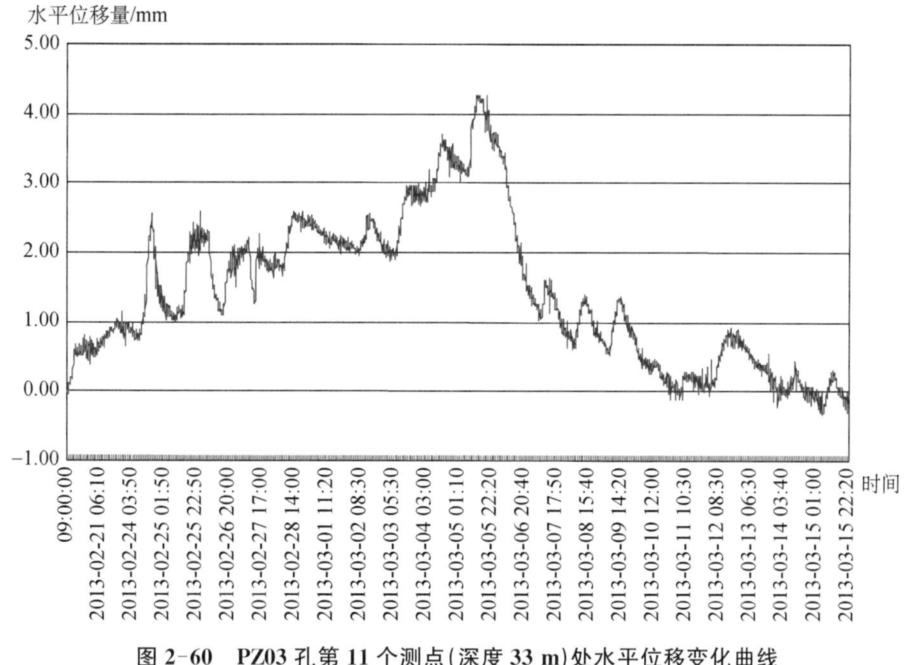

图 2-60　PZ03 孔第 11 个测点(深度 33 m)处水平位移变化曲线

影响。围护结构隔水性能较好，在承压水降水后，基坑内外形成较大的水头差，水头减小的程度不同，造成曲线一定幅度的波动，在3月6日位移量达到峰值(约4.3 mm)，在停降承压水后，该点变形逐步回落，这个测试结果体现了固定测斜仪观测的实时性，信息量极为丰富。

4. 结语

本工程基坑开挖深度大、周边环境复杂，围护结构需经受大面积降水、大开挖、支撑拆除等外力的考验。工程采用了科学的施工流程，在基坑施工过程中，对基坑本体及其周边环境搭建了全方位的监测体系，成功保障了围护结构正常运行及周边环境安全，也表明此围护结构工程的设计、施工、监测方案是成功的。本工程监测体系在工程关键部位与人工监测同步设置了周边建筑物、围护结构深层水平位移、支撑轴力、坑外水位等自动化监测项目，为工程建设提供了大量实时、连续的监测数据，并搭建了相应的自动化监测管理平台，实现了自动化监测数据的实时在线发布，帮助工程实现施工信息化。

3

隧道施工测量与监测

隧道工程作为一类典型的地下工程，有以下明显特点：①结构狭长，工作面少(由两侧工作面掘进向一端贯通，或工作面设置在一端、向另一端贯通，因此速度慢、周期长；②施工工法、风险程度由水文条件、地质条件决定；③地下施工环境恶劣，工作条件差(潮湿、渗水等)。

隧道工程的施工方法分明挖法、暗挖法两大类。明挖法细分为明挖基坑法、盖挖法、沉管法等，工程测量与监测工作与地面结构类似，本书不多作介绍。暗挖法可细分为盾构法、顶管法、钻爆法等。上海等软土地区的地铁、市政隧道工程中，盾构法使用最为普遍；对于部分口径相对较小的管线工程，顶管法也较常用；钻爆法(再细分为矿山法、新奥法等)适用于岩石地区，控制测量(包括地面控制、联系测量、隧道内控制等)方法与盾构法类似，施工放样等可参考其他书籍，本书不多作介绍。

3.1 盾构法隧道施工测量

盾构法是以盾构机为隧道掘进设备，以盾构机的盾壳作支护，用前端刀盘切削土体，由千斤顶顶推盾构机前进，在开挖面上拼装预制好的管片作衬砌，从而形成隧道的施工方法。采用盾构掘进隧道是暗挖隧道施工的一种先进方法，具有对周围环境影响小、掘进速度快、能适应复杂地质环境等优点。盾构法是暗挖法施工中的一种全机械化施工方法，是上海地区地下隧道的最主要施工方法。

采用盾构法施工时，首先要在隧道的始端和终端开挖基坑或建造竖井，用作盾构及其设备的拼装井(室)和拆卸井(室)。对于特别长的隧道，还应设置中间检修工作井(室)，推进时通过调整千斤顶推力、调整开挖面压力来操纵并调整盾构推进的方向和纵坡。施工过程中，需采用人工或自动导向测量系统进行盾构姿态测量，以确定盾构机的姿态和方向，可以说，施工测量是盾构施工的“眼睛”。同时，为满足盾构姿态测量的起算需要，需定期自地面控制网向成型隧道内进行控制联测，以提供地下隧道的方位基准和高程基准，并纠偏。

盾构法隧道施工时的竖井开挖、隧道掘进，都会对周边岩、土体带来扰动，对周边管线、建(构)筑物难免产生影响，需进行跟踪监测和影响程度评估，因此，施工监测是信息化施工的“眼睛”。

盾构法隧道施工测量的任务是在掘进过程中测量盾构机的位置、主轴线的方位和姿态，以及盾构机尾部拼装环的位置，并与设计值比较，提供盾构偏差和校正参数。为了确保施工测量起算依据的有效性，需定期从地面通过工作井向隧道内进行平面控制网和高程联测，以提供地下隧道的方位基准和高程基准，并校准。

3.1.1 测量主要内容

具体测量内容可分为：①地面控制测量；②盾构进出洞位置的竖井联系测量；③地下

控制测量；④盾构姿态测量；⑤隧道贯通点位置测量(图 3-1)。

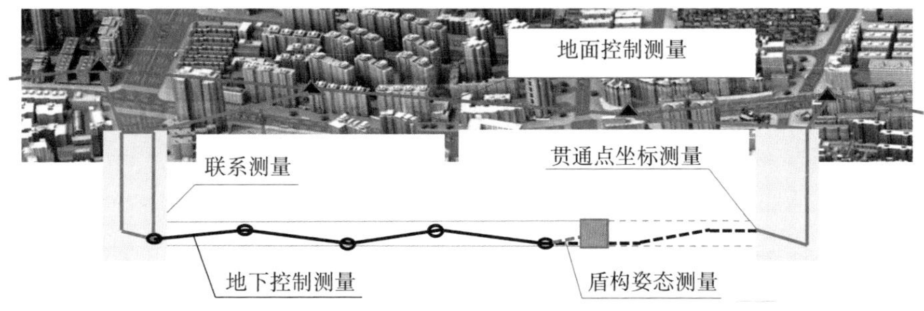

图 3-1　盾构法隧道施工测量的主要内容

根据使用要求，盾构法隧道施工有明确的贯通精度要求，通常把贯通精度分解为横向(平面)贯通精度和竖向(高程)贯通精度。

根据测量内容，影响盾构区间隧道的横向贯通误差可分为：①地面控制测量误差 m_1；②盾构出洞处竖井联系测量误差 m_2；③地下导线测量误差 m_3；④盾构姿态的定位测量误差 m_4；⑤盾构贯通点坐标测量误差 m_5。

若以上各项测量误差对贯通的影响互相独立，则有：

$$M=\sqrt{m_1^2+m_2^2+m_3^2+m_4^2+m_5^2} \tag{3-1}$$

由于各项测量的观测条件不同，在分配测量误差时可匹配不同权重。对于横向贯通误差，相对来说，地面测量的条件较好，地下控制测量的条件较差，联系测量的观测条件较差，方位角误差对贯通的影响与区间长度成正比。

地铁区间隧道贯通长度大多在 1.5 km 以内，通常可假定：

(1) 地面平面控制测量误差 $m_{Q1}=\delta$；

(2) 盾构出洞处竖井平面联系测量误差 $m_{Q2}=2\delta$；

(3) 地下导线测量误差 $m_{Q3}=3\delta$；

(4) 盾构姿态的平面定位测量误差 $m_{Q4}=2\delta$；

(5) 盾构贯通点平面坐标测量误差 $m_{Q5}=\delta$。

代入式(3-1)，则有：

$$M_Q=\sqrt{m_{Q1}^2+m_{Q2}^2+m_{Q3}^2+m_{Q4}^2+m_{Q5}^2}=\sqrt{19}\delta\approx 4.4\delta \tag{3-2}$$

盾构机从工作井始发，单向掘进至接收井，完成区间贯通。《城市轨道交通工程测量规范》(GB/T 50308—2017)要求横向贯通测量误差为 $M_Q=\pm 50$ mm，由此可计算出 $\delta=\pm 11.4$ mm，从而横向贯通误差分配如下：

(1) 地面平面控制测量误差：$-11.4\text{ mm}\leqslant m_{Q1}\leqslant 11.4\text{ mm}$；

(2) 盾构出洞处竖井平面联系测量误差：$-22.8\text{ mm}\leqslant m_{Q2}\leqslant 22.8\text{ mm}$；

(3) 地下导线测量误差：$-34.2\ \text{mm} \leqslant m_{Q3} \leqslant 34.2\ \text{mm}$；

(4) 盾构姿态的平面定位测量误差：$-22.8\ \text{mm} \leqslant m_{Q4} \leqslant 22.8\ \text{mm}$；

(5) 盾构进洞处洞口中心坐标测量误差：$-11.4\ \text{mm} \leqslant m_{Q5} \leqslant 11.4\ \text{mm}$。

对于高程贯通误差，通常可假定 $m_{H2}=m_{H4}=m_{H5}=\varepsilon$，地面控制测量误差 $m_{H1}=2\varepsilon$，地下控制测量误差 $m_{H3}=3\varepsilon$。规范要求高程贯通测量中误差为±25 mm，由此可计算出 $\varepsilon=\pm 6.2$ mm，从而高程贯通误差分配为：

(1) 地面高程控制测量误差：$-12.4\ \text{mm} \leqslant m_{H1} \leqslant 12.4\ \text{mm}$；

(2) 盾构出洞处竖井高程联系测量误差：$-6.2\ \text{mm} \leqslant m_{H2} \leqslant 6.2\ \text{mm}$；

(3) 地下高程控制测量误差：$-18.6\ \text{mm} \leqslant m_{H3} \leqslant 18.6\ \text{mm}$；

(4) 盾构姿态的定位高程测量误差：$-6.2\ \text{mm} \leqslant m_{H4} \leqslant 6.2\ \text{mm}$；

(5) 盾构进洞处洞口中心高程测量误差：$-6.2\ \text{mm} \leqslant m_{H5} \leqslant 6.2\ \text{mm}$。

对于常见的贯通长度在 1.5 km 以内的隧道区间，按上述指标控制各分项测量精度，可保证最终平面、高程贯通精度，以上各项精度指标可作为各级测量方案设计的依据。

对于特长区间隧道，估算精度时应增大地下控制测量误差的权重；平面贯通估算还应考虑联系测量传递的方位角误差，对总贯通误差的影响成比例增大的特性。方案设计时，相应观测措施亦应跟进，如采取加测陀螺边提高平面贯通测量精度、提高地下水准测量的观测精度以满足高程贯通精度要求等措施。

3.1.2 地面控制测量

1. 地面控制测量的主要内容

地面控制测量是轨道交通工程所有测量的基础和依据，全线统一的地面控制网是全线结构与线路贯通的基本保障。为最大程度利用已有城市控制测量成果和地形图测绘成果，与城市规划建设协调，轨道交通控制网的坐标系统、高程系统应与现有城市坐标系统相一致。平面坐标系统宜采用与城市坐标系统相同的椭球模型、中央子午线、投影面等参数。

1) 地面平面控制网

地面平面控制网一般分两级布设。

首级网采用全球卫星定位控制网(GNSS 网)。在城市现有 GNSS 参考站、二等 GNSS 平面控制网的基础上，建立并维持满足轨道交通施工建设的、符合相关测量规范要求的 GNSS 专用平面控制网。

次级采用精密导线网。根据需要布设导线网，如 GNSS 网点密度、观测条件等不能满足需要时应加密布设导线网，在地面段、高架段、车辆段等区段需布设次级导线网。

2) 地面高程控制网

在城市现有一等、二等高程控制网的基础上，建立并维持满足轨道交通施工建设的、符合相关测量规范要求的专用地面高程控制网。

2. 卫星定位控制测量

1）主要技术指标

在卫星定位控制网测量前，应根据城市轨道交通线路规划设计，收集、分析线路上沿线现有城市控制网的标石、精度等有关资料，并按静态相对定位原理进行控制网设计。卫星定位控制网的主要技术指标应符合表 3-1 的规定。

表 3-1　　卫星定位控制网主要技术指标

平均边长/km	最弱点的点位中误差/mm	相邻点的相对点位中误差/mm	最弱边的相对中误差	与现有城市控制点的坐标较差/mm	不同线路控制网重合点坐标较差/mm
2	±12	±10	1/10 万	≤50	≤25

卫星定位控制网的布设应遵循以下原则：

（1）卫星定位控制网内应重合 3～5 个现有城市一等、二等控制点，并均匀分布；在线路交叉有联络线和前后期衔接处应布设 2 个以上的重合点，重合点坐标较差应满足表3-1 的相关要求。

（2）卫星定位控制网应沿线路两侧布设，并宜布设在隧道出入口、竖井或车站附近，车辆段附近应布设 3～5 个控制点，相邻控制点应通视。

（3）卫星定位控制网异步独立观测的基线边，应构成闭合环或附合路线，每个闭合环或附合路线中的边数应不大于 6 条。

2）控制网选点造标

GNSS 控制网选点应遵循以下原则：

（1）控制点间应有两个以上方向通视。

（2）当利用已有城市控制点时，应检查该点的稳定性及完好性。

（3）控制点应选在施工变形影响范围以外利于长久保存且施测方便处。

（4）建筑上的控制点应选在便于联测的楼顶承重结构上；GPS 点选点时应尽量避免高层或超高层建筑，以利于精密导线的观测。

（5）控制点附近不应有大面积的水域或对电磁波反射（或吸引）强烈的物体，以避开多路径效应的影响。

（6）控制点应远离无线电发射装置和高压输电线，其间距应分别不小于 200 m 和 50 m。

卫星定位控制点均应埋设永久标石。轨道交通控制点使用频率高，为了消除仪器对

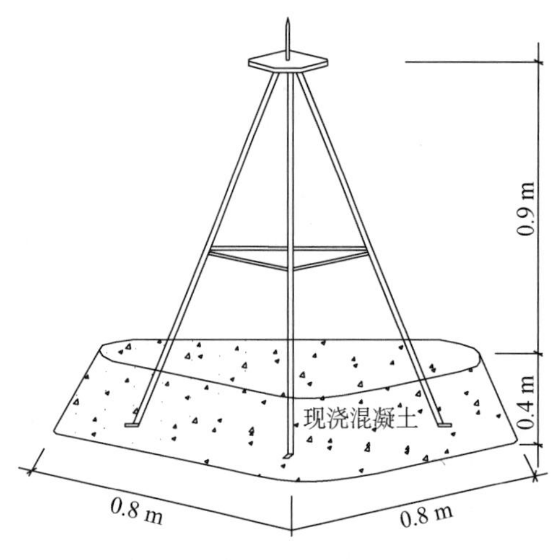

图 3-2　强制归心仪器台埋设图

中误差，提高测量精度，减轻测量人员的工作负担，上海地区一般埋设如图 3-2 所示的建筑顶强制归心钢标仪器台。埋设时需用气泡调整使仪器台大致水平，通过现浇混凝土与建筑顶的结构固定。钢标高 1.3 m 左右，顶面中心用连接铜螺钉设置铅垂方向标志杆，该方向标志杆卸下后，测量仪器可由该中心铜螺钉固定于钢标顶面进行观测。

新选设的 GNSS 点宜采用统一编号，可沿主线从小里程开始，沿线路前进方向顺次编号为 G ∗∗01，G ∗∗02，…，G ∗∗n，首位 G 代表 GNSS 控制网点，∗∗代表线号，后两位顺序码代表点号。

3）控制网的观测

卫星定位控制网观测宜选用双频接收机，观测使用的仪器设备应年检合格。作业前应对接收机和天线等设备进行常规检查，检查仪器检定结果、电池容量、光学对中器和接收机内存容量等是否满足要求。

卫星定位控制测量作业的基本技术要求应符合表 3-2 所列要求。

表 3-2　　卫星定位控制测量作业基本技术要求

项目	要求	项目	要求
接收机类型	双频	接收机标称精度	$\leqslant(10\ \text{mm}+2\times10^{-6}\times D)$
观测量	载波相位	平均重复设站数	≥2
卫星高度角/(°)	≥15	数据采样间隔/s	≤10
同步观测接收机台数	≥3	点位几何图形强度因子(PDOP)	≤6
有效观测卫星数	≥4		
观测时段长度/min	≥60	平均重复设站数	≥2

注：表中 D 是相邻点间的距离。

4）边长观测

在 GNSS 控制网平差时，考虑到相邻点之间的边长精度要求比较高，常采用精密光电测距仪器进行边长测量，边长测量数据参与 GNSS 控制网进行整体平差处理。精密距离测量采用标称精度优于$\pm(1\ \text{mm}+1\times10^{-6}\times D)$的全站仪，边长观测的各项限差按表 3-3 的要求执行。

表 3-3　　边长观测的各项限差

测回数	一测回读数次数	观测方式	一测回读数间互差	单程测回间互差	同一水平面上往返测差
2	3	往返各 1 次	≤3 mm	≤3 mm	≤5 mm

5）控制网数据处理

GNSS 控制网数据处理时应依次进行基线解算、自由网平差和起算数据下约束平差三个步骤。

(1) 基线解算

基线解算时可采用双差固定解或双差浮点解，删除周跳较多或数据质量欠佳的时段或用分段处理后的数据进行解算。卫星定位控制网外业观测的全部数据应经同步环、独立环及复测边检核。

① 同步环各坐标分量及全长闭合差应满足以下要求：

$$W_x \leqslant \frac{\sqrt{N}}{5}\sigma,\ W_y \leqslant \frac{\sqrt{N}}{5}\sigma,\ W_z \leqslant \frac{\sqrt{N}}{5}\sigma,\ W=\sqrt{W_x^2+W_y^2+W_z^2} \leqslant \frac{\sqrt{3N}}{5}\sigma \tag{3-3}$$

式中　N ——同步环中基线边的个数；

W ——环闭合差。

② 独立基线构成的独立环各坐标分量及全长闭合差应满足：

$$W_x \leqslant 2\sqrt{n}\sigma,\ W_y \leqslant 2\sqrt{n}\sigma,\ W_z \leqslant 2\sqrt{n}\sigma,\ W \leqslant 2\sqrt{3n}\sigma \tag{3-4}$$

式中，n 为独立环中基线边的个数。

③ 复测基线长度较差应满足：

$$d_s \leqslant 2\sqrt{n}\sigma \tag{3-5}$$

式中，n 为同一边复测的次数，通常等于 2。

(2) 自由网平差

自由网平差应将全部独立基线构成闭合图形，以三维基线向量及其相应方差协方差阵作为观测信息，以一个点的城市现有 WGS-84 坐标系的三维坐标作为起算数据，在 WGS-84 坐标系中进行三维无约束平差，并提供 WGS-84 坐标系的三维坐标、坐标差观测值的总改正数、基线边长及点位和边长的精度信息。基线向量改正数的绝对值应满足式(3-6)的要求：

$$V_{\Delta x} \leqslant 3\delta,\ V_{\Delta y} \leqslant 3\delta,\ V_{\Delta z} \leqslant 3\delta \tag{3-6}$$

(3) 约束平差

应在所使用的城市坐标系中进行约束平差及精度评定，前述边长观测值加权纳入平差计算。约束平差应输出相应坐标系中的坐标、基线向量改正数、基线边长、方位角以及相关的中误差、相对点位中误差的精度信息、转换参数及其精度信息等。

基线向量的改正数与同名基线无约束平差相应改正数的较差应满足式(3-7)的要求：

$$dV_{\Delta x} \leqslant 2\sigma \text{ , } dV_{\Delta y} \leqslant 2\sigma\text{, } dV_{\Delta z} \leqslant 2\sigma \tag{3-7}$$

进行约束平差后，当卫星定位控制点与现有城市控制点的重合点的坐标较差大于表3-1的规定时，应检查已知点是否可靠，并在对约束控制点和控制方位角进行筛选后，重新进行不同约束控制点或不同约束方位角的不同组合的约束平差。

3. 精密导线测量

GNSS点位密度不能满足施工需要时，沿轨道交通线路方向布设二等精密导线，根据导线点与首级GNSS点的空间分布，通常布设成多条附合导线或多个结点的导线网。

1）精度要求

首级GNSS网成果能保证全线地面控制网的整体精度，按分级控制的原则，附合于GNSS网的精度导线网是区间贯通的测量依据。精度导线网的主要技术要求见表3-4。

表3-4　　精密导线测量主要技术要求

平均边长/m	闭合环或附合导线总长度/km	每边测距中误差/mm	测距相对中误差	测角中误差/(″)	水平角测回数		方位角闭合差/(″)	全长相对闭合差	相邻点的相对点位中误差/mm
					Ⅰ级全站仪	Ⅱ级全站仪			
350	3～4	±6	1/60 000	±2.5	4	6	$\pm 5\sqrt{n}$	1/35 000	±8

注：1. n 为导线的角度个数，一般不超过12。
2. 附合导线路线超长时，宜布设节点导线网，节点间角度个数不超过8个。

2）导线点选埋

精密导线直接为地下区间控制测量起算服务，精度导线点选点要注重易于全站仪观测、便于施工使用、能长期稳定并易于保存。具体而言，选点时要注意以下几点：

(1) 为施测方便，在车站端头井、风井附近宜布设点位，且能与洞口通视，点位能与两个以上相邻点通视。

(2) 为消弱观测时全站仪调焦对精度的影响，相邻边长不宜相差太大，个别短边的边长不应短于100 m。

(3) 导线点的位置应选在施工变形影响范围以外稳定的地方，应避开开挖、桩基等施工区域。

(4) 楼顶上的导线点宜选在靠近并能俯视线路、车站、车辆段一侧稳固的建筑上。

(5) 相邻导线点间以及导线点与其相连的卫星定位点之间的垂直角不应大于30°，视线离障碍物的距离不应小于1.5 m，避免旁折光的影响；避免相邻点对向观测时存在玻璃等强反射背景。

(6) 在线路交叉及前、后期工程衔接的地方应布设适量的共用导线点;应充分利用现有城市控制点标石。

3) 精密导线观测

导线测量使用全站仪观测,分为水平角观测和边长测量。

应使用Ⅱ级以上全站仪,仪器标称精度测角≤2″,测距≤2 mm+3×10⁻⁶×D。

(1) 水平角观测

① 在导线节点或卫星定位控制点上观测

在导线节点或卫星定位控制点上观测时采用方向观测法,方向数不多于3个时可不归零。在附合导线两端的卫星定位点上观测时,宜联测两个卫星定位点方向,夹角的平均观测值与卫星定位坐标反算夹角之差应小于6″。

② 导线点上观测

只有两个方向时,采用左、右角观测,左、右角平均值之和与360°的较差应小于4″。当前后视边长相差较大,观测需调焦时,宜采用同一方向正倒镜同时观测法,此时一个测回中不同方向可不考虑2C较差的限差。

③ 观测技术要求(表3-5)

表3-5　方向观测法水平角观测技术要求　(单位:″)

全站仪等级	半测回归零差	一测回内2C较差	同一方向值各测回较差
Ⅰ级	6	9	6
Ⅱ级	8	13	9

(2) 边长测量

每条边均应进行往返观测,Ⅰ级全站仪应往返观测各2个测回;Ⅱ级全站仪应往返观测各3个测回。

测距时应读取温度、湿度、气压,进行边长气象改正。温度应读至0.2℃,气压读至50 Pa。

4) 内业整理与平差计算

(1) 边长改正

斜距须经加常数、乘常数和气象改正,斜距改为平距须进行地球曲率、大气折光改正。

(2) 测距边水平距离的高程归化和投影改化

归化到城市轨道交通线路中线平均高程面上测距边的长度,按式(3-8)计算:

$$D=D_0'\left[1+\frac{H_p-H_m}{R_a}\right] \tag{3-8}$$

式中 D'_0——测距两端点平均高程面上的水平距离(m)；

R_a——参考椭球体在测距边方向法截弧的曲率半径(m)；

H_p——城市轨道交通工程线路的平均高程(m)；

H_m——测距边两端点的平均高程(m)。

测距边在高斯投影面上的长度，按式(3-9)计算：

$$D_z = D\left[1+\frac{Y_m^2}{2R_m^2}+\frac{\Delta Y^2}{24R_m^2}\right] \tag{3-9}$$

式中 Y_m——测距边两端点横坐标平均值(m)；

R_m——测距边中点的平均曲率半径(m)；

ΔY——测距边两端点近似横坐标的增量(m)。

(3) 角度闭合差计算

① 附合二等导线或二等导线环的方位角闭合差限差按式(3-10)计算：

$$W_\beta = \pm 2m_\beta\sqrt{n} \tag{3-10}$$

式中 m_β——测角中误差，精度导线规范要求为 2.5″；

n——附合导线或导线环的角度个数。

② 二等导线网测角中误差应按式(3-11)计算：

$$M_o = \pm\sqrt{\frac{1}{N}\left[\frac{f_\beta \cdot f_\beta}{n}\right]} \tag{3-11}$$

式中 f_β——附合导线或闭合导线环的方位角闭合差；

n——附合导线或导线环的角度个数；

N——附合导线或闭合导线环的个数。

(4) 平差计算

精密导线应采用严密平差法，使用软件应经行业鉴定合格。平差成果除点位坐标外，还应包括单位权中误差、相对点位中误差、最弱边边长中误差、中弱点点位中误差等精度指标。

4. 地面高程控制测量

1) 高程系统及主要技术要求

上海轨道交通高程控制网采用吴淞高程系，高程控制网应以基岩标作为基准点，起算数据应采用上海地铁高程成果相对应年份的高程值，确定后不得变更。

高程控制测量主要技术指标见表 3-6。

表 3-6 水准测量的主要技术要求

每千米高差中数中误差/mm		观测次数		往返较差、附合或环线闭合差/mm
偶然中误差 M_{Δ}	全中误差 M_W	与已知点联测	附合或环线	
±2	±4	往返测各一次	往返测各一次	$\pm 8\sqrt{L}$

注:L 为水准线路长度,单位为 km。

2）水准点选埋

地下盾构段高程控制点一般每个车站设 1 个深埋水准点、1 个浅埋水准点。但需考虑控制点共享,当车站与车站相邻小于或等于 600 m 时可共用同一深埋高程控制点。深埋水准点埋深应打到第二含水层,埋设结构如图 3-3 所示。

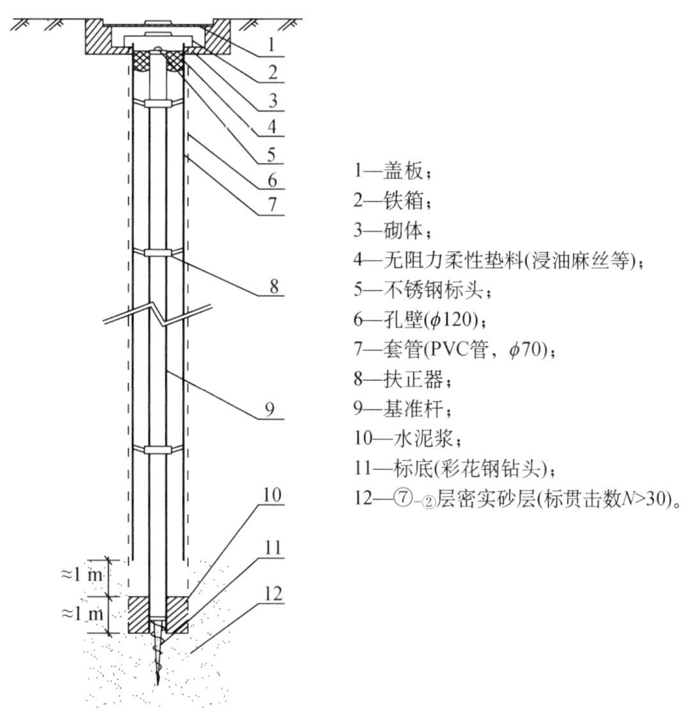

图 3-3 深埋水准点结构及埋设图

3）水准测量

(1) 一般要求

作业前,应对所使用的水准测量仪器和标尺进行常规检查与校正。水准仪 i 角检查,在作业第一周内应每天 1 次,稳定后可半月 1 次。一等水准测量仪器 i 角应≤15″;二等水准测量仪器 i 角应≤20″。

(2) 观测方法

① 观测次序

往测时,奇数站上:后—前—前—后;偶数站上:前—后—后—前;

返测时，奇数站上：前—后—后—前；偶数站上：后—前—前—后。

② 若使用数字水准仪，应将有关参数、限差预先输入并选择自动观测模式，水准路线应避开强电磁场的干扰。

③ 每一测段的往测和返测，宜分别在上午、下午进行，也可在夜间观测。

④ 由往测转向返测时，两根水准尺必须互换位置，并应重新整置仪器。

⑤ 水准测量观测的视线长度、视距差、视线高度应符合表 3-7 的规定，水准测量的测站观测限差应符合表 3-8 的规定。

表 3-7　　水准测量观测的视线长度、视距差、视线高度的要求　　(单位：m)

等级	视线长度		前后视距差	前后视距累计差	视线高度	
	仪器等级	视距			视线长度 20 m 以上	视线长度 20 m 以下
一等	DS_1	≤50	≤1.0	≤3.0	≥0.5	≥0.3
二等	DS_1	≤60	≤2.0	≤4.0	≥0.4	≥0.3

表 3-8　　水准测量的测站观测限差　　(单位：mm)

等级	上下丝读数平均值与中丝读数之差	基、辅分划读数之差	基、辅分划所测高差之差	检测间歇点高差之差
一等	3.0	0.4	0.6	1.0
二等	3.0	0.5	0.7	2.0

注：使用数字水准仪观测时，同一测站两次测量高差较差应满足基、辅分划所测高差较差的要求。

⑥ 成果取舍。往返两次测量高差超限时应重测。重测后，一等水准应选取两次异向观测的合格成果，二等水准则应将重测成果与原测成果比较，其较差合格时，取其平均值。

4）内业整理与平差计算

(1) 水准测量每千米的高差中数偶然中误差按式(3-12)计算：

$$M_{\Delta}=\pm\sqrt{\frac{1}{4n}\left[\frac{\Delta\Delta}{L}\right]} \tag{3-12}$$

式中　M_{Δ} ——每千米高差中数偶然中误差(mm)；

L ——水准测量的测段长度(km)；

Δ ——水准路线测段往返高差不符值(mm)；

n ——往返测水准路线的测段数。

(2) 当附合路线和水准环多于 20 个时，每千米水准测量高差中数全中误差应按式(3-13)计算：

$$M_w = \pm\sqrt{\frac{1}{N}\left[\frac{WW}{L}\right]} \tag{3-13}$$

式中 M_w ——每千米高差中数全中误差(mm)；

W ——附合线路或环线闭合差(mm)；

L ——计算附合线路或环线闭合差时的相应路线长度(km)；

N ——附合线路和闭合线路的条数。

(3) 水准网的数据处理应进行严密平差，并应计算每千米高差中数偶然中误差、高差全中误差、最弱点高程中误差和相邻点的相对高差中误差。

5. 地面控制成果检测

对于上海等软土地区的轨道交通施工控制网，应每年全面复测一次平面控制网，每年复测两次高程控制网，复测的观测技术要求不应低于初测；施工期间，控制点使用前应加强稳定性检测，检测发现点位存在位移时应及时检测复位，对长期不稳定的控制点应重新选点、联测。

控制点使用前必须进行检测，检测成果与原用成果较差不大于测量中误差的 2 倍时可采用原用成果，否则应联测修正。首级控制点检测限差见表 3-9。

表 3-9 首级控制点检测限差要求

相邻点夹角检测限差		相邻点边长检测		相邻高程控制点检测
边长>1 km	边长≤1 km	边长>1 km	边长≤1 km	高差不符值<$8\sqrt{L}$ mm（L 为线路长，单位为 km）
±5″	±8″	相对精度优于 1/100 000	边长检测较差≤1 cm	

注：相邻点的边长检测值应采用往返观测后的平均值，偏离中央子午线 30 km 以上的边长应进行投影改正；高程检测应检测相邻两个深埋水准点，按二等水准要求进行外业测量。

3.1.3 联系测量

1. 联系测量的主要内容

联系测量是将地面的平面坐标系统和高程系统传递到地下，使地上、地下坐标系统相一致的测量工作。联系测量主要内容包括平面联系测量和高程联系测量。

1) 平面联系测量

平面联系测量起始于两个以上通视的卫星定位控制点或精度导线点，通过近井导线引测到工作井井口，采用适合的联系测量方法过渡后，确定地下起始点(边)的坐标和方位角。

联系测量井下起始边方位角误差对贯通的影响与区间长度成正比，可按式(3-14)

估算：

$$\delta = D \times m_a / \rho \tag{3-14}$$

式中　δ ——联系测量的方位角误差对贯通的影响；

D ——贯通区间的距离；

m_a ——联系测量的方位角误差(″)；

ρ ——常数($\rho = 206\ 265''$)。

对于 1 km 的区间，若联系测量的方位角精度为 5″，仅此一项就会引起贯通时 2.4 cm 的不确定性。基于此，平面联系测量也叫定向测量。联系测量常常要通过工作井、风井等狭小空间，测量条件差，作业要求相对更高。

轨道交通工程常用的平面联系测量方法有：联系三角形法、直接导线法、投点定向法、两井定向、铅垂仪+陀螺经纬仪组合定向法等。

投点法、两井定向法、铅垂仪等方法类似，其原理为：通过垂直投测两个以上测量点、地下导线联测确定方位；或通过投测一个点并加测地上、地下的陀螺方位实现方位传递。

上海地区常用联系三角形法、直接导线法、二井定向，后文将对这三种技术作进一步介绍。近年陀螺定向测量的精度越来越高，与其他方法配合能有效提高定向精度。

2）高程联系测量

高程联系测量包括近井高程测量与高程传递测量。近井高程测量把高程从邻近深埋水准点引测到井口，作业技术要求参照前述高程控制测量。常用高程传递测量的方法有悬挂钢尺法、全站仪三角高程法等。

相对来说，高程联系测量的技术难度相对较低。

2. 联系测量基本要求

联系测量是地下隧道施工测量的重要环节，测量工作必须认真实施。实施联系测量应注意以下几点。

(1) 近井导线宜按前述精密导线测量的要求施测。近井点尽量直接利用卫星定位点和二等导线点测设。需进行导线点加密时，地面近井点与精度导线点应构成附合导线或闭合导线，导线长度小于 350 m，导线边数不宜超过 5 条。

(2) 隧道贯通前的联系测量工作不应少于 3 次，宜在隧道掘进到 100 m、300 m 以及距贯通面 100～200 m 时分别进行一次。当地下起始边方位角较差小于 12″时，可取各次测量成果的平均值作为后续测量的起算数据指导隧道贯通。

(3) 地下控制测量作业前应对地下定向边的夹角、距离和高程点的高差进行检核。

(4) 每次联系测量时，应独立观测三测回；传递高程时，测回间应变动仪器高，三测回测得地上、地下水准点间的高差较差应小于 3 mm。

(5) 贯通面一侧的隧道长度大于 1 500 m 时,应增加联系测量次数或采用高精度联系测量方法等,提高定向测量精度。

3. 几种常用的平面联系测量方法

1) 联系三角形定向测量

联系三角形定向测量是矿山测量常用的老方法,也称一井定向测量,联系三角形测量是通过狭小竖井进行定向传递的一种方式。

基本方法是:在一个竖井中悬挂两根钢丝,地面近井点 A 与钢丝组成三角形,测定近井点 A 与钢丝的距离和角度,从而计算两钢丝的坐标及它们之间的方位角。同样,井下近井点 B 与两根钢丝也构成三角形,测定井下近井点 B 与钢丝的距离和角度。由于钢丝自由悬挂,认为井下、井上钢丝的坐标、方位一致,从而可计算出井下起算点的坐标和方位(图 3-4)。

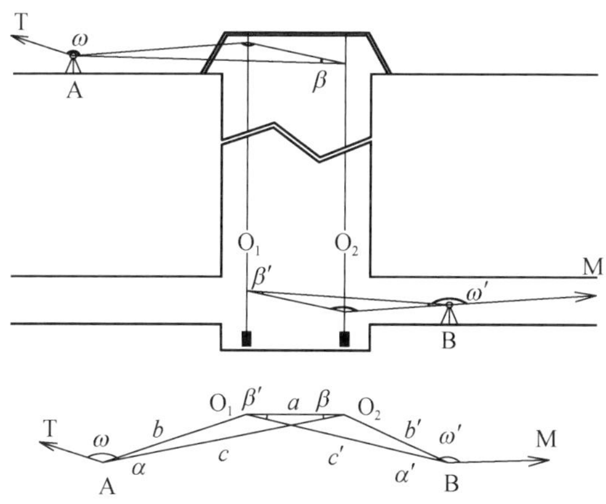

图 3-4 联系三角形定向测量示意图

根据边角关系:

$$\begin{cases} \sin\beta = \sin\alpha \times \dfrac{b}{a} \\ \sin\beta' = \sin\alpha' \times \dfrac{b_r}{a} \end{cases} \quad (3\text{-}15)$$

然后按 T→A→O_2→O_1→B→M 的路线,可推算各点坐标和各边方位。

(1) 精度分析

如图 3-4 所示,近井点与两根钢丝组成的三角形中,测量内容包括三条边长 a、b、c 和夹角 α。为提高方位传递精度,还要保证 β 的求解精度。

当 α、β 都是小角时,β 可表示为式(3-16):

$$\beta = \alpha \times \frac{b}{a} \quad (3\text{-}16)$$

根据误差传播律:

$$m_\beta^2 = \frac{b^2}{a^2} m_\alpha^2 + \frac{\alpha^2}{a^2} m_b^2 + \frac{b^2\alpha^2}{a^4} m_a^2 \quad (3\text{-}17)$$

令测边误差 $m_a = m_b = m_s$,则式(3-17)变为:

$$m_{\beta}^{2}=\frac{b^{2}}{a^{2}}m_{\alpha}^{2}+\alpha^{2}\cdot\frac{1}{a^{2}}\cdot\left(1+\frac{b^{2}}{a^{2}}\right)m_{s}^{2} \tag{3-18}$$

式(3-18)右边两项分别为测角、测边对 β 角推算的误差影响。两项都表明,(b/a)值越小越有利,因此观测时应尽量拉开钢丝间距离 a,根据仪器盲区限制和现场条件缩小仪器与近钢丝的长度 b,一般应 $b/a\leqslant 1$;式(3-18)右边第 2 项表明 α 角越小越有利,意味着联系三角形布设成直伸三角形最有利,当 $\alpha\leqslant 1°$时,式(3-18)右边第 2 项影响远远小于第 1 项,此时有:

$$m_{\beta}\approx\frac{b}{a}\times m_{\alpha}$$

综上所述,联系三角形测量的精度,与钢丝间距、测站点与钢丝相对位置关系密切,作业要点如下:

① 尽量拉长两根钢丝的间距。

② 连接三角形最有利的形状为 α、α'均不大于 1°的直伸三角形。

③ 观测时,尽量使连接点 A 接近近处钢丝线,精度测量角度 α、α'。

④ 测边误差对定向精度影响较小。

(2) 测量实施

在生产实践中,如图 3-5 所示,以仪器点与远钢丝连线为基准,在近钢丝的对称位置悬挂第三根钢丝,组成双联系三角形,有利于提高精度。

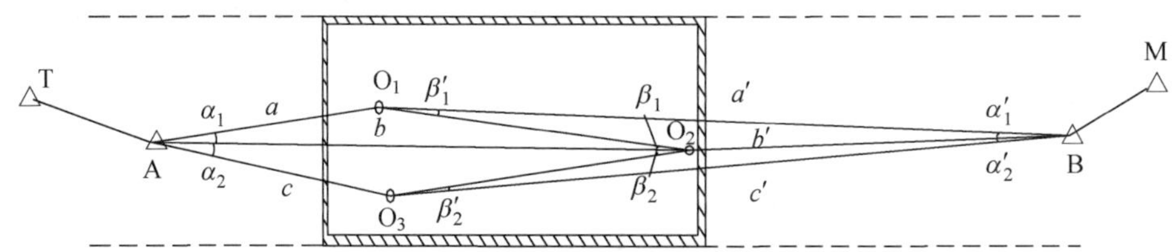

图 3-5　双联系三角形定向测量示意图

联系三角形观测还应注意以下要求:

① 每次定向应独立进行 3 次,取 3 次平均值作为定向成果。

② 宜选用 ϕ0.3 mm 钢丝,悬挂 10 kg 重锤,并将重锤浸没在阻尼液中。

③ 联系三角形边长测量可采用光电测距或经检定的钢尺丈量,每次应独立测量三测回,每测回 3 次读数,各测回较差应小于 1 mm。地上与地下丈量的钢丝间距较差应小于 2 mm。钢尺丈量时应施加钢尺鉴定时拉力,并应进行倾斜、温度、尺长改正。

④ 角度观测应采用不低于Ⅱ级的全站仪,用方向观测法观测六测回,测角中误差应在±2.5″之内。

⑤ 联系三角形定向推算的地下起始边方位角的较差应小于 12″,方位角平均值中误差应在±8″之内。

⑥ 有条件时尽早采用两井定向或其他方法，提高地下起始边的定向精度。

2）直接导线法定向测量

对于深度较浅的工作井，可采用直接导线法进行定向测量(图 3-6)。随着仪器设备的进步，直接导线法是上海、北京等地轨道交通建设中最常用的方法。

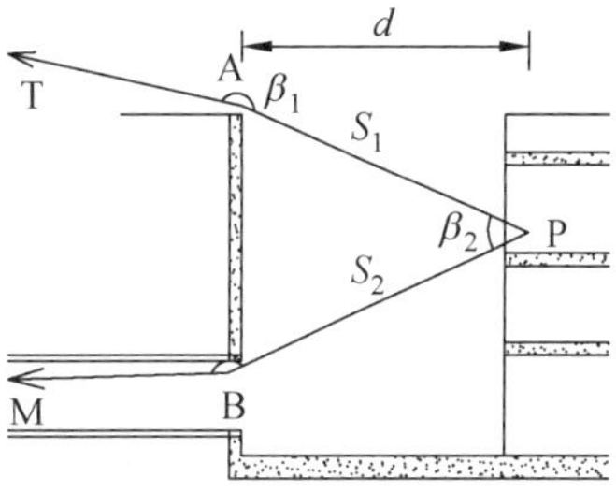

相对于联系三角形测量，此方法相对便捷，精度受导线边长度缩短、工作井的深度增加而降低。

图 3-6 直接导线测量示意图

（1）精度分析

直接导线法水平角观测中，存在边长短、竖直角大、水平角较小等特点，主要误差来源为仪器三轴误差、仪器测站和目标偏心误差的影响。

① 仪器三轴误差中，视准轴误差、横轴误差的影响可采用盘左、盘右观测取平均值的方式消除。

② 仪器的竖轴倾斜误差不能通过盘左、盘右观测抵消。目前，新的全站仪有竖轴倾斜改正装置，观测时开启双轴补偿状态。

③ 短边偏心差是影响精度的主要因素。常规地面标志对中误差一般为 0.5 mm，对于 20 m 的边，仅此一项对方位角的影响就有 10″。短边上的对中误差应严格控制在 0.1 mm 以内。观测用的觇标棱镜在使用前应认真检验，工作井的测站应建立强制对中观测墩，采用与观测仪器机座一致的觇标、迁站时进行三联架观测等均是有效消弱对中误差的措施。

（2）测量实施

① 角度观测应采用精度在 1″级以上的全站仪，用方向观测法观测六测回，测角中误差应在±2.5″之内。

② 每期观测应独立观测两次，地下起始边方位角的较差应小于 12″，方位角平均值中误差应在±8″之内。

③ 有条件时尽早采用两井定向或其他方法，提高地下起始边的定向精度。

3）两井定向测量

一井定向和直接导线测量均仅通过一个狭小的工作井实施，都严重受“短边定长边”的影响，由于贯通距离与定向边长度比值很大，观测时的目标偏心对贯通精度影响很大。区间盾构施工中、后期，地下车站施工连通后，尽早利用两个竖向通道各投测一点，地下采用精度导线把两个点联测进行两井定向(图 3-7)。

由于两井定向增加了钢丝间的距离，减小了投点误差对方位的影响，对提高贯通精度非常有利。钢丝投点可以采用垂准仪铅垂投点代替，甚至可以直接导线法引测。作业步骤如下。

① 先基于 O_1 为原点、S_1 边为 X 轴的假定坐标系，计算假定坐标值：

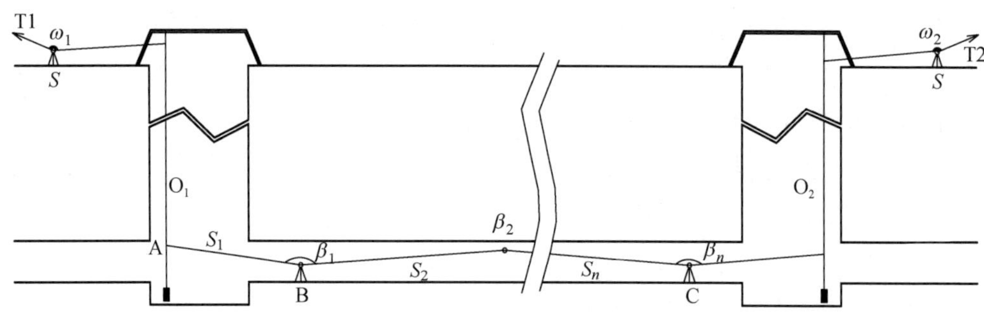

图 3-7 两井定向示意图

$$\begin{cases} x'_k = \sum_{i=1}^{k} S_i \cos \alpha'_i \\ y'_k = \sum_{i=1}^{k} S_i \sin \alpha'_i \\ \alpha'_i = \alpha'_1 + \sum_{j=1}^{i-1} (\beta'_i - 180^\circ) \\ k = (1,\ 2,\ \cdots,\ n-1,\ n) \end{cases} \tag{3-19}$$

② 计算 A1 边在原坐标系中的方向角：

$$a_1 = \tan^{-1} \frac{y_b - y_a}{x_b - x_a} - \tan^{-1} \frac{y'_b - y'_a}{x'_b - x'_a} \tag{3-20}$$

式中 $(x_a,\ y_a)$，$(x_b,\ y_b)$——A、B 点在原坐标系中的坐标；

$(x'_a,\ y'_a)$，$(x'_b,\ y'_b)$——A、B 点在假定坐标系中的坐标。

③ 计算长度比：

$$M = \frac{\sqrt{(x_b - x_a)^2 - (y_b - y_a)^2}}{\sqrt{(x'_b - x'_a)^2 - (y'_b - y'_a)^2}} \tag{3-21}$$

④ 计算各点在原坐标系中的坐标：

$$\begin{pmatrix} x_i \\ y_i \end{pmatrix} = \begin{pmatrix} x_a \\ y_a \end{pmatrix} + M \begin{pmatrix} \cos \alpha_1 & -\sin \alpha_1 \\ \sin \alpha_1 & \cos \alpha_1 \end{pmatrix} \begin{pmatrix} x'_i \\ y'_i \end{pmatrix} \tag{3-22}$$

⑤ 计算各边在原坐标系中的方位角：

$$\alpha_i = \alpha'_i + \alpha_1 \tag{3-23}$$

(1) 精度分析

两井定向的精度与坐标传递精度、两井间的距离、两井间联测导线长度和测量精度等要求相关，两井间的距离宜大于 100 m，每个井的坐标传递时应采取措施提高横向分量精度，降低其对方位误差的影响，井下联测应满足精度导线的观测要求。

(2) 测量实施

① 投测的两点宜相互通视,其间距应大于 60 m。

② 采用悬挂钢丝法时,两个竖井中钢丝的悬挂和联测均应符合联系三角形定向测量的相关要求。

③ 采用铅垂仪投点实施时,投点中误差不应大于±2 mm,每次应在基座旋转 120°的三个位置,对铅垂仪的平面坐标各测一测回。

④ 地下两投测点之间沿连通最短路径布设精密导线,观测应满足四等导线测量的技术要求,按无定向导线平差方法计算井下方位。

⑤ 两次地下定向边方位角互差应小于 12″,平均值中误差应小于±8″。

4) 陀螺法定向测量

陀螺法定向测量(gyrostatic orientation survey)是用陀螺经纬仪测定某定向边的陀螺方位角,并经换算获得此边真方位角的测量工作,它是利用高速回转体的内置陀螺进行真北方向准确定位的物理方法。实践证明,在上海地铁 2 号线广兰路—唐镇、崇明越江通道的隧道段等超长盾构区间,在传统定向测量方法的基础上加测陀螺边方位,能有效提高地下区间的贯通精度。

国外产的高精度陀螺经纬仪有美国 MARCS 陀螺经纬仪、德国 Gyromat 陀螺经纬仪[图 3-8(a)]等型号,前者精度小于 2″,对准时间约 10 min;后者精度为 3″,测量时间约 7 min,国外高精度陀螺仪被禁止向中国出口。近年国产的陀螺经纬仪精度越来越高,型号也逐渐增多。如中南大学与长沙莱塞光电子研究所合作研制的 AGT-1 型自动陀螺经纬仪[图 3-8(b)],一次定向标准偏差小于 5″,一测回约 20 min。

(a) Gyromat2000

(b) AGT-1

图 3-8 陀螺经纬仪

陀螺定向的观测方法较多,根据照准部是否跟踪陀螺吊丝摆动可分为逆转点法和中天法两类,具体观测方法和数据处理可参照解放军出版社出版的《陀螺定向测量》一书。

(1) 精度分析

陀螺定向测量精度与陀螺定向精度、经纬仪联测精度、陀螺运行稳定性、外界环境影响等因素相关。应根据贯通长度和测量精度的要求,选择标称精度分为±2″,±5″,±10″的仪器;铅垂仪投点精度应不大于 1/200 000。

(2) 测量实施

① 定向测量应采用“地面已知边—地下定向边—地面已知边”的测量程序。地面已知边、地下定向边的陀螺方位角测量每次应测三测回,测回间陀螺方位角较差应根据陀螺仪标称精度分别小于 $\sqrt{n}\,M$(M 为陀螺仪标称精度)。

② 陀螺全站仪观测时应无明显震动、风流、人流影响,并避开高压电磁场;地下定向边边长应大于 100 m,视线距隧道边墙的距离应大于 0.5 m。

③ 测定仪器常数时,地面已知边应与地下定向边的位置尽量接近,需要时应进行子午线收敛角改正。测前、测后各三测回测定的陀螺仪常数平均值的较差,根据仪器精度应分别不大于 2″,5″,10″。

④ 测量前应检查陀螺仪器常数的稳定状态。每次陀螺仪、铅垂仪组合定向应在 3 d 内完成。

⑤ 陀螺方位角测量时,绝对零位偏移大于 0.5 格时,应进行零位校正;观测中的测前、测后零位平均值大于 0.05 格时,应进行零位改正。

⑥ 铅垂仪投点时,铅垂仪的仪器台与观测台应分离;铅垂仪的基座或旋转纵轴应与棱镜轴同轴,其偏心误差应小于 0.2 mm;全站仪独立三测回测定铅垂仪的坐标互差应小于 3 mm。

4. 两种常用的高程联系测量方法

1) 悬挂钢尺法

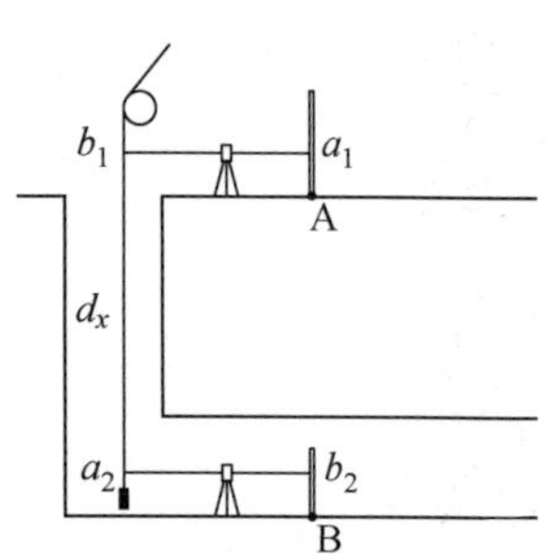

图 3-9 悬挂钢尺法高程传递示意图

如图 3-9 所示,测量时悬挂经检定过的钢尺,钢尺零刻度朝下,下端挂一重锤(重量与钢尺鉴定时的拉力相同)。应在洞口气流稳定、无噪声的时段观测。观测时上、下各安置一台水准仪,同时读数。

由图 3-9 可以看出,A 点与 B 点的高差 h_{BA} 可按式(3-24)计算:

$$\begin{aligned} h_{BA} &= H_A - H_B \\ &= d_x - a_1 + b_2 = d_x + (b_2 - a_1) \\ &= (b_1 - a_2) + (b_2 - a_1) \\ &= (b_1 - a_1) + (b_2 - a_2) \end{aligned} \tag{3-24}$$

计算时，高差应进行温度、尺长改正，当井深超过 50 m 时应进行钢尺自重张力改正。

（1）精度分析

悬挂钢尺法高程传递的误差，主要有钢尺温度和压力改正误差、上下仪器读数误差、环境气流影响造成的误差等。

（2）测量实施

① 传递高程时独立观测 3 次，高差较差应小于±3 mm。

② 采用悬吊钢尺进行高程传递测量时，地上、地下的两台水准仪应同时读数，并在钢尺上悬吊与其检定时相同质量的重锤，高差应进行温度、尺长改正。

2）全站仪三角高程法

高程传递如图 3-10 所示。

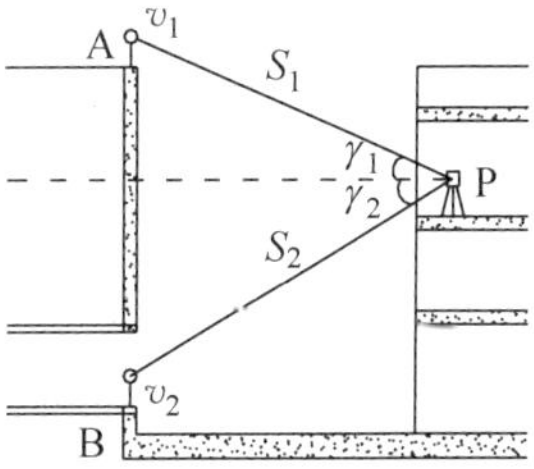

由于距离较短，不考虑球气差对三角高程的影响，中间设站观测时应按式(3-25)计算高差：

$$h_{AB}=(D_2\tan\gamma_2-D_1\tan\gamma_1)-(v_2-v_1) \tag{3-25}$$

式中 D_1，D_2——平距；

γ_1，γ_2——垂直角；

v_1，v_2——目标高。

图 3-10 三角高程测量示意图

（1）精度分析

全站仪三角高程法，精度主要受上下标志的垂直角测量误差、标志的高度误差、环境气流等影响。

（2）测量实施

① 观测时测距边小于 50 m、垂直角小于 30°。

② 观测应采用精度在 0.5″级及以上的全站仪观测。观测时变换仪器高进行两次架站观测，第一次采用“前—后—后—前”的观测次序，第 2 次采用“后—前—前—后”的观测次序，两次观测的高差较差应小于 1.0 mm。

③ 前后视采用同一型号的一对棱镜，观测时采用固定高度的支架。变换仪器高时，前后视棱镜对调。

④ 前后视距应尽量相等，视距差不超过 3 m。

3.1.4 地下控制测量

1. 地下控制测量的主要内容

地下控制测量是在隧道内建立施工控制网，作为地下隧道掘进测量和后续调坡测量的基础。地下控制测量分地下平面控制测量和地下高程控制测量。

联系测量传递到地下的起始点坐标、方位和高程成果是地下控制测量的基准。

2. 地下平面控制测量

地下盾构隧道的平面控制测量形式一般为导线测量。盾构隧道未贯通前，以支导线形式布设平面控制；贯通后，贯通面两侧联测形成附合导线。

地下导线分两级布设。为满足盾构机姿态测量要求，一般应以 60 m 间距布设施工导线，但太多的测站数会影响导线最远点的精度，应提高精度等级，以 150 m 左右间距布设控制导线。控制导线的点位可由施工导线隔点选取或重新布设。

在贯通距离大于 1 500 m 的长区间，还应在导线中部或距离贯通处 1/3 的位置，采取加测陀螺边、钻孔投点等措施提高精度。

1）导线点的埋设

盾构隧道内的导线点使用频繁，一般采用强制归心标，埋设在隧道侧腰或拱顶上。埋设在拱顶的导线点形似“吊篮”，如图 3-11(a)、(b)所示，安装复杂但使用方便，可直接供盾构姿态测量使用，埋设时独立设置测量操作平台与仪器平面。

侧腰上的仪器台如图 3-11(c)所示，但隧道内观测条件差，为消弱观测时的旁折光影响，导线点应依次布设在两侧腰。

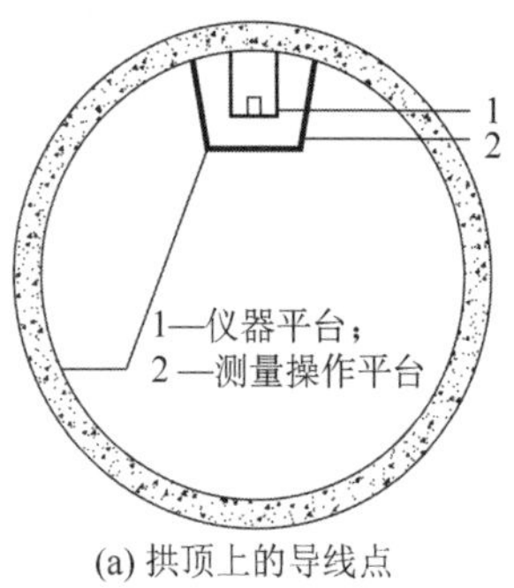

(a) 拱顶上的导线点

(b) 拱顶导线点构造图

(c) 侧腰导线点

图 3-11　隧道内的导线点

2）最远点精度估算

根据前文的精度估算，地下导线测量最远点的测量误差应小于 34.2 mm。地下导线为直伸支导线，横向误差来源主要是角度测量误差，测距误差一般影响纵向贯通精度。现代测距精度较高，纵向精度一般不受影响，导线平面贯通误差主要考虑横向误差。

最远点横向中误差可用式(3-26)计算：

$$m_u = \frac{m_\beta}{\rho} L \sqrt{\frac{n+1.5}{3}} \tag{3-26}$$

式中　m_u——支导线终点横向中误差；

m_β ——测角中误差；

L ——支导线长度；

n ——支导线边线。

也可变换形式，按式(3-27)由精度要求推算测角精度要求：

$$m_\beta = \frac{\rho}{L} m_u \sqrt{\frac{3}{n+1.5}} \tag{3-27}$$

如令支导线终点横向中误差 $m_u = 35$ mm，支导线长度 $L = 1\ 500$ m，支导线边数 $n = 10$，则测角中误差计算为 2.6″。

3）观测要求

地下控制导线测量应每 100～150 m 向前延伸一次，每次延伸应对已有的导线控制点进行检测，并从稳定的控制点进行延伸测量。

根据《城市轨道交通工程测量规范》(GB/T 50308—2017)的要求，地下导线测量应使用不低于Ⅱ级的全站仪施测，左右角各观测两测回，左右角平均值之和与 360°较差应小于 4″，边长往返观测各两测回，往返平均值较差应小于 4 mm。测角中误差应小于±2.5″，测距中误差应小于±3 mm。

根据要求，盾构区间施工期间，地下控制导线至少应全面复测 3 次，与联系测量同期全面复测。

相邻竖井间或相邻车站间隧道贯通后，地下平面控制点应构成附合导线(网)。

3. 地下高程控制测量

地下高程控制测量以高程传递的水准点为起算点，采用水准测量的方法实施。隧道内按 100～150 m 间距，在隧道底板或边墙设置高程控制点。水准点可专门埋设或利用已有的稳定、明显的标志，水准点上部通畅，便于水准立尺。

隧道贯通前，地下水准线路为支线，应进行往返观测；贯通后应联测形成附合水准线路。联道内的高程控制测量可参照地面水准测量的技术要求。

地下高程控制应每 200 m 左右向前延伸一次，每次延伸应对已有的水准点进行检测，并从稳定的控制点进行延伸测量。盾构区间施工期间，高程控制至少应全面复测 3 次，与联系测量同期全面复测。

3.1.5 盾构施工细部测量

1. 盾构施工细部测量的主要内容

盾构掘进施工测量是指导盾构掘进施工和管片拼装符合设计要求而进行的测量工作。结合施工程序，盾构掘进施工测量可分三个阶段：盾构始发前的测量工作、盾构掘进过程中的姿态测量和管片安装测量、盾构接收测量。掘进施工期间应定期进行地下控制测量复测和延伸、同步，并应进行拼装环轴线偏差检测。盾构隧道贯通后进行贯通测量。

2. 盾构始发前测量

（1）联系测量。盾构工作井建成后，通过联系测量将坐标和高程传递到井下，作为盾构基座定位测量、预留洞门钢圈位置检测的依据。

（2）盾构机座定位测量。按照盾构基座设计的位置，对盾构基座安装所需的轴线进行现场标定。使用全站仪，首先把基座中心轴线测设在井壁或固定物体上，然后按设计里程、垂直中心轴线，测设盾构机前端、中部、后端三个部位的法线方向（图 3-12），并在对应位置测设高程。

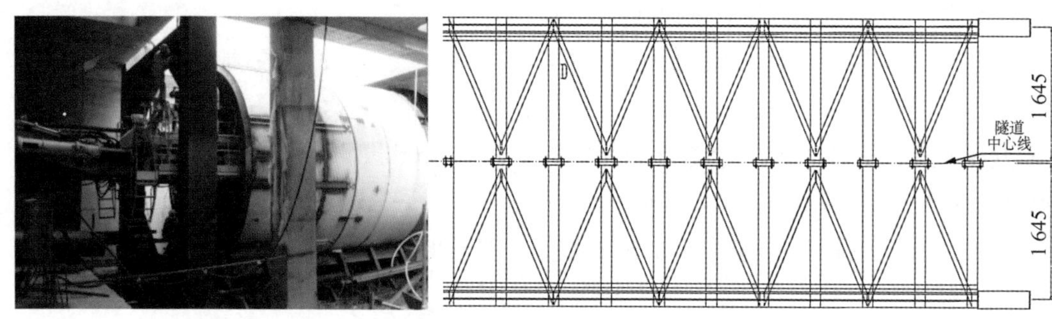

图 3-12　盾构机座轴线图

盾构基座定位后应对基座安装质量进行检测，检测内容包括：机座前端、中部和后端里程、高程，基座中心线与设计中心轴线的方位角偏差、纵坡偏差等。

（3）反力架定位测量。反力架测量和检测的内容包括：反力架基准环中心的法面是否分别与盾构机实际中心轴线一致、基准环中心标高与盾构机中心轴线标高是否一致、基准环法面倾角是否与盾构机实际坡度一致。

（4）预留洞门钢圈位置测量。对安装好的洞门钢圈的位置和尺寸进行检测。

（5）盾构姿态测量系统检测。盾构机就位始发前，必须利用人工测量方法测定盾构机的初始位置和盾构机姿态，盾构机自身导向系统测得的成果应与人工测量结果一致。

盾构机测量标志应牢固设置在盾构机纵向或横向截面上，标志点间距离应尽量大，前标志点应靠近切口位置，标志可粘贴反射片或安置棱镜；测量标志点的三维坐标系统应和盾构机几何坐标系统一致或建立明确的换算关系；为区间掘进期间的姿态测量做好基础工作。

3. 盾构掘进过程的细部测量

盾构掘进过程中，应及时进行盾构机姿态与衬砌环偏差的盾构姿态测量、地下控制定期检测和拼装环轴线定期测量。

1）盾构机姿态和衬砌环偏差的盾构姿态测量

每环掘进均应进行盾构姿态测量与衬砌环测量。盾构机姿态测量内容应包括横向偏差、竖向偏差、俯仰角、方位角、滚转角及切口里程；衬砌环测量应在盾尾内完成管片拼装和衬砌环完成壁后注浆两个阶段之后进行。第一阶段，在盾尾内管片拼装成环后测量盾尾间隙；第二阶段，衬砌环完成壁后注浆和管片出车架后，测量衬砌环中心坐标、底部高程、水平直径、垂直直径和前端面里程，计算椭圆度、平面和高程偏离值，测量误差应在±3 mm以内。管理要求隧道圆环高程与平面偏差力争控制在±50 mm以内，最大不超过±100 mm。

每次测量完成后，应及时提供盾构机和衬砌环测量结果供修正运行轨迹使用。施工过程不断完善施工工艺，使盾构、管片、设计轴线三者之间的偏差全程受控。

对备有自动导向测量系统的盾构机，主要利用自动导向测量系统进行盾构机姿态测量和管片安装测量，以人工方法进行控制测量和定期检测。否则采用传统人工测量方式。

盾构掘进实时测量系统是自动导向测量盾构机施工的关键部件。该系统利用先进的测量、电子传感器和计算机技术，计算盾构机的位置、姿态和趋势信息，并与设计隧道轴线进行比较，以直观的方式图文并茂地给盾构机操控人员实时提供信息。

典型自动导向系统有德国VMT公司的SLS-T导向系统。VMT(SLS-T)导向系统由自动照准目标的全站仪（激光测站）、后视棱镜、目标靶（ELS）等组成，如图3-13所示。

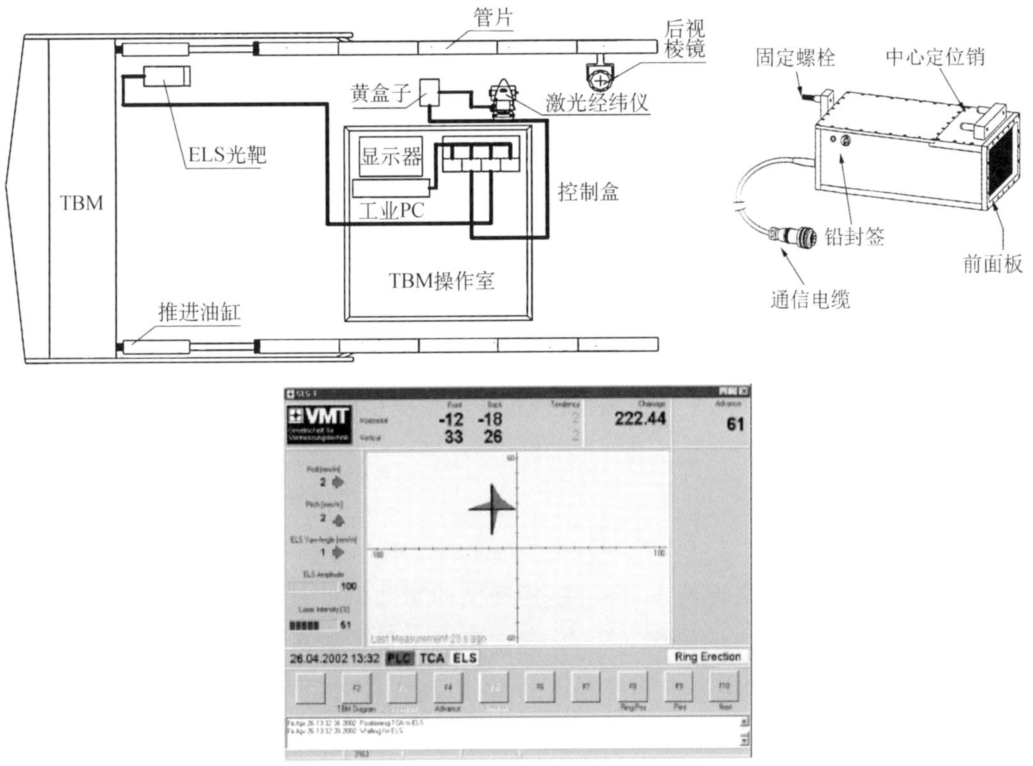

图3-13　SLS-T导向系统构成及显示界面

SLS-T 软件是自动导向系统的核心，它从全站仪和 ELS 接收数据，计算盾构机位置，并以图形和数字形式现场显示。ELS 是一台智能型传感器，固定在盾构机内，始发前标定它的位置。工作中它接受全站仪发出的激光束，测定水平方向和垂直方向的入射点，同时结合内置倾角传感器计算坡度和旋转，自动转换成盾构机姿态。

我国近年也出现多种导向系统，如力信科技的 RMS-D 系统(图 3-14)。国内导向系统多采用 2～3 个棱镜，进行几何解算或结合倾角计进行几何解算求解盾构机姿态参数。

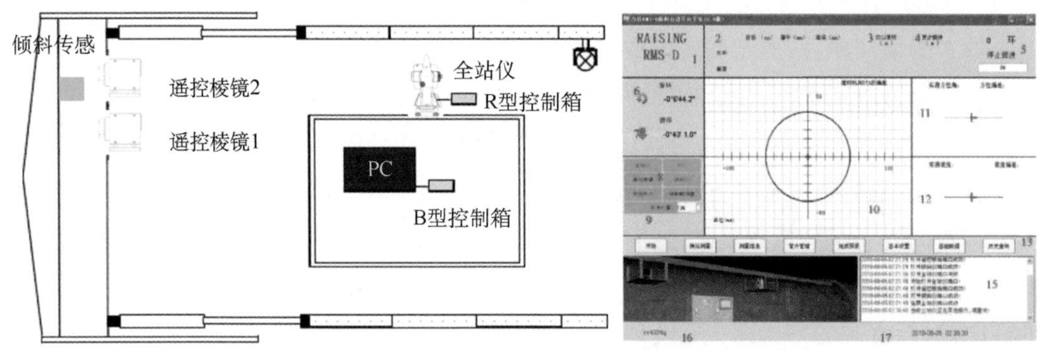

图 3-14　国产导向系统 RMS-D 构成及显示界面

2）地下控制检测

区间隧道施工用平面、高程控制测量应每 100～150 m 向前延伸，延伸时应检测已有控制点的稳定性，自稳定的控制点起算。施工期内应进行至少 3 次自地面控制检测、联系测量检测的全过程测量，盾构进洞前 150 m 需进行最后一次检测。

3）拼装环三维偏差定期测量

每天或每 10 环完成后，应进行逐环三维轴线偏离量测量，根据实测位置里程计算隧道中某处的轴线设计三维坐标，并计算偏离量，指导后续盾构推进参数的修正。

4. 盾构接收测量

主要包括预留洞门钢圈位置检测、盾构机座位置测量等，与始发测量内容基本相同。接收井洞门测量可通过多点拟合出中心坐标 X、Y、Z。

5. 贯通测量

结构贯通后应测定贯通偏差，评价结构施工的精度。贯通偏差应为贯通面两侧线路的中线点在线路垂直方向的横向距离、竖向距离。贯通测量误差可利用贯通面一侧的导线、水准测量成果测定另一侧控制点的平面、高程较差，评价区间隧道的控制测量精度。

3.2 盾构法隧道施工监测

3.2.1 监测对象与等级

3.1节详细介绍了盾构法隧道施工的测量技术，本节重点介绍盾构施工的监测技术和方法。盾构施工对土体存在扰动，盾构机前部土体受到挤压、盾构机后部土体损失或土体固结等原因，均会引起地面产生隆沉变化，进而影响邻近建(构)筑物和管线的安全。周边环境的变形程度与多种因素有关，如盾构密封仓平衡压力、出土速度、盾构姿态、盾构外壳拖带作用、管片衬砌接缝密封程度、建筑间隙、隧道衬砌变形、土体固结和次固结沉降、注浆填充材料凝固收缩沉降等。

同时，由于受管片制作质量、盾构机顶推力不均、螺栓应力不一以及盾尾注浆压力等因素影响，拼装环结构本身会产生不同程度的沉降、收敛变形，当这种变形超过一定限度时，会对盾构隧道全生命周期服役性带来隐患。

为减少施工对环境的不利影响、保证拼装环管片变形在受控范围，盾构施工必须引入信息化监测手段，以反馈指导施工，确保开挖面稳定，正确控制挖土速度，不断优化掘进施工参数，严格控制周围环境和隧道本体的变形，确保周围环境及隧道本体的安全。

监测对象应包括：沿线地下综合管线垂直位移监测、沿线建(构)筑物垂直位移监测(如遇防汛墙则同时进行垂直位移、水平位移监测)、盾构隧道沿线地表隆沉剖面监测、隧道结构沉降监测、管片收敛变形监测。

盾构区间监测等级按照工程环境安全等级划分如表3-10所示。

表3-10 盾构区间监测等级

监测等级	工程环境描述
特级	穿越(或隧道正上方至外侧0.5D范围内存在)运营中的城市轨道交通、高速铁路等重要轨道交通线路及道路隧道
一级	穿越(或隧道正上方至外侧0.7H_i范围内存在)上水、燃气等压力干管，原水箱涵，市政排水总管，输油管，高压电缆，江河两岸防汛堤以及处于建设期的地铁盾构隧道(包括盾构掘进中的后方隧道、附近已经完成的隧道等)
	穿越(或隧道正上方至外侧0.7H_i范围内存在)密集居民建筑、保护建筑及对沉降极敏感建筑等
二级	穿越(或隧道外侧0.7H_i～1.0H_i范围内存在)城市干道路基、重要建(构)筑物及市政管道、江河水道等
三级	一般环境条件，包括空旷地段

注：1. H_i为隧道底埋深(m)。
2. D为隧道外径(m)。

3.2.2 盾构推进阶段的监测要求

盾构推进阶段的监测项目包括周边管线、建(构)筑物等周边环境、周边岩土体、盾构隧道本体等内容,应重点关注测点布设位置及密度,应能反映变形的范围、幅度、方向,应为盾构施工环境安全提供全面、准确、及时的监测信息。

1. 沿线地下综合管线垂直位移监测

对监测范围内的管线应加强监测,重点监测管线包括上水、煤气、下水等硬管线和管径较大的管线。

管线监测点间距宜为 5～20 m,与隧道轴线垂直或接近垂直相交管线测点间距不宜大于 6 m(须兼顾管线结构形式),与隧道轴线平行或小角度斜交管线测点间距不宜大于 20 m,距离最近一排管线所设置的垂直位移和水平位移监测点宜为共同点。

管线监测点可设在阀门、窨井管线出露点,沿线各里程处应尽可能取一条最危险的管线设直接监测点。

2. 沿线建(构)筑物垂直位移监测

需对距隧道中心 30 m 范围内的主要建(构)筑物进行垂直位移监测,测点布置在建筑物有代表性的位置。距离施工区域较远的建(构)筑物测点布置适当放宽,距离施工区域较近的建(构)筑物测点布置适当调整加密。

布点时尽可能利用建(构)筑物上原有的测量标志,如果没有测量标志可在离墙角 50 cm 处的墙面钻孔,埋入弯成"L"形的 ϕ14 圆钢筋,用混凝土浇筑固定,或用射钉枪在相应部位直接打入钢钉。

3. 隧道沿线地表隆沉剖面监测

地面沉降基本要求:盾构掘进引起的地层损失率应小于 1%,相应管片脱出盾尾 15 d 以后不同盾构覆土厚度处的地面沉降槽最大沉降量 δ 及盾构前方最大隆起量 Δ 不得大于表 3-11 中的数值。

表 3-11　不同覆土厚度的盾构机盾尾最大沉降量、盾构机头最大隆起量控制值

覆土深度/m	δ/mm	Δ/mm	备注
4	30	10	其他不同深度处的 δ、Δ 值用内插法计算确定
8	19	6.3	
12	14	4.7	
16	11	3.7	
20	9	3	

1）盾构正常掘进的地面环境监测

盾构正常推进阶段，环境重点监测范围为：横向为距两条隧道中心线向外延伸 1.5 倍隧道埋深范围，纵向为盾构推进施工段前 30 m、后 30 m 长度范围，适当考虑盾构机长度，纵向上设定总长度为 70 m。

地面监测点应在上、下行线轴线上以 1 点/5 环间距布设，每 40 环布置一地面沉降监测剖面，剖面点间距以 5～10 m 为宜，应先密后疏，最远点应位于盾构底埋深 1.5 倍范围外，监测点宜按环号进行编号。典型盾构区间监测点布置如图 3-15 所示。

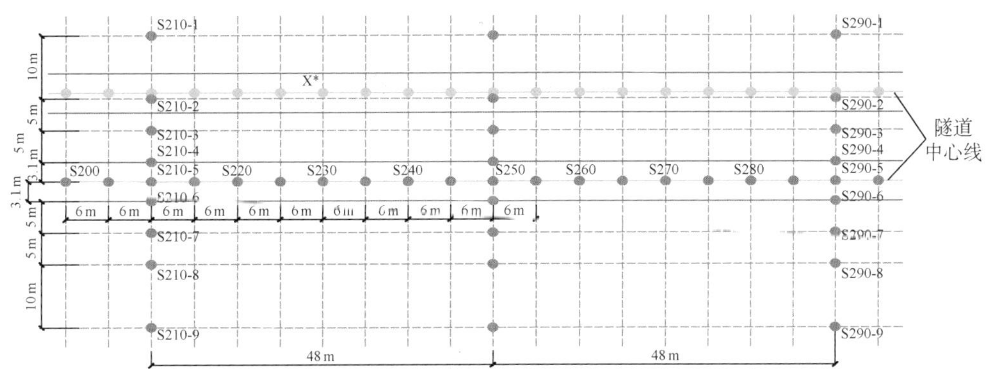

● 上行线隧道上方地表沉降剖面监测点(S表示上行线，数字表示测点对应的环号)
● 下行线隧道上方地表沉降剖面监测点(X表示下行线，数字表示测点对应的环号)

图 3-15　典型盾构区间监测点布置图

2）进出洞监测

盾构进出洞加固及盾构施工阶段，应对隧道、邻近建(构)筑物、地下管线、地下水及地表进行监测。

盾构进出洞区域应布置地面深层监测点，布设位置如图 3-16、图 3-17、图 3-18 所示。

地面深层沉降监测点布设时须穿透路面结构硬壳层，沉降标杆采用Φ 25 mm 螺纹钢标杆，螺纹钢标杆应深入原状土 60 cm 以上，沉降标杆外侧采用内径大于 13 cm 的金属套管保护。保护套管内的螺纹钢标杆间隙须用黄沙回填。金属套管顶部设置管盖，管盖安装须稳固，与原地面齐平；为确保测量精度，螺纹钢标杆顶部应在管盖下 20 cm 为宜。深层监测点埋设结构如图 3-19 所示。

4. 拼装环结构沉降监测与收敛监测

隧道沉降、收敛测量同断面布设，布设时测点编号应对应环号。

一般区段，测点为每 5～10 环布设 1 点；进出洞 50 m 范围内及联络通道两侧各 50 m 范围内，每 5 环布设一个沉降监测点。点位应考虑观测方便又能长期保存，沉降监测点一般设在隧道拱底；收敛监测点设置在水平直径位置。

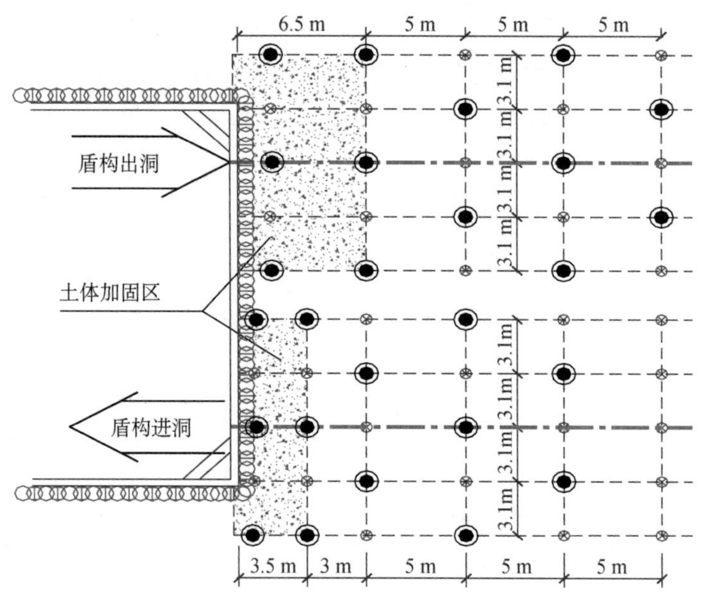

图 3-16　盾构进出洞施工地面环境监测沉降点布置平面图

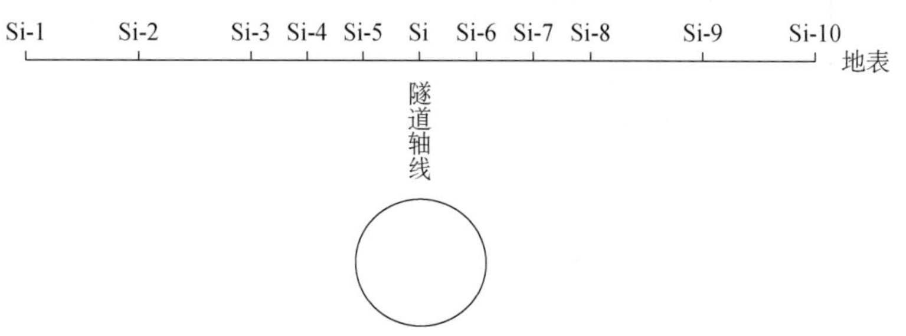

图 3-17　盾构沿线横向地表剖面布点示意图

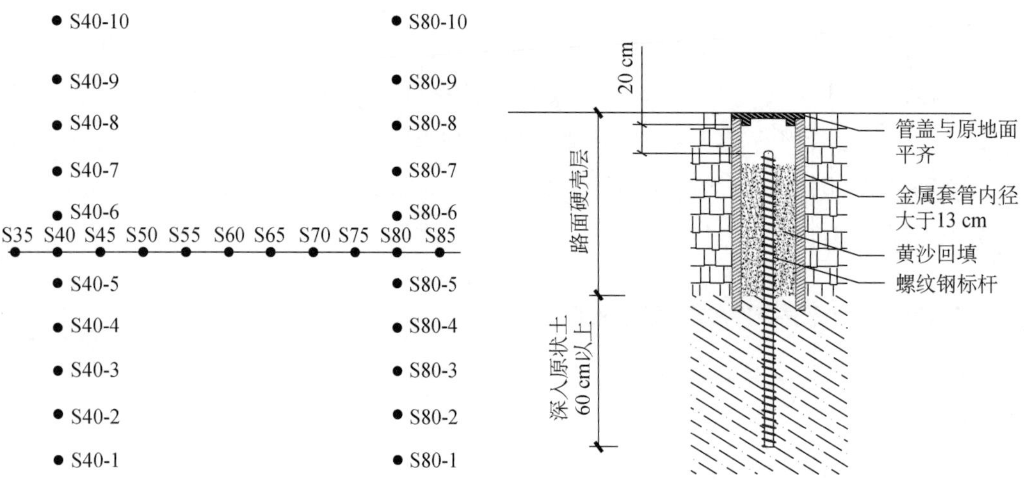

图 3-18　盾构沿线纵向地表剖面监测示意图

图 3-19　深层监测点埋设示意图

3.2.3 联络通道施工阶段的监测要求

在旁通道施工期间应监测施工影响范围内的隧道管片和周边环境的变形。地面及周围建(构)筑物和管线变形监测范围应以联络通道中心为圆心,半径不小于联络通道埋深的 1.5 倍(且不小于 20 m)。

1. 隧道结构沉降、收敛监测

联络通道施工期间,隧道管片变形监测范围应不小于联络通道两侧隧道管片各 50 m,沉降监测与收敛监测同环内同步布设,沉降监测点布设在隧道拱底、收敛监测点设置在水平直径位置。

测点根据与联络通道的距离由近到远、监测点先密后疏布置,在联络通道中心线对应钢管片的拱底位置布设 1 个测点,联络通道中心线两侧 10 环范围内每 2 环布设一个测点,10 环范围外每 4 环布设一个测点。

监测点宜按环号进行编号。

2. 地面沉降监测

联络通道施工时,地面监测点布置见图 3-20。

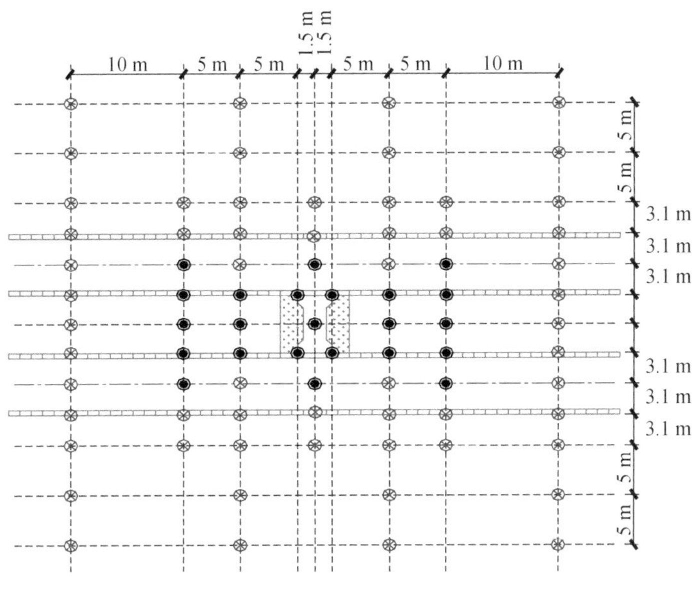

图 3-20 联络通道施工地面环境监测沉降点布置平面图

周边管线、建筑监测参照前述监测方法。

3.2.4 监测方法

1）垂直位移监测

观测前，在远离施工影响范围之处布置3个以上稳固高程基准点，并与施工用高程控制点联测，沉降变形监测基准网以上述稳固高程基准点作为起算点，组成水准网进行联测。

沉降观测的技术要求可参照3.1.2节地面高程控制测量的相关技术要求执行。

2）收敛监测

当采用全站仪进行收敛监测时，收敛测线两端应固定棱镜或反射片等观测标志。使用的全站仪测距精度不应低于$\pm(2\ \text{mm}+2\times10^{-6}\times D)$，每次应正、倒镜观测一测回，计算固定测线长度。正、倒镜观测较差不大于2 mm时取均值，否则应重测。

当采用手持测距仪观测时，固定测线两端应分别设置对中点、瞄准点；手持测距仪尾部应有对中装置，测距精度不低于±2 mm；观测时，测距仪应分别对中、瞄准固定测线的两个端点，每条测线应独立进行3次读数，互差不大于±2 mm时取均值作为本次观测成果。

3）巡视检查

巡视检查是监测工作的必要组成部分，地下工程施工过程中，对周边隧道本体结构及周边环境进行巡视，巡视检查结果能够更为直观地反映风险，帮助评估工程安全。现场安全巡视一般采用目视辅以丈量、摄影、摄像等方式进行，并做好现场巡视记录，如发现异常情况可结合监测数据进行综合分析，确保工程安全进行。

（1）隧道本体结构巡视内容

盾构法隧道施工现场巡查要点包括：盾构铰接密封情况、管片破损情况、管片错台情况及其趋势、渗漏水情况、盾尾漏浆状况及盾构掘进位置（环号）等。联络通道处巡视需关注：隧道内渗漏，管片开裂、破碎、腐蚀，接缝开裂、错台等情况；钻孔、冻结、开挖、结构施工、融沉注浆等施工工况，联络通道开洞口情况；冷冻、注浆等设施运转情况；监测设施情况等。

（2）隧道施工周边环境巡视内容

对于建（构）筑物的巡视需关注内容如下：

① 建（构）筑物开裂、剥落。包括裂缝宽度、深度、数量、走向、剥落体大小、发生位置、发展趋势等。

② 地下室渗水。包括渗漏水量、发生位置、发展趋势等。

对于道路（地面）的巡视需关注内容如下：

① 道路（地面）开裂。包括裂缝宽度、深度、数量、走向、发生位置、发展趋势等。

② 地面沉陷、隆起。包括沉陷深度、隆起高度、面积、位置、距墩台的距离、距基坑（或隧道）的距离、发展趋势等。

③ 地面冒浆/泡沫。包括出现范围、冒浆/泡沫量、种类、发生位置、发展趋势等。

对于河流、湖泊的巡视需关注内容如下：

① 河流、湖泊的水面漩涡、气泡。包括水面有无出现漩涡或水泡、出现范围、发生位置、发展趋势等。

② 堤坡开裂。包括裂缝宽度、深度、数量、走向、位置、发展趋势等。

对于地下管线的巡视需关注内容如下：

① 地下管线管体或接口破损、渗漏。包括位置、管线材质、尺寸、类型、破损程度、渗漏情况、发展趋势等。

② 检查井等附属设施的开裂及进水。包括裂缝宽度、深度、数量、走向、位置、发展趋势、井内水量等。

其他巡视需关注周边邻近施工情况，如施工程项目规模、结构、位置、进度、与隧道工程水平距离、垂直距离等。

3.2.5 监测频率

1）监测初始值测定

测量基准点在施工前埋设，并于稳定后使用。基准点设在施工影响范围外且不少于2组。监测期间采取有效保护措施，定期联测以检验其稳定性，保证其在整个监测期间的正常使用。

各观测点应在施工前随施工进度及时布设，点位稳定后及时测得初始值，初始观测次数不少于2次。冻结法联络通道施工时，初始值应在冻结施工开钻前完成。

2）施工周期与监测频率

因盾构施工推进的动态性质，监测同样需同步动态跟踪，重点应监测盾构推进施工段前20 m、后30 m长度范围内的所有监测点。根据工况合理安排监测时间间隔，盾构推进施工监测频率可参照表3-12执行。其中，现场监测将采用定时观测与跟踪观察相结合的方法进行。监测频率可根据监测数据变化大小进行适当调整。监测数据有突变时，监测频率应加密直至跟踪监测。各监测项目的开展、监测范围的扩展，随盾构施工进度不断推进。旁通道监测应从钻孔开始至融沉注浆后6个月且监测数据收敛为止。冻结法联络通道施工监测频率可参照表3-13执行。

表3-12　盾构推进期间监测频率表

监测内容	盾构切口前20 m至盾尾脱出后30 m内	盾尾脱出30 m后			
		变形速率>5 mm/d	变形速率为1～5 mm/d	变形速率<1 mm/d	变形速率<0.5 mm/d
地下管线沉降	2次/d	2次/d	1次/d	1次/2 d	1次/1周或更长
地表隆沉	2次/d	2次/d	1次/d	1次/2 d	1次/1周或更长

续表

监测内容	盾构切口前20 m至盾尾脱出后30 m内	盾尾脱出30 m后			
		变形速率>5 mm/d	变形速率为1～5 mm/d	变形速率<1 mm/d	变形速率<0.5 mm/d
建(构)筑物沉降	2次/d	2次/d	1次/d	1次/2 d	1次/1周或更长
隧道沉降、管片收敛	在隧道衬砌环脱出盾构车架后测量初始值,之后频率为1次/1月				

表 3-13　　冻结法联络通道施工监测频率表

监测内容	监测频率			
	钻孔期间	冻结期间	开挖期间	融沉注浆
地下管线垂直位移监测	1次/d	1次/2d	1次/d	自然解冻时, 前3月,1次/(2～5)d; 第4,5月,1次/(5～10)d; 第6月起,1次/(10～15)d 强制解冻时, 第1月,1次/d; 第2月起,1次/(10～15)d
建(构)筑物垂直位移监测	1次/d	1次/2d	1次/d	
地表剖面垂直位移监测	1次/d	1次/2d	1次/d	
隧道垂直位移监测	1次/2d	1次/2d	1次/d	
隧道收敛监测	1次/2d	1次/2d	1次/d	

3.2.6　监测预警控制标准

盾构隧道工程一般具有建设规模大、线路长、工期紧、埋设深、跨越区域广、地质变化复杂等特点。我国盾构技术发展开始于20世纪50年代,1963年上海结合地下铁道的筹建,开始进行盾构技术开发,并于1990年开始在地铁1号线大量引进盾构技术进行施工,经过多年的发展,在上海等软弱地层的盾构施工技术已相当成熟。盾构法隧道施工过程中,隧道管片结构变形及周围土体位移与工程所处范围内的工程地质和水文地质条件、周边环境条件及盾构施工参数等密切相关。盾构施工监测中,每一监测项目都应结合工程特点,经工程类比和分析计算后确定相应的预警控制标准,从而判断位移及受力状况是否会超过允许的范围,判断工程施工是否安全可靠,是否需要调整施工工序及设计参数,因此盾构掘进过程中预警控制标准的制定十分重要。

1）预警及确定的依据

《城市轨道交通工程监测技术规范》(GB 50911—2013)中规定,城市轨道交通工程监测应根据工程特点、监测项目控制值、当地施工经验等制定监测预警等级和预警标准。并对盾构法监测提供不同岩土类型中管片监测建议控制值以及不同等级下地表沉降监测控制值,如表3-14、表3-15所示。

表 3-14　　管片监测报警值

<table>
<tr><th colspan="2">监测项目及岩土类型</th><th>累计值/mm</th><th>变化速率/(mm · d^{-1})</th></tr>
<tr><td rowspan="2">管片结构沉降</td><td>坚硬～中硬土</td><td>10～20</td><td>2</td></tr>
<tr><td>中软～软弱土</td><td>20～30</td><td>3</td></tr>
<tr><td colspan="2">管片结构差异沉降</td><td>0.04%L</td><td>—</td></tr>
<tr><td colspan="2">管片结构净空收敛</td><td>0.2%D</td><td>3</td></tr>
</table>

表 3-15　　地表沉降监测报警值

<table>
<tr><th colspan="2" rowspan="3">监测项目及岩土类型</th><th colspan="6">工程监测等级</th></tr>
<tr><th colspan="2">一级</th><th colspan="2">二级</th><th colspan="2">三级</th></tr>
<tr><th>累计值
/mm</th><th>变化速率
/(mm·d^{-1})</th><th>累计值
/mm</th><th>变化速率
/(mm·d^{-1})</th><th>累计值
/mm</th><th>变化速率
/(mm·d^{-1})</th></tr>
<tr><td rowspan="2">地表沉降</td><td>坚硬～中硬土</td><td>10～20</td><td>3</td><td>20～30</td><td>4</td><td>30～40</td><td>4</td></tr>
<tr><td>中软～软弱土</td><td>15～25</td><td>3</td><td>25～35</td><td>4</td><td>35～45</td><td>5</td></tr>
<tr><td colspan="2">地表隆起</td><td>10</td><td>3</td><td>10</td><td>3</td><td>10</td><td>3</td></tr>
</table>

上海市工程建设规范《城市轨道交通工程施工监测技术规范》(DG/TJ 08—2224—2017)对应测项目的监测报警值提供了如表 3-16 所示的参考值。

表 3-16　　应测项目的监测报警值

<table>
<tr><th rowspan="3">监测等级</th><th colspan="6">监测项目</th></tr>
<tr><th colspan="2">隧道结构竖向位移</th><th colspan="2">隧道结构净空收敛</th><th colspan="2">地表竖向位移</th></tr>
<tr><th>变化速率
/(mm · d^{-1})</th><th>累计值
/mm</th><th>变化速率
/(mm · d^{-1})</th><th>累计值
/mm</th><th>变化速率
/(mm · d^{-1})</th><th>允许地层损失率
/‰</th></tr>
<tr><td>一级</td><td rowspan="3">3</td><td rowspan="3">10</td><td rowspan="3">3</td><td rowspan="3">3‰D^*</td><td>3</td><td>1～2.5</td></tr>
<tr><td>二级</td><td>4</td><td>5</td></tr>
<tr><td>三级</td><td>5</td><td>10</td></tr>
</table>

注:1. D 为隧道结构外径(m)。

2. 主要影响区内有运营中的城市轨道交通、高速铁路等重要轨道交通线路及构筑物,应根据相关单位的要求共同确定监测项目报警值。

3. * 为隧道结构形成后净空收敛总的变化量。

允许地层损失率是盾构推进过程中的一个重要控制指标,应根据周边环境及其与盾构法隧道的关系综合确定,即根据盾构法隧道监测等级确定。

地层损失率可按式(3-28)进行简化计算:

$$V1(‰) = H\delta / A \tag{3-28}$$

式中 $V1(‰)$ ——地层损失率；

H ——盾构中心埋深(mm)；

δ ——轴线点累计沉降量(mm)；

A ——盾构刀盘面积(mm^2)。

对于选测项目需根据穿越区段内重要监测对象对变形的敏感程度、地质条件及设计要求综合确定。冻结法联络通道施工监测隧道管片监测报警值应根据地质条件、设计参数及当地经验确定，当无具体报警值时，可按参照表 3-17。

表 3-17　冻结施工管片结构监测报警值

监测内容	监测报警值				
	日报警值/($mm \cdot d^{-1}$)				累计报警值/mm
	钻孔期间	冻结期间	开挖	融沉注浆	
隧道垂直位移监测	±1	±1.5	±2	±2	±10
隧道收敛监测	±2				±10

2）报警的分级

对于设计及施工合理的盾构隧道工程，其建设过程中监测数据及巡视表象在某一阶段工况下会有一定的变化，该变化在结构稳定可接受范围内，且在工况结束一段时间内，通过结构变形协调作用会达到一种较为稳定的状态。反之，如果监测数据或巡视情况在盾构隧道工程施工过程中超过结构稳定限值，或不能渐趋稳定，则认为结构存在不稳定情况，需分析相关原因并及时上报，协调参建多方采取有效措施。

监测数据作为量化的监测指标，根据预先定义的预警控制值，进行警情报送。对于轨道交通领域，各地结合自身情况，对监测数据进行分级报警，初步评估工程风险等级，采取相关管理措施等。成都地铁结合监测数据及巡视情况将警情等级划分为四级，分别是黄色预警、橙色预警、红色预警及紧急预警，达到各预警指标时，采取相应的响应措施。

实测累计值达到控制指标的 2/3 变化速率控制值，且巡视判断伴有“危险情况”出现，将进行黄色报警，并于 2 h 内向各方报送；变化速率连续两次达到控制值，实测累计值达到控制值且变化速率达到控制值的 2/3，巡视判断伴有“危险情况”出现，将进行橙色报警，并于 1 h 内向各方报送；实测累计值和变化速率均达到控制值，且巡视判断伴有“危险情况”出现，将进行红色报警，并即刻向各方报送；未经过前三个预警中任意一次预警而伴有“危险情况”或“突发安全隐患”或者在没有监控点的部位出现“突发安全隐患”的，进行紧急报警，并即刻向各方报送。

危险情况为：①监测数据达到报警值的累计值；②基坑支护结构支护或锚杆体系出现较大的变形、压曲、断裂、松弛或拔出迹象；③盾构区间上方地表为交通干道，出现下沉或地表拉裂趋势，或可能造成不良社会影响；④建筑物出现新裂缝、所监测的裂缝有发展趋势、建筑物不均匀沉降达到规范或图纸要求的数值；⑤监测单位应根据实际情况及时对监测数据和巡视结果进行综合分析，当发现有其他危险情况时，也应及时报警。

突发安全隐患：①监测数据突然达到红色预警值，并有继续发展的趋势；②基坑支护结构或者周边土体的位移值突然明显增大或基坑出现流砂、管涌、隆起、陷落或者较严重的渗漏等现象；③周边建筑的结构部分或者周边出现较严重的突发裂缝或危害结构的变形裂缝；④周边管线监测数据突然明显增长或者出现裂缝、泄漏等；⑤盾构区间上方地表出现局部坍塌，或造成不良社会影响；⑥建筑物监测数据突然明显增长或者出现裂缝；⑦根据当地工程师经验判断，出现其他必须进行突发安全隐患报警的情况。

3.3　顶管法隧道施工测量

顶管法是一种不开挖或者少开挖的管道埋设施工技术。顶管法施工时在工作井内借助于顶进设备产生的顶力，克服管道与周围土壤的摩阻力，将管道按设计的位置顶入土层中。一节管子完成顶入土层之后，再下第二节管子继续顶进。其原理是借助主顶油缸及管道间、中继间等推力，把工具管或掘进机从工作坑内穿过土层一直推进到接收坑内吊起。顶管工法示意如图 3-21 所示。

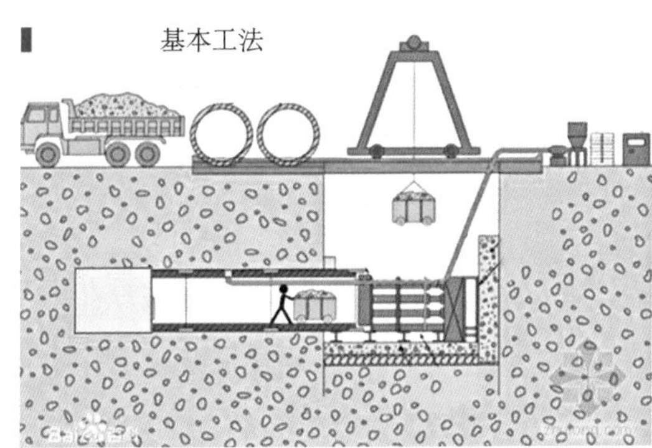

图 3-21　顶管工法示意图

3.3.1　测量精度要求分析

依据顶管管径 $\phi_{管}$ 和接收孔口径 $\phi_{洞}$，贯通极限误差为：$d_{极}=(\phi_{洞}-\phi_{管})\div 2$，取 $d_{极}$ 的 1/2 为贯通测量精度要求。贯通误差由横向误差（即与理论顶进轴线的平面方向误差）和竖向误差（即高程误差）两部分组成。

一般竖向误差采用水准测量、连通管等方法容易控制并达到施工要求，顶管施工能否精确贯通，关键是控制工作井内测设的导线短基线的精度，即控制顶管的横向误差。

横向误差主要由三部分组成：

(1) 平面控制网测量工作井顶进孔中心与接收孔中心的横向相对误差 m_1。

(2) 工作井下测设的导向短基线不平行于理论顶进轴线而产生的横向误差 m_2。

(3) 日常顶管过程中导向测量时的横向误差 m_3。

一般顶管工作井内径小、深度大，m_2最为关键，如某工程井下布置的顶管导向短基线长为 13.5 m，顶管长(2 080 m)与短基线长之比为 154 倍。

3.3.2 测量工作主要内容和精度要求

顶管施工测量的任务包括：在地面控制测量的基础上，在工作井内测设的导向短基线的方向和高程；施工过程中实时测量管前机头后座中心横向和竖向的偏值，指导机头向前推进的正确方向，使管子最终能与接收井内的接收孔准确贯通。顶管施工测量的主要内容有以下几项。

(1) 地面平面控制测量、高程控制测量(包括过海水准测量)及施工期内定期复测。

(2) 工作井和接收井洞门中心的坐标联测(包括平面和高程)。

(3) 工作井内顶管导向轴线的测设。

(4) 顶管施工过程中工具头中心盾构姿态测量(工具头里程、平面及高程偏差测量)。

(5) 工作井顶沉降和平面位移测量。

其中，地面控制测量、联系测量的作业方法可参照本书 3.1 节盾构法隧道施工测量的相关内容，工作井顶部沉降和位移测量可参照 3.2 节盾构法隧道施工监测的相关内容，本节主要补充顶管法施工盾构姿态测量。

3.3.3 工具头中心的横向和竖向的偏差测量

施工过程中，每顶进一块顶铁 (一般 10～30 min)，就需要测量顶管机头当前的位置，并与设计管道轴线进行比较，求出机头当前位置的左右偏差(水平偏差)和上下偏差(垂直偏差)，以引导机头纠偏。为保证顶管施工质量，机头位置偏差必须加以限制，因此纠偏要及时，做到“随测随纠”。此外，顶管过程中，整条管道是移动前进的，管道内的导线点也是移动的，与盾构法隧道施工测量不同，每一次测量机头位置，都必须全程由工作井出发至机头逐站进行，因此在管道中进行人工导线测量作业条件差，操作困难，测量时顶管施工必须停止，占用时间多。因此，顶管施工的日常盾构姿态测量任务重。

目前国内顶管大多为短距离顶管，在工作井内，能与机头直接通视，因此测量机头的位置比较简单，在工作井内安置经纬仪和水准仪或激光指向仪，并在机头内安置测量标志，就可以随时测量机头的位置及偏差。

长距离的曲线顶管受管道视距限制，始发井下测站的仪器无法直接测量管道最前端机头的位置，必须用导线测量的方法在管道内逐站测量至机头，以求出机头的位置偏差。每一次都必须全程由工作井出发至机头逐站进行，人工测量的工作量就越来越大，通常进行 3 站的管道测量需费时约 2 h，无法满足顶管快速纠偏的需要。解决超长顶管施工测量问题，通常采用自动测量技术，其要点如下。

(1) 在通视允许的情况下，拟在工作井内先后依次设置测量机器人，在工作井墙上及工具头几何中心设置棱镜，组成自动观测导线，如图 3-22 所示。

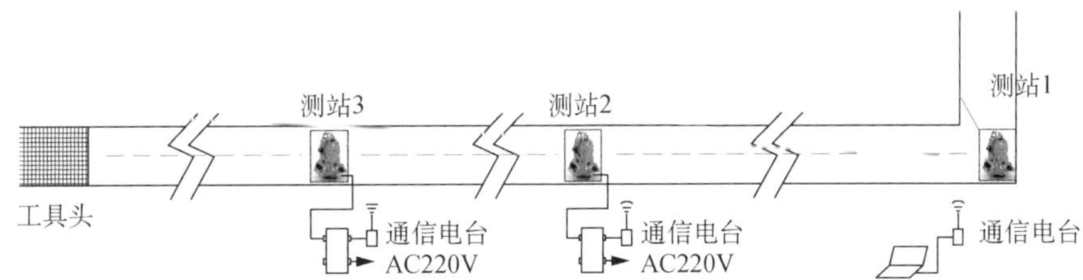

图 3-22 自动观测导线布置示意图

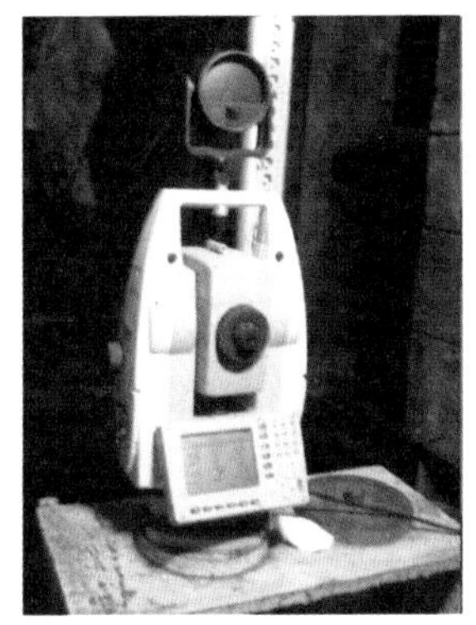

图 3-23 固定仪器台和自动安平机座上的全站仪

(2) 定制专用仪器台，采用自动整平机座，同时设置与仪器竖轴同轴的观测棱镜，设站点同时作为相邻测站的目标点(图 3-23)。

(3) 开发专用控制程序，通过遥控及无线通信设备，实时传输指令、控制测量机器人开始观测、观测测量、回传观测数据。

(4) 测量机器人观测前自动运行自检程序，检测仪器的平整性，检测仪器本身的竖轴、横轴、视准轴的工作状态，确保观测值有效。

(5) 配套后处理程序，把自动导线测量成果实时换算成里程及其与设计轴线的偏差，指导顶进施工。

3.4 工程实例

3.4.1 外滩通道工程(天潼路工作井—福州路工作井段)盾构施工监测

1. 工程概况

外滩通道是上海市交通主干网络之一,该工程的建设缓解了外滩地区的交通拥堵,分流外滩的过境交通,改善外滩环境,提升城市功能,并服务于上海世博会交通。整个工程线路总体呈南北走向。本案例主要介绍盾构段工程监测情况。

外滩通道盾构段全长 1 098 m,共计 549 环。采用日本三菱公司设计制造的直径 14 270 mm的土压平衡盾构。隧道衬砌结构外径 13 950 mm,内径 12 750 mm,厚 600 mm,环宽 2 000 mm,盾构隧道主线最大纵坡为 5.0%。本次盾构施工主要分为出洞段施工、常规段施工、进洞段施工三个阶段。

盾构段沿线穿越众多重要建(构)筑物,其中主要有浦江饭店、上海大厦、外白渡桥、南京东路地下通道、北京东路地下通道、地铁 2 号线及外滩万国建筑群,其中与隧道水平距离最近的浦江饭店只有 1.7 m,且盾构沿中山东一路推进时,上方管线密集,盾构上穿正在运营的地铁 2 号线,上穿部分隧道顶部覆土为 8.52 m,盾构底部距离地铁 2 号线隧道顶部 4.6 m。本工程周边环境复杂,保护要求极高。

本段隧道覆土厚度为 8～24 m,根据地质资料可知:隧道主要分布于②$_{3-1}$灰色黏质粉土夹粉质黏土、②$_{3-2}$灰色砂质粉土、③淤泥质粉质黏土、④淤泥质黏土、⑤$_1$ 粉质黏土及⑤$_3$ 粉质黏土夹黏质粉土中,地质条件复杂,盾构穿越②$_{3-1}$、②$_{3-2}$土层时在承压动水头压力下易发生流砂、崩塌现象。本工程沿线陆域浅部土层中的地下水类型为潜水。潜水水位主要受大气降水、地表径流等影响呈幅度不等的变化。承压水分布于⑦(⑦$_1$,⑦$_2$)层和⑨层中,根据实测资料,⑦层承压水水位埋深为 5.35～10.31 m,⑨层承压水水位埋深为 13.80 m。

2. 测点布设及监测方法

本工程环境监测的重点范围:横向为距隧道中心线两侧各向外 30 m 范围,纵向为盾构推进施工段前 50 m、后 50 m 长度范围,考虑盾构机长度,纵向设定总长度为 110 m。

本工程的监测项目为:周边地下综合管线竖向位移监测,周边建(构)筑物竖向位移监测,盾构隧道沿线地表沉降剖面监测,隧道结构竖向位移监测,隔离桩顶部竖向位移、水平位移监测,隔离桩、围护结构深层水平位移监测,土体分层沉降监测,土体深层水平位移监测,孔隙水压力监测,土压力监测,隧道管片外侧土压力监测,隧道管片收敛监测等。盾构推进期间监测工作的开展根据盾构施工的区域和影响范围,分区段分步实施。

1）竖向位移监测

在远离施工影响范围以外布置 3 个稳固高程基准点，这些高程基准点与施工用高程控制点联测，沉降变形监测基准网以上述稳固高程基准点作为起算点，组成水准网进行联测。沉降变形按《建筑变形测量规范》（JGJ 8—2016）的要求进行，外业观测使用 WILD NA2＋GPM3 自动安平水准仪（标称精度：±0.3 mm/km）往返实施作业。

根据工程周边环境图和现场的实际情况，在盾构沿线影响范围内共计布设周边地下综合管线垂直位移监测点 195 个，设置垂直位移监测点 318 个。地表沉降剖面布置采用横向剖面与纵向剖面结合的方式进行，共计布置 119 组地表沉降剖面线，其中横向剖面 35 组、纵向剖面 84 组，剖面布设方式如图 3-24、图 3-25 所示。

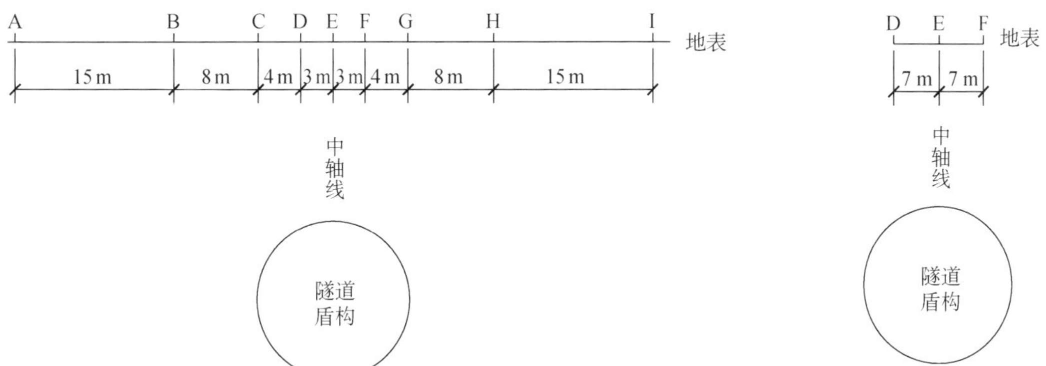

图 3-24　地表沉降横向剖面测点示意图　　**图 3-25　地表沉降纵向剖面测点示意图**

在拼装完成的管片结构底部埋设沉降监测点，隧道进出洞段、苏州河下部每 6 m（3 环）设一沉降监测点，其他段每 16 m（8 环）设一沉降监测点，并在隧道轴线与地铁 2 号线相交附近区域对测点进行加密，共计设置测点 108 个。

在浦江饭店与盾构推进线路间设置的隔离桩顶上布设竖向位移监测点，以测定外滩通道盾构推进过程中的隔离桩顶变形，共计布设 8 点。

2）水平位移监测

在浦江饭店与盾构推进线路间设置的隔离桩顶上布设的竖向位移监测点同时观测其在垂直于盾构掘进方向上的水平位移，观测采用瑞士 WILD T2 经纬仪进行视准线法观测。

3）隔离桩及围护结构深层水平位移监测

测点埋设采用绑扎法，浦江饭店侧隔离桩布置 4 个测斜孔，孔深同桩深，福州路工作井布置 1 个测斜孔。观测时采用美国 Geokon 测斜仪进行观测，同时用光学仪器测量管顶位移作为控制值。

4）土体深层水平位移监测及土体分层沉降监测

在隔离桩与保护建筑间、天潼路工作井、福州路工作井外以钻孔方式埋设带导槽

PVC 塑料管，以监测施工过程中土体水平位移，共计布置 10 个土体深层位移监测孔；在天潼路工作井外设置 11 个土体分层沉降监测孔，每孔按 4～5 m 间距设置沉降磁环，共计设置 73 只沉降磁环。土体深层水平位移的测试仪器及方法与围护结构深层水平位移相同，土体分层沉降测试时采用 CJY-80 钢尺沉降仪，管顶高程以二级水准联测求得。

5）孔隙水压力监测

盾构推进过程中由于挤土效应，将引起土体中孔隙水压力急剧变化，对周边孔隙水压力的变化进行监测，可以有依据地分析盾构推进施工的影响程度，并提醒有关单位采取有效措施，达到施工安全、及早报警的目的。

在天潼路工作井外设置 7 个孔隙水压力监测孔。如图 3-26 所示，盾构轴线两侧测孔每测孔布置 6 点，盾构轴线上方的测孔每测孔布置 2 点，共计 30 只孔隙水压力计。通过振弦式孔隙水压力计监测其频率的变化，根据出厂时标定的频率-压力率定值，得到孔隙水压力值。

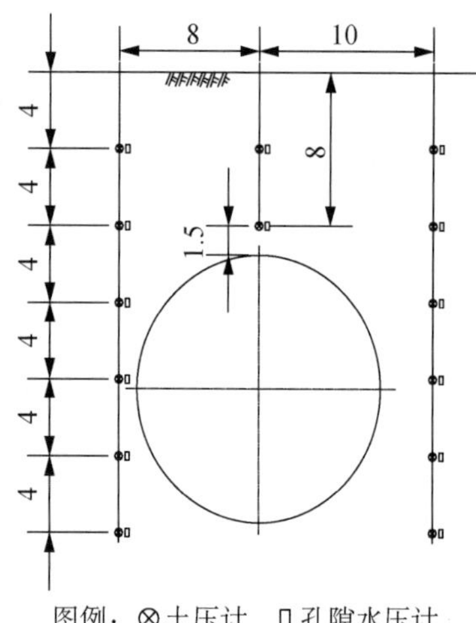

图 3-26　孔隙水压力监测示意图(单位:m)

6）土压力监测

在天潼路工作井外采用钻孔方式布设 8 个土压力监测孔，每测孔埋设 4 只土压力计；在隧道内(上海大厦侧、地铁 2 号线断面)布设 2 个土压力监测点，每点4 个柔性土压力测点，共 8 个柔性土压力测点。

测试时用频率计实测振弦式土压力计频率的变化，根据出厂时标定的频率-压力率定值，得到土压力值。

7）隧道管片收敛监测

隧道内土压力监测断面相对应位置布置两个收敛监测断面，通过定期对圆隧道拼装环断面的观测，了解施工期间隧道断面的全面变形情况。

3. 监测成果分析

本工程监测成果较多，选取部分测项进行成果分析。

1）邻近建（构）筑物竖向位移监测成果分析

上海大厦与浦江饭店为保护建筑，在外滩通道盾构推进轴线与浦江饭店间的隔离桩施工期间（隔离桩设置在大名路上盾构轴线与浦江饭店间，为外滩通道盾构推进期间对浦江饭店的保护措施），对上述两幢建筑开展了相应的监测工作。

图 3-27 和图 3-28 为监测点历时变化曲线，从图中可以看出：在隔离桩施工期间，某邻近建筑物大名路侧测点产生了一定的向下位移量，在施工单位对该区域进行压力注浆后，测点产生了向上位移。在盾构到达及经过该邻近建筑物期间，监测点随着盾构土压力的变化而产生一定幅度的波动，而在盾构脱出初期，测点也有一定幅度的上抬，之后向下位移。部分测点与施工区域距离相对较远，其变化幅度也相对较小。

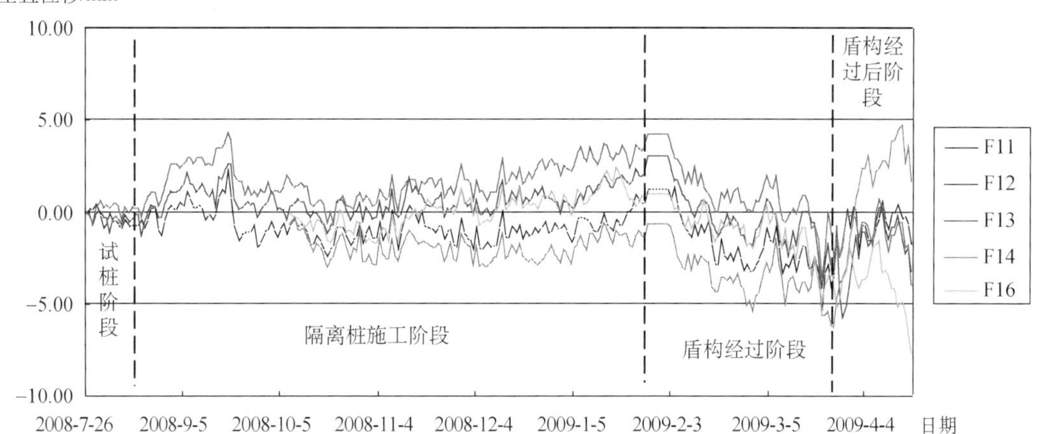

图 3-27　邻近建筑物监测点 1 垂直位移变化历时曲线

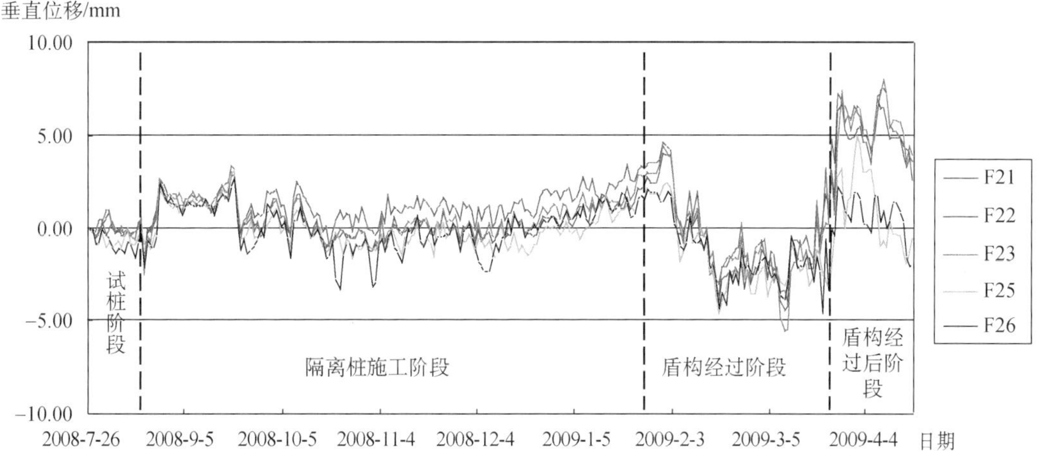

图 3-28　邻近建筑物监测点 2 垂直位移变化历时曲线

2）地表沉降剖面监测成果分析

图 3-29 为地表横向剖面(C19 剖面)监测点竖向位移历时曲线，图 3-30 为地表纵向剖面(B69 剖面)监测点竖向位移历时曲线。从图中可以看出，在盾构推进过程中地表监测点随着盾构推进一般先向上位移，之后随着盾构的远离，测点再向下位移。

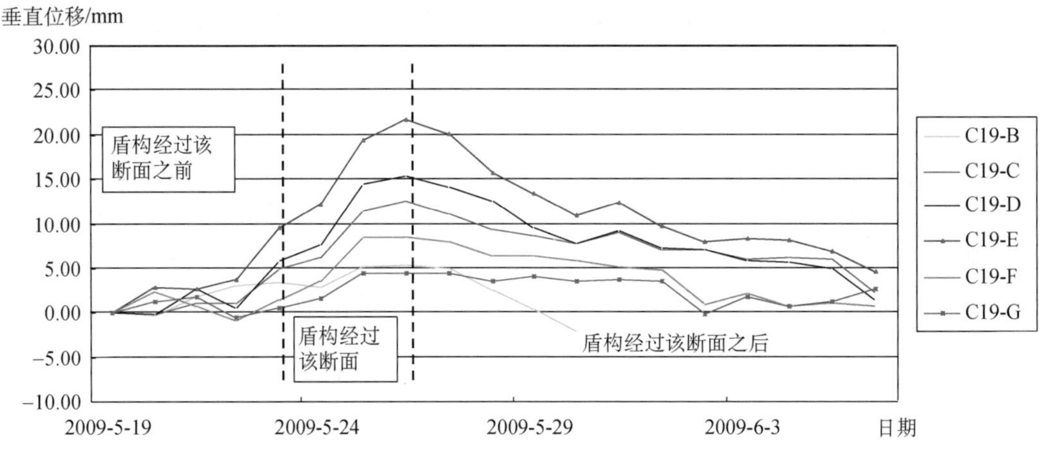

图 3-29　地表横向剖面(C19 剖面)监测点竖向位移历时曲线

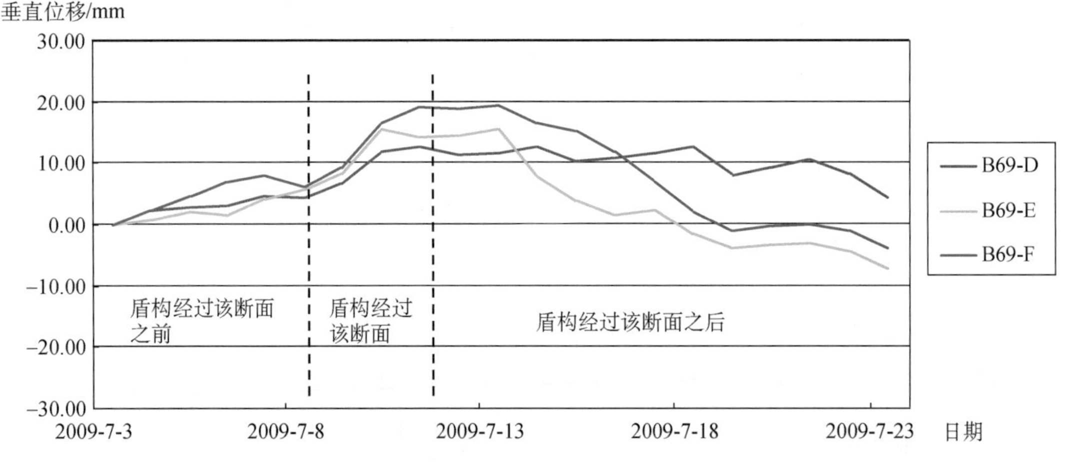

图 3-30　地表纵向剖面(B69 剖面)监测点竖向位移历时曲线

3）土体深层水平位移监测

土体深层水平位移监测孔 T02 位于盾构出洞段盾构轴线正上方，图 3-31(a)为 T02 孔位移曲线图，测试方向大致平行于盾构前进方向，“＋”表示向盾构推进方向位移，“－”表示向背离盾构推进方向位移。从图中可以看出，随着盾构刀盘的接近，土体深层水平位移向盾构推进方向逐渐增大，盾构刀盘经过测斜管一段距离后土体深层水平位移达到最大，之后随着盾构的远离，位移有所减小。

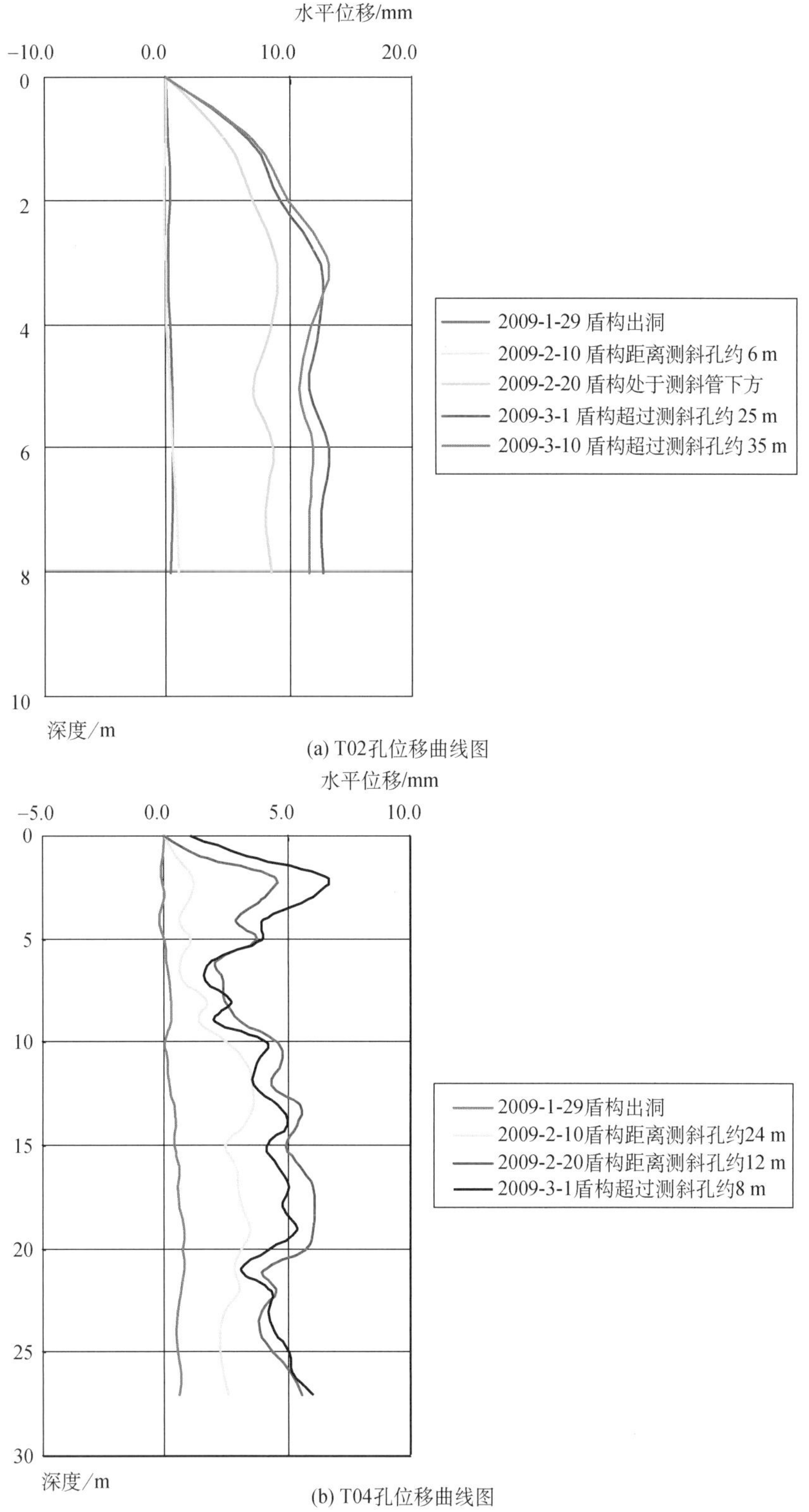

图 3-31　监测孔位移曲线图

土体深层水平位移监测孔 T04 位于盾构出洞段盾构轴线两侧，图 3-31(b)为 T04 孔位移曲线图，“＋”表示向背离盾构轴线方向位移，“－”值表示向盾构轴线位移。从图中可以看出，土体深层水平位移在盾构推进过程中，向背离盾构轴线方向位移。

4）隔离桩深层水平位移监测分析

图 3-32 为隔离桩深层水平位移监测孔 P02 历时变化曲线图，位移值为“＋”表示向背离盾构轴线方向位移，“－”值表示向盾构轴线位移。从图中可以看出，隔离桩深层水平位移在盾构推进过程中，整体向背离盾构轴线位移，且随着盾构刀盘的接近，背离盾构轴线方向逐渐增大。

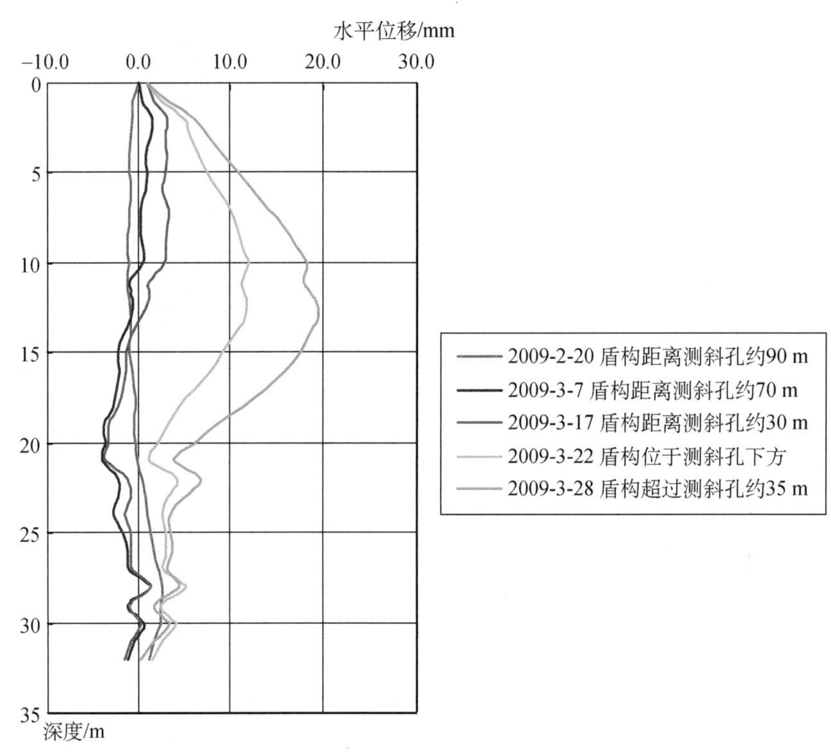

图 3-32　P02 孔侧向位移变化图

5）孔隙水压力监测分析

图 3-33 为孔隙水压力监测孔 ST1 各深度孔隙水压力变化曲线，从图中可以看出，孔隙水压力的一般变化规律为：随着盾构刀盘的临近，孔隙水压力略有增大，盾构刀盘经过之后，孔隙水压力有小幅增加，随着盾构的远离，孔隙水压力维持一段时间后，孔隙水压力减小。

6）分层沉降监测分析

图 3-34 为分层沉降监测孔 FC3 各深度测点的变化曲线，从图中可以看出，在盾构刀盘到达前，各测点有小幅下沉，随着盾构刀盘的接近，该孔各深度测点向上位移，在盾构通过后，各监测点均有明显的向上位移。

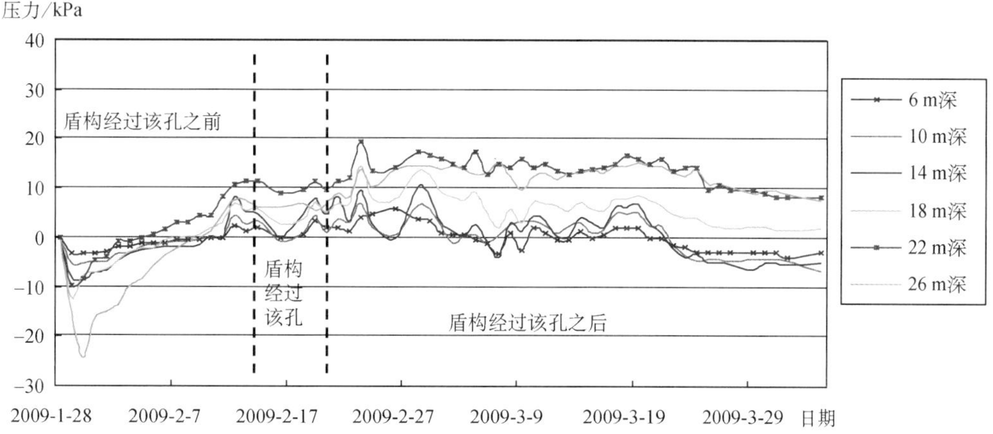

图 3-33 ST1 各深度孔隙水压力变化曲线

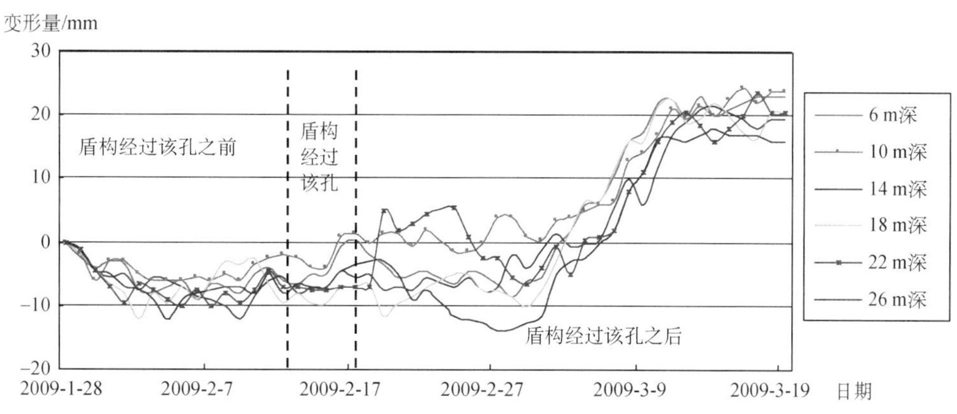

图 3-34 FC3 孔分层沉降变化历时曲线

7）土压力监测分析

图 3-35 为土压力监测孔 TY1 各深度土压力变化曲线。土压力监测孔 TY1、孔隙水

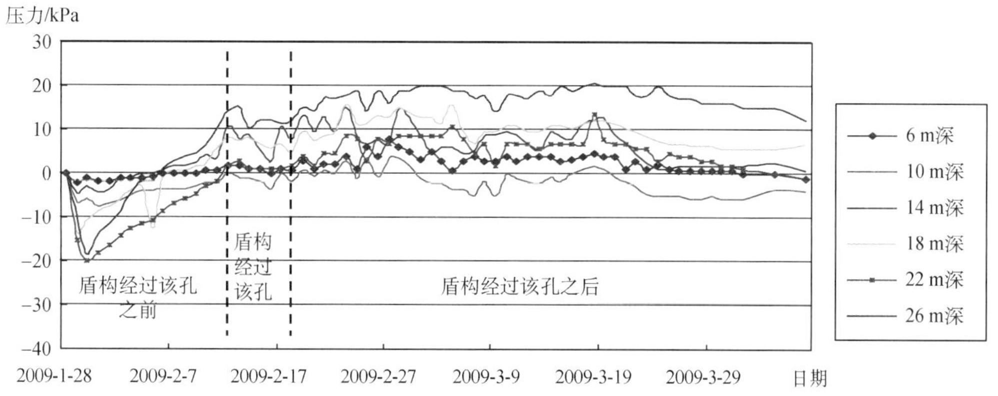

图 3-35 TY1 各深度土压力变化曲线

压力监测孔 ST1 位于同一区域，变化规律有一定的类似，特别是在盾构出洞后，两孔部分测点压力都有突然减小的现象发生。

4. 结论

外滩通道天潼路工作井—福州路工作井盾构采用了当时全国直径最大的土压平衡盾构，且盾构推进沿线保护建筑密集、土层条件复杂、施工难度大，由于采用了科学的施工流程，周密的监测手段，在保证本工程顺利进行的同时，保障了周边建筑及地下管线的安全正常运行。

总结本工程监测，可以得到以下结论：施工监测数据的整理分析必须与盾构施工的参数采集相结合。及时研究各监测结果与时间和空间坐标的相关性，以掌握它们的变化规律和发展趋势。在盾构施工过程中，由于周边土层复杂，周边环境不断变化，分析监测数据必须结合现场情况进行具体分析。根据监测数据对后续的盾构推进发出相关技术要求和指令，并传递给盾构推进工作面，使推进工作面及时做相应调整，最后通过监测确定效果，从而反复循环、验证、完善，以确保工程开展始终处于受控状态。

3.4.2 汕头市超长过海顶管工程施工导向测量

1. 工程概况

汕头市超长过海顶管工程位于汕头港海口海湾大桥上游，顶管全长 2 080 m。过海水管顶管设计轴线：管中心标高为−23.25 m，管径为 2 000 mm。管材采用直缝双面焊接钢管，壁厚 22 mm，顶进轴线剖面见图 3-36。

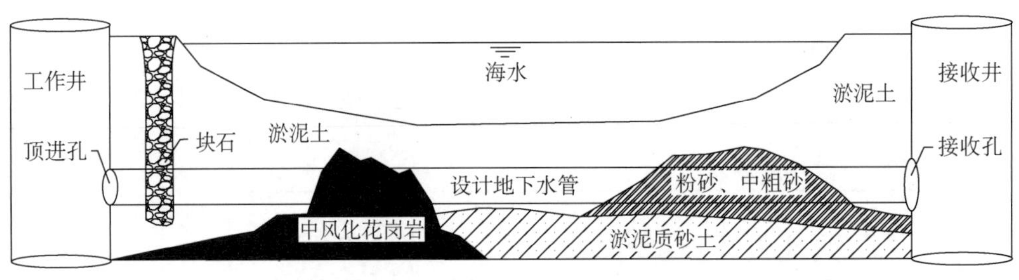

图 3-36 顶进轴线剖面图

本工程接收井位于汕头港北岸海洋集团码头，接收井内径 10 m、壁厚 1.2 m、高 26 m，接收井先期完成。南岸工作井位于海滩回填区域，工作井采用圆形沉井结构，外径 18.00 m，内径 15.60 m，制作高度 33.35 m，于 2007 年 7 月下沉就位，2007 年 11 月水下混凝土封底。

本工程顶管穿越淤泥和淤泥质粉砂层，其中在顶进至 110 m 时，顶管要穿越 12 m 宽的华能电厂灰池大堤块石基础；在 647 m 处进入宽约 49 m 的中风化花岗岩岩层；在顶进 1 500 m 处进入中粗砂层；至 2 020 m 时进入北岸宽约 20 m 的码头桩区。

本工程为小口径超长距离地下顶管工程，为国内先例。

2. 顶管贯通的精度要求和测量工作主要内容

顶管施工测量的任务包括：在地面控制测量的基础上，在工作井内测设导向短基线的方向和高程；施工过程中实时测量管前机头后座中心横向和竖向的偏值，指导机头向前推进的正确方向，使管子最终能与接收井内的接收孔准确贯通。顶管施工测量的主要内容有以下几项。

(1) 地面平面控制测量、高程控制测量(包括过海水准测量)及施工期内定期复测。

(2) 工作井和接收井洞门中心的坐标联测(包括平面和高程)。

(3) 工作井内顶管导向轴线的测设。

(4) 顶管施工过程中工具头中心盾构姿态测量(工具头里程、平面及高程偏差测量)。

(5) 工作井顶沉降和平面位移测量。

3. 误差分析与匹配

本工程顶管长 2 080 m，顶管管径 2 m，接收孔口径为 3 m。依据顶管管径和接收孔口径，贯通极限误差 $d_{极}=(3-2)\div 2=0.5$ m。取 $d_{极}$ 的 1/2 为本工程的贯通测量精度要求，即 $d=0.25$ m。贯通误差由横向误差(即与理论顶进轴线的平面方向误差)和竖向误差(即高程误差)两部分组成：

$$d^2=d_{横}^2+d_{竖}^2 \tag{3-29}$$

我们知道，长距离顶管施工能否精确贯通，关键是控制工作井内测设的导线短基线的精度，即控制顶管的横向误差。本工程工作井内径为 15.6 m，井下布设顶管导向短基线的长度仅约 13.5 m，顶管长与短基线长之比为 2 080 m/13.5 m=154，即导向短基线偏差 1 mm 将导致贯通横向偏差达 154 mm。因此在误差匹配时，尽量给竖向误差值匹配小一些，给横向误差匹配多一些。

故令 $d_{竖}=\pm 0.05$ m，则由式(3-29)：$d_{横}=\pm 0.245$ m。

横向误差主要由三部分组成：

(1) 平面控制网测量工作井顶进孔中心与接收孔中心的横向相对误差 m_1。

(2) 工作井下测设的导向短基线不平行于理论顶进轴线而产生的横向误差 m_2。

(3) 日常顶管过程中导向测量时的横向误差 m_3。

由此：

$$d_{横}^2 = m_1^2 + m_2^2 + m_3^2 \tag{3-30}$$

设井下布置的顶管导向短基线长为 13.5 m，顶管长与短基线长之比为 154；取日常顶管导向测量时，因仪器轴系误差和定向照准误差而产生照准短基线方向差±0.3 mm，则影响贯通的横向误差 m_3＝±0.3 mm×154＝±46 mm。

取测量工作井顶进孔中心与接收孔中心的横向相对误差 m_1＝±50 mm。

则由式(3-30)得：m_2＝±235 mm。

也即应控制井下测设的导向短基线不平行于理论顶进轴线的差值，使其不大于：±235/154＝±1.5 mm。

4. 控制测量与复测

1）平面控制测量

采用自由坐标系，如图 3-37 所示，依据井室结构，联测工作井洞门中心(Z1)和接收井洞门中心(Z2)，则 Z1 与 Z2 的连线即为理论顶管施工的顶进轴线。

以顶进轴线投影到地面的点(Z1-Z2)为起算点，在与工作井、接收机通视位置选设地面网点 T1～T4(标型采用固定仪器台)，组成本工程平面控制网。

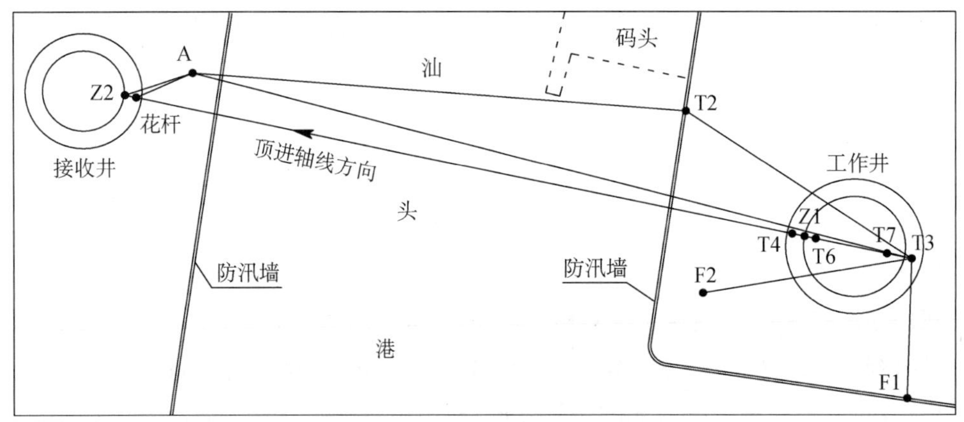

图 3-37　平面控制测量网图

2）高程控制测量

高程控制测量主要包括跨海水准测量、工作井趋近水准测量和工作井高程联系测量。水准联测见图 3-38。

3）控制复测

根据控制点稳定情况确定复测周期，按每季度复测一次实施。

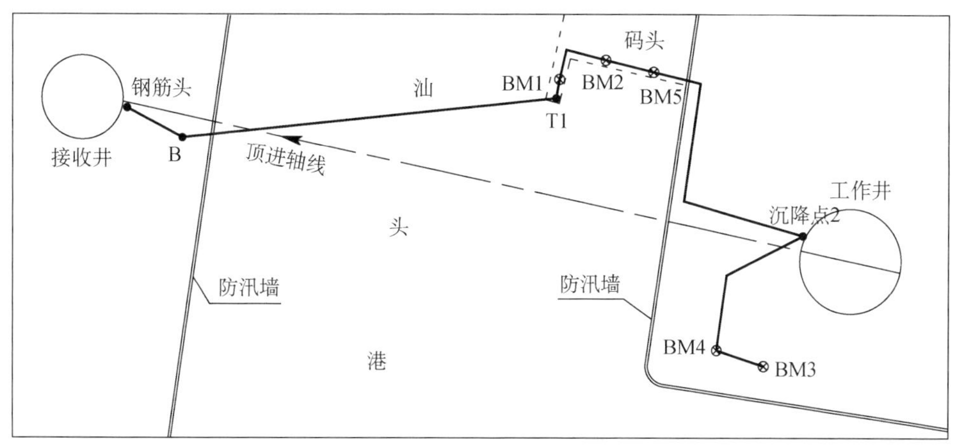

图 3-38 高程控制测量网图

5. 工作井顶管导向轴线的测设与复测

井顶向井底的联系测量垂直角大，测量仪器的轴系误差影响不容忽视，本工程采用两种方法并相互校检，测量网形见图 3-39。

方法一：使用 Leica TCA2003 电子全站仪，由 T3 设站定向花杆，测量 T4 和 T6，再由 T6 设站定向 T3，测量 T7。测角 4 测回，边长往返 4 测回测量。

方法二：使用 WILD T2 经纬仪，由 T4 设站定向花杆，测量 T7。测角 12 个测回，每 4 个测回后顺时针方向变换仪器基座位置 120°，以消除因垂直角大(约 65°)仪器轴系误差对水平角观测值的影响，T4 至 T7 的边长使用 Leica TCA2003 电子全站仪在 T7 设站单向观测。

由以上两种方法对井下仪台 T7 传递方位和坐标。

平差计算：采用独立坐标系。令 T3 坐标为：$X=0$，$Y=0$。T3 至“花杆”的方位为 0°00′00″(即顶进轴线方位为 0°00′00″)，进行平差计算。

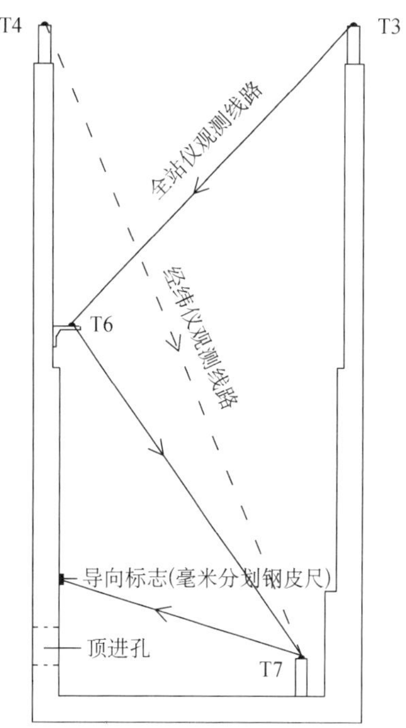

图 3-39 工作井顶进轴线向控制点剖面图

由平面控制测量求得 T7、花杆的坐标值，令该两点的反算方位为理论顶进轴线向。依据 T7 至花杆方位，由 T7 设站，定向 T6，在井壁上定位设置顶管导向标志(毫米分划钢皮尺)，而后再分别定向 T4 和 T6，测量井壁上的顶管导向标志的水平角(观测使用 Leica TCA2003 电子全站仪，测角 6 测回)。依据测得的 T7—导向标志的方位与 T7—花杆的方位的差值，计算得照准导向标志刻划线的正确值位置。

顶管导向短基线(即 T7 仪器台至井壁导向标志的连线)测量成果如表 3-18 所示。

表 3-18　　顶管导向短基线测量成果

观测时顶进里程	观测方法	求得：T7 仪台设站，照准“钢皮尺 1 m 刻划线”的位置	最终照准取值
0 m	T2 经纬仪测量值	右偏 0.4 mm	右偏 1.0 mm
	TCA2003 全站仪测量值	右偏 1.2 mm	
842.4 m	T2 经纬仪测量值	右偏 0.9 mm	右偏 1.4 mm
	TCA2003 全站仪测量值	右偏 1.8 mm	
1 414.7 m	T2 经纬仪测量值	右偏 1.5 mm	右偏 1.7 mm
	TCA2003 全站仪测量值	右偏 1.8 mm	
1 877.6 m	T2 经纬仪测量值	右偏 1.7 mm	右偏 1.7 mm
	TCA2003 全站仪测量值	右偏 1.7 mm	
1 970.7 m	T2 经纬仪测量值	右偏 1.9 mm	右偏 1.5 mm
	TCA2003 全站仪测量值	右偏 1.1 mm	
2 047.0 m	T2 经纬仪测量值	右偏 1.4 mm	右偏 1.3 mm
	TCA2003 全站仪测量值	右偏 1.2 mm	

由表 3-18 可知，两种方法测得的照准导向标志的位置有差，其差值在小于 1 mm 以内时，认为观测成果中没有粗差，一般取其均值作为照准方向；若差值大于 1 mm，则认为观测成果不合格，需重新观测。

6. 顶管施工过程中工具头中心的横向和竖向的偏差测量

本次施工的顶管全长 2 080 m，前 1 000 m 在工作井内，能与机头直接通视，因此测量机头的位置比较简单，在工作井内安置经纬仪和水准仪或激光指向仪，并在机头内安置测量标志，就可以随时测量机头的位置及偏差；1 000 m 后采用了 3 台测量机器人在线联测的自动测量模式，3 台仪器均采用自动整平机座，同时设置与仪器竖轴同轴的观测棱镜，设站点同时作为相邻测站的目标点；开发了专用控制程序，通过遥控及无线通信设备，实时传输指令、控制测量机器人开始观测、观测测量、回传观测数据；并开发了配套后处理程序，把自动导线测量成果实时换算成里程及其与设计轴线的偏差，指导顶进施工。

为了验证施工方测量成果的正确性，自动导向测量应定期人工复测，确保可靠性。本工程各阶段测量成果见表 3-19。

表 3-19 各阶段测量成果

测量内容	测量成果	观测时顶进里程
工具头中心高程/对应接收孔的竖向偏差值	−22.802 m/偏低 9 cm	741.0 m
工具头中心与理论顶管轴线的横向偏差值	偏右 3 cm	842.4 m
工具头中心高程/对应接收孔的竖向偏差值	−22.778 m/偏低 6.6 cm	1 336.2 m
工具头中心与理论顶管轴线的横向偏差值	偏左 3 cm	1 414.7 m
工具头中心高程/对应接收孔的竖向偏差值	−22.717 m/偏低 0.5 cm	1 836.0 m
工具头中心与理论顶管轴线的横向偏差值	偏右 1 cm	1 877.6 m
工具头中心高程/对应接收孔的竖向偏差值	−22.682 m/偏高 3 cm	1 946.0 m
工具头中心与理论顶管轴线的横向偏差值	偏左 1 cm	1 970.7 m
工具头中心高程/对应接收孔的竖向偏差值	−22.715 m/偏低 0.3 cm	2 028.4 m
工具头中心与理论顶管轴线的横向偏差值	偏左 1 cm	2 047.0 m

注:接收孔中心高程为−22.712 m。

7. 工作井顶沉降和平面位移测量

为了检测井下布设的顶管导向轴线的稳定性,乙方每次进场测量时及时对工作井进行变形观测。工作井沉降监测使用 Wild NA2 自动安平水准仪,从高程控制点 BM2、BM5 出发,先组成闭合线路往返联测 BM3、BM4,并由线路中的工作点对井顶的 4 个沉降点进行观测。

T3 固定仪台点的平面位移观测使用 Leica TCA2003 电子全站仪和配套 Leica 小棱镜,测角 2 测回,单向 2 测回测距。

图 3-40 为工作井沉降和平面位移布点,其中,点 1,2,3,4 四点为工作井井顶布置的沉降观测点;F1、F2 为固定方向点,其中 F1 位于井西侧海堤上,F2 位于井北侧变电室基础台侧面。

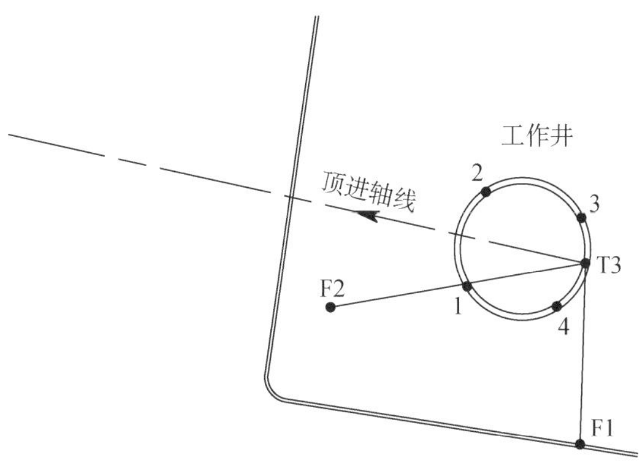

图 3-40 工作井沉降和平面位移布点图

8. 结论

顶管轴线测量是典型的超短基线测设长贯通区间的案例，本工程顶管导向基线短(仅13.5 m)，而顶管长度达 2 080 m，贯通测量风险大。为此，每次测量前，均对观测使用的仪器设备预先进行严格的检查和校正，特别对棱镜中心与对点中心是否同轴进行严格把关。每次井下轴线投测时，应采用两套测量方案，通过多余观测进行检校，以确保顶管轴线测量成果的可靠性；同时结合日常对工作井沉降和平面位移的监测数据分析，掌握工作井位移与井内导向短基线变化的相互关系。日常盾构姿态测量，细致入微，采用多种方法相互验证的措施，特别是在最后的 200 m 段内，分两次在管道内采用导线法静态测量机头中心的坐标作验证，保证了顶管施工顶进方向的正确性。

4

地下结构质量检测

随着地下工程建设快速发展，地下结构建设数量也与日俱增，作为保障地下工程安全与环境安全的关键载体，其质量控制需求迫切，且意义重大。地下工程主要涉及的地下结构包括桩基础、地下连续墙和地基加固体等，为控制地下结构质量，桩基础需要进行载荷试验、完整性检测和桩长检测，地下连续墙需要进行成槽质量检测和墙体质量检测，地基加固体需要进行加固强度检测。

4.1 桩基础质量检测

4.1.1 静载荷试验

1. 单桩竖向抗压静载荷试验

1）试验目的

通过静载荷试验可以确定单桩的承载力，单桩竖向抗压静载荷试验确定单桩的竖向抗压承载力。目前静载荷试验主要用于以下几种情况：

（1）为设计提供依据。

（2）为工程验收提供依据。

（3）验证检测。

2）试验方法

国内目前采用的静载荷试验方法是维持荷载法，维持荷载法又可以分为慢速维持荷载法和快速维持荷载法。

3）试验实施

（1）设备选择

静载荷试验的加载反力装置可以根据场地条件选择锚桩横梁反力装置、压重平台反力装置、锚桩压重平台联合反力装置、地锚反力装置等。需要注意的是，反力装置能提供的反力不得小于最大加载量的 1.2 倍，保证在最大试验荷载作用下反力装置应该有足够的安全储备。

锚桩横梁反力装置是大直径灌注桩静载荷试验最常用的加载反力系统，由试桩、锚桩、主梁、次梁、猫笼、千斤顶等构成(图 4-1)，现场试验如图 4-2 所示。

压重平台反力装置由重物、工字梁、主梁、千斤顶等构成(图 4-3)。

（2）设备安装

① 在试验桩顶安放千斤顶处放置垫板(荷载分配板，使桩头受力均匀)。

② 吊装千斤顶于垫板上，保持与试验桩同轴，安装多个千斤顶应保持千斤顶合力与试验桩同轴，千斤顶上顶板应对中千斤顶合力中心线。

③ 安装锚桩横梁设备或堆放压重平台。

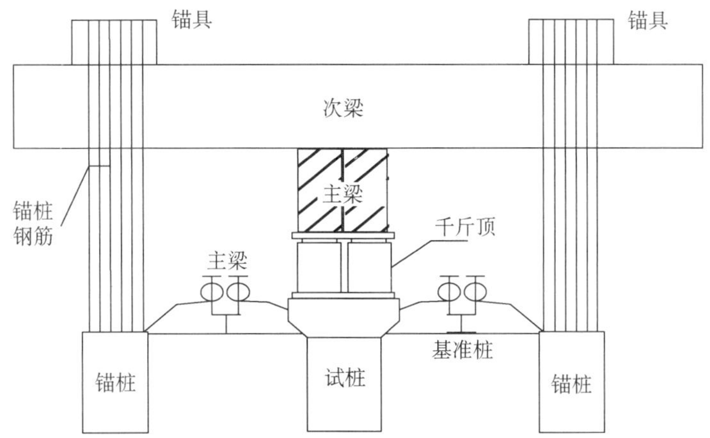

图 4-1 锚桩法设备安装示意图

图 4-2 锚桩法现场示意

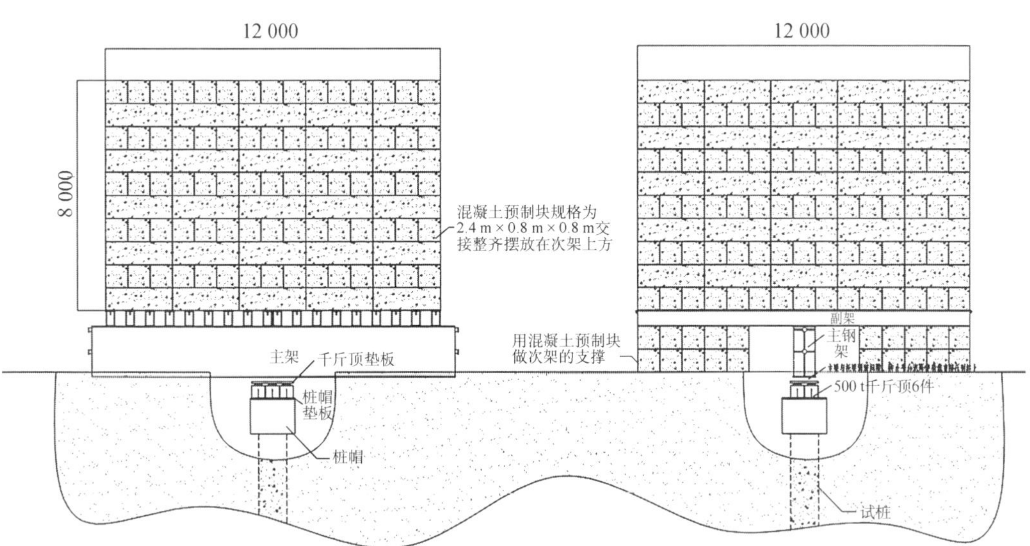

图 4-3 堆载法设备安装示意图(单位:mm)

④ 检测位移计的安装：检测沉降的位移计应通过磁芯表座安装在试验桩顶以下50 cm左右位置(尽量避开桩顶应力集中区)。在位移计接触点处粘贴玻璃，保证位移计同基准梁接触良好。

⑤ 现场吊装安装加载设备时，应采取适当措施，保证千斤顶的安放位置正确，避免试桩偏心受力。同时，亦要采取适当措施，保证反力梁对中，避免反力梁偏心受力。

(3) 分级加、卸载

① 加载应该分级进行，采用逐级等量加载；分级荷载宜为最大加载量或者预估极限承载力的1/10，其中第一级可取分级荷载的2倍。

② 终止加载后开始卸载，卸载应分级进行，每级卸载量取加载时分级荷载的2倍，逐级等量卸载。

(4) 观测时间

① 在正式进行静载荷试验前记录试桩位移计的初始读数。

② 采用慢速荷载维持法，测读时间如下：

加载时，每级荷载加载后第一小时内按5,15,30,45,60 min各读取一次读数，以后每隔0.5 h测读一次，直至达到相对稳定后加下一级荷载。

卸载时，每级荷载维持一小时，按5,15,30,60 min各读取一次读数。卸载至零后，测读残余变形量3 h 。

沉降相对稳定标准为每小时沉降量不超过0.1 mm，且连续出现两次。

③ 试桩在每级荷载加载前测读应力计读数。

(5) 终止加载条件

凡符合下列情况之一者，即可终止加载：

① 试桩在某级荷载作用下的沉降量，大于前级沉降量的5倍；

② 试桩在某级荷载作用下的沉降量，大于前级沉降量的2倍，且经24 h后尚不稳定；

③ 试桩桩顶总沉降量>100 mm；

④ 试桩桩顶破裂，已无法进行试验；

⑤ 荷载达预定最大加载量且达到相对稳定标准或达到反力装置最大加载量；

⑥ 锚桩上拔量超过规定值或加载量超过锚桩钢筋抗拉强度标准值的0.9倍。

(6) 单桩竖向抗压极限承载力的确定

试桩的极限承载力可按下列方法之一确定：

① Q-s 曲线上第二拐点所对应的荷载；

② 在 s-lg t 曲线中取曲线尾部明显向下曲折的前一级荷载；

③ 对缓变型 Q-s 曲线按总沉降量确定。

(7) 检测报告

检测报告包括以下内容：

① 工程概况；

② 检测方法、原理及设备装置示意图；

③ 试验结果汇总表；

④ 资料分析；

⑤ 试验 Q-s 曲线及 s-lg t 曲线；

⑥ 试验数据汇总表；

⑦ 检测结论；

⑧ 试桩、锚桩的桩位图。

2. 单桩竖向抗拔静载荷试验

1）试验目的

通过静载荷试验可以确定单桩的承载力，通过单桩竖向抗拔静载荷试验确定单桩的竖向抗拔承载力。

2）试验实施

(1) 设备要求

① 抗拔静载荷试验反力由反力桩与梁架系统联合提供，设备安装示意如图 4-4、图 4-5所示。

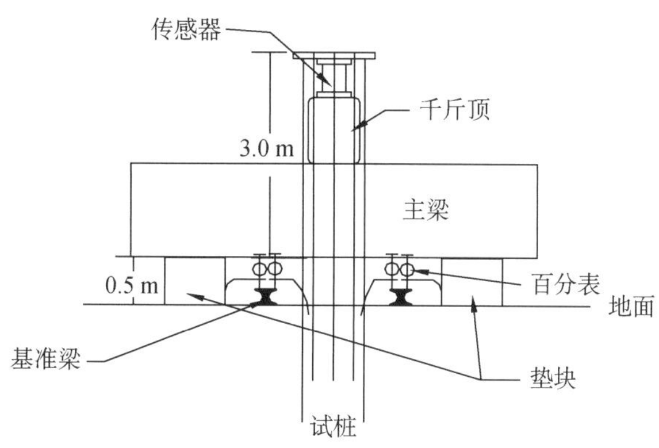

图 4-4 锚桩法设备安装示意图

图 4-5 抗拔试验现场示意图

② 加载由高压油泵及与其连接的千斤顶实施，荷载值由压力传感器连接千斤顶测定并由静载荷试验自动分析仪显示。所使用的仪器设备均进行了计量检定且在有效期内。

③ 在试桩桩顶(或在对称预埋的 2 根钢筋)对称安装 4 只位移计。用静载荷试验自动分析仪测读试桩上拔量。

④ 试验基准梁采用 2 根具有足够刚度的小型工字梁对称架设于 4 根基准桩上，一端固定，一端可沿梁方向水平移动；基准桩中心与反力桩中心、基准桩中心与试桩中心距离

均大于 4 倍桩径且大于 2 m。基准桩的设置还应满足以下条件:基准桩本身不变动;没有被触碰的危险;附近没有振源;不受直射阳光与风雨等干扰;不受试桩下沉的影响。基准梁牢固地安装在基准桩上后,要清理周围的杂物,保证在试验过程中周围的活动物体不接触且不影响基准桩和基准梁。

(2) 设备安装

① 吊装主梁支于试桩两侧反力桩上,主梁中心应位于两侧反力桩中心连线上。

② 吊装千斤顶在主梁垫板之上,保持与试验桩同轴,安装多个千斤顶应保持千斤顶合力与试验桩同轴,千斤顶上顶板应对中千斤顶合力中心线。

③ 检测位移计的安装:检测上拔量位移计应通过磁芯表座安装在试桩中对称预埋的 2 根钢筋上,在位移计接触点处粘贴玻璃,保证位移计同基准梁接触良好。

④ 现场吊装安装加载设备时,应采取适当措施,保证千斤顶的安放位置正确,避免试桩偏心受力。

(3) 分级加、卸载

① 加载应该分级进行,采用逐级等量加载;分级荷载宜为最大加载量或者预估极限承载力的 1/10,其中第一级可取分级荷载的 2 倍。

② 终止加载后开始卸载,卸载应分级进行,每级卸载量取加载时分级荷载的 2 倍,逐级等量卸载。

(4) 观测时间

① 在正式进行静载荷试验前应测读各位移计的初始值。

② 采用慢速荷载维持法,测读时间如下:

加载时,每级荷载加载后第一小时内按 5,15,30,45,60 min 各测读一次读数,以后每隔 0.5 h 测读一次,直至达到相对稳定后加下一级荷载。

卸载时,每级荷载维持 1 h,按 5,15,30,60 min 各测读一次读数。卸载至零后,测读残余上拔量 3 h。

上拔相对稳定标准:每小时位移量不超过 0.1 mm,且连续出现两次。

(5) 终止加载条件

凡符合下列情况之一者,即可终止加载:

① 试桩在某级荷载作用下之上拔量大于前级上拔量的 5 倍;

② 试桩最大上拔量超过 100 mm;

③ 加载量达到拟定的最大荷载值,且已达稳定标准;

④ 桩顶荷载为桩受拉钢筋总极限承载力的 0.9 倍;

⑤ 试桩钢筋断裂,已无法进行试验。

(6) 试桩抗拔极限承载力按下列方法之一确定

① 对于陡变形 U-Δ 曲线,取陡升起始点荷载;

② 对于缓变形 U-Δ 曲线，根据上拔量和 Δ-lg t 曲线的变化综合判定，取 Δ-lg t 曲线尾部显著弯曲的前一级荷载；

③ 当在某级荷载下抗拔钢筋断裂时，取前一级荷载；

④ 达到拟定最大加载量，且达到相对稳定标准，取最大加载量。

（7）检测报告

检测报告包括以下内容：

① 工程概况；

② 检测方法、原理及设备装置示意图；

③ 试验结果汇总表；

④ 资料分析；

⑤ 试验 u-δ 曲线及 δ-lg t 曲线；

⑥ 试验数据汇总表；

⑦ 检测结论；

⑧ 试桩、锚桩的桩位图。

3. 单桩水平静载荷试验

1）测试目的

确定单桩水平承载力。

2）试验方法

灌注桩水平静载荷试验共 3 组(SZ1～SZ3)，试验采用慢速加载法。

预制桩水平静载试验试桩 10 组。试验采用单向多循环加载法。

3）试桩与反力装置平面布置(图 4-6)

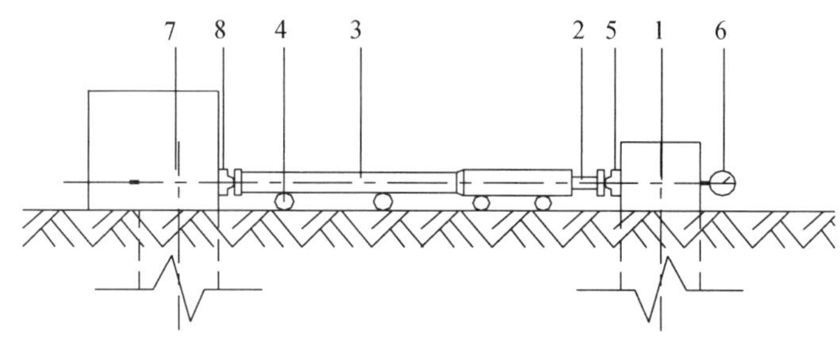

1—桩；2—千斤顶及测力计；3—传力杆；4—滚轴；
5—球形支座；6—百分表；7—两桩承台；8—球形支座

图 4-6　单桩水平静载荷试验装置

4）试验方法

（1）在水平力作用平面上分别安装两个位移计，用以测量相应测点的位移。基准桩应设置在与作用力方向垂直且与位移方向相反的试桩侧面，与试桩的净距大于 2 m。

(2) 加载由千斤顶实施，荷载等级值由荷重传感器和称重显示仪连接显示。千斤顶与试桩接触处应安置球形支座。

(3) 位移量采用机械式百分表测读。

(4) 加分级差。

(5) 灌注桩采用慢速法：加载时，每级荷载加载后第一小时内按 5，15，30，45，60 min 各测读一次读数，以后每隔 0.5 h 测读一次，直至达到相对稳定后加下一级荷载；卸载时，每级荷载维持一小时，按 5，15，30，60 min 各测读一次读数；卸载至零后，测读残余变形量 3 h。沉降相对稳定标准：每小时沉降量不超过 0.1 mm，且连续出现两次。

(6) 预制桩试验采用单向多循环加卸载法：每级荷载施加后，恒载 4 min 测读水平位移，然后卸载至零，停 2 min 测读残余水平位移，至此完成一个加卸载循环，如此循环 5 次便完成一级荷载的试验观测；加载时间应尽量缩短，测读位移的间隔时间应严格准确，试验不得中途停歇。

5) 终止加载条件

凡符合下列情况之一者，即可终止加载。

(1) 水平位移超过 40 mm；

(2) 桩身已断裂。

6) 绘制曲线

(1) 水平力-力作用点位移(H-Yo)关系曲线；

(2) 水平力-位移梯度关系曲线。

7) 水平临界荷载的确定方法

水平临界荷载按下列方法综合确定：

(1) 取 H-t-Yo 曲线出现拐点的前一级荷载为水平临界荷载 $H\mathrm{cr}$；

(2) 取 $H-\Delta Yo/\Delta H$ 曲线上第一拐点所对应的荷载为水平临界荷载 $H\mathrm{cr}$。

8) 水平极限荷载的确定方法

水平极限荷载可根据下列方法综合确定：

(1) 取 H-t-Yo 曲线明显陡降的前一级荷载为极限荷载 $H\mathrm{u}$；

(2) 取 $H-\Delta Yo/\Delta H$ 曲线上第二拐点所对应的荷载为极限荷载 $H\mathrm{u}$；

(3) 取桩身折断或钢筋受拉屈服时的前一级荷载为极限荷载 $H\mathrm{u}$。

9) 水平承载力特征值的确定方法

(1) 取水平位移为 10 mm 所对应的荷载的 75%为水平承载力特征值；

(2) 取水平临界荷载统计值为水平承载力特征值。

10) 检测报告

(1) 文字部分；

(2) 曲线及测试数据汇总表;

(3) 试桩平面布置图。

4.1.2 动力测试

1. 低应变检测

1) 测试目的

检测桩身结构完整性。

2) 方法与技术

采用弹性波反射法进行测试。本方法将混凝土桩视为一维弹性杆件,当桩顶受到冲击力后,其应力以波动形式在桩身中传播,因波阻抗差异,在界面产生反射波信号。通过分析入射波和反射波的形态、相位、振幅、频率及波的到达时间等特性,达到测试桩身质量的目的。现场测试时,把传感器固定在桩面上,用特制力锤敲击桩面,由传感器接收信号,输入P.I.T桩身完整性测试系统进行实时记录及分析处理,最后由打印机进行打印,如图4-7所示。

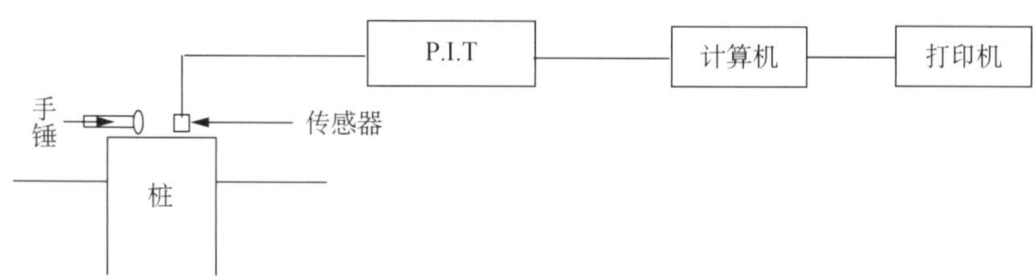

图 4-7 弹性波反射法

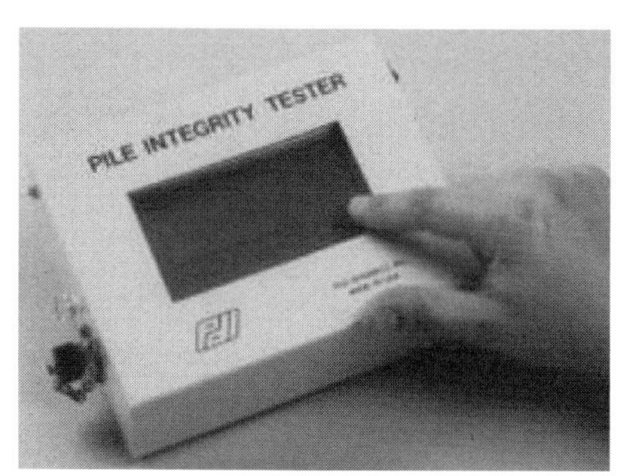

图 4-8 PIT-V 基桩动测仪

3) 仪器设备及安装

现场测试采用美国 PDA 公司 P.I.T 动测仪,如图 4-8 所示。该仪器主要技术性能指标符合《基桩动测仪》(JG/T 518—2017)中规定的二级标准要求,具有信号滤波、放大、显示、储存和处理分析功能,且重量轻、灵敏度高、检测结果可靠,正常情况下每天可确保检测百根以上基桩,可满足现场的需要。

传感器安装时,确保平面与桩的中心轴线垂直,用耦合剂黏结,检测过程中传感器不产生滑动和信号线抖动。

4) 低应变测试现场的要求

(1) 现场提供有关检测所需的资料(地质资料、桩位图编号图、施工记录等)。

(2) 桩头法兰盘应保持完好，若有破损，则需将其去除，并确保桩顶平面平整、结实。

(3) 工程桩应开挖至设计桩顶标高，且测试前不得在桩顶上进行钢筋焊接工作。

(4) 围护钻孔灌注桩开挖至桩顶标高后需凿去松散部分到设计强度处方可进行动测。

5) 现场检测

(1) 安装全部检测设备，并确认各项仪器处于正常工作状态。

(2) 在检测前应正确选定仪器系统的各项工作参数，使仪器在设定的状态下进行试验。

(3) 选用适当的手锤或力棒、合理的落锤方法敲击桩顶。

(4) 仪器自动采集反射波形。

(5) 为了确保检测质量，每根桩需进行多锤击检测，检测人员依据知识和经验对现场实测曲线进行监视，当波形重复性良好并符合实际情况时方可记录。一般情况下，应力波反射法所采集的较好波形应具有以下几个特征：各次锤击的波形重复性好；波形反映桩的实际情况，波形光滑，不应含毛刺或振荡波形；波形最终回归基线。

(6) 在检测过程中应观察各设备的工作状态，当设备均处于正常状态时，该次检测有效。

(7) 如果发现波形曲线异常，则进行多次重复检测，然后对实测曲线进行分析，判断桩身是否存在缺陷，并结合施工记录及工程地质情况判断缺陷的类型，由桩间反射波的走时计算缺陷的深度。

6) 测试数据分析处理

对实测的时域曲线分析处理，研究弹性波沿桩身传播这个物理过程，可得到：

(1) 弹性波在桩身中传播的平均速度 $\overline{V}_c$；

(2) 判断桩身中的缺陷性状和位置。

在计算中使用的公式有：

$$\overline{V}_c = \frac{2L}{\Delta t} \tag{4-1}$$

$$L' = \frac{1}{2} \cdot \overline{V}_c \cdot \Delta t' \tag{4-2}$$

式中 L ——设计桩长(m)；

Δt ——弹性波从桩顶传播到桩端，然后反射到桩顶所需时间(s)；

L' ——缺陷位置(m)，从桩顶起算向下的位置；

$\Delta t'$ ——弹性波从桩顶传播到缺陷处再反射至桩顶所需的时间(s)。

7) 桩身质量检测评定

根据实测数据，对所测桩身质量进行如下分类：

(1) 无任何不利缺陷,桩身结构完整;

(2) 有轻度不利缺陷,但不影响或基本不影响原设计的桩身结构承载力;

(3) 有明显不利缺陷,影响原设计的桩身结构承载力;

(4) 有严重不利缺陷,严重影响原设计的桩身结构承载力。

8) 检测报告

检测报告包括以下内容:

(1) 工程概况;

(2) 检测方法、原理及设备;

(3) 试验结果汇总表;

(4) 桩身完整性检测的实测信号曲线;

(5) 检测结论;

(6) 受检桩平面布置图。

2. 高应变检测

1) 检测目的

(1) 检测桩身结构完整性,判断桩身质量及缺陷位置;

(2) 判定单桩竖向抗压极限承载力。

2) 试桩技术要求

(1) 从沉桩到开始试桩的间歇时间不应小于 28 d。

(2) 在基坑开挖前进行测试,需将试桩接长至自然地面下 0～0.6 m,桩头直径同桩身,测试前应在桩两侧进行挖槽,以便满足桩侧安装传感器要求,试桩桩位需在 25 t 吊车的有效吊装范围之内。

3) 检测方法原理

高应变动力试桩法是用重锤冲击桩顶,使桩周土产生塑性变形,实测桩顶力和速度的时程曲线,通过波动理论(即 CASE 法及实测曲线拟合法)分析计算单桩的极限承载力和桩身结构完整性。其现场测试原理如图 4-9 所示。

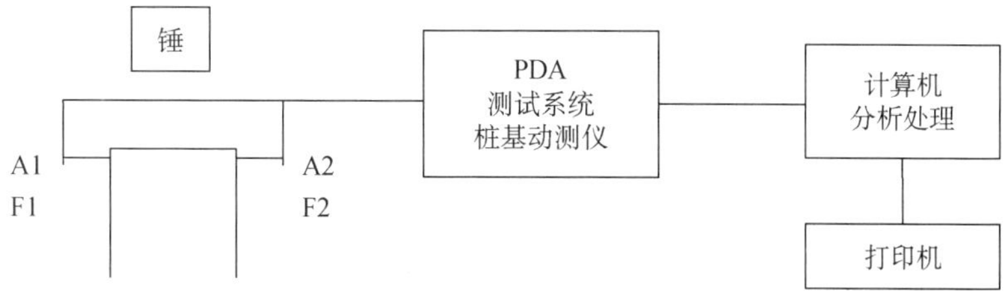

A1, A2—加速度传感器; F1, F2—力传感器

图 4-9　高应变动力试桩示意图

冲击设备：自由锤(根据预估承载力确定锤重)。

传感器的安装：传感器用 Φ6 的膨胀螺栓安装在距桩顶不小于 2 D(D 为桩径)处，两组传感器应对称，并在一个断面上。力传感器与加速度传感器的间距应在 50～75 mm 之间(图 4-10)。

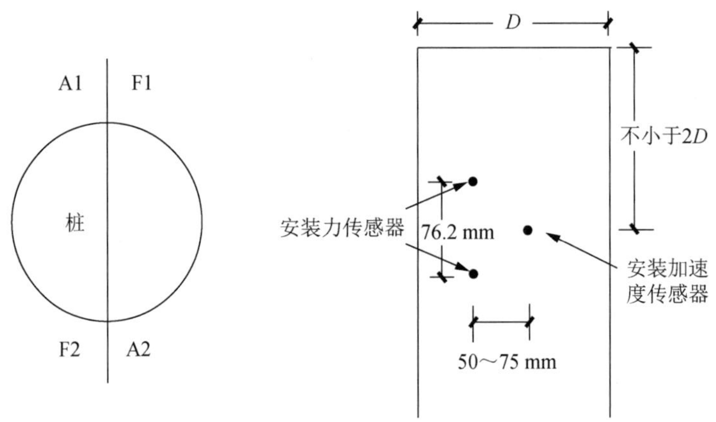

图 4-10　传感器安装示意图

CASE 法主要原理：

(1) 桩土模型

① 假定桩为一维的均质、连续弹性杆件，信号沿桩身传播不发生衰减；

② 动阻力全部集中在桩端，且与桩端速度和材料的广义波阻抗成正比；

③ 桩侧土为理想刚塑性体，各部分极限静阻力与它们的变形无关，为一定值。

(2) 计算方法

应力波沿桩身传播满足一维应力波动方程。根据边界条件和上述假设可得出极限承载力的解析解为

$$R_{sp}=\frac{1}{2}(1-J_c)\left[F(t_1)+\frac{MC}{LV(t_1)}\right]+\frac{1}{2}(1+J_c)\left[F\left(t_1+\frac{2L}{C}\right)-\frac{MC}{LV}\left(t_1+\frac{2L}{C}\right)\right] \tag{4-3}$$

式中　R_{sp} ——单桩极限承载力(kN)；

J_c ——土的动阻尼系数；

$F(t)$ ——测点处(安装传感器处)力随时间变化的函数(kN)；

$V(t)$ ——测点处质点运动速度随时间变化的函数(m/s)；

M ——桩身质量(kg)；

L ——桩长(m)；

C ——弹性波纵波波速(m/s)；

t_1——速度第一峰值所对应的时刻(s)。

当桩身截面发生变化时,进一步的理论推导可以求得 X 位置的完整性指数,其表达式为

$$BTA=\frac{F_{\mathrm{d}}(t_1)-\Delta R+F_{\mathrm{u}}(t_x)}{F_{\mathrm{d}}(t_1)-F_{\mathrm{u}}(t_x)} \tag{4-4}$$

$$X=C\cdot(t_x-t_1)/2 \tag{4-5}$$

$$F_{\mathrm{d}}(t_1)=[F(t_1)+MC/LV(t_1)]/2 \tag{4-6}$$

$$F_{\mathrm{u}}(t_x)=[F(t_x)-MC/LV(t_x)]/2 \tag{4-7}$$

式中 BAT——桩身结构完整性指数;

t_1——速度第一峰对应的时刻(s);

t_x——缺陷反射峰对应的时刻(s);

ΔR——缺陷以上部位土阻力的估计值(kN);

X——缺陷位置与传感器安装点距离(m)。

曲线拟合法主要原理(CAPWAP 法)如下。

(1) 桩土模型

桩为一维均质弹性体,可包含有裂隙、阻抗变化和截面变化等缺陷,信号沿桩身传播可发生衰减。

土的静力学模型为理想的弹塑性体,各部分的静阻力与它们的变形有关;加载过程中,由弹性转为塑性时对应的位移值称为最大弹限,同时考虑卸载及重新加载对变形和阻力的影响,又引入卸载弹限、卸载系数、卸载水平、复载水平等概念。

土的动阻力模型为 smith 模型,认为动阻力存在于桩侧的每一个部位,且与相应时刻的静阻力成正比,与质点速度成正比,其阻尼系数称为 smith 阻尼系数。也可采用 CASE 阻尼系数,认为土的动阻力存在于各部分土层中,与速度和材料波阻抗成正比,而与静阻力无关,并引入了辐射阻尼、土隙、土塞等概念。

(2) 计算方法

曲线拟合法将桩和桩周土划分为一系列的单元,以实测的一条曲线为边界条件,利用特征线上的相容关系在预先输入桩土模型各参数的前提下,逐单元求解界面处的状态量,当计算得到的测点处状态量之一与实测的另一曲线重合较好时(一般拟合优度大于在97%),说明预先输入的桩土模型参数接近实际;当重合不好时,重新输入调整后的参数计算,直到拟合质量较好为止。曲线拟合法能求得许多桩土参数,包括各土层的摩阻分布,根据拟合好的参数可模拟静载试验,分析桩的变形特性。

4) 仪器设备

(1) 采用美国 PDI 公司的 PAL 型打桩分析仪。

(2) PDA(PAL 型)桩基动测系统(系统包括动测仪、加速度传感器、力传感器),编号:3211。

(3) 采用 CAPWAPC 软件(Version 2000-1)进行数据处理。

(4) 为了保证整个工程正常进行,测试前须对整个系统进行调试。

5) 报告提供

(1) 工程概况。

(2) 现场检测。

(3) 检测结果的处理和判断。

(4) 结论。

(5) 附实测曲线及桩位布置图。

4.1.3 井中磁梯度法桩长检测

井中磁梯度法适用于基桩钢筋笼长度检测,该方法对工程环境适应性较强,可精确有效检测桩基的钢筋笼长度,进而确定通长配筋的桩基长度。本节主要介绍井中磁梯度法的基本方法原理。

1) 检测方法原理

磁梯度法属磁法勘探方法之一,起初多用于研究大地构造和磁性矿体,随着探测仪器电子元件等的快速发展,探测精度越来越高,近年来也逐渐应用于地下管道探测、地下铁磁性障碍物探测等工程领域。

地球本身具有磁场,即地磁场,地磁场在地球表面的分布是有规律的,它相当于一个位于地心的磁偶极子的磁场,S 极位于地理北极附近,N 极位于地理南极附近。按研究地磁场目的的不同,可将实测磁场分为正常地磁场和磁异常两部分。正常地磁场主要是指地球自身的地磁场,而磁异常则是指探测磁性目标体被地磁场磁化后,在其周围产生的次生磁场。

一般在均匀无铁磁性物质的土层或桩身混凝土中,磁场的磁场强度理论上为均匀场,而如果在桩身混凝土中有钢筋笼这类铁磁性物质存在时,将会在其周围分布较强的次生磁场,从而产生磁异常。而在钢筋笼上、下部,磁场强度又归复到均匀场。因此,对于有限长钢筋笼的桩基,钢筋笼轴向的磁梯度将会在钢筋笼的端部产生明显变化。因此,通过量测桩基侧面磁梯度的变化,可以确定钢筋笼的端部位置,进而计算钢筋笼的实际埋设深度及长度。该方法已在大量实际工程中得到了很好的应用。

图 4-11 为磁梯度法探测桩基埋深及长度的原理示意图。

假设钢筋笼单极磁度量为 m,埋设深度为 L,则在探测孔旁侧距离为 d 处沿深度(z)方向上磁场强度(Z)的磁梯度(Z_a)的计算公式如式(4-8)、式(4-9)所示。

$$Z=-\frac{mz}{r_1^3}+\frac{m(z+L)}{r_2^3} \tag{4-8}$$

$$Z_a=\frac{\partial Z}{\partial z}=-m\left[\frac{d^2-2z^2}{r_1^s}+\frac{d^2-2(z+L)^2}{r_2^s}\right] \tag{4-9}$$

式中，$r_1=\sqrt{z^2+d^2}$，$r_2=\sqrt{(z+L)^2+d^2}$。

由此可计算出测孔内梯度 Z_a 随深度(z)的理论变化曲线(图 4-11)。由图 4-11 还可以看出，在接近桩基的钻孔内，Z_a 梯度值随深度的变化非常明显，在桩身部分，梯度值几乎无任何变化，而在接近桩头或桩底处，梯度值变化强烈。在稍微远离管道的钻孔内，梯度值的变化幅度相应减小，当水平间距大于 0.8 m 时，几乎无任何变化了。图 4-12 为随钻孔与桩的距离增加，磁梯度峰值减小的衰减曲线。

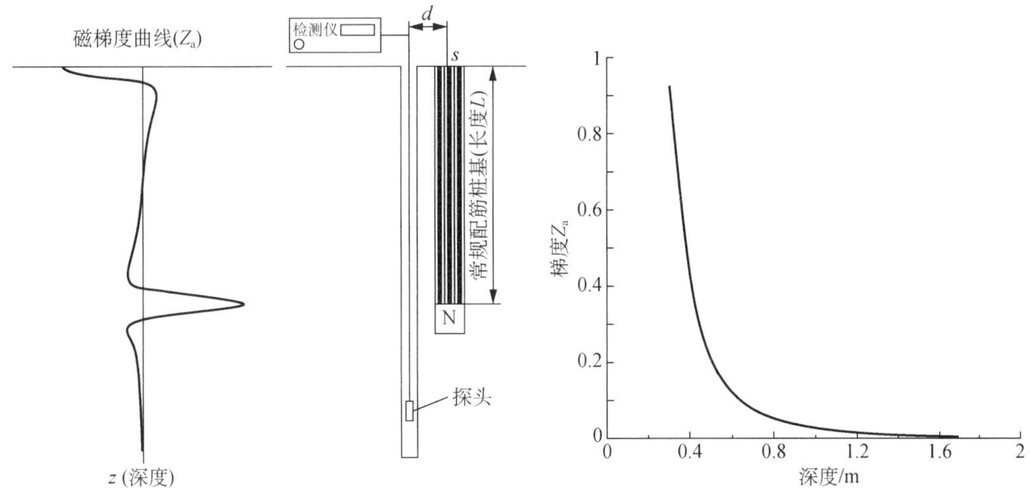

图 4-11　磁梯度探测桩基长度原理图　　**图 4-12　磁梯度峰值随距离变化的衰减曲线**

2) 检测方法实施

(1) 首先确定待测桩桩身的具体位置。

(2) 利用钻机在待测桩边界外侧距离小于 1.0 m 处钻一个直径约 100 mm 的钻孔，钻孔深度应大于目标桩的桩底埋深 5 m 以上。

(3) 将直径为 75 mm 的 PVC 套管下到钻孔内，套管长度直达孔底，PVC 套管接头必须用无磁性自攻螺丝(铝质或铜质)连接，下端密封，内部必须连接通畅。

(4) 在钻孔的过程中必须确保钻孔的垂直度，其倾斜度不大于 1%。

(5) 将磁力梯度仪的探头放到塑料管内，从孔底开始以 0.10 m 的间隔依次向上测量各点的磁梯度值，到达孔顶后再往下探测以作比对。根据磁梯度值的变化情况可以判断桩身的埋深详情。

3) 检测报告

检测报告包括以下内容：

（1）工程概况。

（2）检测技术依据及探测要求。

（3）检测方法原理。

（4）检测仪器设备。

（5）检测成果。

（6）结论与建议。

4.2 地下连续墙质量检测

4.2.1 成槽质量检测

1. 检测内容

对地下连续墙成槽后的槽段深度、厚度、垂直度及沉渣厚度进行检测，判定各检测项是否满足规范及设计的要求。

2. 检测方法

（1）利用超声反射探测原理，将超声波传感器放入槽段中的泥浆里，对槽壁状态进行检测，根据记录仪同步绘制的槽壁形态图，判定槽宽、槽深、槽壁垂直度。

槽深：探头下放或提升时，连接探头的电缆带动深度测量系统的滑轮转动，安装在滑轮系统的光电码盘每秒产生 2 000 个上下深度控制脉冲（A、B 方波），经主机计数处理，同步得出测试深度。

槽宽及垂直度：利用槽壁对超声波的反射作用，测定超声波发射与接收之间的时间，通过计算得出成槽的宽厚度、垂直度。

（2）槽段检测断面位置示意，如图 4-13 所示。

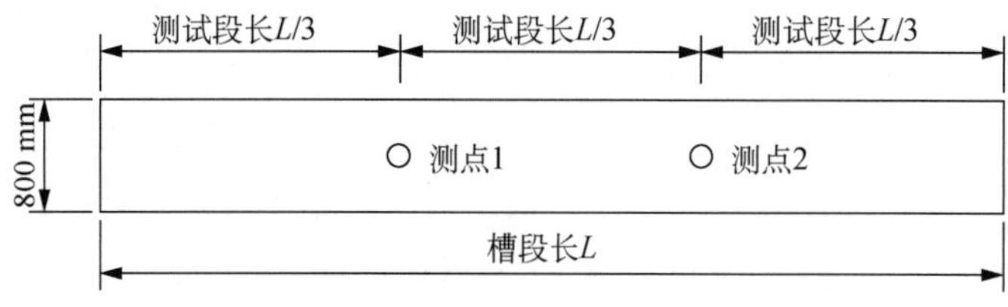

图 4-13 槽段检测断面位置示意图

3）仪器设备

检测仪器包括超声波地下连续墙成槽检测仪、数控绞车、计算机、打印机等。

3. 检测实施

（1）地下连续墙成槽质量检测应在清槽完毕、相邻槽段接头拔出、泥浆内气泡基本消散后进行。

（2）仪器探头对准导墙中心轴线，用于检测的探头超声波发射面与导墙平行。

（3）地下连续墙成槽质量检测一般为两方向（$X-X'$）检测。

基于超声波原理将超声波传感器侵入地下连续墙成槽中的泥浆里，可以很方便地对成槽槽壁状态监测，对连续墙槽宽、垂直度、槽壁坍塌状况等进行现场实时检测。同时根据钻孔中泥浆、沉渣与孔底原始地层之间存在的电性差异，用棒状环型微电极系测量它们之间的电阻率变化界面，从而得出孔底沉渣厚度。

4. 检测成果

检测成果报告包括以下内容：

（1）工程概况。

（2）检测方法、原理及设备。

（3）测试结果汇总表。

（4）成槽质量成果图。

（5）检测结论。

（6）检测点布置图。

成槽质量检测报告示例如图 4-14 所示。

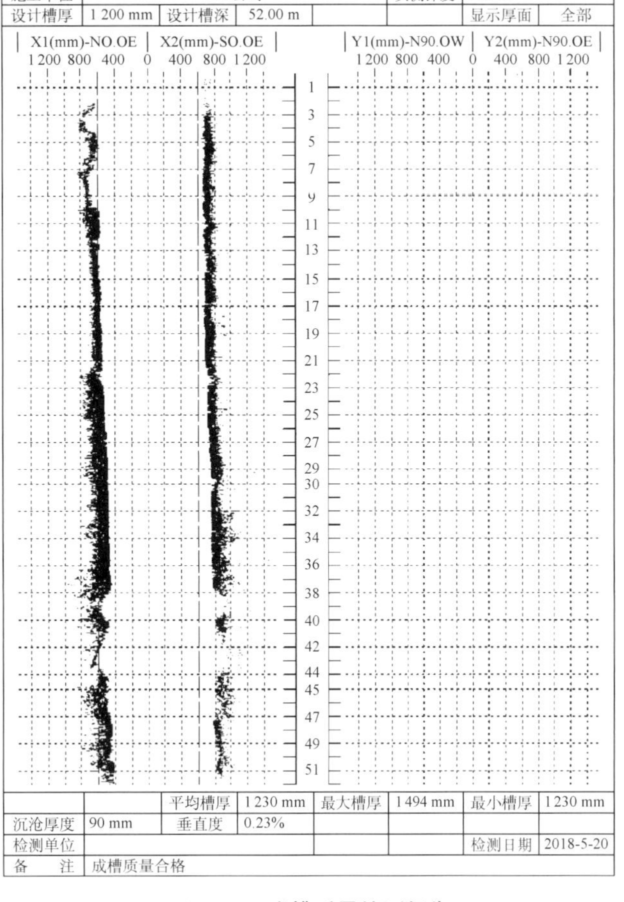

成槽质量检测报告

工程名称	XX地块			检测槽号	A1-10南	
施工单位	XX公司			实测深度	52.02m	
设计槽厚	1 200 mm	设计槽深	52.00 m		显示厚面	全部
		平均槽厚	1 230 mm	最大槽厚	1 494 mm	最小槽厚	1 230 mm
沉沧厚度	90 mm	垂直度	0.23%			
检测单位					检测日期	2018-5-20
备　注	成槽质量合格					

图 4-14　成槽质量检测报告

4.2.2　墙身结构完整性检测与渗漏检测

1. 检测内容

检测地下连续墙墙身及接缝处混凝土的完整性，判定缺陷的位置、范围和程度。

2. 检测方法

地下连续墙的墙身结构完整性检测与渗漏检测可分为无损检测和有损检测。现有的无损检测方法以地球物理探测技术为主，基于地下连续墙的渗漏隐患处与正常墙体在电导率、弹性波速、密度等物性参数上的差异，来实现隐患的无损检测。其主要技术思路是借助超声波法、超声波 CT 法、电法等物探技术，通过对检测数据进行处理、成像、分析和解释，实现对地下连续墙墙身潜在质量隐患进行排查。

有损检测技术通常以钻孔取芯为主，这类技术可以通过钻孔芯样状态和力学实验成果对围护结构质量、可能存在的隐患进行直观的观察与判断，但受限于诸多固有缺点难以普遍应用，包括成本高、检测周期长、测点有限且会对结构带来损伤，无法对地下连续墙渗漏点进行准确判断等。因此，这类技术更多作为事故后调查分析的辅助手段，无法作为事前隐患排查的手段。

1）超声波检测

（1）超声波跨孔检测方法

超声波跨孔检测的工作原理是：在地下连续墙的墙体中预埋设若干平行于墙体纵轴线的声测管作为声波发射和接收换能器的移动通道，管内充水作为超声波的耦合剂，当径向换能器沿测管底部向上按一定的测距同步移动时，检测仪器逐点探测每个测点的声学参数，通过对所检测数据的处理、分析和判定，确定混凝土缺陷的位置、范围、程度，从而判定地下连续墙的完整性，超声波常规跨孔检测原理如图 4-15 所示。

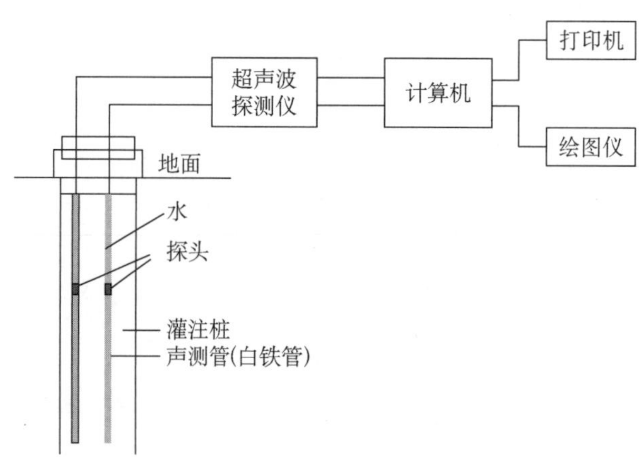

图 4-15　超声波常规跨孔检测原理图

（2）超声波跨孔检测数据分析与处理

超声波透射法检测地下连续墙质量时所得到的检测数据需要处理与分析，这些数据包括声速、波幅、主频及每个测点的波列图。

① 声速

计算各测点的声速：

$$t_{ci}=t_i-t_0-t' \tag{4-10}$$

$$v_i=\frac{l'}{t_{ci}} \tag{4-11}$$

式中 t_{ci}，t_i ——第 i 测点的声时和声时测试值(μs)；

t_0——测试系统延时(μs)；

t' ——声时修正值(μs)，$t'=t_w+t_p$；

v_i ——第 i 个测点声速(km/s)；

l' ——检测剖面的两声测管外壁之间的净距离(mm)。

② 波幅

这里的波幅是测点首波幅值，它有两种表示方式。一种是用分贝(dB)表示，即用测点实测首波幅值与某一基准幅值比较得出的分贝数；另一种是直接以示波屏上首波高度表示，单位是毫米(或示波屏刻度格数)。目前大量使用的数字式声波仪采用的是第一种方式。

$$A_{pi}=20\lg\frac{\alpha_i}{\alpha_0} \tag{4-12}$$

式中 A_{pi} ——第 i 测点波幅值(dB)；

α_i ——第 i 测点信号首播峰值(V)；

α_0——基准幅值，也就是 0 dB 对应的幅值(V)。

③ 频率

这里所说的频率是指测点声波接收信号的主频，计算接收信号的主频通常有两种方法。

(a) 周期法：直接取测试信号的第 1、第 2 个周期，进行计算。

$$f_i=\frac{1\,000}{T_i} \tag{4-13}$$

式中 f_i ——第 i 测点信号的主频率(kHz)；

T_i ——第 i 测点信号的周期(μs)。

(b) 频域分析法：通过检测软件直接获得信号的主频值，使用频谱分析计算信号主频率比周期法更精确。

④ 波列图

通过实测波列图的比对分析，找出正常测点与异常测点的波列图之间的差异，作为对混凝土缺陷判定的依据。

(3) 超声波检测方式(图 4-16)

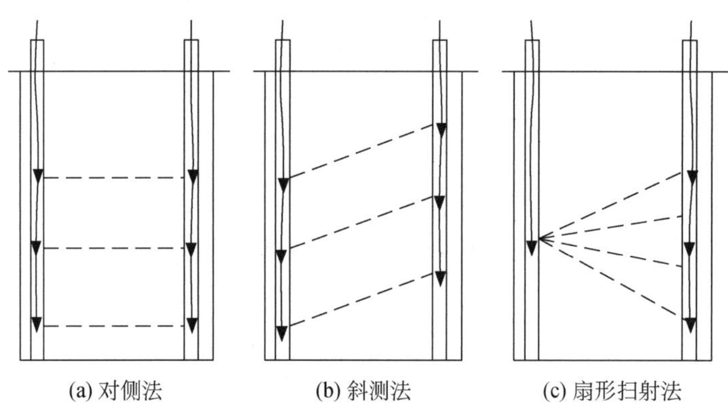

图 4-16　超声波检测方式

(4) 超声波检测数据分析与判定

① 声速判据

声速是分析混凝土质量的一个重要参数,分析、判定声速时常用的方法有两种,即概率法和声速低限值法。由于概率法是一种相对比较法,在使用时没有与声速绝对值相联系,可能会导致误判和漏判,因此,应结合声速低限值法综合分析判定。

(a) 概率法

正常情况下,由随机误差引起的混凝土的质量波动是符合正态分布的,这可以从混凝土试件抗压强度的试验结果中得到证实,由于混凝土质量(强度)与声学参数存在相关性,可大致认为正常混凝土的声学参数的波动也服从正态分布规律。混凝土构件在施工过程中,可能因外界环境恶劣及人为因素导致各种缺陷,这些缺陷由过失误差引起,缺陷处的混凝土质量将偏离正态分布,与其对应的声学参数也同样会偏离正态分布。

(b) 声速低限值法

声速低限值法考察的只是某测点声速与所有测点声速平均值的偏离程度。

一方面,当检测剖面 n 个测点的声速值普遍偏低且离散性很小时,宜采用声速低限值判据。

$$V_i < V_L \tag{4-14}$$

式中　V_i ——第 i 测点的声速;

V_L ——声速低限值,由预留同条件混凝土试件的抗压强度与声速对比试验结果结合本地区实际经验确定。

当式(4-14)成立时,可直接判定为声速低于低限值异常。

另一方面,当各测点声速离散较大,用概率法判据判断存在异常测点,但异常点的声速在混凝土声速的正常取值范围内时,不应判为墙身缺陷。

使用低限值异常判据应注意:当墙身混凝土龄期未够,提前检测时,应注意低限值的合理取值。应该在混凝土达到龄期后，对各类完整性等级的桩抽取若干根进行复检，考察声速随龄期增长的情况，否则低限值判据没有实际意义。

② PSD 判据（斜率法判据）

$$K_i = \frac{(t_{ci} - t_{ci-1})^2}{z_i - z_{i-1}} \tag{4-15}$$

$$\Delta t = t_{ci} - t_{ci-1} \tag{4-16}$$

式中 K_i ——第 i 个测点的 PSD 判据；

t_{ci}，t_{ci-1} ——第 i 测点和第 $i-1$ 测点的声时；

z_i，z_{i-1} ——第 i 测点和第 $i-1$ 测点的深度。

采用 PSD 法突出了声时的变化，对缺陷较敏感，同时，也减小了因声测管不平行或混凝土不均匀等非缺陷因素造成的测试误差对数据分析判断的影响。采用 PSD 法应注意的是，当墙身缺陷为缓变型时，声时值也呈缓变，PSD 判据并不敏感。在实际应用时，可先假定缺陷的性质（如夹层、空洞、蜂窝），根据 PSD 值在某深度处的突变，结合波幅变化情况，进行异常点判定。

③ 波幅判据

$$A_m = \frac{1}{n}\sum_{i-1}^{n} A_{pi} \tag{4-17}$$

$$A_{pi} < A_m - 6 \tag{4-18}$$

式中 A_m ——同一检测剖面个测点的波幅平均值（dB）；

n ——同一检测剖面的检测点数。

波幅异常的临界值判据为同一剖面各测点波幅平均值的一半。在实际应用中，应注意将异常点波幅与混凝土的其他声参量综合起来分析判断。由于波幅本身波动很大，采用该判定方法可能过于严格，容易造成误判，所以应该结合多种判定法综合判定。

④ 主频判据

声波接收信号的主频漂移程度反映了声波在墙身混凝土中传播时的衰减程度，而这种衰减程度又能体现混凝土质量的优劣。声波接收信号的主频漂移越大，该测点的混凝土质量就越差。接收信号的主频与波幅有一些类似，也受诸如测试系统状态、耦合状况、测距等许多非缺陷因素的影响，其波动特征与正态分布也存在偏差，测试值没有声速稳定，对缺陷的敏感性不及波幅，在实测中用得较少。在一般的工程检测中，主频判据用得不多，只作为混凝土缺陷的辅助判据。

⑤ 实测波列图

实测波形可以作为判断墙身混凝土缺陷的参考，前面讨论的声速和波幅只与接收波的首波有关，接收波的后续部分是发、收换能器之间各种路径声波叠加的结果，目前较难作定量分析，但后续波的强弱在一定程度上反映了发、收换能器之间声波在墙身混凝土内各种声传播路径上总的能量衰减。在检测过程中应注意观察测点实测波形，应选择混凝土质量正常的测点中有代表性的波形记录下来并打印输出，对声参数异常测点的实测波形应注意观察其后续波的强弱，对确认墙身缺陷的测点宜记录打印实测波形。

⑥ 综合判定法

相对于其他判据来说，声速的测试值是最稳定的，可靠性也最高，而且测试值是有明确物理意义的量，与混凝土强度有一定的相关性，是进行综合判定的主要参数，波幅的测试值是一个相对比较量，本身没有明确的物理意义，其测试值受许多非缺陷因素的影响，测试值没有声速稳定，但它对墙身混凝土缺陷很敏感，是进行综合判定的另一重要参数。

综合分析往往贯彻检测过程的始终，因为检测过程中本身就包含了综合分析的内容(例如对平测普查结果进行综合分析找出异常测点进行细测)，而不是在现场检测完成后才进行综合分析。

2）电法检测

在利用电法进行地下连续墙隐患检测方面，较多的技术资料是关于电法在水库大坝等渗漏检测中的理论或应用研究。国内有相关学者运用二维电阻率层析成像技术对土石坝渗漏诊断进行了较系统的应用研究；有学者采用多功能直流激电仪，在电法实验室水槽内布设探测孤石高阻体的跨孔电阻率 CT 法观测系统，进行了多种观测装置的物理模型实验；也有学者为实现矿井突水过程中岩层断裂和渗流通道形成过程的实时监测和前兆信息捕捉，将三维电阻率层析成像法作为一种实时成像监测手段引入矿井突水模型试验的监测工作中。现阶段，上海勘察设计研究院(集团)有限公司通过持续的科研攻关，研发出一整套综合电流场法和电阻率 CT 法的地下连续墙渗漏隐患快速检测方法，并经全国多个省市 50 余项深基坑工程应用验证了方法的有效性和适用性。该方法可在地下连续墙施工完成后、基坑开挖前，预先对现状开挖面以下的地下连续墙渗漏隐患缺陷进行检测，并加以预报，为提前采取相关针对性加固措施提供依据，进而可大大降低基坑开挖时严重渗漏风险事故发生的概率。

图 4-17　钻机取芯作业照片

3）钻孔取芯及钻孔摄像检测

超声波透射法、超声波层析成像技术均为常用的无损检测方法，普遍适用于地下连续墙质量检测。但是面对复杂的工程环境，单一的检测手段由于其适用条件与局限性，不可能完全解决工程中所面对的问题。因此，需采用其他检测方法作为辅助手段来验证检测结果的可靠性。其中钻孔取芯(图 4-17)及钻孔摄像是常用的辅助验证手段。本节主要介绍钻孔取芯法、钻孔垂直度检测及钻孔摄像技术的基本原理和方法。

(1) 钻孔取芯法

钻孔取芯是利用专用钻机，直接从地下连续墙上钻取芯样，通过观测所取芯样的表观特征、测量累计芯样长度及钻孔深度，判定地下连续墙墙体混凝土是否存在质量缺陷的一种局部微破损检测方法。钻机设备如图 4-18 所示。

(a) 岩芯取样器

(b) 金刚石钻头

图 4-18 钻机设备

(2) 钻孔垂直度检测

为了保证钻孔垂直度在合理范围内，或者避免出现打穿地下连续墙的现象发生，对钻孔进行垂直度检测是很有必要的。一旦发现钻孔垂直度偏大，立即调整钻机平台。当钻孔深度未达到设计墙深，但所取的钻孔芯样却不是混凝土，并且对钻孔孔底位置存在异议时，可以通过钻孔垂直度检测，确定钻孔孔底在地下连续墙中的位置，为准确判断地下连续墙混凝土质量提供可靠的依据。现场垂直度检测如图 4-19 所示。

图 4-19 现场垂直度检测

钻孔垂直度测试原理与方法如下。

使用高精度的测斜仪，在钻孔内按 5 cm 的采样间隔进行连续采样，测量其各个深度位置处顶角[图 4-20(a)]，再根据所测得的顶角计算出钻孔的各点偏心距值，即可得到钻孔的整体垂直度变化情况。

测斜仪的测量装置中，顶角测量是利用两个相互垂直的倾角传感器，用矢量合成的方法来测量瞬态孔斜(顶角)测量值。将所测的孔斜测量值与其对应的孔深由数字测井记录仪采集记录后，把数据传入电脑用专业的软件处理便可得到孔斜测试成果。实际测试中顶角小于 3°时，一般不考虑钻孔倾斜的方位角变化对钻孔垂直度的影响，仅通过计算顶角值得到钻孔的垂直度。垂直度计算方法如图 4-20(b)所示，其计算如式(4-19)、式(4-20)。

$$E=\sum_{i=1}^{n}E_i=\sum_{i=1}^{n}(H_i-H_{i-1})\sin\left(\frac{\theta_i+\theta_{i-1}}{2}\right) \tag{4-19}$$

$$K=\frac{E}{H}\times 100\% \tag{4-20}$$

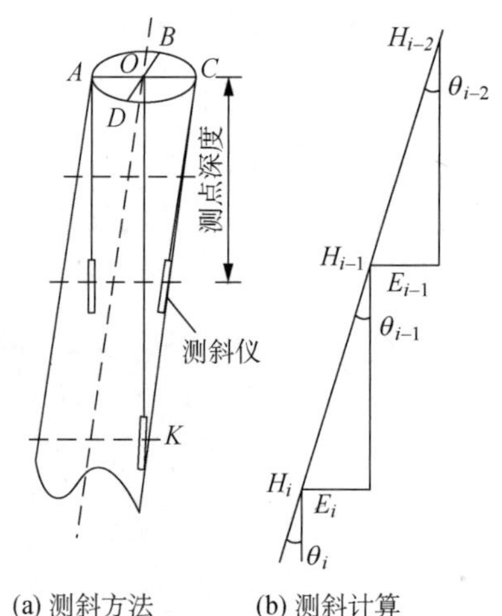

图 4-20　顶角测量和计算方法示意图

式中　K ——钻孔垂直度(%)；

E ——钻孔总偏移量(m)；

H ——钻孔深度(m)；

i ——第 i 个测点；

n ——测点总数；

H_i ——测斜仪在第 i 点的深度值(m)；

E_i ——钻孔在深度第 H_{i-1} 至 H_i 的水平偏移量(m)；

θ_i —— i 测点的顶角值(°)。

测量时，测斜仪沿钻孔壁或钻孔的中心向下或向上逐点测量，测点深度可为任意间距的等间距设置，假设测斜仪是沿钻孔的中心向下或向上测量，若测量至孔底顶角值均为 0°，则表示钻孔的偏移量小于钻孔的内径(半径)，反之，则表示钻孔的偏移量大于钻孔的内径(半径)。若测斜仪沿钻孔壁向下测量，而且一开始就发生非零的顶角读数，则表示钻孔从孔口处开始就已经发生倾斜。

为提高测量精度，在实际测试中先将测斜仪放到孔底，然后缓慢匀速向上提升，并按 5 cm 采样间隔进行连续测量，减少孔壁不光滑对测试结果的影响。对于顶角较小的钻孔，为准确判断方位角的变化，按孔口处的四个方向贴壁进行测试，综合四边的测试结果确定倾斜方位，若四次测试的结果一致性较差，再进行复测。

(3) 钻孔摄像技术

钻孔摄像技术是一种新的勘探手段，通过对钻孔孔壁的探测以获取完整、准确的钻孔资料。随着科学技术的进步和发展，钻孔摄像设备也不断推陈出新，钻孔摄像技术达到了更高的技术水平并广泛应用于工程领域。

钻孔摄像技术作为一种新的检测手段应用于地下连续墙混凝土质量检测中，其目的是通过钻孔摄像所提供的孔壁信息资料，判定地下连续墙混凝土是否存在缺陷，并进一步确定缺陷的类型(如沟槽、裂隙、空洞、胶结不良等)、尺寸及位置。还可以通过摄像的视频资料观测钻孔孔壁裂缝是否存在渗(漏)水现象以及钻孔孔底的涌水现象，判定裂缝及孔底与地下连续墙内侧或外侧是否存在水力联系。

① 数字式全景钻孔摄像系统

数字式全景钻孔摄像系统(DPBCS),是一种将光学、电子学、视频数字化技术、计算机应用技术与工程地质学相结合而发展起来的智能勘探设备。利用该技术直接对钻孔孔壁进行观测,比钻孔岩芯更能反映钻孔内的实际情况,且结果直观、可靠,一定程度上解决了钻孔信息采集的完整性和准确性问题,实现了全景技术和数字化技术。

数字式全景钻孔摄像系统的结构由硬件和软件两部分组成。

(a) 硬件部分

硬件部分由全景摄像探头、图像捕获卡、深度脉冲发生器、计算机、录像机、监视器、绞车及专用电缆等组成。全景摄像探头是该系统的关键设备,它的内部包含可获得全景图像的截头锥面反射镜、提供探测照明的光源、用于定位的磁性罗盘以及微型CCD摄像机。全景摄像探头采用了高压密封技术,可以在水中进行探测。深度脉冲发生器是该系统的定位设备之一,它由测量轮、光电转角编码器、深度信号采集板以及接口板组成。深度是一个数字量,它有两个作用:一是确定探头的准确位置;二是对系统进行自动探测的控制。

(b) 软件部分

软件部分包括用于现场使用的实时监视系统和用于室内处理数据的统计分析系统两大部分。

实时监视系统用于探测过程的实时监视与实时处理,实现对硬件的控制,包括捕获卡、深度接口板等;图像的快速存储;图像的快速还原变换及显示;对探测结果的快速浏览;对结构面产状、隙宽等的实时计算与分析。

统计分析系统用于统计分析以及结果输出。图像数据来源于实时监视系统,通过优化的还原变换算法,保证探测的精度。具有连续播放功能,能够对图像进行处理,形成各种结果图像;具有计算与分析能力,包括计算结构面产状、隙宽等;能够对探测结果进行统计分析,并建立数据库。

② 工作原理

数字全景钻孔摄像系统通过电缆将数字全景探头放入工程钻孔中,来获取钻孔内岩壁的光学图像。全景探头自带光源,对孔壁进行实时照明和拍摄,孔壁图像经锥面反射镜变换后形成全景图像。其探测深度位置则由深度脉冲发射器来测量,全景图像与罗盘方位图像一并进入摄像设备,摄像设备将摄取的图像经专用电缆线传输至位于地面的视频分配器中,一路进入录像机,记录探测的全过程,另一路进入计算机内的图像捕获卡进行数字化,位于绞车上的测量轮实时测量探头所处的位置,并通过接口板将深度值置于计算机内的专用端口中,由深度值控制捕获卡的捕获方式,在连续捕获方式下,全景图像被快速还原成平面展开图,并实时显示出来,用于现场记录和监测,在静止捕获方式下,能快速存储全景图像,用于现场快速分析和室内统计分析。

③ 数字式全景钻孔摄像技术

在数字全景成像设备中,采用的是锥面反射镜进行光学变换,将360°钻孔孔壁图像转换为平面图像，即为全景图像，全景图像在经过数字化处理后建立相应的极坐标系统，根据它与圆柱面具有的一一对应关系，通过计算机软件还原成真实的钻孔孔壁图像。

④ 钻孔取芯及钻孔摄像技术的适用范围

钻孔取芯法是一种微破损的检测方法，可作为地下连续墙质量检测的一种验证手段，通常可用于如下情况。

(a) 采用超声波透射法或者超声波层析成像等间接方法检测后，发现墙体存在严重缺陷，为了确认缺陷的类型及缺陷程度，可采用钻孔取芯来检测验证。

(b) 通过超声波检测发现墙体混凝土的波速值普遍低，在这种情况下可采用钻孔取芯的手段对混凝土芯样进行抗压强度试验，确定墙体混凝土强度是否达到设计要求。

(c) 用于地下连续墙质量检测的测管发生堵塞，或者进行超声波检测时发现检测深度均未达到设计深度的要求，这时也可以采用钻孔取芯的手段来验证墙体深度是否达到设计要求。

钻孔摄像用来查看钻孔孔壁的情况，当芯样严重破碎，取芯率低时，采用该方法进行检测，可以弥补取芯检测的不足。

3. 检测实施

根据现场工作条件，现场检测工作将在地下连续墙两侧布设相应的电流场法测线和电阻率 CT 测孔，测线及测孔孔间距根据现场条件和前期方法试验确定，而后按既定工作顺序完成现场所有检测工作，在现场工作完成后，需要对测线、测孔及相关特征点进行测量。

4. 检测成果

检测成果报告包括以下内容：

(1) 工程概况。

(2) 检测技术依据及探测要求。

(3) 检测方法原理。

(4) 检测仪器设备。

(5) 检测成果分析。

(6) 结论与建议。

4.2.3 检测质量控制标准

1. 成槽质量检测依据

依据上海市工程建设规范《地基基础设计规范》(DGJ 08—11—2018)、上海市工程建设规范《基坑工程技术标准》(DG/TJ 08—61—2018 J 11577—2018)及设计要求。地下连续墙成槽质量检验标准见表 4-1。

表 4-1　　地下连续墙成槽质量检验标准

项目名称	允许偏差		检测方法
深度	−0～+100 mm		超声波法
槽宽	−0～+50 mm		
垂直度	永久结构	≤1/300	
	临时结构	≤1/200	
沉渣厚度	永久结构	≤100 mm	电阻率法、探针法、铅锤法
	临时结构	≤200 mm	

2. 桩(墙)身质量判定依据

依据上海市工程建设规范《地基基础设计规范》(DGJ 08—11—2018)、上海市工程建设规范《基坑工程技术标准》(DG/TJ 08—61—2018 J 11577—2018)及设计要求。桩(墙)身完整性评价见表 4-2。混凝土均质性评价参考表 4-3。

表 4-2　　桩(墙)身完整性评价

桩(墙)身完整性类别	缺陷特征	特征
Ⅰ	无缺陷	各个检测剖面的声学参数均无异常,接收波形正常
Ⅱ	轻度缺陷	某一检测剖面个别声测线声学参数轻度异常,波形轻度畸变
Ⅲ	明显缺陷	某一检测剖面连续多个声测线声学参数明显异常或同一深度的声测线多个剖面声学参数明显异常,波形明显畸变;局部混凝土声速出现底限值异常
Ⅳ	严重缺陷	某一检测剖面连续多个声测线声学参数严重异常或同一深度的声测线多个剖面声学参数严重异常,波形严重畸变;桩身混凝土出现普遍底限值异常

表 4-3　　混凝土均质性评价参考表

混凝土均质性评价	变异系数 C_v	混凝土均质性评价	变异系数 C_v
A	$0 \leqslant C_v \leqslant 0.05$	C	$0.10 \leqslant C_v \leqslant 0.15$
B	$0.05 \leqslant C_v \leqslant 0.10$	D	$0.15 \leqslant C_v \leqslant 1$

4.3 地基加固体质量检测

4.3.1 地基加固取芯

1. 检测目的

检测地基加固体水泥土的均匀性及芯样抗压强度(地基加固体主要形式有三轴水泥土搅拌桩、双轴水泥土搅拌桩、高压旋喷桩、MJS 工法桩、TRD 水泥土搅拌墙等)。

2. 检测依据

（1）上海市工程建设规范《地基处理技术规范》(DG/TJ 08—40—2010 J 11631—2010)。

（2）上海市工程建设规范《基坑工程技术标准》(DG/TJ 08—61—2018 J 11577—2018)。

（3）上海市工程建设规范《建筑地基与基桩检测技术规程》(DG/TJ 08—218—2017 J 10287—2017)。

3. 主要仪器设备

（1）采用具有足够的刚度、振动小、操作灵活、容易固定的液压高速钻机(GXY-1 型高速钻机)采用单动双管钻具，钻杆直径为 50 mm，并配备有相应的孔口管、扩孔器、卡簧、扶正稳定器以及捞取松软渣样的钻具。

（2）采用合金钻头，钻头外径 110 mm。钻头胎体未影响钻芯的缺陷。

（3）用排水量为 50～160 L/min、泵压为 1.2～2.0 MPa 的水泵。

（4）芯样锯切机。

（5）压力试验机。

4. 现场取芯实施要点

（1）钻机设备安装周正、稳固，底座调水平。钻机主轴中心、天轮中心与孔口中心必须在同一铅垂线上。设备安装后，进行试运转，在确认正常后开钻，钻芯过程中未发生倾斜、移位。

（2）一般在加固体中心位置开孔，钻进过程每钻进 10 m，采用水平尺检测钻机水平情况，并及时进行调整。钻芯孔垂直度偏差不大于 1%。

（3）钻孔中循环水流不得中断，根据回水含砂量及颜色调整钻进速度。

（4）每回次进尺在 1.5～2.0 m 范围内。

（5）取芯直径不小于 75 mm。芯样由上而下按回次顺序放进芯样箱中，芯样侧面标明回次数块号、本回次总块数。记录员应现场记录钻进情况，对取出的水泥土的形态进行详细描述、编录。

5. 芯样试件截取与加工

（1）在加固体顶部和底部范围内截取不少于 1 组芯样试件，中间可等距或根据土层截取芯样，一般不少于 5 组。

（2）芯样按组分别进行抗压试验，芯样取出后应立即密封。

（3）采用双面锯切机加工芯样试件，加工时将芯样固定，锯切平面垂直于芯样轴线。

（4）每组芯样制作 3 个芯样试件。

6. 芯样抗压试验

按照现行《地基处理技术规范》(DG/TJ 08—40—2010 J 11631—2010)进行芯样试件的抗压强度试验。芯样抗压试件的高径比为 1。水泥土芯样试件抗压强度按式(4-21)计算：

$$f_{cu}=\alpha P/A \tag{4-21}$$

式中 f_{cu}——水泥土芯样试件抗压强度(kPa)；

P——破坏荷载(kN)；

A——试件的承压面积(m^2)；

α——修正系数，根据《基坑工程技术规范》(DG/TJ 08—61—2018)，取芯试块强度宜乘系数 1.2～1.3。

4.3.2 声波 CT 检测

(1) 在取芯结束后，采用声波 CT 法来识别高压旋喷地基加固边界，确定水泥土桩桩径。

(2) 检测剖面布置(如图 4-21)。

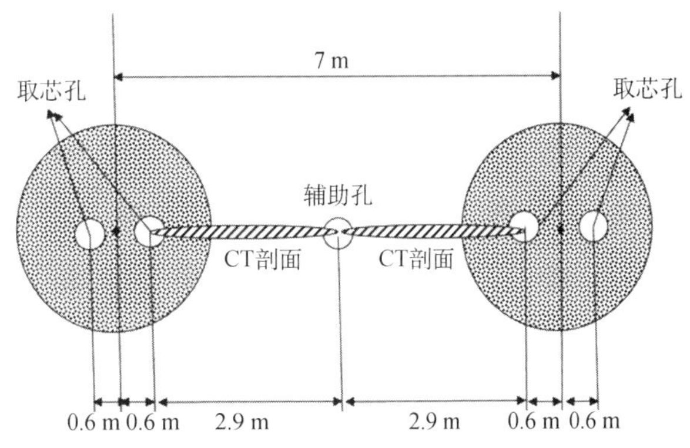

图 4-21 声波 CT 检测剖面布置图

(3) 测试原理与方法。CT 技术是利用计算机对穿透水泥土、土层的声波走时信息进行处理，重建介质土内部声波速度图像的一种反演技术。钻孔声波 CT 层析成像测试在相邻两孔间进行，两个钻孔互为发射孔和接收孔进行两次检测，接收探头间距 50 cm，发射探头发射间距 50 cm。探测原理如图 4-22 所示。

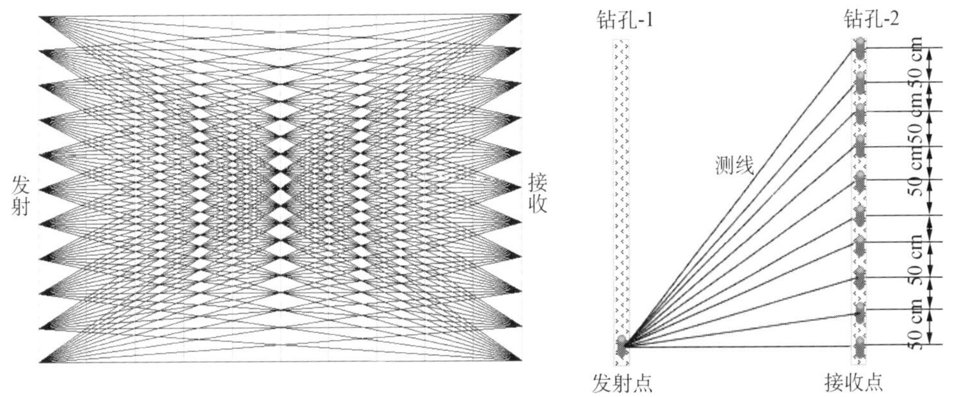

图 4-22 层析成像测试方法原理示意图

(4) 检测结果判断:利用跨孔 CT 成像技术,根据波速分布,判断钻孔之间检测剖面水泥土、土的分布界面。

4.4 工程实例

4.4.1 某工程超大吨位堆载桩基检测

1. 工程概况

1) 项目简介

该项目位于杭州市区,项目规划建设 1 幢 151 m 高的办公楼(31F)、2 栋 91 m 高的办公楼(18F)、4 栋 33～66 m 高的办公楼、酒店、LOFT 以及 18.5～31 m 高的商业裙楼,3 栋 90 m 高回迁住宅楼,全场整体设 6 层地下室,±0.00 标高相当于 1985 国家高程 8.300 m。

2) 工程地质简况

根据提供的岩土工程初步勘察报告,本场地的地基土物理力学指标设计参数见表 4-4。

表 4-4　项目地基土物理力学指标设计参数

地层编号	岩土名称	建议值						
		压缩模量	地基土承载力特征值	钻孔灌注桩		桩基抗拔系数	后注浆侧阻力增强系数	后注浆端阻力增强系数
				桩周土摩擦力特征值	桩端土承载力特征值			
		E_s /MPa	f_{ak} /kPa	q_{sa} /kPa	q_{sa} /kPa	λ	β_{si}	β_p
1-0	杂填土							
1-1	淤泥质填土			4				
1-2	粉质黏土	4.5	90	10		0.75	1.3	
1-3	黏质粉土	5.5	110	11		0.65	1.4	
2-1	淤泥质黏土	2.5	65	8		0.6	1.2	
2-2	粉质黏土夹粉土	3	85	10		0.6	1.3	
3-1	淤泥质粉质黏土	2.4	70	9		0.6	1.2	
3-2	粉质黏土	3.5	95	14		0.7	1.3	
4	黏土	5.4	180	22		0.75	1.4	
6	粉质黏土	6.2	200	26		0.75	1.4	

续表

地层编号	岩土名称	建议值						
		压缩模量	地基土承载力特征值	钻孔灌注桩		桩基抗拔系数	后注浆侧阻力增强系数	后注浆端阻力增强系数
				桩周土摩擦力特征值	桩端土承载力特征值			
		E_s /MPa	f_{ak} /kPa	q_{sa} /kPa	q_{sa} /kPa	λ	β_{si}	β_p
7-1	粉质黏土	5.6	160	23		0.75	1.4	1.8
7-2	粉细砂	10	220	28		0.55	1.5	2
10-1-1	全风化泥质粉砂岩	6.6	200	30	800	0.7	1.4	1.8
10-1-2	强风化泥质粉砂岩	30	360	45	1 400	0.75	1.5	2
10-1-3	中风化泥质粉砂岩		1 000	70	2 800	0.8	1	1
10-1-2 夹	强风化砾岩	35	400	50	1 600	0.8	1.6	2
10-1-3 夹	中风化砾岩		1 000	90	2 800	0.85	1	1
10-2-1	全风化凝灰岩	5.4	220	45	1 000	0.75	1.5	1.8
10-2-2	强风化凝灰岩	40	400	95	2 200	0.8	1.6	2
10-2-3	中风化凝灰岩		3 000	130	4 500	0.85	1	1
10-3-2	强风化砂岩	35	380	85	1 600	0.8	1.5	1.8
10-3-3	中风化砂岩		1 200	100	3 000	0.85	1	1

2. 单桩竖向抗压静载荷试验

1）现场检测

（1）检测目的：确定单桩竖向抗压极限承载力。

（2）试验依据：①设计图纸；②中华人民共和国国家标准《建筑地基基础设计规范》(GB 50007—2011)；③中华人民共和国行业标准《建筑基桩检测技术规范》(JGJ 106—2014)。

（3）试验仪器设备及安装(图 4-23)。

① 反力系统。试验皆采用堆载法，试验反力由混凝土压块与钢梁联合提供反力。

② 荷载实施。试验均采用 7 台5 000 kN 级千斤顶实施加载，荷载等级值均由一台桩基静载荷分析系统连接显示。

图 4-23　现场安装图

③ 沉降量测读。试桩桩顶沉降量采用 4 只呈对称布置的位移传感器与 1 台桩基静载荷分析系统连接显示。

④ 本工程使用计量器具的详细情况见表 4-5。

表 4-5　　本工程使用计量器具详细情况

检测参数	仪器名称	编号	有效期至
荷载	桩基静载荷分析系统/油压传感器/千斤顶 500 t	RS-JYB 201309-3626B / F25518 /0602821, 1008091,1008092,1008093,206124,04080801, 206123	2019-11-22
位移	桩基静载荷分析系统/位移传感器 RS-WS50	RS-JYB 201309-3626B / 39702,39703, 39705,39706	

(4) 加载分级见表 4-6。

表 4-6　　加载分级表

荷载分级	一	二	三	四	五	六	七	八
加载量/kN	4 800	7 200	9 600	12 000	14 400	16 800	19 200	20 400
荷载分级	九	十	十一	十二	十三	十四	十五	
加载量/kN	21 600	22 800	24 000	25 200	26 400	27 600	28 800	

卸载级差以加载级差的 2 倍逐级卸载。

(5) 试验采用慢速维持荷载试桩法,沉降测读时间如下。

① 每级加载后,第一小时内按第 5,15,30,45,60 min 各测读一次,以后每隔 0.5 h 读一次,当沉降速率达到相对稳定标准时,进行下一级加载。

② 卸载时,每级荷载维持 1 h,第 5,15,30,60 min 共测读四次,卸载至零时,测读残余沉降量为 3 h。

③ 沉降相对稳定标准为每一小时沉降量不超过 0.1 mm,且连续出现两次。

(6) 终止加载情况:3 根试桩试验均加载至拟定最大加载量且沉降达到相对稳定标准后,终止加载,转为卸载。

2) 试验结果与分析

(1) 原始资料整理,汇总并绘制图表。

① 试验 Q-s 曲线及 s-lg t 曲线,见表 4-7 和表 4-8。

② 试验数据汇总表,见表 4-9—表 4-11。

③ 桩位图。

④ 试桩说明及大样图。

表 4-7　　$Q-s$ 曲线

工程名称:XXX 项目											试验桩号:TP1-1-1#桩					
测试日期:2019-05-17						桩长:55.96 m					桩径:ϕ1 000					
荷载/kN	0	4 800	7 200	9 600	12 000	14 400	16 800	19 200	20 400	21 600	22 800	24 000	25 200	26 400	27 600	28 800
本级沉降/mm	0.00	3.10	2.03	2.40	3.44	4.11	4.46	4.98	2.44	2.76	3.09	3.49	3.75	4.03	4.47	5.04
累计沉降/mm	0.00	3.10	5.13	7.53	10.97	15.08	19.54	24.52	26.96	29.72	32.81	36.30	40.05	44.08	48.55	53.59

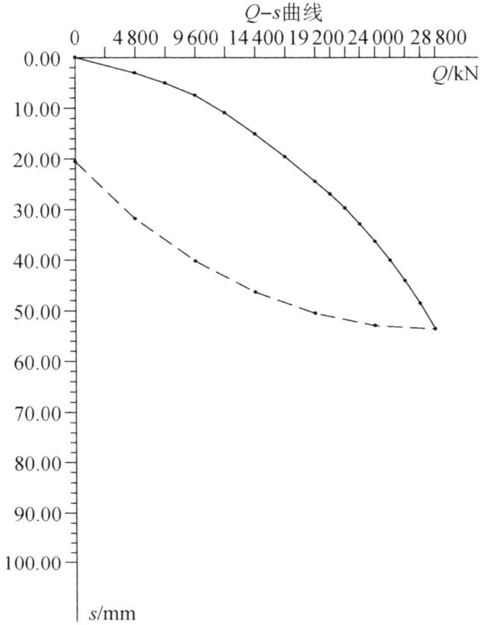

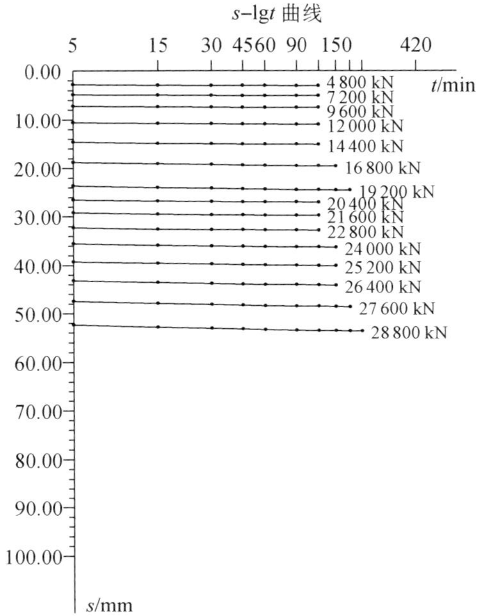

$Q-s$曲线

$s-\lg t$ 曲线

表 4-8 **$s-\lg t$ 曲线**

工程名称:XXX 项目											试验桩号:TP1-1-3♯桩				
测试日期:2019-05-14						桩长:56.67 m					桩径:ϕ1 000				
荷载/kN	0	4 800	7 200	9 600	12 000	14 400	16 800	19 200	20 400	21 600	22 800	24 000	25 200	26 400	27 600	28 800
本级沉降/mm	0.00	2.80	1.82	2.06	3.20	4.14	4.25	4.42	2.27	2.66	2.57	2.63	2.80	2.93	3.15	3.69
累计沉降/mm	0.00	2.80	4.62	6.68	9.88	14.02	18.27	22.69	24.96	27.62	30.19	32.82	35.62	38.55	41.70	45.39

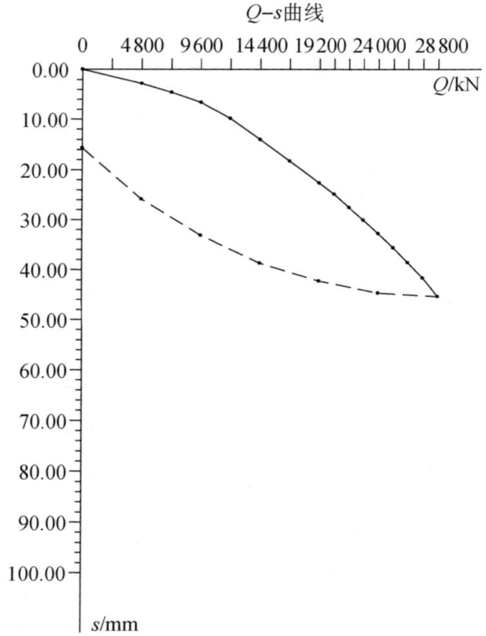

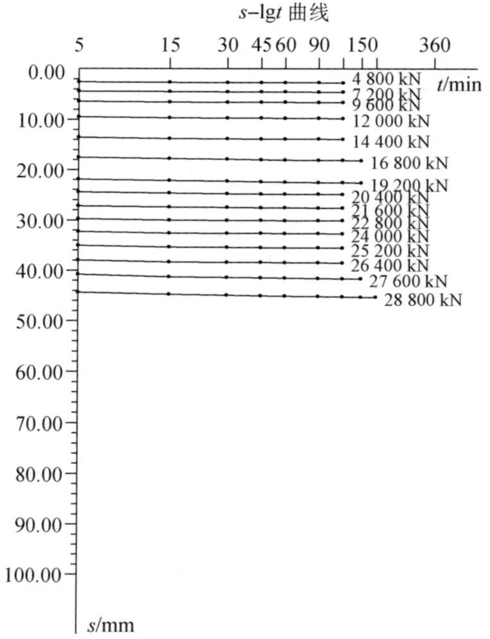

$Q-s$曲线

$s-\lg t$ 曲线

表 4-9　　单桩竖向抗压静载试验汇总表

工程名称:XXX 项目　　试验桩号:TP1-1-1#桩

测试日期:2019-05-17　　桩长:55.96 m　　桩径:ϕ1 000

序号	荷载/kN	历时/min		沉降/mm	
		本级	累计	本级	累计
0	0	0	0	0.00	0.00
1	4 800	120	120	3.10	3.10
2	7 200	120	240	2.03	5.13
3	9 600	120	360	2.40	7.53
4	12 000	120	480	3.44	10.97
5	14 400	120	600	4.11	15.08
6	16 800	150	750	4.46	19.54
7	19 200	180	930	4.98	24.52
8	20 400	120	1 050	2.44	26.96
9	21 600	120	1 170	2.76	29.72
10	22 800	120	1 290	3.09	32.81
11	24 000	150	1 440	3.49	36.30
12	25 200	150	1 590	3.75	40.05
13	26 400	150	1 740	4.03	44.08
14	27 600	180	1 920	4.47	48.55
15	28 800	210	2 130	5.04	53.59
16	24 000	60	2 190	−0.67	52.92
17	19 200	60	2 250	−2.42	50.50
18	14 400	60	2 310	−4.12	46.38
19	9 600	60	2 370	−6.13	40.25
20	4 800	60	2 430	−8.44	31.81
21	0	180	2 610	−11.21	20.60

最大沉降量:53.59 mm　　最大回弹量:32.99 mm　　回弹率:61.6%

表 4-10　　单桩竖向抗压静载试验汇总表

工程名称:XXX 项目　　试验桩号:TP1-1-2#桩

测试日期:2019-05-19　　桩长:58.71 m　　桩径:ϕ1 000

序号	荷载/kN	历时/min		沉降/mm	
		本级	累计	本级	累计
0	0	0	0	0.00	0.00
1	4 800	120	120	2.95	2.95
2	7 200	120	240	1.95	4.90
3	9 600	120	360	2.17	7.07
4	12 000	120	480	2.25	9.32
5	14 400	120	600	2.44	11.76
6	16 800	120	720	3.05	14.81
7	19 200	120	840	3.76	18.57
8	20 400	120	960	2.09	20.66
9	21 600	120	1 080	2.30	22.96
10	22 800	120	1 200	2.62	25.58
11	24 000	120	1 320	2.42	28.00
12	25 200	120	1 440	2.75	30.75
13	26 400	120	1 560	2.90	33.65
14	27 600	150	1 710	3.10	36.75
15	28 800	150	1 860	3.35	40.10
16	24 000	60	1 920	−0.90	39.20
17	19 200	60	1 980	−3.34	35.86
18	14 400	60	2 040	−4.47	31.39
19	9 600	60	2 100	−5.31	26.08
20	4 800	60	2 160	−6.53	19.55
21	0	180	2 340	−8.57	10.98

最大沉降量:40.10 mm　　最大回弹量:29.12 mm　　回弹率:72.6%

表 4-11　　单桩竖向抗压静载试验汇总表

工程名称:XXX 项目　　试验桩号:TP1-1-3#桩

测试日期:2019-05-14　　桩长:56.67 m　　桩径:ϕ1 000

序号	荷载/kN	历时/min		沉降/mm	
		本级	累计	本级	累计
0	0	0	0	0.00	0.00
1	4 800	120	120	2.80	2.80
2	7 200	120	240	1.82	4.62
3	9 600	120	360	2.06	6.68
4	12 000	120	480	3.20	9.88
5	14 400	120	600	4.14	14.02
6	16 800	150	750	4.25	18.27
7	19 200	150	900	4.42	22.69
8	20 400	120	1 020	2.27	24.96
9	21 600	120	1 140	2.66	27.62
10	22 800	120	1 260	2.57	30.19
11	24 000	120	1 380	2.63	32.82
12	25 200	120	1 500	2.80	35.62
13	26 400	120	1 620	2.93	38.55
14	27 600	150	1 770	3.15	41.70
15	28 800	180	1 950	3.69	45.39
16	24 000	60	2 010	−0.71	44.68
17	19 200	60	2 070	−2.41	42.27
18	14 400	60	2 130	−3.60	38.67
19	9 600	60	2 190	−5.46	33.21
20	4 800	60	2 250	−7.33	25.88
21	0	180	2 430	−10.16	15.72

最大沉降量:45.39 mm　　最大回弹量:29.67 mm　　回弹率:65.4%

(2) 测试成果

① 桩基测试成果见表 4-12。

表 4-12　　桩基测试成果

桩号(#)	试验最大加载量/kN	最大沉降量/mm	残余沉降量/mm	回弹量/mm
TP1-1-1	28 800	53.59	20.60	32.99
TP1-1-2		40.10	10.98	29.12
TP1-1-3		45.39	15.72	29.67

② 资料分析。3 根试桩试验所得的 Q-s 曲线均较平缓,均未出现明显拐点,s-lg t 曲线均较平直,未出现明显向下曲折,说明该 3 根试桩均未达到极限受力状态,其单桩竖向抗压极限承载力均不小于拟定最大加载量。

3) 测试结果

TP1-1-1,TP1-1-2,TP1-1-3 试桩单桩竖向抗压极限承载力均不小于 28 800 kN(表 4-13)。

表 4-13　　单桩竖向抗压极限承载力测试结果

桩号	桩径/mm	桩长/m	工程桩有效桩长/m	最大加载量/kN	试桩竖向极限承载力/kN
TP1-1-1	1 000	55.78	27.31	28 800	不小于 28 800
TP1-1-2		58.71	30.27		
TP1-1-3		56.67	28.48		

3. 结论

经综合分析,所测 3 根桩单桩竖向抗压极限承载力均不小于 28 800 kN。

4.4.2 浦东某商务楼工程项目超声波检测及成果验证

1. 工程概况

浦东某商务楼工程项目位于浦东新区繁华路段。周边有地铁 2 号线、4 号线、6 号线、9 号线 4 条地铁线经过,地理位置十分重要。地块内拟建 2 幢约 168 m 高楼,商业裙房地上五层,局部六层,最高处约 46 m。地下车库施工因地铁的因素,分区开挖,最深约为 27.2 m,局部电梯坑深约 31.1 m。围护结构采用地下连续墙,墙厚 1.2 m,深度 52 m,为超深、超近、超难型深基坑，工程安全要求很高。

2011 年 11 月 22 日，在该项目 1-1 区基坑内裙房与塔楼交接部位，距离地下连续墙约 9 m 处出现渗漏。2011 年 11 月 23 日上午 9 时许，渗漏继续增大，情况十分危急，市建设交通委、市质安总站会同业主、总包等单位专门成立工程抢险专家组，并决定采取注浆方式堵漏，同时采取在坑内堆载、注水回填、加快浇筑完成裙房底板等措施，以稳定坑内土体（图 4-24）。

图 4-24　渗漏现场

2. 检测目的

抢险检测采用钻芯取样、测试、超声波检测以及孔内摄像等多种手段，综合分析，相互验证，查明地下连续墙质量，寻找渗漏原因与部位，为事故处理提供可靠的第一手资料。

检测对象主要位于第 41 幅地下连续墙及 40 个墙间接缝（槽段号为 WA1152～WA1021，缝号为 F00～F39）。检测采用有损的钻孔取芯与超声波无损检测相结合，被检测的每幅地下连续墙一般布置 3 个钻孔，孔距 2 m，钻孔深度 40～50 m，对混凝土芯样进行分析。同时利用钻孔进行跨孔超声波法、超声 CT 法对两孔之间的混凝土质量进行检测，发现异常后，再行加密钻孔进行验证，并采用孔壁全景成像等多种手段作进一步综合检测。

检测共完成超声波跨孔检测剖面 115 个，超声 CT 剖面 95 个。为全面深入分析超声波法在本工程中的实际效果，抽取两组典型地下连续墙接缝的检测数据，重新进行分析处理，以进一步验证超声波检测的能力与检测程序。

3. 现场检测实施

该工程地下连续墙分为三个区域，分别标为 A 区、B 区、C 区，其中临近地铁的 A 区地下连续墙严重漏水，隐患最为严重，因此选择了该区的两个地下连续墙接缝 F02、F03 进行针对性检测与分析，检测位置如图 4-25 所示。

超声检测仪器为北京智博联科技有限公司的 ZBL-U520/510 非金属超声检测仪，采用配套的圆柱形超声波探头作为激发和接收传感器，传感器主频为 30 kHz，检测现场如图 4-26 所示。

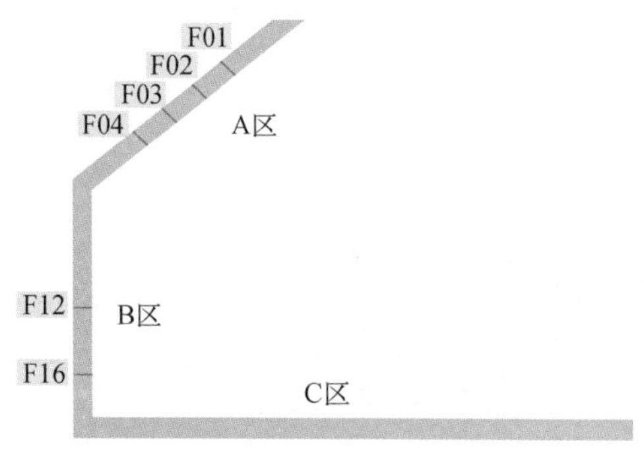

图 4-25　检测区位示意图

图 4-26　检测现场

现场超声波跨孔检测采用平测的观测方式，采样间隔为 5 cm。超声波 CT 检测采用扇形扫射方式进行采集，以 5 cm 为采样间距进行采样。

4. 检测数据与成果分析

利用抢险时采集的超声波数据进行再处理和再分析，采用快速扫描正演算法和伴随状态法反演算法进行超声波 CT 成像，验证现有处理手段的高效性与可靠度。

1) F02 地墙接缝处

根据跨孔超声波检测和超声波 CT 检测成果(图 4-27、图 4-28)，并结合钻孔全景摄影成果(图 4-29)进行综合分析，可以认为在地下连续墙 F02 接缝附近存在严重缺陷，其

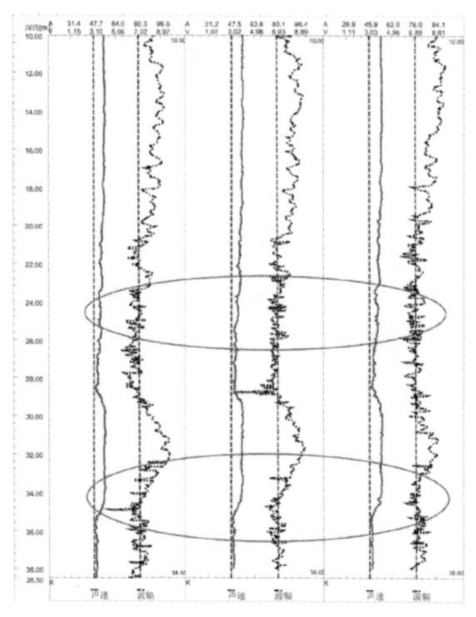

图 4-27　超声波跨孔检测剖面图

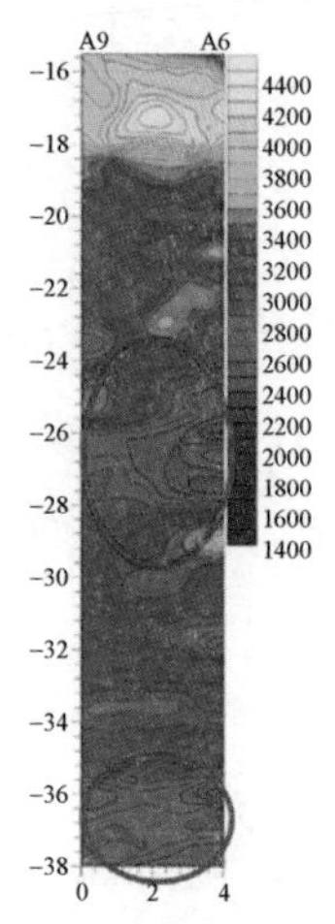

图 4-28　超声波 CT 成像图

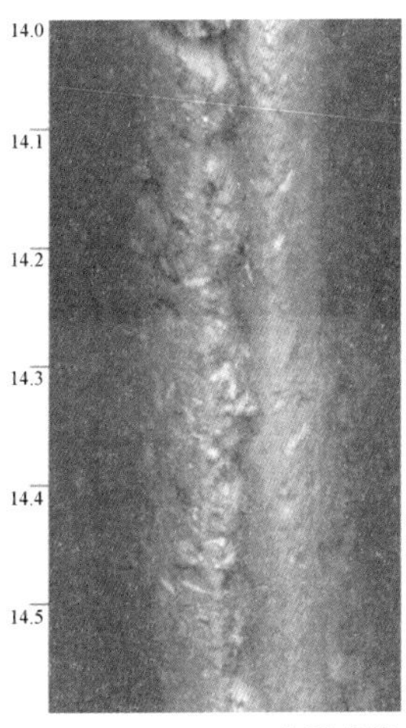

(a) 13.5～15.0 m 全景成像

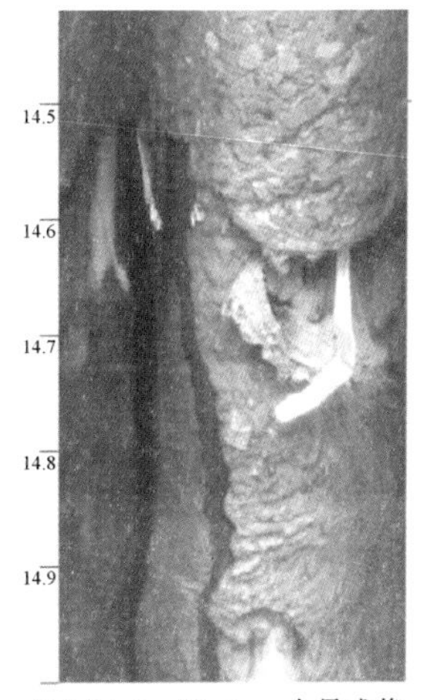

(b) 24.5～25.5 m 全景成像

图 4-29　全景成像检测典型图片(局部)

中在 24.3～31.0 m 范围内为胶结不良形成的离析，同时还有因地下连续墙开叉造成的夹泥后形成的竖向间隙，最大缝宽约 10.3 cm；在 35.0～38.5 m 范围内存在轻微缺陷，缺陷性质为混凝土胶结较差、疏松。

2) F03 地墙接缝处

根据跨孔超声波检测和超声波 CT 检测成果(图 4-30、图 4-31)，并结合钻孔全景摄影成果(图 4-32)进行综合分析，可以认为在地墙 F03 接缝附近存在严重缺陷，其中 25.2～40.0 m 范围内存在严重缺陷，局部夹泥，有较宽的竖向间隙，最大缝宽达 10 cm；在 35.0～38.5 m 范围内存在轻微缺陷，缺陷性质为混凝土胶结较差、疏松。

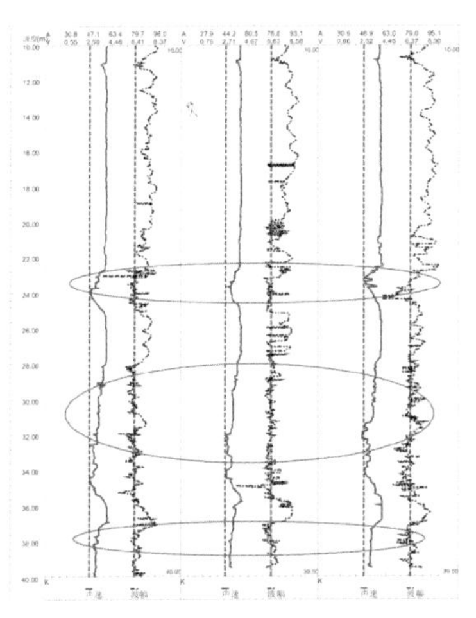
图 4-30　超声波跨孔检测剖面图

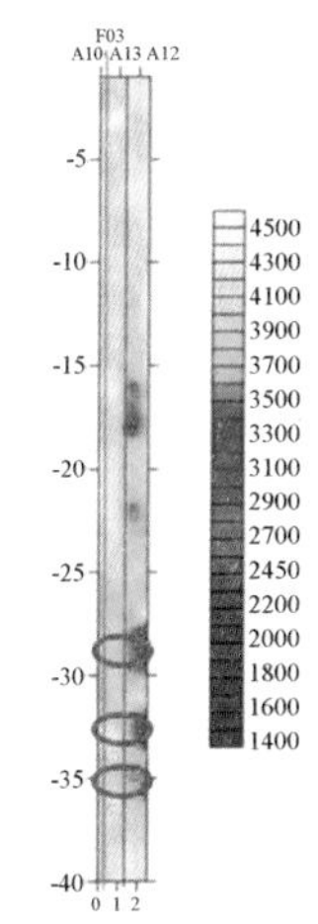

图 4-31 超声波 CT 成像图

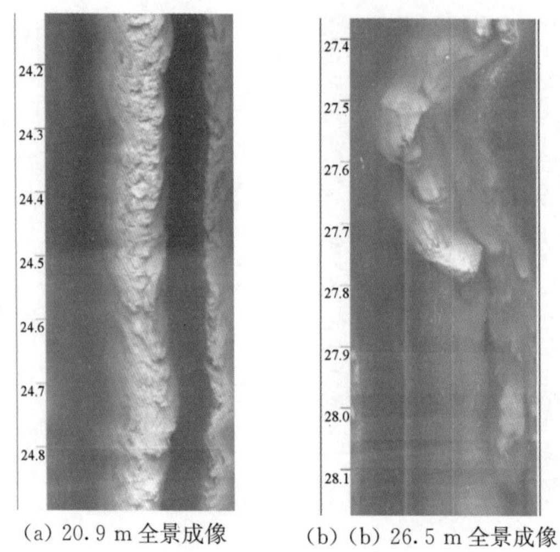

(a) 20.9 m 全景成像　(b) (b) 26.5 m 全景成像

图 4-32　全景成像检测典型图片(局部)

上述检测成果表明:采用超声波跨孔检测和超声波 CT 检测相结合,并辅以全景成像技术为验证手段,可保证检测结果的准确可靠,也证明了综合解释技术在地下工程围护结构病害检测中的可行性。

5

地下工程运维监测与检测

5.1　地下结构长期变形
5.2　长期监测
5.3　工程影响监测
5.4　结构检测
5.5　自动化监测与检测
5.6　工程实例

上海的软土地层具有孔隙比大、压缩性高、含水量高、灵敏度高、抗剪强度低等特点，土层一经扰动，其强度明显降低，且固结和次固结沉降可长达数年。敷设于这种低强度、高灵敏度的饱和软土地层中的地下结构，受建设质量、赋存环境（地质条件和大面积地表沉降等）、运行中振动冲击及动静荷载等影响，随着结构服役期增长，整体沉降、差异沉降以及隧道管径断面收敛变形等问题长期存在，并逐步累积，随之诱发结构破损、开裂、渗漏水等病害；同时，地下结构周边的施工活动，如堆载、卸载、桩基施工、基坑开挖、降水、爆破、顶进、灌浆、锚杆等，加剧了地下结构的变形及病害发展。

软土地质条件下的轨道交通等地下工程变形和病害相互影响、相互加剧，严重威胁地下结构的安全，如不加以治理，任其发展，后果不堪设想。因此，对地铁隧道进行有效监护，确保结构变形和病害发展处于受控状态，必要时采取针对性治理手段对隧道病害及时进行整治，是确保地铁隧道结构和运营安全的关键。

结构巡检和结构监测是掌控结构变形程度、病害发展状况的主要手段，结构监测又分为长期监测和工程影响监测。鉴于轨道交通的重要地位，本章以轨道交通结构运维为重点，介绍城市地下工程运维监测技术。

5.1 地下结构长期变形

5.1.1 结构变形的影响因素

上海地区最常见、维护工作最大的是盾构隧道，盾构隧道最常见的变形有纵向差异沉降变形、断面收敛变形，局部区段受侧方加卸载影响存在水平位移现象。

引起结构纵向差异沉降的因素很多，根据多年来对地铁结构所实施的监护发现，可分为固有因素和外部施工影响两大类。固有因素主要有：①区域地面沉降；②与地质条件密切相关，特别是下卧土层分布的不均匀性和上方覆盖层分布的不均匀性；③施工工艺和施工设备、施工扰动土体引发的长期固结沉降；④运营初期的列车振陷等。外部因素主要为安全保护区内及附近工程施工控制，特别是“深大近难险”的基坑工程、大口径隧道上下穿越施工、上部地表加卸载等。

引起隧道横向变形发展的因素很多，有隧道拼装施工方面的原因，有运营后多种因素叠加的影响。引起隧道产生较大横向变形的因素主要有两类：一类是由隧道上方压载引起；另一类则是由隧道两侧开挖卸载扰动土体引起。如果这两种情况同时发生，其对隧道变形的影响将更加显著。对超载引起的隧道横向变形发展的研究表明，就隧道结构横向变形的本质而言，隧道上部荷载和水平荷载（包括土体侧向压力和土体抗力）比值增大是引起隧道横向变形增大的核心问题。通过现场监测发现，在上部压载条件下隧道横向变形的发展具有如下特点和规律：上部压载过程中，在压载水平不大的情况下，现场观测发现隧道横向变形逐渐增大，随后变形增大速率开始减小，然而在堆载结束一定时间内，隧道变形会进一步增加。出现这一情况主要是因为隧道变形过程中将隧道外壁附近的侧向土体压密，由此提高了隧道侧向抗力，阻止或减缓了隧道横向变形的进一步发生；但同时也使隧道附近的孔隙水压力升高，当停止压载后超孔隙水压力消散，会再次增加横向变形，而随着超孔隙水压力的逐步消散，隧道横向变形达到稳定。

结构变形主要影响因素详述如下。

1. 结构沉降与地面沉降关系密切

根据地铁结构长期的定期沉降资料和上海市地表长期监测资料分析得知：凡是地表沉降量大的地方，地铁结构的沉降量也较大，在一定程度上具有较好的线性关系。自1995年至21世纪初，从宏观上可以看出，地铁2号线“人民公园站—陆家嘴站”之间的地面沉降已经形成了一个东西直径为3 km的地面沉降漏斗(图5-1)，阶段地表累计沉降已达100～250 mm，河南中路是沉降中心之一，地铁1号线衡山路站也是一个较大的沉降漏斗，自1995年至21世纪初的地表沉降累计达100 mm(地铁隧道沉降累计110 mm)；地铁4号线穿过的黄浦江两岸南浦大桥处有一个较大的沉降漏斗，自1995年至21世纪初地表累计沉降量已达150～200 mm。由于地铁结构埋藏深度一般在地表下30 m以内，地表沉降量在一定的程度上反映了地铁结构的沉降情况，但由于不同区段的地质情况和周围环境差异较大，施工因素也千差万别，几年来，部分线路的地铁结构累计沉降已超过了地表沉降，这表明地铁结构除随区域性地层沉降外，其本身还产生了明显的附加沉降。

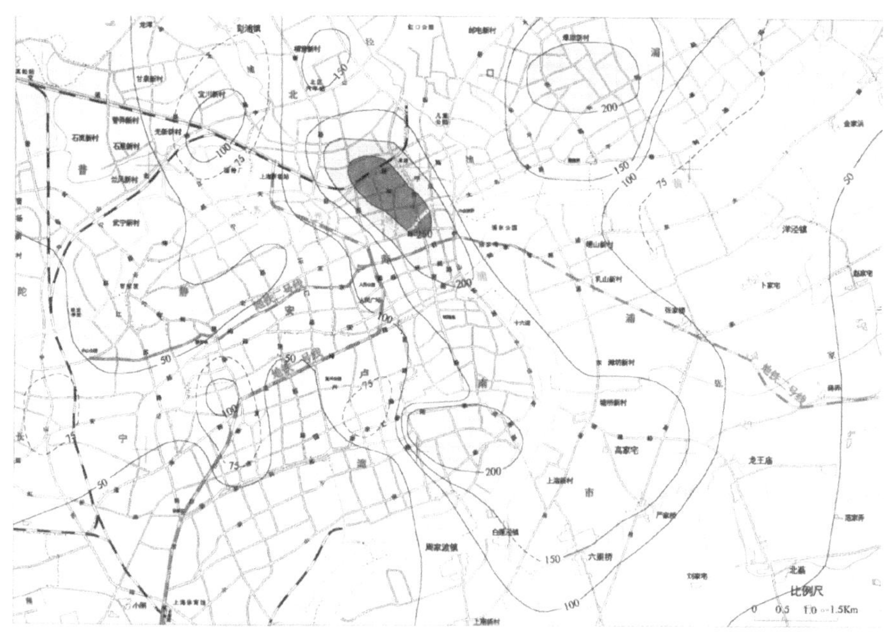

图5-1 运营6年后地铁1号线全线沉降图

2. 结构沉降与地质条件密切相关

结合地铁 1、2 号线前 6 年的沉降数据和上海市地质情况，分析得知：地铁沿线的地质情况与地铁结构沉降变形有密切关系。浦东地区和徐家汇以南地区的地质条件较好，所对应地表和地铁结构的沉降量也较小。在运营 6 年后，上海体育馆站的最大累计沉降仅有 10 mm；“陕西南路站—上海火车站”间的地质条件最差，地表和地铁隧道的沉降量也最大，地铁投入使用后地铁累计沉降一般在 60～200 mm；“徐家汇站—陕西南路站”的土质情况介于前二者之间，地铁结构相应的累计沉降量也介于前两者的沉降量之间，见图 5-2。

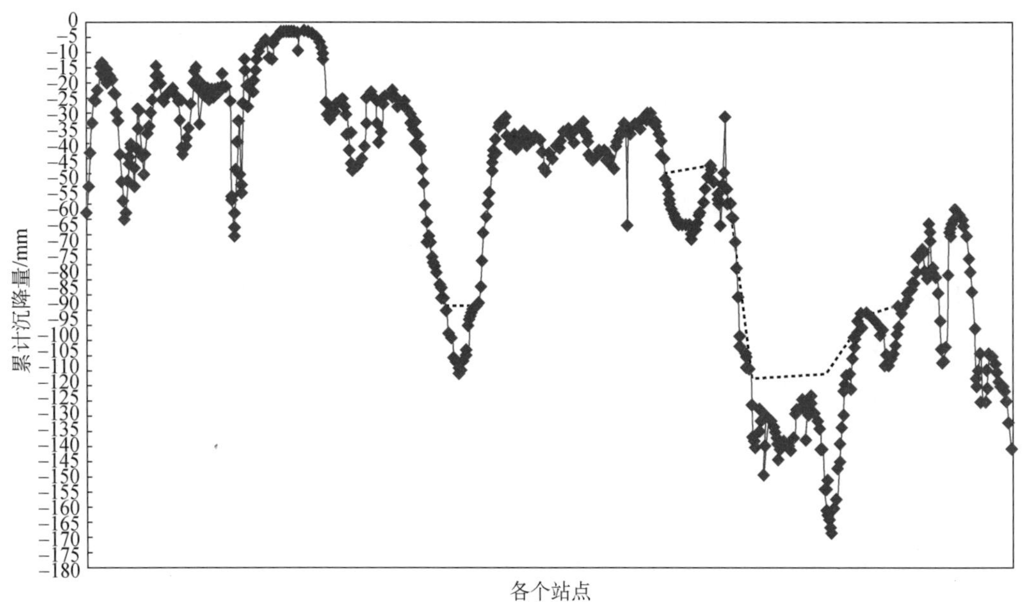

图 5-2　运营 6 年后地铁 1 号线全线沉降图

在图 5-2 中，因大地地层区域性沉降引起地铁结构沉降为折线所示，除此之外，其他因素引起的地铁结构的附加沉降量已达 20～100 mm。

3. 结构变形与施工工艺和施工设备有关

在地铁建设时期，采用不同施工设备和施工工艺对地铁运营后的沉降影响是不同的。即使在相同的地质条件下，不同的施工设备、施工工艺、施工参数、注浆材料以及施工过程中对环境扰动程度和扰动范围不同，由此而引起对地铁投入运营后的地铁结构沉降变形影响也不同。为此，设计施工单位应积极配合，开展影响地铁运营后与结构沉降有关的研究，为地铁百年大计献策。

凡在车站隧道建设施工期间发生过较大变形的区段、发生过塌方的工程部位，或在盾构推进过程中注浆发生问题的位置等，在线路开通前就已发生了较大变形，投入运营后随着运营强度的增加，不均匀沉降和变形进一步增加，最后导致不能满足运营安全标准。这种实例在已运营的线路上都不同程度地存在或发生过，后来大都进行了整改，实施整改不仅难度很大，而且实施整改大多是在不中断运营的情况下进行的，整改施工对正常地铁安全运营带来新的风险很大。

盾尾注浆材料不同，对地铁结构投入运营以后的结构沉降变形也不相同，在“上海体育馆站—漕宝路站”的 151 井南北 300 m 范围内，由于隧道施工时采用不同的盾构设备和注浆材料，地铁正常运营后，151 井南北段隧道的沉降差异明显(图 5-3)。

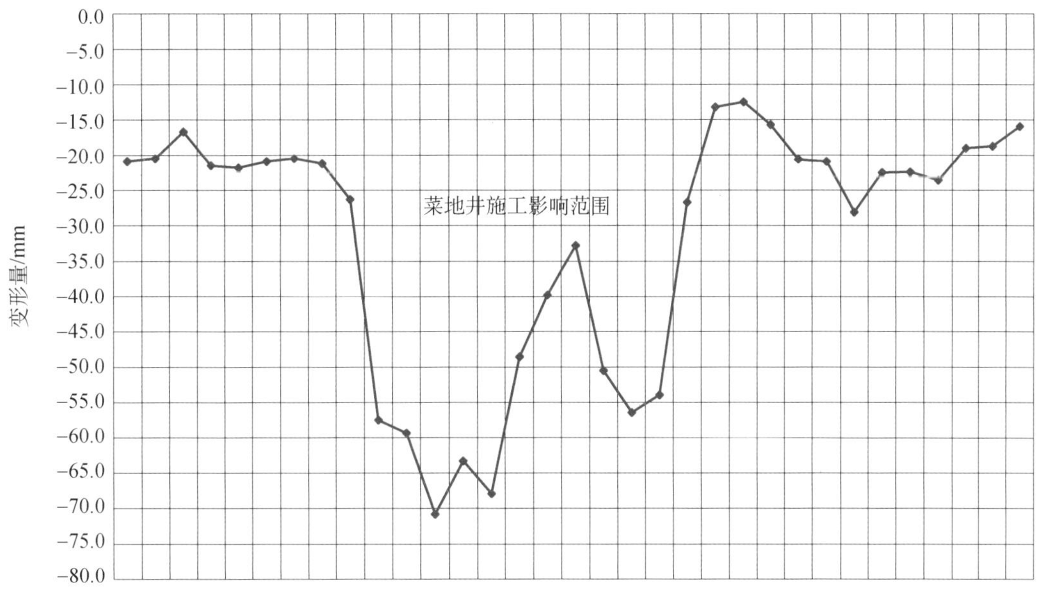

图 5-3　某地铁线工作井南北沉降图

隧道本身施工对地层的扰动以及复杂地质条件下土层的长期固结沉降也是结构沉降的主要原因之一。上海地区地表浅层系第四纪滨海相沉积，总厚度达到 200～300 m，地表下 30 m 为饱和淤泥质流塑或软塑黏性土层，地质条件较差，这是车站和隧道所处的地层。隧道经常穿越的地层为：淤泥质粉质黏土③层、淤泥质黏土④层、黏土⑤层、粉质黏土⑥层和砂质粉土⑦层。这类土层具有中高压缩性和较大的流变性特点(土层具有孔隙比大、压缩性高、含水量高、灵敏度高、抗剪强度低、渗透系数低等明显特征)，土层一经扰动，其强度明显降低，固结和次固结变形时间长、变形量大。盾构施工过程中对隧道周围土层的过大扰动(包括注浆施工因素)会使扰动后的土层发生较大沉降，土层中的隧道与土层一同发生沉降变形。在隧道形成之后，各类施工因素对隧道周围土层的扰动，都使得隧道随土层一起变形，隧道的沉降变形是长期多因素综合作用的结果。土层所具有的这些复杂特性对地铁结构安全保护十分不利。

4. 列车振陷

振陷是指土层在循环荷载作用下产生的附加沉降，在一定压力下业已固结稳定的土体在动荷载作用下会产生附加变形，土体的振陷量主要与静荷载、土层刚度以及振动后土体软化程度等因素相关，土体的软化程度又取决于动荷载大小和应力循环次数。因此，行车荷载的变化和土体刚度的变化最终导致振陷值的变化。室内试验和理论计算分析表明，上海隧道在无施工质量问题、土层无突变、盾构施工对土层的扰动得到恢复的情况下，地铁列车的长期振动作用所产生的振陷量很小，此时隧道衬砌振陷量小于 5 mm。不过值得指出的是，这种结论以衬砌接缝的接触较理想和不漏水漏泥为前提，而对地铁结构的定期监测表明，地铁 1、2 号线在刚开通的 3 年内不少区间隧道的振陷量已达到几厘米甚至超过 10 厘米。隧道刚投入运营时，扰动过的下卧土层固结沉降尚未完全结束，隧道接缝不少部位有渗漏水情况。随着列车行车密度增加，隧道周围土层在高密度、宽频率振动下产生较大沉降。在开始运营的 3 年时间里，隧道年沉降量可达 2～4 cm，之后隧道沉降趋于稳定，沉降速率大幅度下降。隧道接头部分的施工质量和防渗漏水技术的可靠性、列车动荷载水平及引起隧道的振动频率、列车行车密度、地质条件等因素都是影响土层（或隧道）振陷的重要因素。

5. 与地铁安全保护区内建设活动密切相关

由于市区土地资源的紧缺和稀有，近年来地铁安全保护区内靠近地铁隧道的项目越来越多，工程与地铁结构越来越呈现“深、大、近、难、险”的特点，而且在距离地铁 50 m 以外存在着大量超大基坑的开挖、降水降压施工，一个深大基坑降水降压少则数以千计立方米的水，多则上万立方米的水被抽掉。这些工程的长时间施工都对地铁隧道结构变形带来直接或间接的影响。这种影响是巨大的，而且是长期性的和不可逆转的。尽管在施工期间采取了多种施工控制措施，但仍不可避免地对地铁结构安全带来较大扰动影响，引起隧道长时间变形。

以地铁 1 号线运营的前 6 年为例，在地铁保护区内发生的建筑活动累计已经达到 200 余项，如香港广场、香港新世界、新世界商城、上海时代广场、仙乐斯广场、中央公寓、郁家浜桥等，为保障地铁安全运行，在这些项目施工过程中地铁运营公司投入了大量的人力、物力和财力。建筑活动改变了隧道结构的受力状态，加大了地铁结构不均匀沉降及隧道变形。这也是我们对安全区内施工活动提出严格施工要求并实施严密监控的主要原因。由于建筑活动施工时间长，工后土体固结时间长，引起的地铁结构沉降变形将是长期的，因此，需要投入大量的人力、物力、财力对工程实施现场监护和工后长期监护。进一步深入研究不同条件下由于建筑活动引起的地铁沉降、测向位移、隧道变形，这对于保障地铁安全运行，将安全隐患消灭在萌芽之中十分必要。根据近 7 年的长期沉降变形观测表明：

凡是在已建地铁安全保护区内进行的建筑活动，都不同程度地引起地铁结构的沉降、位移、变形，如果对安全保护区内工程设计和工程施工失控，必然会影响列车运行安全。由于每一项工程规模、深浅、距地铁的远近、施工水平和工期不同，虽然施工时也进行了严格的施工控制和地铁监控，但每一项建筑活动都导致该处形成一个明显的沉降漏斗，引起的地铁结构沉降量一般为 10～60 mm。

多条线路之间的换乘或穿越施工问题。一条线路与其他多条线路有换乘要求，或线路之间有上下穿越施工，以及大量的市政重大通道在地铁隧道上下方施工，尽管在穿越施工中采取了多种技术措施以保障地铁安全，但定期沉降监测发现各类施工都对已建隧道有较明显的影响，这种影响将是长期存在的。

5.1.2 横向收敛变形分析

从图 5-4 可以看出，隧道拱底块变形最小，标准块稍大，邻接块变形最大。底部拱底块的横向拉伸变形量最小，水平弦长增加量一般在 1 cm 之内，少数达到 2 cm，主要因为拱底块刚度较大，随着高度的上升，隧道横向变形加大，腰部的横向变形几乎达到最大变形量，最大变形发生于标准块与邻接块连接纵缝处，因接缝刚度较小。

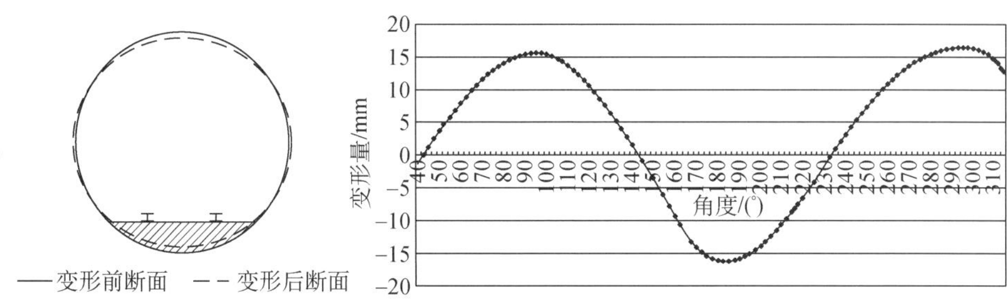

图 5-4 隧道横向变形示意图及展开图

一般情况下，隧道顶底部外弧面处于受压状态，顶部和底部内弧面处于受拉状态，腰部外侧受拉，内侧受压。隧道顶部的外弧面处在受压状态下，接头外弧面处在压紧状态，不会发生渗漏水情况，但当压应力超过接头处的混凝土强度后，管片接触处将产生破坏。纵缝间弹性防水垫在一定程度上可以起到分散接头靠近外弧面处的压应力作用。假定最初管片之间是密贴压紧的，隧道横向变形分析如下：①当隧道发生“横鸭蛋”变形时，隧道顶底外弧面呈受压状态，而对应的内弧面呈受拉状态，根据防水垫和螺栓在管片厚度所处位置，当接缝处外弧面压紧而内弧面张开 1 mm，螺栓增加量约为 0.657 mm，弹性止水垫张开增量为 0.157 mm；当接缝张开 4 mm，螺栓会拉长 2.628 mm，而弹性止水垫张开增量为 0.628 mm。因此，当接缝外弧面压紧而内弧面张开过大时，螺栓极易拉流，而止水垫张开量却很小，不会发生止水失效的问题，但容易发生接头外弧面压坏现象。②当隧道发生“横鸭蛋”变形时，内弧面压紧而外弧面张开 1 mm 时，弹性止水垫张开 0.843 mm，螺栓仅拉长 0.357 mm；当外弧面张开 4 mm 时，螺栓拉长 1.428 mm，弹性止水垫张开 3.371 mm。根据防水要求，当外弧面张开 6 mm 时，弹性止水垫张开 5.057 mm，螺栓拉长 2.142 mm。因此，当内弧面处于压紧状态时，螺栓的伸张量较小，一般不易拉流，而防水垫则易发生止水失效问题。

少数隧道的封顶块与邻接块间的纵缝张开量达到 5～9 mm，螺栓伸长量达到 3.286～5.914 mm，但隧道并未产生渗漏水，其原因是接缝压紧密贴。接缝的张开量主要由两部分组成：一部分是因螺栓没有拧紧发生的初始变形，另一部分则是由隧道受压后因螺栓和管片产生的弹塑性变形。前述接缝张开量如果全部由螺栓变形引起，则螺栓的应变量早已超过 1%，螺栓处于拉流状态。此状态下隧道的横向直径与正圆相比，增量 ΔD 已超过 10 cm，已接近 $2\%D$。

结合盾构隧道环向构造和实际变形监测数据分析，可以得到隧道横向变形的安全条件：每块管片不发生拉压破坏，即不产生纵向裂缝，拼装接缝处不发生渗漏水，管片拼装成的衬砌环椭圆度较好，一般来讲，隧道结构的安全应该可以得到保障。由于沿环向存在凹凸榫拼装构造的空间稳定性，即使在没有螺栓存在的条件下，衬砌环在周围土体压力作用下也能保持整体结构的稳定，只要变形后的非标准圆与正圆相比 ΔD 不超过 $3\%D$。

5.1.3 纵向差异沉降变形分析

隧道纵向是由一系列凹凸榫和螺栓装配连接而成，隧道不仅要穿过不同的地质条件，而且沿隧道纵向的刚度是不均匀的，使得隧道纵向变形非常复杂，较难采用某种数学模型来精确计算。

在隧道防水设计中，一般取纵缝和环缝张开量来确定密封垫的性能，弹性密封垫在隧道张开量达到 4～6 mm 时还具有防水能力。但隧道纵向变形究竟是以隧道顶底部刚性张开方式还是以环面错台方式进行？或是二者兼之？理论分析、现场测量和变形较大处的工程实例都已经表明：隧道纵向沉降大多是错台变形引起的，过大的错台变形将引起隧道防水失效，最终导致隧道破坏，既有的几处隧道大变形处的抢险都验证了这一现象。

单圆隧道发生沉降过程的变形分析如下：当某一 A 环隧道发生垂直沉降时，A 环凹槽面的上半圆(靠近外弧面)的内侧面会受到相邻环凸榫(靠外弧面)外侧向上的压剪作用，而与之相连环的凸榫面的上半圆(靠外弧面)外侧也会受到 A 环内侧向下的压剪作用；A 环凸榫面一侧的下半圆(靠近外弧面)的外侧受到相邻环凹槽面(靠近外弧面)内侧向上的压剪作用，同样，而与之相连环的凹槽面(下半圆)的内侧会受到 A 环外侧(靠近外弧面)向下的压剪作用。可以看出，当结构发生沉降变形时，在隧道环面凹凸榫面上的受力部位是不一样的。因此，由于纵向变形的不均匀性，在隧道发生纵向变形的过程中，环间接头不同部位不仅存在拉压剪切作用，还会存在扭转作用。

在盾构隧道拼装完成后，纵向连接螺栓已经存在一定的内力，当沿隧道纵向发生较小变形时，纵向连接螺栓进一步发挥抗拉抗剪作用，但随着隧道纵向变形的持续发展，一般当错台超过 4 mm 时，螺栓基本拉流，凹凸榫面开始发挥抗剪切作用，沿隧道纵向产生错台沉降变形，环缝之间的充填物也随之一起发生错动。当错台达到 8 mm 时，环缝间凹凸榫装配后的变形将达到极限，如错台变形如进一步加大，凹凸榫发生剪切变形，直至凹凸榫破坏。橡胶止水带的接触面长度约 2.4 cm，如果装配有一定的误差，当环间错台继续发展超过 1 cm 后，环缝间的弹性止水带就可能发生止水失效的情况，无论如何，当错台超过 2.4 cm 时，环缝肯定都会发生漏水，如不及时控制，大量的泥砂会流入隧道，隧道沉降加剧，最终导致隧道破坏。隧道错台变形纵向沉降及止水条的放大图如图 5-5 所示。

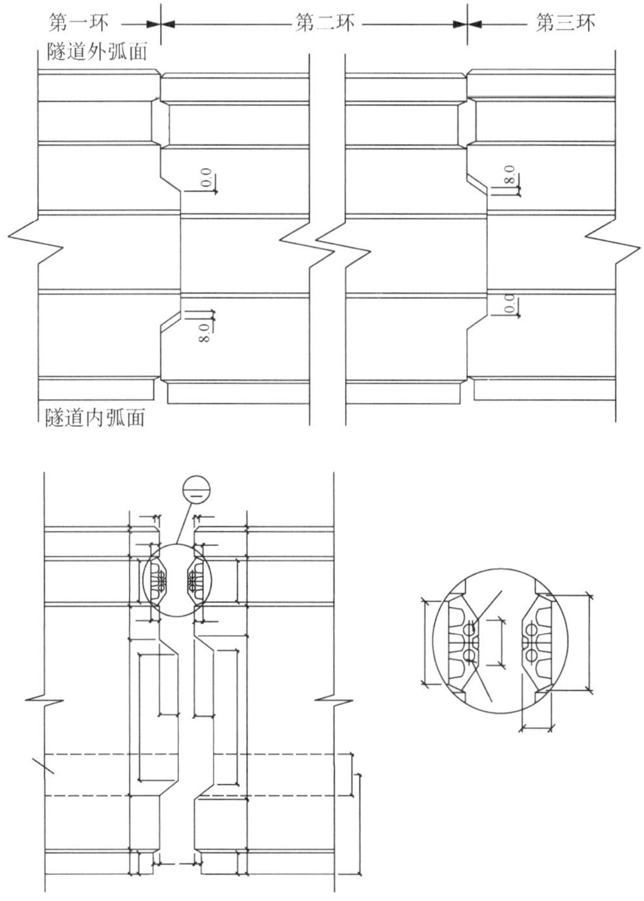

图 5-5　隧道错台变形纵向沉降及止水条的放大图

均匀错台后形成的附加沉降曲线半径 R 可用式(5-1)计算：

$$R=\frac{L^2}{2\delta} \tag{5-1}$$

式中　L——沉降半径(m)；

R——沉降附加曲线半径(m)；

δ——沉降差。

图 5-6 是某下行线隧道发生漏砂漏水后的最终沉降曲线。累计最大沉降量为 26 cm，两处环间的最大错台沉降变形达到 4.2 cm 和 4.3 cm，有 10 环的环间错台达到 2～3 cm，引起隧道环缝间产生漏水漏砂，后经增加内撑和注浆抢险才得以控制隧道的进一步变形，隧道内和地面都沉降产生明显沉降，最小附加沉降曲线半径小于 80 m，经过线路调坡才勉强使线路可以通车。当泥砂从隧道结构外流失后，该处结构失去支承，隧道下卧土层向隧道内渗漏的水土越多，则隧道因之而产生的纵向弯曲越严重，隧道底部环向裂缝越大，又导致水土流失的增加与裂缝的加宽，如此恶性循环，最终导致隧道剧烈变形。

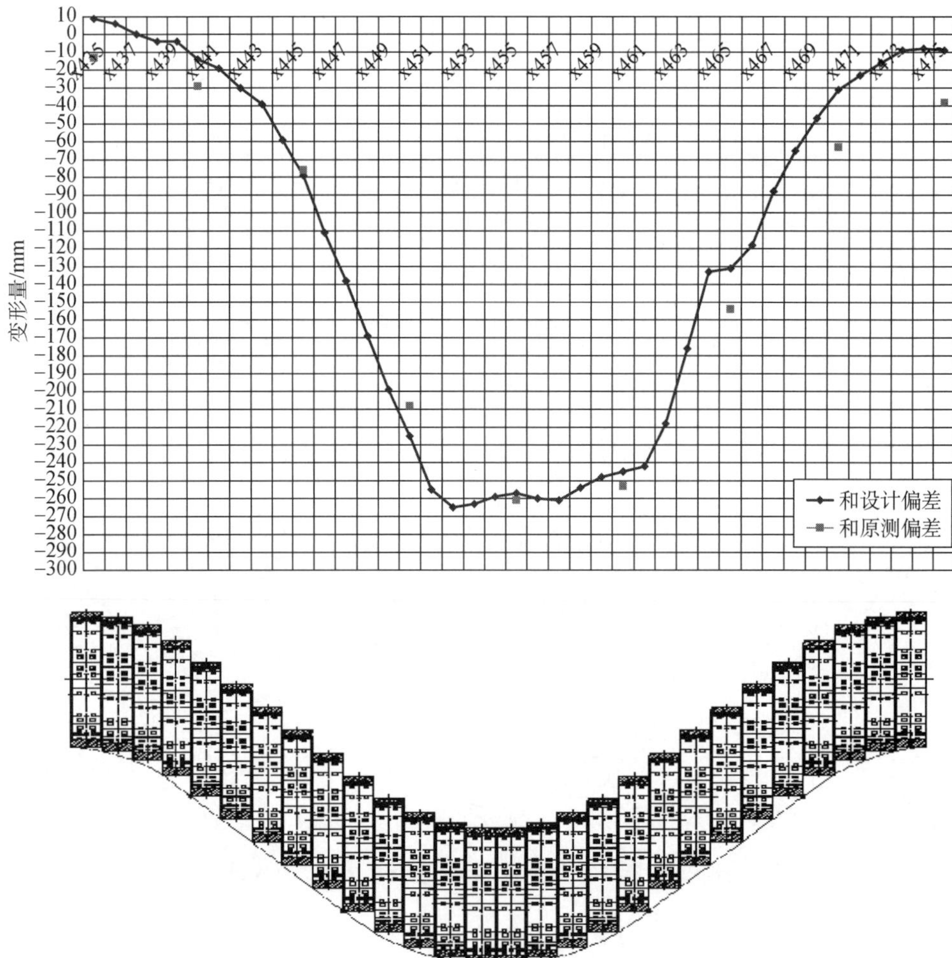

图 5-6　某区段典型沉降曲线

图 5-6 中,典型纵向沉降曲线呈对称漏斗型。一半曲线是一条反 S 沉降曲线,曲线的上部向下弯曲,下部向上弯曲,中间呈直线段变化。可将曲线划分成三段,现逐一分析如下:

第一段,向下弯曲段(沉降加速段)。该段隧道受扰动影响较小,环间错台较小,纵向变形量小,环与环之间的错台迅速变大,环间缝隙基本上没有张开,也不发生渗漏水,此阶段的纵向变形累计量较小。

第二段,直线变形段(沉降均速段)。该阶段隧道受扰动影响较大,该段环与环之间的错台量较大,凹凸榫槽相扣处在剪切状态,错台基本上呈直线型发展,没有明显弯曲,纵向沉降累积量迅速变大,环间缝隙防水失效,有大量水土涌入隧道。

第三段,向上弯曲段(沉降减速段)。也是最后一个阶段,该段环与环之间的错台变形由大变小,曲线呈向上弯曲状,此阶段的纵向累计沉降量达到最大。

近年来发生的几起隧道险情大沉降与上述隧道纵向变形曲线非常吻合。

5.1.4 隧道结构安全定量评价标准

由于盾构隧道病害指标十分繁杂,重要程度大小不一,因此必须按照一定原则选取指标。目前选取盾构隧道结构安全评价指标时一般遵循以下原则:科学性原则、相对完备性原则、简捷性原则、相对独立性原则、可操作性原则、层次性原则。根据上述指标选取原则,在充分分析和借鉴现有隧道病害指标研究成果的基础上,针对以上海为代表的软土地质条件下的地铁盾构隧道,选取了纵向变形、横向变形、渗漏水、材料劣化、表观损伤五类评价指标作为一级评价指标体系。而二级指标体系是在前者的基础上对具体指标进行分类,先对各类指标的安全状况进行评价,再根据各类指标的评价结果对目标进行评价(图 5-7)。

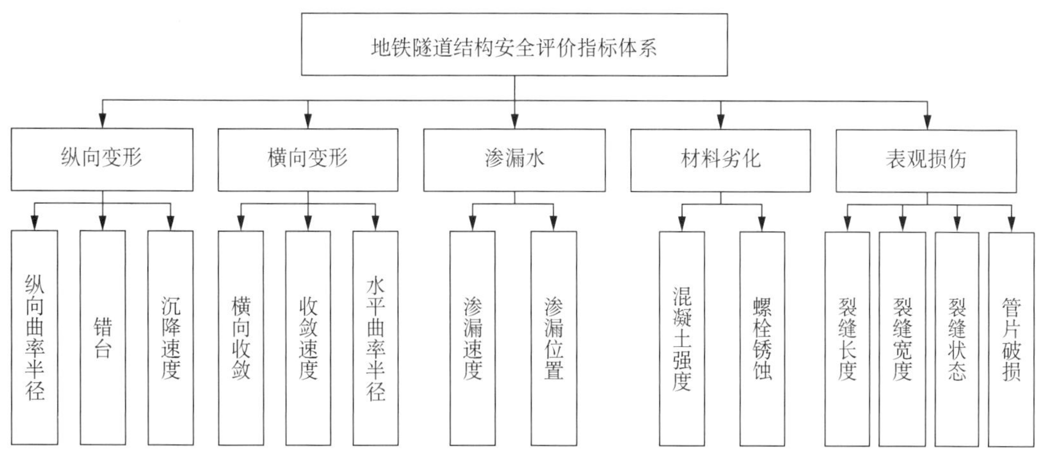

图 5-7 盾构隧道二级评价指标体系

为了对隧道健康状况进行准确、定量的评价，更好地指导隧道的养护和治理工作，需要对影响隧道健康状况的各指标进行恰当的等级划分，即对指标的优劣情况作出评价。从现有的隧道等级划分方法可以看出，三级划分法比较简单，但主要用于日常、定期和特别检查结果的判定。四级划分法和五级划分法应用更为广泛，其中五级划分法在一定程度上可以看作是四级划分法的细化，综合比较发现，对于盾构隧道，选择四级划分法更加合适。因此本书选择四级划分法，将评价指标划分为Ⅰ、Ⅱ、Ⅲ、Ⅳ四个等级，指标的安全状况随等级的提高而提高。

在既定二级指标体系的基础上，通过参考已有的研究成果和国内外相关规范、标准、条例，以及一定的数值模拟对评价指标体系中所涉及的指标进行了初步的等级划分，并根据专家意见对指标等级划分标准进行了完善。

隧道纵向变形以曲率半径、错台量及沉降速率作为二级评价指标，具体分级标准见表 5-1—表 5-3。

表 5-1　曲率半径分级标准

等级	纵向变形曲率半径/m	等级	纵向变形曲率半径/m
Ⅳ	>15 000	Ⅱ	1 000～4 700
Ⅲ	4 700～15 000	Ⅰ	<1 000

表 5-2　错台分级标准

等级	错台高度/mm	等级	错台高度/mm
Ⅳ	<4	Ⅱ	8～13
Ⅲ	4—8	Ⅰ	>13

表 5-3　沉降速率分级标准

等级	沉降速率/(mm·年$^{-1}$)	等级	沉降速率/(mm·年$^{-1}$)
Ⅳ	<5	Ⅱ	10～20
Ⅲ	5～10	Ⅰ	>20

隧道横向变形以横向收敛、收敛速度及水平曲率半径作为二级评价指标，其中，收敛速度分级标准与沉降速度相同，水平曲率半径分级标准与竖向曲率半径相同，横向收敛具体分级标准见表 5-4。

表 5-4　横向收敛分级标准

等级	横向收敛	等级	横向收敛
Ⅳ	<0.7%D	Ⅱ	(1%～1.5%)D
Ⅲ	(0.7%～1%)D	Ⅰ	>1.5%D

注：D 为隧道外径。

隧道渗漏水以渗漏速度、渗漏位置作为二级评价指标，具体分级标准见表 5-5、表 5-6。

表 5-5　渗漏速度分级标准

等级	渗漏速度	等级	渗漏速度
Ⅳ	渗水	Ⅱ	流水
Ⅲ	滴水	Ⅰ	喷水

表 5-6　渗漏位置分级标准

等级	渗漏位置	等级	渗漏位置
Ⅳ	顶部渗漏	Ⅱ	底部渗漏
Ⅲ	腰部渗漏	Ⅰ	—

隧道材料劣化以混凝土强度、螺栓锈蚀作为二级评价指标，具体分级标准见表 5-7、表 5-8。

表 5-7　混凝土强度分级标准

等级	混凝土强度(q_i/q)	等级	混凝土强度(q_i/q)
Ⅳ	0.85～1	Ⅱ	0.65～0.75
Ⅲ	0.75～0.85	Ⅰ	<0.65

表 5-8　螺栓锈蚀分级标准

等级	钢材锈蚀	等级	钢材锈蚀
Ⅳ	无锈蚀	Ⅱ	孔蚀或钢材表面全周生锈
Ⅲ	表面局部锈蚀	Ⅰ	钢材断面明显减小，结构功能受损

隧道表观损伤以裂缝长度和宽度、裂缝状态、管片破损作为二级评价指标，具体分级标准见表 5-9—表 5-12。

表 5-9　　裂缝宽度分级标准

等级	裂缝宽度/mm	等级	裂缝宽度/mm
Ⅳ	<0.2	Ⅱ	1～3
Ⅲ	0.2～1	Ⅰ	>3

表 5-10　　裂缝长度分级标准

等级	裂缝长度/m	等级	裂缝长度/m
Ⅳ	<3	Ⅱ	5～10
Ⅲ	3～5	Ⅰ	>10

表 5-11　　裂缝状态分级标准

等级	裂缝状态	等级	裂缝状态
Ⅳ	网状裂缝，位于管片边角	Ⅱ	环向、斜向裂缝，位于管片内部
Ⅲ	环向、斜向裂缝，位于管片边角	Ⅰ	纵向裂缝，位于管片内部

表 5-12　　管片破损分级标准

等级	管片破损/cm^2	等级	管片破损/cm^2
Ⅳ	<20	Ⅱ	100～200
Ⅲ	20～100	Ⅰ	>200

5.1.5　外部作业的相邻影响控制指标

为了控制邻近深基坑、降水、堆载等各种卸载和加载的建筑活动对地铁工程设施的综合影响限度，相邻影响结构监护遵循以下控制标准。

(1) 地铁工程(外边线)两侧的邻近 3 m 范围内不能进行任何工程。

(2) 地铁结构设施绝对沉降量及水平位移量≤20 mm(包括各种加载和卸载的最终位移量)。

(3) 隧道变形曲线的曲率半径 R≥15 000 m。

(4) 相对变曲≤1/2 500。

(5) 由于建筑物垂直荷载(包括基础地下室)及降水、注浆等施工因素而引起的地铁隧道外壁附加荷载≤20 kPa。

(6) 由于打桩振动、爆炸产生的震动隧道引起的峰值速度≤2.5 cm/s。

5.2 长期监测

5.2.1 长期监测内容和作业要求

1. 监测内容

长期监测是指在不考虑外部施工作业影响的情况下，为监控运营期轨道交通结构安全而定期展开的监测工作，长期监测主要应能反映轨行区结构的变形程度及长期变形过程。长期监测在某些地方也称为工后监测。

长期监测主要内容包括长期沉降测量、长期收敛测量、结构巡检和病害调查，是轨道交通健康检测的基础工作，为其安全检测提供基础数据，意义重大。

近年来，由于郊区规划以及施工与管理沟通的不及时性，经常发生郊区隧道上方无通报堆载事件，如地铁 2 号线创新路站—华东路站区间无主堆土事件、地铁 2 号线华东路站—川沙站区间上方道路施工、地铁 2 号线北翟路站停车场出入场线上方绿化堆土事件及地铁 7 号线顾村公园站内景观绿化堆载事件等，给地铁隧道的安全运营带来了重大的安全隐患。通过长期监测，可以详细了解地铁隧道的变形情况，清楚掌握地铁结构沉降、位移、收敛的最新资料，在数据比较分析的基础上，得出地铁结构的安全状态，以此评价上部荷载变化区域是否对运营隧道结构构成安全隐患，确保地铁结构及其列车运行的安全。

2. 作业要求

长期监测工作始于试运营阶段，整体道床铺设完成后即进行测点的埋设与初次测量工作；初始值的测量应独立连续观测两次取平均值，一般情况下根据表 5-13 执行监测频率，如发现区间段变化异常，应及时进行复测予以核实，并按照核实情况可临时增加局部观测次数。

表 5-13　　长期监测作业频率

运行前 2 年	自运营第 3 年起的观测频率	
	长期沉降	长期收敛
第 1 年 2～4 次； 第 2 年 1～2 次	≥1 次/半年	≥1 次/年
	1 次/(1～2)年	1 次/(2～3)年
	1 次/半年～1 次/年	1 次/(1～2)年
变形速率异常时加密		

5.2.2 长期沉降监测实施

长期沉降监测一般采用精密水准测量的方法实施，以获取轨道交通结构垂直位移的阶段及累计变化量为目的，主要了解隧道不同结构交界处(车站、端头井、隧道、风井等)、盾构隧道薄弱处(旁通道、施工期事故段等)的变化情况，及时发现隧道出现的异常情况，然后根据这些变化对轨道交通的不同影响提出不同的建议和措施，为轨道交通隧道的后续设计、建设积累工程经验数据。其主要工作包含高程基准网测量和变形点的监测。

1. 高程基准网布设

由于轨道交通沉降与地面沉降有一定的相关性，轨道交通的沉降规律应结合沿线地面沉降情况综合分析。因此上海轨道交通沉降观测高程控制网依附于上海城市地面沉降控制网，采用吴淞高程系，纳入地面沉降观测系统，形成二级控制。

首级为地面沉降网，次级为地铁控制网，主要形式为附合网。以上海市佘山基岩标及沿线分布的基岩点作为高程起算点。基岩埋深较深、相邻基岩标分布间距大于 3km 的地区，宜分级布设沉降监测一等、二等基准网。这些地区的工作基点设置、基准网布设应符合以下规定：

(1) 在每座车站邻近位置设置一个深式水准点作为工作基点，深式水准点的基底应深入第二含水层 3 m 以上。

(2) 布设一等基准网进行基岩标、深式水准点的联测，一等基准网的水准路线应沿公路、城市道路布设，水准路线应闭合成环或构成附合水准路线。

(3) 各区间、车站的沉降监测应起讫于深式水准点，布设二等基准网。

高程控制网布设示意如图 5-8 所示。

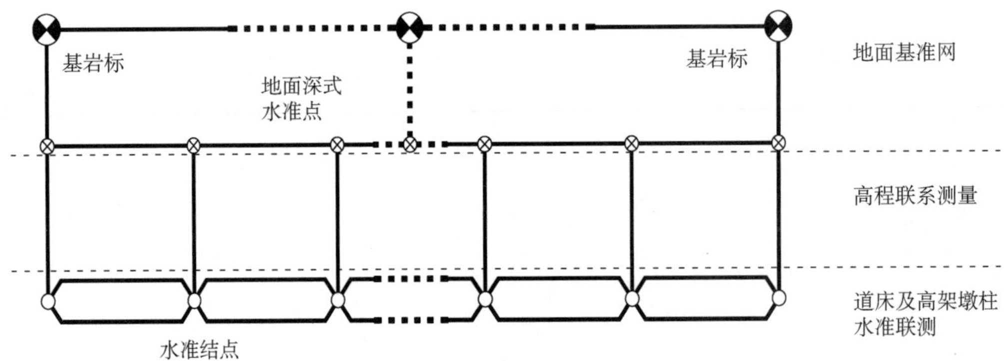

图 5-8 高程控制网布设示意图

2. 高程控制测量

高程控制测量包括地面基准网测量、道床水准测量以及高程联系测量三部分。高程控制网的测量精度需满足表 5-14 的要求。

表 5-14 高程控制测量精度要求

类型	精度类别	精度指标/mm
地面基准网测量	每千米水准测量偶然中误差	±0.45
	每千米水准测量全中误差	±1.0
道床水准测量	每千米水准测量偶然中误差	±1.0
	每千米水准测量全中误差	±2.0
高程联系测量	水准点间高差中误差	±1.0
	测站高差中误差	±0.3

高程控制测量技术要求需满足表 5-15 的要求。

表 5-15 高程控制测量技术要求

类型	精度类别	精度指标/mm
地面基准网测量	往返较差、附合或环线闭合差	$\pm 2.0\sqrt{L}$
	检测已测高差之较差	$\pm 3.0\sqrt{L}$
道床水准测量	往返较差、附合或环线闭合差	$\pm 4.0\sqrt{L}$
	检测已测高差之较差	$\pm 6.0\sqrt{L}$
高程联系测量	往返较差、附合或环线闭合差	$\pm 0.3\sqrt{n}$
	检测已测高差之较差	$\pm 0.4\sqrt{n}$

注：L 为水准线路长度(km)，n 为测站数。

1）地面基准网测量

每期轨道交通的沉降测量应与全市地面沉降基准网进行同期观测，并对基准网点的稳定性进行判定，选用稳定控制点的高程作为长期沉降测量的起算数据。

地面基准网测量按现行国家标准《国家一、二等水准测量规范》(GB/T 12897—2006)的一等水准测量技术要求执行，测站视线长度、前后视距差、视线高度、测站观测限差应满足表 5-16 和表 5-17 的要求。

表 5-16 地面基准网测站设置技术要求

类型	视距/m	前后视距/m	任一测站上前后视距累计/m	视线高度/m
光学水准仪	≤30	≤0.5	≤1.5	下丝读数≥0.5
数字水准仪	≥4 且≤30	≤1.0	≤3.0	≥0.65 且≤1.8

注：视线高要求是对应常用的 2 m 长度的水准尺(下同)，当采用其他长度的水准尺时，视线高应不大于尺长减去 0.2 m。

表 5-17　　地面基准网观测技术要求

等级	两次读数差/mm	两次读数所测高差之差/mm	检测间歇点高差之差/mm
地面基准网测量	0.3	0.4	0.7

注:两次读数之差对应于光学仪器观测时是指基辅分划读数差。

2) 道床水准测量及高程联系测量

道床水准测量及高程联系测量是高程控制网的一部分,主要是为沉降观测提供基准。道床水准测量及高程联系测量的测站视线长度、前后视距差、视距累积差应满足表 5-18 的要求、测站观测限差应满足表 5-19 的要求、不同视线高应满足表 5-20 的技术要求。

表 5-18　　道床水准测量和高程联系测量测站设置技术要求

类型		视距/m	前后视距/m	任一测站上前后视距累计/m
道床水准测量、高程联系测量	光学水准仪	≤50	≤1.0	≤3.0
	数字水准仪	≤50	≤1.5	≤6.0

表 5-19　　道床水准测量和高程联系测量测站观测限差

等级	两次读数差/mm	两次读数所测高差之差/mm	检测间歇点高差之差/mm
道床水准测量、高程联系测量	0.4	0.6	1.0

表 5-20　　道床水准测量和高程联系测量视线高度要求

视线长度/m	光学水准仪的视线高度/m	数字水准仪的视线高度/m
$D\leqslant 15$	三丝均位于尺面上	三丝均位于尺面上
$15<D\leqslant 30$	≥0.2	≥0.2 且≤1.8
$30<D\leqslant 50$	≥0.3	≥0.55 且≤1.8

3. 沉降监测点测量

沉降点的测量以邻近深式水准点为起算,通过道床线路构成附合水准网。由车站附近的深标点通过车站出入口,分别在上行线、下行线各布设一条平行的二等水准路线。其中,在车站上行线站中道床位置设置一个水准结点并往返联测;上行线、下行线的两条水准路线附合于结点,构成每区间上、下行线的水准环;上、下行线在旁通道之间进行联测构成闭合环;地面水准路线附合于相邻车站的深式水准点。每座车站站中的水准路线结点分别与地面深式水准点联测，构成空间上的水准网。布网如图 5-9 所示。

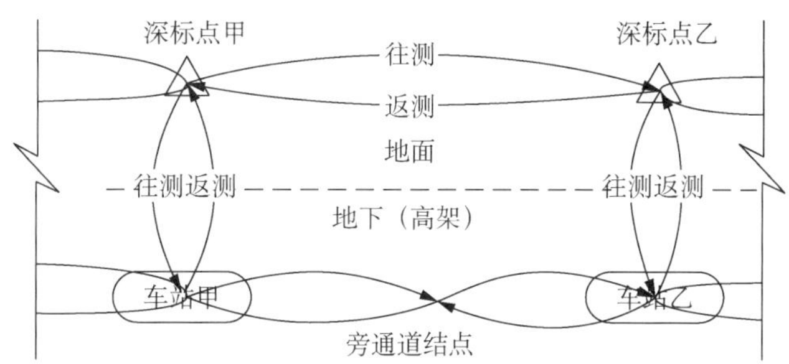

图 5-9　道床和高程联系测量水准线路示意图

1）沉降监测点选点及埋设

设置有代表性、稳定可靠、测量方便的沉降监测点是获取可靠的沉降测量资料的前提。沉降监测点埋设按照如下原则进行。

（1）监测点位是永久设施，监测点选用优质的不锈钢材料制作。其位置结合结构特点布置。一般埋设于每根轨枕中心位置，并按上、下行线分别进行编号，每个监测点埋设一块里程牌。

（2）隧道段在整体道床伸缩缝两侧 10 cm 处各设置一个监测点，每块整体道床中间按 5 m 左右间距设置监测点。

（3）地下车站按上、下行线线路中心每隔约 5 m 布设一个监测点，旁通道、隧道口位置设置观测点。

（4）浮置板道床区段的观测点位置现场协商确定，一般布设于盾构法隧道段的管片结构上；碎石道床段的观测点宜根据现场结构状况合理布设。

（5）长期沉降观测点应统一编号，并具备唯一性，应确定观测点里程、所在环号，观测点里程应精确到 0.1 m。

（6）外业观测时应检测监测点的稳定性，对个别被破坏的、松动的点位及时进行补设。

2）沉降外业观测

仪器观测使用电子水准仪及其配套铟瓦条码水准尺或等精度的水准仪，仪器标称精度需要达到±0.5 mm/km 以上。观测前仪器及配套铟瓦条码水准尺必须送国家计量单位检定认可，确保仪器设备处于受控状态；水准仪日常监测过程中按规范定期进行 i 角检测；按规范要求的频率检测仪器 i 角，i 角$\leqslant\pm15''$；根据工程经验，监测实施应控制在 $5''$以内，才能保证进行良好的质量控制，超过 $5''$时需要按照仪器的内置程序进行校正。

观测中以转站点为后视点，对整体道床沉降监测点采用中视法进行高程测量，每次在水准路线观测后进行当前站的沉降点测量。

作业前编制作业计划表，以确保外业观测有序开展，每一水准测段的测站数为偶数站。观测方法参照二等水准测量方法进行，“沉降观测作业要求、限差”等技术要求严格按照《国家一、二等水准测量规范》(GB/T 12897—2006)执行。

在地面深标联测时，严格按照以下测量顺序执行。

(1) 往测奇数站“后—前—前—后”，偶数站“前—后—后—前”。

(2) 返测奇数站“前—后—后—前”，偶数站“后—前—前—后”。

(3) 往测转为返测时，两根标尺互换。

道床中视测量按照“后—后—前—前”的观测顺序进行作业，同时测量前后视范围内的中视点。采用此种作业顺序主要是考虑到以下三点因素。

(1) 由于混凝土整体道床质地坚硬，不存在仪器、尺垫下沉，前后水准尺也不存在光照、温度差异的影响。

(2) 由于运营隧道内作业窗口时间短，采用“后—后—前—前”的测量顺序可以提高作业效率。

(3) 此外，历年长期沉降测量成果的统计数据也表明“后—后—前—前”的观测顺序完全可以满足成果要求。

作业要求见表 5-21。

表 5-21　沉降观测作业要求

等级	视距	前后视距差	前后视距累计差	检测间歇点高差之差	水准路线测段往返测高差不符值
二等	≤50 m	≤1.5 m	≤6.0 m	≤1.0 mm	$\pm4.0\sqrt{K}$

注：1. 表中前后视距累计差是指由测段开始至每测站的前后视距累积差。
2. 表中 K 为水准路线或测段的长度，以 km 为单位。
3. 在上下楼梯及隧道内等恶劣环境下，适当放宽限差要求。

观测限差见表 5-22。

表 5-22　沉降观测作业限差

等级	每千米水准测量高差中数中误/mm		不符值、闭合差限差/mm		
	偶然中误差 M_Δ	全中误差 M_W	往返测高差不符值	附合路线、环线闭合差	检测已测测段高差之差
二等	±1.0 mm	±2.0 mm	$\pm4.0\sqrt{R}$	$\pm4.0\sqrt{L}$	$\pm4.0\sqrt{K}$

注：表中 R 为测段的长度，L 为附合路线或环线的长度，K 为已测测段的长度，均以 km 为单位。

4. 数据整理与成果报告分析

先对所有外业观测记录检查复核、对水准环闭合差、附合水准路线闭合差、每公里偶然中误差、全中误差、最弱点高程中误差进行全面核查，对核查情况进行综合分析，对不满足二等水准技术要求的测段及时进行补测或重测。

偶然中误差和全中误差按式(5-2)、式(5-3)进行计算：

$$M_{\Delta}=\sqrt{\frac{1}{4n}\left[\frac{\Delta\Delta}{L}\right]} \tag{5-2}$$

$$M_{W}=\sqrt{\frac{1}{N}\left[\frac{WW}{L}\right]} \tag{5-3}$$

式中 M_{Δ} ——偶然中误差(mm)；

Δ ——测段往返高差不符值(mm)；

L——测段长度(km)；

n ——测段数；

M_{W} ——全中误差(mm)；

W ——符合或环线闭合差(mm)；

L——计算各 W 时，相应的线路长度(km)；

N——符合线路和闭合环的总个数。

各项指标满足规范限差要求后，内业处理进行严密平差，计算往返观测高差闭合差、附合路线闭合差、每公里水准测量偶然中误差、全中误差、最弱点高程中误差，计算并提交监测点高程值、本次沉降量、累计沉降、沉降速率，然后分区间统计平均沉降量、平均沉降速率、差异沉降情况、沉降特性变化情况，绘制沉降曲线图。在进出站、旁通道、矩形段、浮置板道床等特殊区段标明位置。沉降报告中列出使用的城市控制点高程数据，各线路闭合差等精度统计及平差指标。推算出各高程控制点及线路上水准留点的高程。然后计算各沉降监测点的高程值并提供最终成果。

5. 长期监测要点

根据轨道交通的变形机理和变形规律，在进行轨道交通长期沉降时有以下要点需要注意。

(1) 严格按照要求布设沉降监测点

沉降监测点是一切监测数据的基础，因此监测点位置应结合结构特点，布设在能够反映结构变化的位置。长期沉降监测点需满足下列几点要求。

① 为了便于长期保存，长期沉降监测点需选用优质的不锈钢材料制作。

② 隧道段在整体道床伸缩缝两侧 10 cm 处各设置一个监测点，每块整体道床中间按 5 m 左右间距设置监测点；浮置板道床位置根据现场条件和业主方协商确定。

③ 地下车站按上、下行线线路中心每隔约 5 m 布设一个监测点，旁通道、隧道口等结构薄弱位置沉降监测点应加密布设。

（2）用沿线的基岩点作为沉降测量的起算点

上海地层是典型的深厚软土地层，在地铁长期运营期间，埋设于地表的浅式水准点、埋设于浅层的深式水准点，受到地铁自身施工和城市建设的影响，常常会出现点位下沉、位移、破坏等情况；而起算点的稳定性直接关系到沉降量计算的准确性，采用稳定的基准点进行沉降测量显得格外重要。因此地铁长期沉降测量的基准点，选用分布在沿线的基岩水准点。

（3）选择高精度的仪器，保证外业观测的精度

① 采用高精度的水准仪进行观测：考虑监测效率，可选择 0.5 级以上的电子水准仪器。

② 水准线路设置：地下段在地面、上行线、下行线平行设置三条水准线路；水准路线严格按照二等水准观测的技术要求进行往返观测；平行的水准路线尽可能利用车站、旁通道等位置设置水准结点进行水准线路联测。高架段则需沿地面多布设一水准线路，对于长区间则需要采用三角高程法对地面和道床线路进行联测。

（4）全面的数据统计与分析

① 结合地层分布、结构埋深进行沉降测量成果分析。

② 结构过渡段沉降分析的重点监测：上海地铁长期监测时，在地铁 6 号线五莲路站外高架向地下的过渡段、三林停车场地下向地面的过渡段，以及地铁 4 号线海伦路站外高架向地下的过渡段长期沉降测量和重点段测量工作中，均及时发现了差异沉降现象；对于轨道交通的停车场、高架到地下的过渡段均应予以重点关注，可以适当加大监测频率，并增加地下水位监测、分层沉降监测等测项以便于综合分析变化原因。

③ 加强异常沉降段的监测与分析：长期沉降测量过程中发现某些区段单次沉降量大于 5 mm 可认为是异常区段，异常区段应加大监测频次。在地铁 6 号线的监测过程中，发现济阳路东侧 150 m 左右差异沉降较大，经查没有立项的工程影响监护监测项目，经现场放样出沉降量大的区段，发现其上方有一高度达 5～6 m 的土堆，测绘出土堆的分布情况，并加大观测频次(图 5-10)。

④ 加大线路保护区的监测和巡视：通过对“地铁 2 号线东延伸唐镇东至华夏路区间高堆土、地铁 7 号线顾村公园上方堆土、马家浜桥等导致区间隧道较大变形”的案例进行分析后发现，郊区是堆土影响的重灾区，因此通过提高郊区沿线的地面巡视频率并采用无人机、卫星影像技术以及人工巡视等方法，确保对地面堆土做到“早发现、早通报、早处理”，避免由于地面堆载对地铁结构造成进一步的危害。

（5）测量水准仪 i 角影响的消除

水准仪的 i 角是沉降测量的系统性误差，也是测量主要的误差源，对沉降测量影响大。理论上可通过前后尺视距相等消除，但是局限于轨道交通的超长线性结构，且测点布设密度较大，每天在有限的窗口时间进行沉降测量，难以保证前后尺视距相等。因视距

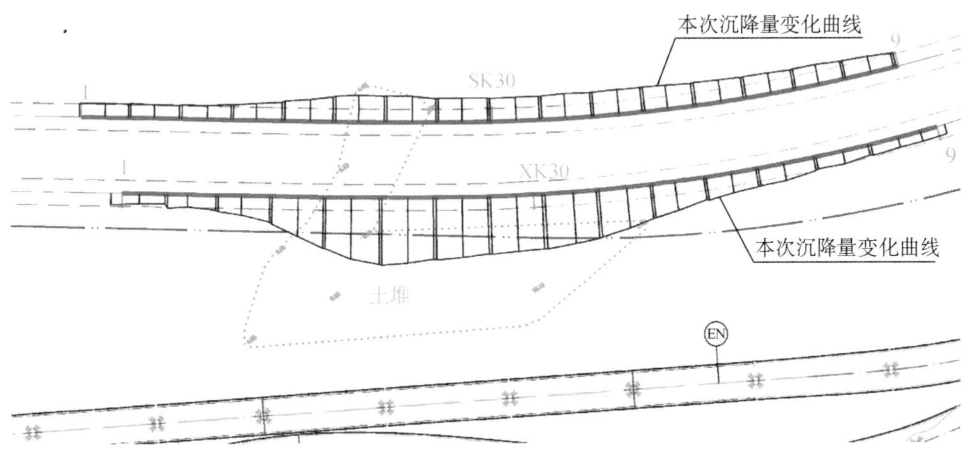

图 5-10 上海地铁 6 号线济阳路东侧堆土示意图

差、水准仪 i 角对高程的影响可采用式(5-4)计算：

$$\Delta_{\mathrm{h}}=\frac{\Delta_{\mathrm{D}}\times i}{\rho} \tag{5-4}$$

式中 Δ_{h}——高差改正数；

Δ_{D}——中视点与后视点的视距差，$\Delta_{\mathrm{D}}=D_{\text{中视}}-D_{\text{后视}}$；

i——水准仪 i 角；

ρ——秒与弧度的换算常数，$\rho=206\ 265$。

根据式(5-4)，实际沉降测量时测量视距最大相差 30 m，i 角为 5″，影响成果 0.7 mm，i 角为 10″，影响成果 1.4 mm，i 角为 15″，影响成果 2.2 mm。图 5-11 为沉降测量水准仪 i 角影响实例，表现为与测站相关的波浪形，是一个不能忽视的因素。

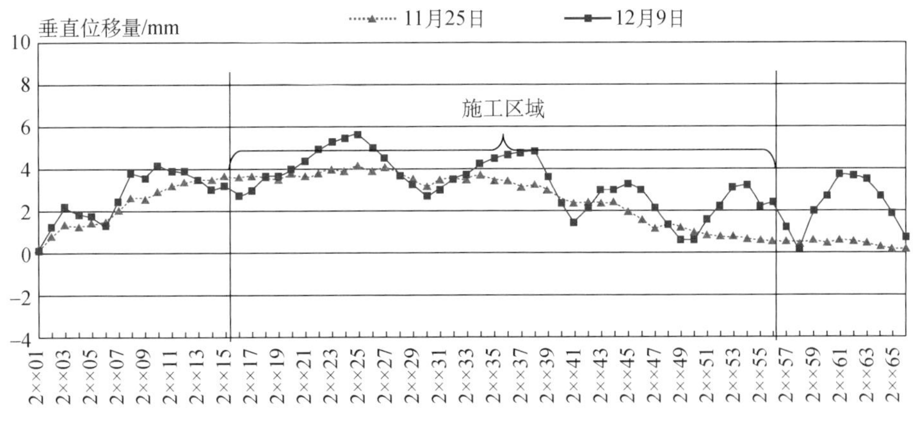

图 5-11 i 角影响沉降测量曲线实例

而且，仪器 i 角因温度、光照影响，或受到大的震动等影响时，仪器 i 角的大小容易变化。固定仪器、固定测站位置也不能完全消除仪器 i 角的影响。

因此，电子水准仪每次测量前都应检测仪器 i 角，对观测成果进行 i 角影响修正。每次观测时，记录测量时的平均温度、外界环境天气、温度等辅助信息，便于对沉降测量资料的全面分析，尤其对于旁通道来说。

5.2.3 长期收敛监测

长期收敛监测是轨道交通监测的一个重要测项，是通过采用全站仪、测距仪、激光扫描和倾角计等仪器获取隧道直径及其变化量。

目前上海软土地铁隧道多采用通缝拼装方式，少量隧道采用错缝拼装，个别区间采用双圆错缝拼装。按照盾构隧道设计一般要求：隧道拼装成环后在外部荷载作用下，允许纵向、环向接缝张开 6 mm 而不发生漏水，直径累计变化量小于 5‰D（D 为盾构隧道外径），因此对外径 6.2 m 的单圆隧道来讲，拼装完成受力后其变形应控制在 3.1 cm 内。然而由于隧道运营过程中影响因素复杂多样，致使隧道变形经常超出这一控制标准，过大的变形引起隧道接缝张开或挤压，发生渗漏水，道床与管片脱开，甚至出现管片压损、螺栓失效等严重结构病害。通过对软土隧道长期的监测和治理发现，隧道病害和结构变形密切相关，隧道横向变形量一旦超过某一限值，不仅会引起接缝渗漏水，而且还可能引起管片严重压损，极端情况下甚至会导致隧道整体垮塌。

目前，收敛监测主要采用固定测定法、全站仪全断面扫描法、激光扫描仪扫描法等方法实施。

1. 收敛监测点埋设

收敛监测点的布设必须综合考虑各方面因素，最大限度地保证采集到的基础数据正确、可靠。测点布置按圆形隧道区间划分，主要包括单圆通缝、单圆错缝、双圆隧道以及大盾构等形式，需根据不同的拼接状态进行环片上的直径端点设置。具体埋设情况如下。

（1）各区间隧道收敛测量平均每 5 环一个断面，布设在环号逢 0 和 5 处。

（2）对于设计比较值大于 9 cm 的断面进行逐环加密，加密至设计比较值小于 9 cm 的断面；地铁 16 号线大直径盾构对设计比较值大于 9 cm 的断面逐环加密，加密至设计比较值小于 9 cm 断面为止。

（3）对于年度变量大于 1 cm 的断面，前后加密至变量小于 1 cm 的环。

（4）遇到旁通道两侧、进洞的第一环和出洞的最后一环均应加密测量。

（5）每一环隧道收敛测量断面，仪器尽可能架设在两测点中间道床中间，以确保很好地找到监测断面其与隧道轴线垂直。

（6）收敛测量断面做到里程、环号标记清晰、准确，隧道内长期收敛测量直径标记为田字格标记点,不清楚及破坏的及时补描,确保施工前后测点清楚。

1) 通缝单圆隧道收敛点设置

单圆隧道的拼装形式主要为通缝形式,其标准横断面内径全部为 5.5 m。对于单圆通缝隧道的布点方法,采用简单的直接量取法,分别从两侧直径上方接缝中间位置 A 或 A′向下量取 813 mm(5.5 m 内径的隧道)的弦长即为水平直径一端的位置 B 和 B′,如图 5-12 所示。

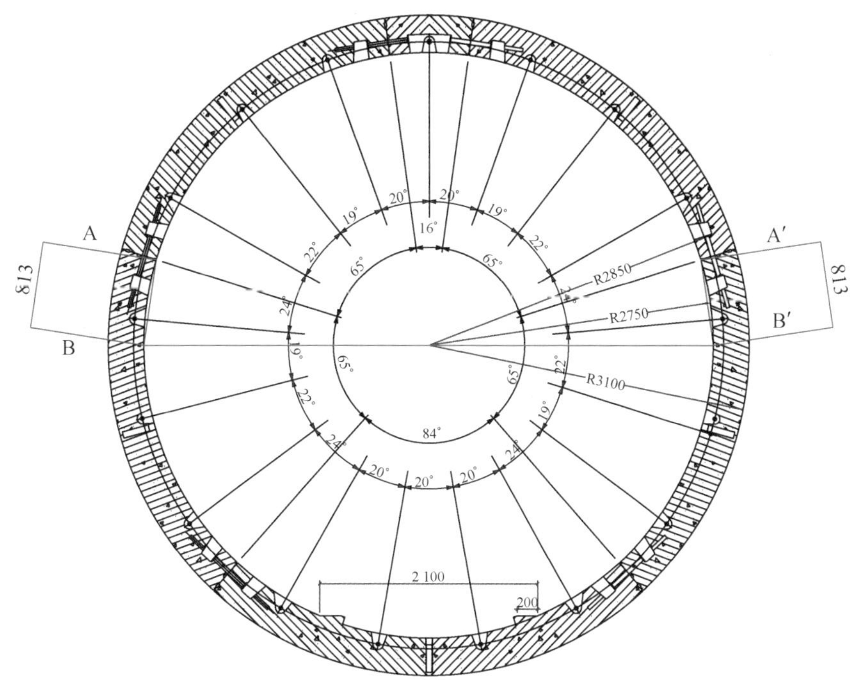

图 5-12 通缝拼装管片直径端点位示意图(单位:mm)

2) 双圆隧道测点设置

从 B 点往上量取 1 750 mm 至 A 点,水平附近的接缝中间位置 C 往上或往下量取 306 mm 至 A′,AA′即为水平直径。其中水平直径 AA′的设计理论值为 4.975 m,如图 5-13 所示。

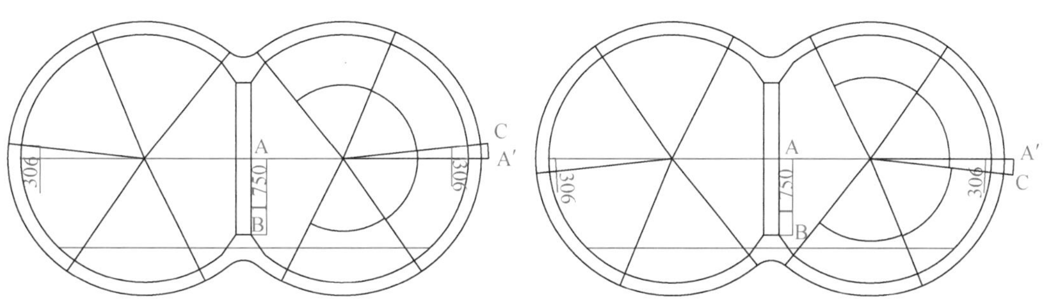

图 5-13 双圆管片特征点点位示意图(单位:mm)

3）特殊情况处理

（1）在直径 AB(A′B′)处被管线或其他设备遮挡的情况下，可根据实际情况将 B 点向上或者向下移动 10 cm 以内，对侧 B′点则向相反方向，相应往下或者往上移动同等的距离，见图 5-14，移动后应做好详细记录，以便后续分析使用。

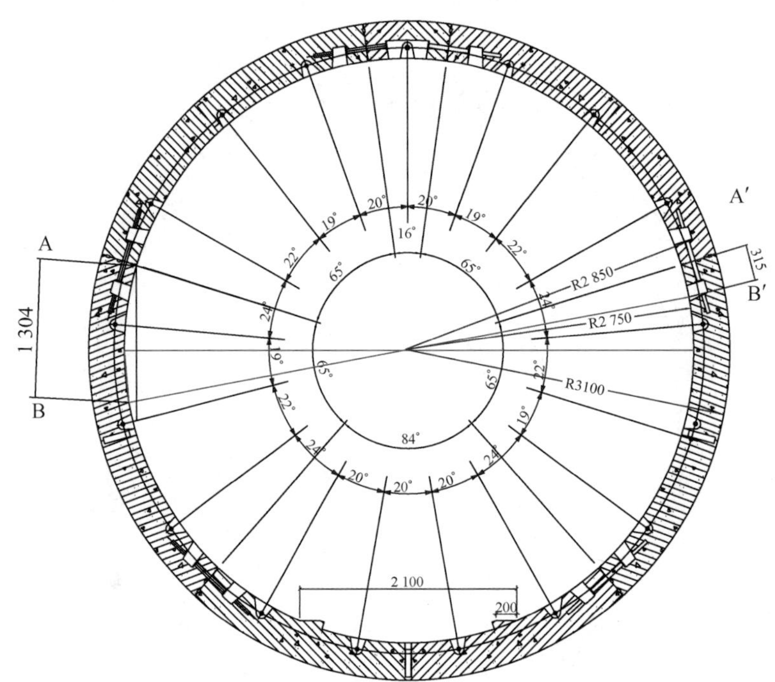

图 5-14　调整后的直径位置示意图(单位：mm)

（2）在有钢管片包裹的情况下，参照图 5-12 从环片接缝中间处向下取 813 mm 后，同步沿里程方向量取合适的距离确定 B、B′点(保证两点的里程一致)。

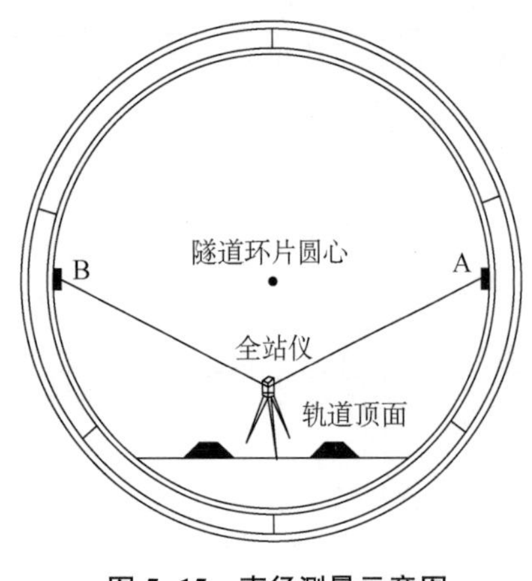

图 5-15　直径测量示意图

2. 全站仪收敛监测方法

直径量测采用全站仪无棱镜极坐标法(图 5-15)，测站点设置任意坐标，以任意点为后视方位，盘左位置测量 A 点和 B 点的三维坐标，然后盘右位置测量 B 点和 A 点三维坐标，取盘左坐标和盘右坐标各自计算 A、B 两点的空间直线距离。如果两组直线距离较差小于直径测量的中误差，则取平均值，以此作为实测管片横径 R；如果大于直径测量的中误差，则安排返工进行复测。

3. 激光扫描收敛监测方法

激光扫描是近年来新发展的一种先进检测技术，其原理是通过高速发射激光来获取被测物体表面三维坐标和激光反射强度，是一种非接触式主动测量系统。激光扫描技术的主要优势在于可快速获取高分辨率的空间点位坐标、纹理色彩及回波反射强度等信息，通过一定的数学模型计算处理，可获得直径收敛数据、隧道内壁影像、管片错台等信息，尤其适用于运营隧道内作业时间短、光线条件差、测量内容多等特殊工况条件。激光扫描收敛监测方法详见本书 5.4.1 节。

5.2.4 结构病害巡检

根据上海地铁运营期的监测经验，结合多年来各地的地铁长期监测数据，发现运营隧道通常不同程度地存在下列结构病害：在区间旁通道或泵站两侧一定范围内的渗漏水较其他部位明显，累计沉降和不均匀沉降要比其他部位大，主要是由复杂的地质条件和施工扰动所致；少数管片存在缺角现象，个别封顶块沿纵向有裂缝现象，主要是由管片制作、养护、运输及施工中的推进、拼装、注浆等因素引起的。

一般来讲，隧道环缝、十字缝及 T 字缝发生渗漏水相对较多，通缝渗漏水相对较少。隧道的防水问题是一个系统工程，需要在建设期间加强隧道渗漏水机理、防治的研究，为运营维修创造条件。在隧道投入运营一段时间后，因纵向不均匀沉降等原因，小半径曲线段和部分直线段的道床与管片间可能发生脱开现象。

5.3 工程影响监测

5.3.1 保护区管理

2018 年 5 月 14 日交通运输部第 7 次部务会议通过的《城市轨道交通运营管理规定》（中华人民共和国交通运输部令 2018 年第 8 号）第四章“安全支持保障”规定城市轨道交通工程项目应当划定保护区。在城市轨道交通保护区内进行下列作业时，作业单位应当按照有关规定制定安全防护方案，经运营单位同意后，依法办理相关手续并对作业影响区域进行动态监测。

（1）新建、改建、扩建或者拆除建（构）筑物。

（2）挖掘、爆破、地基加固、打井、基坑施工、桩基础施工、钻探、灌浆、喷锚、地下顶进作业。

（3）敷设或者搭架管线、吊装等架空作业。

（4）取土、采石、采砂、疏浚河道。

（5）大面积增加或者减少建(构)筑物载荷的活动。

（6）电焊、气焊和使用明火等具有火灾危险作业。

根据2013年11月21日上海市第十四届人民代表大会常务委员会第九次会议修正通过的《上海城市轨道交通管理条例》，上海市轨道交通安全保护区的范围如下。

（1）地下车站与隧道外边线外侧五十米内。

（2）地面车站和高架车站以及线路轨道外边线外侧三十米内。

（3）出入口、通风亭、变电站等建筑物、构筑物外边线外侧十米内。

在上述定义的保护区范围内进行各种工程施工以及地铁的治理工程施工时，会对轨道交通结构产生变形影响，为了及时了解施工对地铁的影响程度，保障轨道交通运营安全，需要对地铁结构进行工程影响监测。工程影响监测是地铁监护工作的一个重要部分，是评价结构变形程度、病害状况及预测结构变形趋势的重要手段。

近年来，安全保护区内施工呈现深、大、近、险的特点，且频繁发现大面积违规堆土，对地铁结构产生较大影响，地铁结构病害也随之增加。因此，对地铁结构的工程影响监测至关重要。随着技术的进步和发展，近几年新的监测手段不断呈现，对地铁结构的监测成果也向高效、精准、快捷方向发展，地铁工程影响监测也需引进先进监测手段，做到及时、准确发现地铁结构变形，确保地铁结构安全。

工程影响监测具有以下明显特性：数据实时和精度要求高；变形及过程不可复现；作业环境困难，作业时间短；隧道内无稳定的基准点；工程多样性对地铁造成不同的影响程度；等等。

地铁安全保护区内项目施工对地铁结构的影响是一个动态的过程，例如对基坑工程的影响程度较为强烈，加强在施工过程中的监测，有助于快速反馈施工信息，及时发现问题并采用最优的工程对策，保证地铁结构及周边环境的安全。通过工程影响监测可以及时获取施工期间轨道交通车站及区间隧道等结构的变形数据，结合外部工程结构特点、施工方法、周边环境、场地工程地质及水文地质条件，严格按规范与设计等有关方面的变形控制要求及类似工程经验进行施工和监测。

在外部作业施工中，由于地质条件、荷载条件、材料性质、施工条件和外界其他因素的复杂影响，很难单纯从理论上预测工程对地铁结构造成的影响，而且理论预测值还不能全面而准确地反映工程的各种变化。所以在理论指导下有计划地进行现场工程监测十分必要。特别是对于复杂的、规模较大的工程而言，就必须在施工组织设计中制定和实施周密的监测计划，以便达到动态设计，实现信息化施工。

5.3.2 项目分级

上海地区根据外部施工影响的剧烈程度，将外部作业划分为特级项目、一级项目及二三级项目，主要划分依据如下。二、三级项目分级可参考《城市轨道交通结构监护测量规范》(DG/TJ 08—2170—2015)附录 E 的要求。

(1) 特级项目:基坑面积>10 000 m^2 且开挖深度>15 m,距离地铁小于 1 倍开挖深度;或穿越项目下穿已建隧道和上穿已建隧道且 $t\leqslant 3$ m。

(2) 一级项目:基坑面积 5 000$\leqslant s \leqslant$10 000 m^2 且开挖深度大于 10 m,且距离地铁小于两倍开挖深度;或上穿已建隧道 $t>3$ m。

不同的工程影响监测项目,针对施工区域与地铁结构平面位置关系、基坑挖深与隧道埋深的竖向位置关系或穿越段的竖向净距等,选择合适可行的工程影响监测手段和监测内容对地铁结构实施工程影响监测,通过测量掌握地铁结构变形情况,及时掌握变形的动态,消除故障隐患,确保地铁正常安全运营。

监测手段可分为人工监测和自动化监测。

(1) 人工监测包括沉降监测、位移监测、收敛监测等。

(2) 自动化监测包括静力水准沉降监测、全站仪位移监测、电子水平尺沉降监测、测距仪直径收敛监测、固定式测斜监测、倾角测收敛(测斜)等。

5.3.3 沉降监测

沉降监测应评价监测对象的沉降量、沉降差及沉降速率,按需要计算差异沉降、相对弯曲等,主要采用水准测量的方法,通过布设基准网和对沉降监测点的测量,得到各观测点的历次高程,通过内业比较、计算相关参数。当须进行自动化监测时,可采用静力水准、电水平尺、测量机器人等方法实施。

1. 沉降监测基准网

垂直位移监测采用几何水准测量方法。由于《国家一、二等水准测量规范》(GB/T 12897—2006)的闭合差、测段高差等主要技术要求均是基于测段长度的,而轨道交通工程影响监测的基准网测量通过车站内较窄的楼梯进行日常联测,水准测段的视距短、高差大、测站数多,采用测段长度进行评定不尽合理。因此基准网测量按《城市轨道交通工程测量规范》(GB/T 50308—2017)、《城市轨道交通结构监护测量规范》(DG/TJ 08—2170—2015)中相关技术要求执行。

垂直位移监测基准网由地面深埋基准点和隧道基准点共同布设成闭合、附合线路或结点网,主要技术指标见表 5-23。

表 5-23　垂直位移监测控制网主要技术要求　(单位:mm)

相邻基准点高差中误差	测站高差中误差	往返较差,附合或环线闭合差	检测已测高差之较差
±0.5	±0.15	$\pm 0.3\sqrt{n}$	$\pm 0.4\sqrt{n}$

注:n 为测站数。

地面深埋基准点设置在施工影响范围外、位置稳定、易于长期保存的地方，每个工程不少于 3 点。地面基准点的选择首先应考虑利用市国土行政管理部门布设的重大市政工程设施沉降监测网点，其次考虑利用前期已埋设的地铁车站深埋水准点，也可在沉降已趋于稳定的桩基建筑上设置墙角基准点；条件有限制区域可选择有深基础的、沉降已经趋于稳定的高架桥墩立柱的预埋监测点。

隧道基准点结合长期沉降数据及地质情况进行综合判断，设置在施工影响范围外相对稳定、方便使用的位置，每个工程不少于 3 点。

地面深埋基准网（点）和隧道基准网（点）正常情况下每月联测一次，以测站数为权进行严密平差，评定测量精度，计算各基准点的高程，判断基准点的稳定性。

每期垂直位移监测均应对隧道基准网（点）的稳定性进行检测，满足稳定性要求后才可使用。如果检测发现隧道基准点有变动，应及时进行地面深埋基准网（点）和隧道基准网（点）的加密联测。

通过往返测量各基准点间的高差，并和已知高差值进行比较，分析判断哪个基准点已经变动，而后重新计算变动点的新高程。必要时补设稳定的基准点，摒弃不稳定的个别基准点。

检测后基准点高程平差值与前期使用值之较差为基准点高程变化量，用 ΔH 表示；平差后基准点的高程中误差用 m_β 表示，则稳定性判定标准如下。

(1) 当 $|\Delta H| \leqslant 1$ mm 时：因《城市轨道交通工程测量规范》(GB/T 50308—2017)要求的基准网高程中误差为 0.5 mm，考虑到测量误差的客观存在，认为点位稳定，采用原用成果不作修正。

(2) 当 $|\Delta H| > 1$ mm 且 $m\_\beta < 0.5$ mm 时：认为基准网观测精度满足规范要求，该基准点位移明显，采用修正后的成果。

(3) 当 $|\Delta H| > 1$ mm 且 $m\_\beta \geqslant 0.5$ mm 时：认为观测误差对高程影响较大，需重新进行基准网测量并根据重测成果评定基准点的稳定性。

2. 人工沉降监测

1) 垂直位移监测点布设原则

(1) 道床沉降观测点布设在轨枕中部，浮置板道床区段的观测点布设于盾构法隧道段的管片、高架段的梁板、明挖区段的底板等结构上，碎石道床段的观测点根据现场结构状况合理布设。

(2) 施工区域正对的地铁线路范围内一般按 5 环(6 m)的间隔布设监测点，伸缩缝处加密布设，两侧延伸范围内按 10 环(12 m)的间隔布设监测点。

(3) 车站与隧道结合部、隧道与高架段之间过渡段以及旁通道等处适当加密布设。

(4) 宜与其他观测项目监测点同断面布设。

(5) 垂直位移监测点尽量利用既有长期沉降监测点。长期沉降监测点为永久设施，监测点选用优质的不锈钢材料按统一规格制作，一般埋设于轨枕中心位置(图 5-16)。

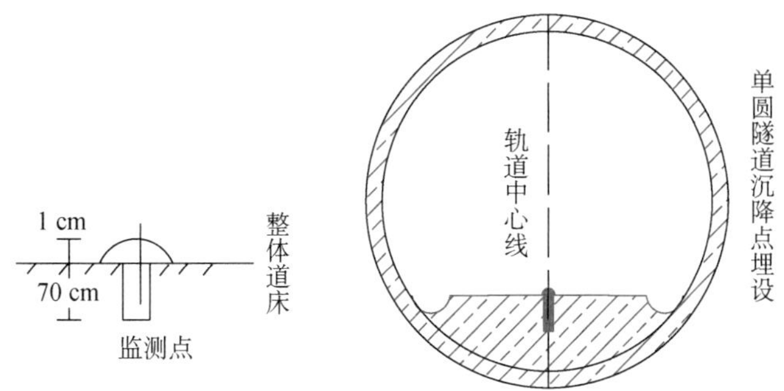

图 5-16　道床垂直位移监测点埋设示意图

2）车站立柱垂直位移监测点布设

车站立柱垂直位移监测点一般应布设于站台层立柱上，测点布设应美观大方、不影响被监测体的结构性能及正常使用、不影响行人正常通行。

3）车站附属设施垂直位移监测点布设

(1) 出入口的观测点在地面出口、中部平台、下部与车站接缝两侧布设，布点位置不影响行人正常通行。

(2) 风井、冷却塔、垂直电梯、变电站、电缆沟等附属设施的观测点在结构角点布设，不影响被监测体的结构性能及正常使用。

3. 自动化沉降监测

自动化沉降监测可采用静力水准、电子水平尺、测量机器人等方法实现，具体作业方法可参见本书 5.5 节。

5.3.4　水平位移监测

监护项目可建立独立平面直角坐标系，坐标系统 X 轴可与里程方向大致平行，Y 轴垂直于 X 轴；X 坐标取值可与里程值大致一致；为计算方便，Y 值满足所有控制点与观测点坐标值不出现负值即可。

基于所建立的平面坐标系，水平位移监测主要为 Y 分量的水平位移。

1. 水平位移监测基准网

根据《城市轨道交通工程测量规范》(GB/T 50308—2017)、《城市轨道交通结构监护测量规范》(DG/TJ 08—2170—2015)等相关技术规范要求，工程影响监测项目水平位移基准网应满足以下要求：相邻基准点的点位中误差≤±3.0 mm；测角中误差≤±1.8″；

最弱边相对中误差≤1/70 000，技术指标如表 5-24 所示。

表 5-24　　水平位移控制测量技术要求

相邻基准点的点位中误差/mm	平均边/m	测角中误差/(″)	最弱边相对中误差	距离观测测回数	
				往测	返测
±3.0	150	±1.8	≤1/70 000	3	3

三角网、边角网的三角形角度最大闭合差不应大于 $2\sqrt{3}\ m_\beta$；导线测量每测站左、右角闭合差不应大于 $2\ m_\beta$；导线的方位角闭合差不应大于 $2\sqrt{n}\ m_\beta$（n 为测站数，m_β 为测角中误差）。

1）基准网(点)布设

区段长度小于 300 m、通视条件良好时，水平位移测量可采用视准线法、小角度法或自由设站基准线法等方法实施。范围较大或通视条件不佳时，可采用导线网、三角网、边角网等形式布设水平位移控制网。

水平位移基准点设置要求如下。

(1) 基准点设置在变形区域外、位置稳定、易于长期保存的地方。

(2) 基准点和工作基点优先采用固定仪器台或固定棱镜的方式布设，并采取有效的防护措施保证点位的稳定性。

(3) 基准点布设方案，可根据现场具体条件和测量方法的不同进行选择，但基准点之间必须有稳定性检核的必要条件。

(4) 隧道段基准点布设时，应考虑尽量削弱旁折光的影响，相邻点错位设置在隧道的两侧。

各监测方法基准网(点)布设如下。

(1) 视准线法

设置测站点、定向点、检查点三点基本共线，基准线垂直于位移方向，沿隧道轴线方向布置。在测站点安置全站仪或经纬仪后，检测定向点、检核点的夹角，检测夹角与初始测量夹角之差应小于±3″，否则按方向线偏移法进行位移修正。

在观测点安装直尺或觇标，直尺垂直于基准线，水平安置，刻度正方向与位移正方向一致。首次观测时调整直尺位置保证视准线瞄准直尺中部，以后固定历次直尺与观测点的相对关系。视准线法水平位移基准网布置如图 5-17 所示。

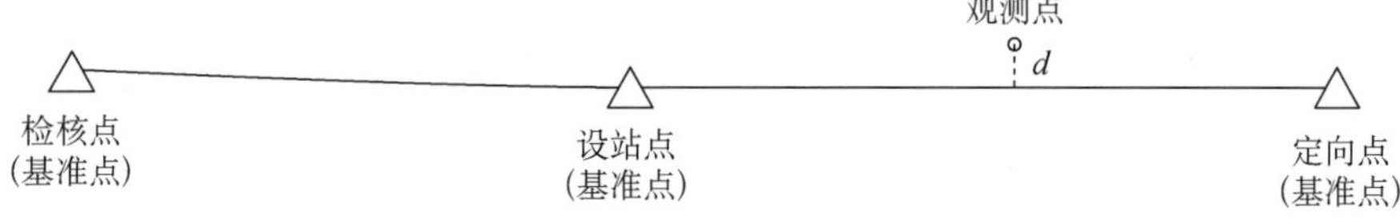

图 5-17　视准线法水平位移基准网布置示意图

(2) 小角度法

设置测站点、定向点、检查点三点基本共线，基准线垂直于位移方向，沿隧道轴线方向布置。当观测点偏离基准线的距离稍大或现场难以安置直尺时，基于视准线法，采用小角度法进行视准线测量且观测点偏离视准线的偏角不应超过 30″。小角度法水平位移基准网布设如图 5-18 所示。

小角度法通过历次观测变形点与基准线之间的小角度的变化，计算位移量。观测点偏离基准点的距离 d 和位移量 u_i，分别如式(5-5)和式(5-6)所示：

$$d = D \times \tan(\beta) \approx D/206\ 265 \times \beta \tag{5-5}$$

$$u\_i = d\_i - d\_0 = D/206\ 265 \times (\beta\_i - \beta\_0) \tag{5-6}$$

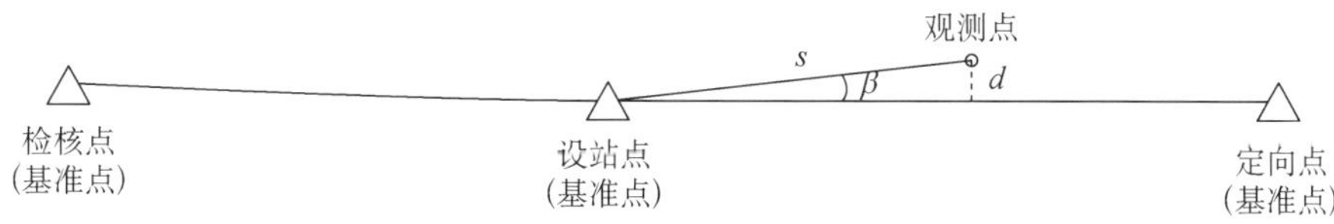

图 5-18 小角度法水平位移基准网布设示意图

(3) 自由设站基准线法

自由设站基准线法，由两个分布在观测区两侧的参考点构成一条基准线，观测时在变形区的中部设站，通过观测两个参考点及待测点的水平角、距离，计算待测点偏离基准线的长度。自由设站基准线法水平位移基准网布设如图 5-19 所示。

为便于基准点位移后的恢复，保证控制网的可靠性，两侧基准点数量各不少于 3 点。

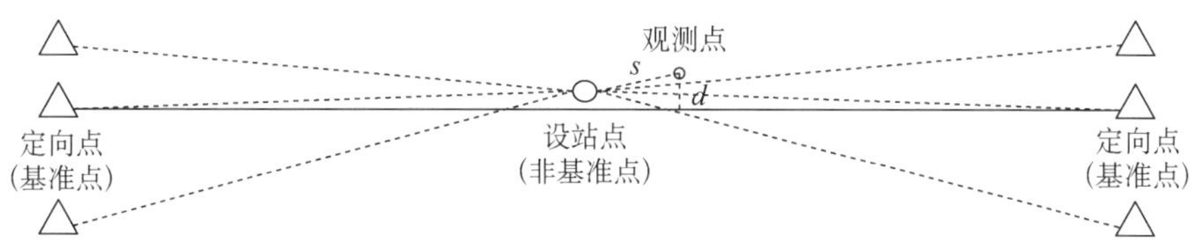

图 5-19 自由设站基准线法水平位移基准网布设示意图

(4) 导线网、三角网、边角网

当范围较大或通视条件不佳时，水平位移基准网可布设成导线网、三角网、边角网等形式。三角网、边角网是水平位移变形监测基准网的常用布网形式，其图形强度、可靠性高，有条件时应尽量采用三角网、边角网形式布设；导线网布网灵活，但检核条件少，应加强基准点检核。

以监测区段常见的曲线段为例，布网时结合以下因素进行考虑。

① 影响区段两侧的平面位移基准点间不能通视；

② 若两侧各布置两点，则任一点位移后从另一侧按导线法来联测校正的测量误差较大。

因此，为便于检测基准点的稳定性，应在影响区段的两侧各设置相互通视、相邻间距100 m左右的3点，组成三角形网，任一点移动后可用另两点快速检测复位。为日常变形观测方便，在监测区中部设置与相邻基准点通视的工作基点，可组成如图5-20所示基准网。

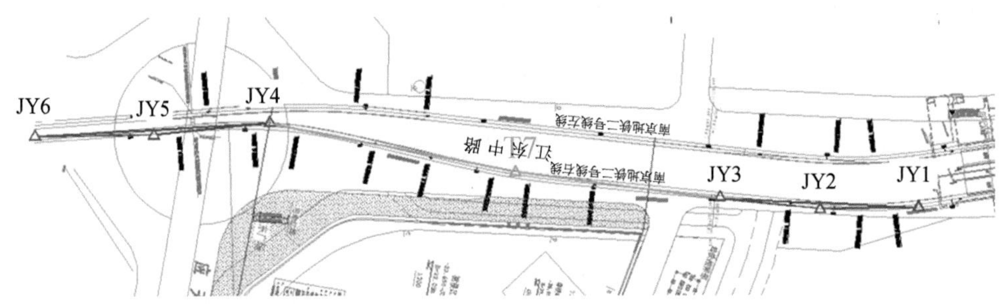

图5-20 典型隧道曲线段的水平位移基准网布设示意图

2）基准点稳定性分析

监测期内基准网根据监测方法定期联测，通过观测角度关系、距离关系或平差坐标值评定点位精度，必要时补设稳定的基准点，摒弃不稳定的个别基准点。

（1）视准线法、小角度法

视准线法、小角度法每次观测前检查设站点、定向点、检查点的相互关系，水平角、距离观测两测回。与在用值比较，水平角较差小于3.6″，距离较差小于4 mm时，认为基准点稳定。

（2）自由设站基准线法

自由设站基准线法每次观测前应联测所有基准点的相互关系，检测时水平角、距离观测两测回。平差计算后基准点坐标分量与在用值较差小于4 mm时认为稳定。

（3）导线网、三角网、边角网

每月检测一次导线网、三角网、边角网等其他形式布设的水平位移控制网，每次测量时进行设站点的相邻关系检测。

2. 人工水平位移监测观测

1）技术要求

根据《城市轨道交通工程测量规范》(GB/T 50308—2017)变形监测要求，水平位移观测点相对邻近控制点坐标中误差为±3.0 mm，基于前述控制网建立的平行于轨道的平面坐标系，垂直轨道方向坐标分量中误差±2.1 mm。

2）监测点布设

(1) 水平位移监测点一般布设在靠近施工区域的地铁车站侧墙和隧道结构上，高架线路在道床上沿一条铁轨布置。

(2) 在施工区域对应的投影区段范围内，观测点按 5 环(6 m)的间隔布设，投影区段范围外两侧按 10 环(12 m)的间隔布设。

(3) 测点采用固定支架安装强制对中基座，或安装固定支架小棱镜。

3）监测方法

水平位移监测可采用坐标法(极坐标法、交会法)或基准线法、投点法进行。

在测站点设置全站仪，严格对中整平后照准后视点定向，检测检查点坐标较差小于 ±3 mm。将棱镜安置在位移监测点上，利用全站仪自动照准功能，依次正倒镜测量每一个监测点三维坐标。监测点全部完成测量后再次测量检查点，检查测量过程中全站仪是否有移动。正倒镜测量的坐标较差小于±2 mm，超限后须重新测量。

根据轨道交通结构水平位移监测精度要求高的特点，工程影响监测项目一般采用高精度智能型全站仪(标称精度 0.5″，$0.6\ \mathrm{mm}+1\times10^{-6}\times D$)及配套棱镜来进行水平位移监测。

要求的水平位移观测点坐标中误差为 $M_{\mathrm{p}}=\pm3.0$ mm，则其坐标分量中误差为 M_x、M_y，按等影响原理：

$$M_x=M_y=M_{\mathrm{p}}/\sqrt{2}=\pm2.1\ \mathrm{mm} \tag{5-7}$$

观测点距离测站的最大距离控制在 200 m 以内，由于仪器及观测点均采用了强制对中，对测距产生的纵向误差可忽略不计，此处要达到相应的精度 M_x，主要受水平角测角误差影响和自动照准的精度，要求的测角精度为

$$M_\alpha=M_x\times\rho/D=2.1\times206\ 265/200\ 000\approx2.1'' \tag{5-8}$$

基于隧道内的观测条件及上述精度分析，隧道内的水平位移观测点视距控制在 200 m 以内；对于视距大于 100 m 的观测点每次观测两测回，100 m 以内观测一测回；对于距离，正倒镜各观测一次；杜绝半测回观测。

3. 水平位移自动化观测

当采用测量机器人实施自动化水平位移监测时，可参见本书 5.5.5 节。

5.3.5 收敛监测

收敛自动化测量(激光测距仪)获取隧道结构环片水平直径方向的收敛变形量，在施工期间实现对隧道结构收敛变形的实时监测。工程影响的收敛监测一般采用固定测线法实施，可采用人工或自动化监测。

1. 人工收敛监测

工程影响人工收敛监测与长期监测的收敛固定测线法类似，布点时应在固定测线的两端设置反射面片固定棱镜，其他作业方法参照本书 5.2.3 节。

2. 自动化收敛监测

自动化收敛监测可采用激光测距传感器、倾角计等，作业方法参见本书 5.5 节。

5.4 结构检测

结构健康状态是地下工程运维关注的首要问题，隧道结构病害类型主要包括渗漏水、结构损伤、结构沉降收敛变形等，这些病害必须定期检测、评估，必要时应及时采取整治措施。

随着隧道总里程的增加、地铁运营时间的延长，隧道结构病害检查的工作量越来越大，可用于巡检的窗口时间越来越短，传统人工巡查的方式难以满足实际需求，经过长年持续研究攻关，激光扫描检测、视觉病害检测、结构无损检测等方面取得了大量成果并投入实际应用。

5.4.1 三维激光扫描综合检测

激光扫描技术又称为“实景复制技术”，是近年来发展的一种新型测量技术，突破了传统测量的瞄准—测量—记录的基本流程，可以全视场、精确和高效地获取测量目标的三维坐标及影像数据，具有测量效率高(100 万点/s)、测量信息丰富(坐标＋激光反射率)、测量精度高(毫米级)等优势。

激光扫描应用于隧道检测可得到两方面成果：一方面，利用激光扫描采集得到点云的几何信息，可解算结构收敛、错台等变形；另一方面，利用点云反射率可生成隧道内壁影像，进而满足病害巡检的要求。

1. 数据采集

激光扫描数据采集方式可分为迁站式静态采集和基于轨检小车的移动数据采集。

1) 迁站式静态采集

隧道是狭长的线状结构，迁站式静态测量需要沿隧道里程方向依次布设多个测站才能完成整条隧道的数据采集。观测前需根据隧道的直径大小、预期的点云密度，规划好相邻测站间距。隧道内进行扫描作业的时间窗口非常短，狭长形的观测条件也限制了扫描的有效距离，因此在满足点云密度和质量的前提下，需优化设定扫描仪的参数配置，从而提高外业效率。

Faro 扫描仪的参数设定主要为分辨率和扫描质量，其中分辨率有“1/1，1/2，1/4，1/5，1/8，1/16”共 6 档可选，扫描质量有“1×，2×，3×，4×”共 4 档可选。分辨率设置越高，点云密度越大，被扫描物体的细节就越清楚，扫描所需时间也越多；扫描质量越高，点云的重复测量次数越多，相应的点位精度越高，但也会相应地增加扫描时间。隧道扫描的分辨率示意见图 5-21，Faro 扫描仪的距离分辨率见表 5-25。

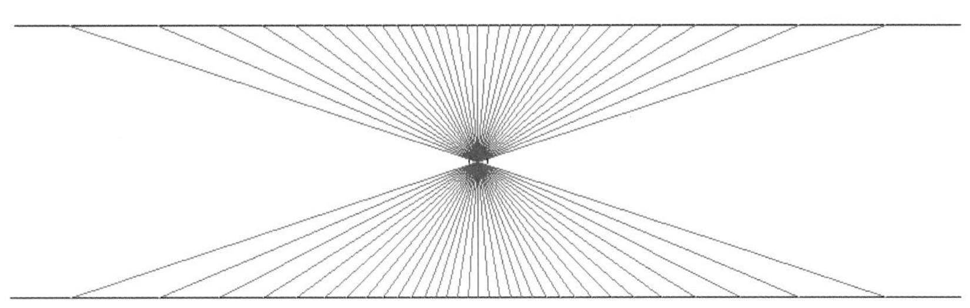

图 5-21　隧道扫描分辨率示意图

表 5-25　　Faro Focus^{3D} 扫描仪分辨率

分辨率	1/16	1/8	1/5	1/4	1/2	1/1
10 m 处点间距/mm	25.544	12.272	7.67	6.136	3.068	1.534
24 m 处点间距/mm	61.319	29.438	18.38	14.660	7.330	3.723
角度步长/s	527	253	158	126	63	32

根据隧道试验数据采集的经验来看，“1/4 分辨率、2×质量”的高分辨率参数设定可以满足正射影像生成所需要的点云分布密度，平均每站作业时间约需要 3 min，每站有效扫描范围约为 20 环(24 m)，1 个作业组 3 h 可完成的有效扫描长度约为 1.4 km。若仅提取隧道断面及直径收敛，则可以使用“1/8 分辨率、2×质量”的中分辨率参数设定，平均每站作业时间约需要 2 min 30 s，每站有效扫描范围约为 20 环(24 m)，1 个作业组 3 h 可完成的有效扫描长度约为 1.8 km。

使用 1/4 分辨率扫描时，使用测量车推扫与架设三脚架扫描的效率差别不大，主要原因是仪器扫描时间基本固定(2 min 25 s)，推车所起的主要作用是提高仪器的安全性、降低作业人员的劳动强度等。使用 1/8 分辨率扫描时，单站扫描所需要的时间会有所减少，但仍需要频繁地搬站。与 AmbergGRP5000 标称的 1 km/h 断面检测效率相比，仍有一定的差距，但固定式的扫描方式不需要集成多传感器，且精度更为可靠稳定。

提高作业效率的措施可考虑以下方法：培训提高操作人员技能，扫描仪配置高速 SD 存储卡，尝试使用 1/5 分辨率扫描，扩大单站有效测量范围等。

2）移动激光扫描采集

移动激光扫描技术是以专用移动平台为载体，搭载激光扫描仪进行断面式扫描，获取隧道内连续的几何坐标和激光反射率信息，同步精确记录检测车的里程信息，通过软件解算获取结构变形和内壁激光影像，实现隧道病害的定量量化和定性判读。

隧道移动扫描测量车工作原理和现场如图 5-22 所示。

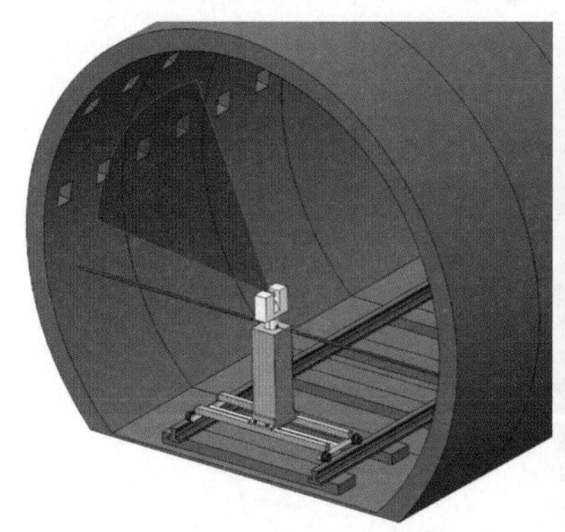

图 5-22　隧道移动扫描测量车工作原理和现场

移动扫描时，预期点云的纵向分辨率与行进速度相关，横向分辨率与扫描头的转速相关，作业时需根据预期的点云密度设置轨道车的行进速度和扫描头的转速。如某检测系统的 FaroX 扫描头、检测车的性能见表 5-26 和表 5-27。

表 5-26　FaroX 系列扫描仪硬件性能指标

序号	硬件性能指标	参数值
1	扫描距离	X330：0.6～330 m，X130：0.6～130 m
2	测距精度	±2 mm
3	影像采集能力	内置 7 000 万像素一体化彩色数码相机
4	采集速度	976 000 点/秒
5	控制连接	WIFI 或 USB2.0 传输
6	工作环境	5～40 ℃(使用)
7	设备重量	5.2 kg

表 5-27　移动测量车基本技术指标

序号	硬件性能指标	参数值
1	匀速驱动	三档(0.9 km/h，1.8 km/h，3.6 km/h)可调匀速运动，匀速运动的速度精度应优于±0.02 m/s
2	车辆减震	合理的重心和驱动设计，尽量减少车体行驶期间的震动

续表

序号	硬件性能指标	参数值
3	轮轨设计	轨道轨距 1 435 mm，轮子与轨道绝缘
4	尺寸和重量	不大于 1.60 m×0.80 m，车体及荷载总重小于 40 kg，部分部件可拆卸
5	里程输出和记录	能够实时记录并输出行驶轨迹参数，每行驶 1 000 m 的距离累计精度不低于 3 m
6	整机可靠性	正常工作可靠性高于 98%
7	安全措施	设置工作照明灯、反光条、紧急制动刹车等

2. 数据解算

原始隧道点云数据无拓扑关系，是散乱无序的，数据量约为 10 Gb/km。如何从海量、散乱的点云数据中，通过程序解算获取隧道测量和影像成果，是隧道激光扫描技术的关键内容。

1）数据处理流程

扫描数据内业数据处理内容主要包括：①初始影像解算，包括里程数据与点云数据时间系统匹配、初始影像解算等；②隧道断面环号定位；③断面切片提取与水平直径解算；④隧道内壁影像纠正。

数据处理的具体步骤是：①结合里程信息与原始点云数据，正射投影解算生成隧道内壁初始影像；②基于隧道初始影像，进行隧道断面环号定位；③根据环号定位信息，获取隧道逐环的横断面数据，并对初始影像进行纠正；④根据隧道横断面数据进行隧道水平直径解算、全断面分析等；⑤影像纠正后经增强处理，结合人工判读获取隧道的环号、里程、变形分级渲染图、各类病害及附属设施信息等。流程如图 5-23 所示。

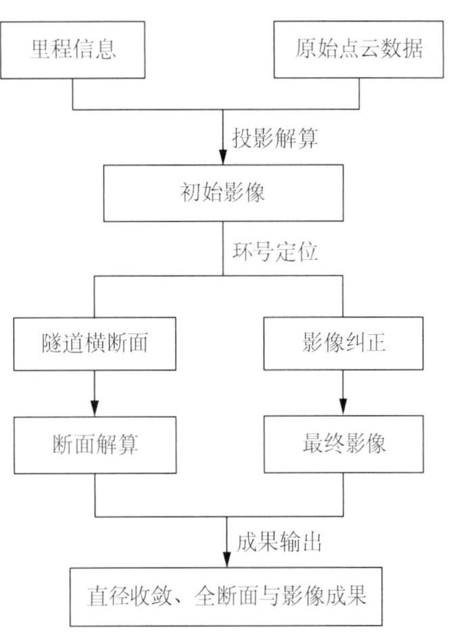

图 5-23　移动扫描数据处理流程图

2）隧道点云数据去噪

激光扫描获得的隧道海量点云数据中不可避免地存在许多噪声点。噪声来源有多种，主要包括预制管片的连接螺栓孔、螺帽、注浆孔及电缆、照明设备、人和仪器以及其他附着在管壁上的设施等。这些噪声不仅会增加点云数量，而且会严重影响隧道数据的后续处理和分析。根据隧道点

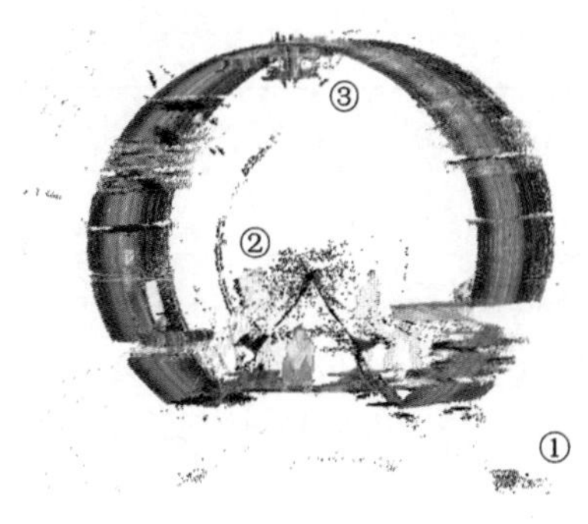

图 5-24　隧道噪声分布图

云噪声的空间分布情况，大致可将其分为以下几类：①飘移点；②冗余点；③混杂点，如图 5-24 所示。在隧道数据处理中，第①类噪声是与隧道无关的点，并且远离隧道主体部分，通常用现有的点云处理软件通过可视化交互方式直接删除。而第②、③类噪声点与隧道相关，并且与隧道主体点云混杂在一起，去噪算法主要是处理第②、③类噪声。

按断面或者按断面上每个管片的起止角度，把点云分为若干处理单元，根据椭圆拟合求得的标准差 σ 设定阈值进行去噪，图 5-25 为不同去噪阈值 $\varepsilon_k = k \times \sigma$ 下的去噪效果图。

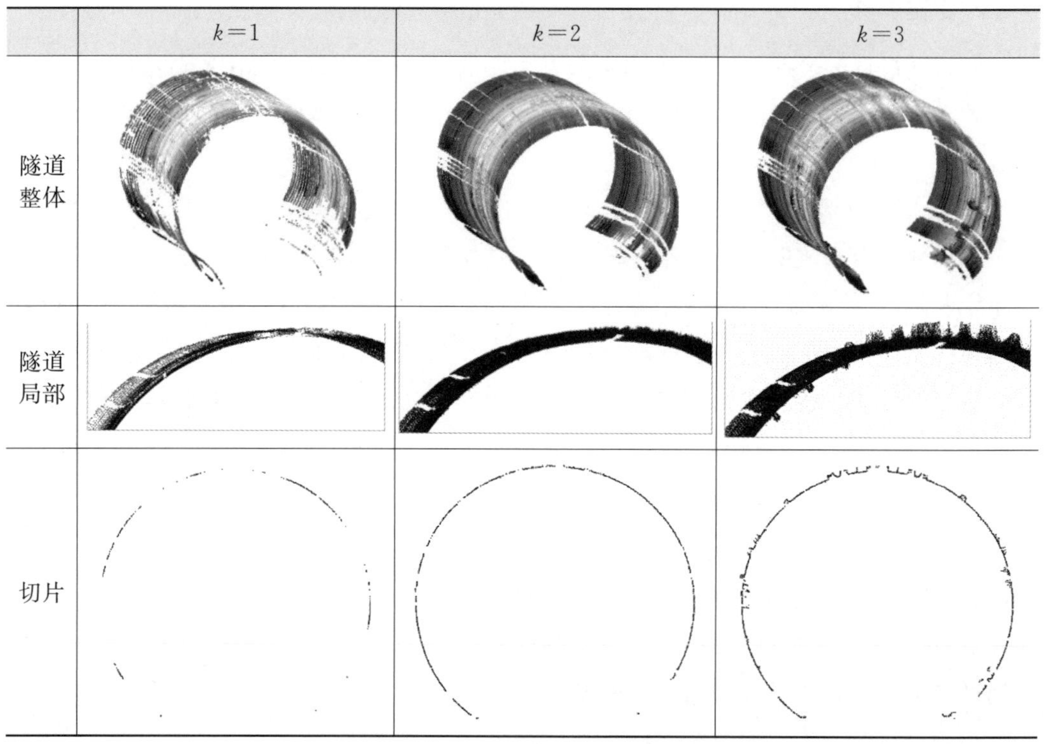

图 5-25　不同阈值下去噪效果图

图 5-25 中，当 $k=1$ 时，隧道整体点云分布不均匀，存在非噪声点被去除的情况，点云切片上也出现大量点云缺失；当 $k=2$ 时，隧道点云均匀分布，仪器、螺栓孔、电缆等冗余点和混杂点均被删除，点云切片只在电缆线处出现缺失，去噪效果最佳；当 $k=3$ 时，隧道点云中仍有大量螺栓孔和电缆存在。隧道扫描数据进行噪声点过滤时，一般取 $k=2$。

3）衬砌环水平直径解算

隧道水平直径解算方法通常有椭圆拟合法、分段圆弧法等。

(1) 椭圆拟合法

假定隧道受外部荷载压力变形后，其断面可近似看成是一个椭圆，且椭圆长轴处于水平位置。因此椭圆拟合法是通过对提取的断面进行椭圆拟合，求出椭圆长轴作为断面的水平直径。

根据椭圆拟合法求取隧道断面模型的水平直径，并与全站仪实测结果进行精度分析。图 5-26 为椭圆拟合法求出的水平直径与全站仪测得的水平直径差值曲线图，图 5-27 为椭圆拟合法局部误差分析图。

从图 5-26 中可看出，椭圆拟合法获取的水平直径与全站仪数据的吻合性较差，偏差平均值为 19.3 mm，最大偏差高达 34.5 mm，标准差为 5.3 mm。分析原因，主要是因为隧道实际断面并不是标准椭圆，以标准椭圆模型对断面进行拟合会造成较大的误差，图5-27为椭圆拟合法的误差分析图，图中黑色线条为拟合椭圆，红色线条为断面点的连线。

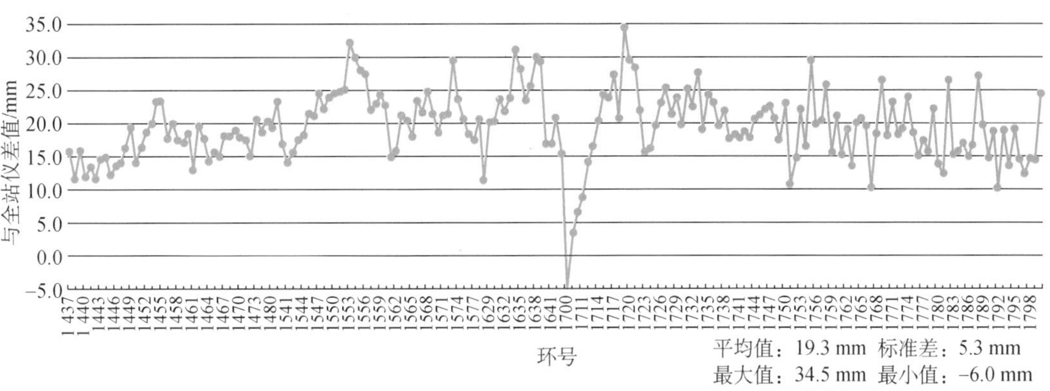

图 5-26 椭圆拟合法提取水平直径与全站仪实测值对比情况

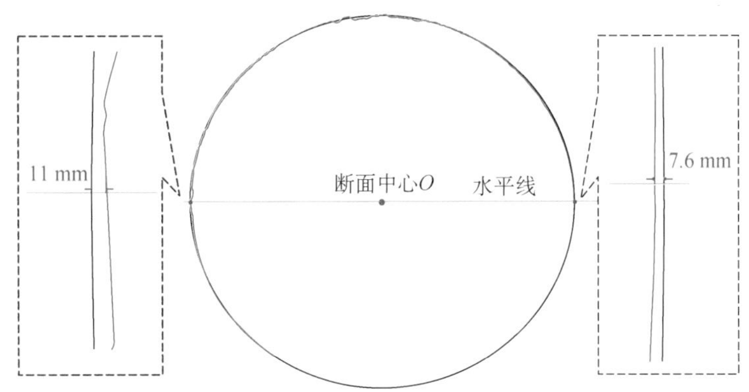

图 5-27 椭圆拟合法局部误差分析图

从图 5-27 中可看出，拟合椭圆与实际断面点整体吻合性较好，但从局部图中可看出，两者之间仍有较大间隙，从水平方向上看，左边点到椭圆的距离为 11 mm，右边点到椭圆的距离为 7.6 mm。因此该断面的实际水平直径比椭圆长轴小 18.6 mm，与以上获得的 19.3 mm 的偏差平均值基本相符。

由以上分析可知，由于断面不是一个标准的椭圆，虽然拟合的标准差较小，但断面的拟合椭圆长轴与断面的实际水平直径存在较大偏差，直接利用标准椭圆模型进行断面收敛分析的方法不可取。

(2) 分段圆弧拟合法

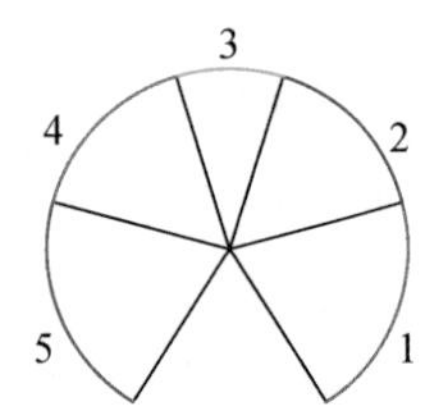

图 5-28　分段圆弧拟合示意图

分段圆弧拟合法主要针对普通圆形地铁隧道，这类隧道每环管片通常由 6 块管片拼装而成，外径为 6.2 m，内径为 5.5 m，接缝宽度约 1 cm。大量观测数据表明，隧道变形集中体现在管片拼接裂缝处，截面变形后并不完全是标准椭圆，利用分段圆弧拟合的方法对隧道截面点云进行拟合更接近真实情况。隧道分段圆弧拟合法主要利用圆心、半径、起始终止角度来对拟合后各个圆弧的空间位置和相互关系进行描述，如图 5-28 所示。

利用圆的拟合方程，对 1,2,3,4,5 段圆弧进行拟合，得到 5 个圆弧的圆心 (X_1, Y_1), (X_2, Y_2), …, (X_5, Y_5)，考虑到天顶上海鸥块较短，数据点少，因此权重较小，最后使用 1,2,4,5 段圆弧的圆心的重心作为该断面的圆心 $O(X_0, Y_0)$，其中，$X_0 = \dfrac{\sum X_i}{4}$，$Y_0 = \dfrac{\sum Y_i}{4}$。由于每段隧道各圆弧的接缝处点的相对位置是固定的，因此圆弧的起始角度 α 和终止角度 β 可根据实际情况预先设定，所以该隧道圆的方程可写为式(5-9)：

$$F = \begin{cases} (x - X_1)^2 + (y - Y_1)^2 = R_1^2 & \alpha_1 < \theta < \alpha_2 \\ (x - X_2)^2 + (y - Y_2)^2 = R_2^2 & \alpha_2 < \theta < \alpha_3 \\ (x - X_3)^2 + (y - Y_3)^2 = R_3^2 & \alpha_3 < \theta < \alpha_4 \\ (x - X_4)^2 + (y - Y_4)^2 = R_4^2 & \alpha_4 < \theta < \alpha_5 \\ (x - X_5)^2 + (y - Y_5)^2 = R_5^2 & \alpha_5 < \theta < \alpha_6 \end{cases} \quad \theta = \arctan \frac{x - X_0}{y - Y_0} \tag{5-9}$$

该圆上一点到隧道圆拟合中心 $C(X_0, Y_0)$ 的距离 d 就可以写为式(5-10)：

$$d = \sqrt{(x - X_0)^2 + (y - Y_0)^2} \tag{5-10}$$

取极角为 90°的断面点距离 d_1 与极角为 270°的断面点距离 d_2 之和作为断面的水平直径，即 $d = d_1 + d_2$。

分段圆弧拟合法是将隧道以砌衬结果为依据，对隧道进行分段，每段以圆模型对其拟合，最后求其水平直径。图 5-29 为分段圆弧拟合法求出的水平直径与全站仪水平直径差值曲线图。

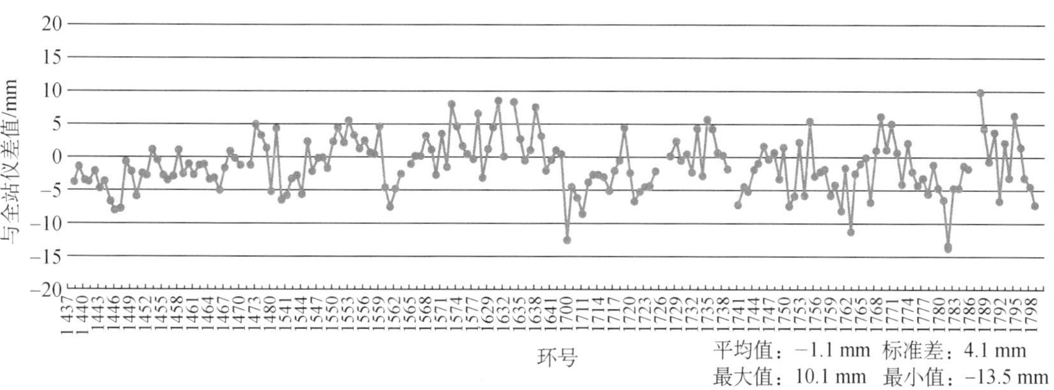

图 5-29 分段圆弧拟合法提取水平直径与全站仪实测值对比情况

从图 5-29 中可看出，分段圆弧拟合法求得的水平直径与全站仪实测的水平直径的偏差最小，其偏差平均值仅为−1.1 mm，最大偏差为−13.5 mm，标准差为 4.1 mm。由此说明，相对前两种方法，分段圆弧拟合法所获水平直径与全站仪实测水平直径的吻合性与稳定性最好。

4）衬砌环错台与接缝张开提取

盾构隧道的错台是指管片拼装后，相邻管片内壁不在一个弧面，相互错动的现象，如图 5-30和图 5-31 所示。

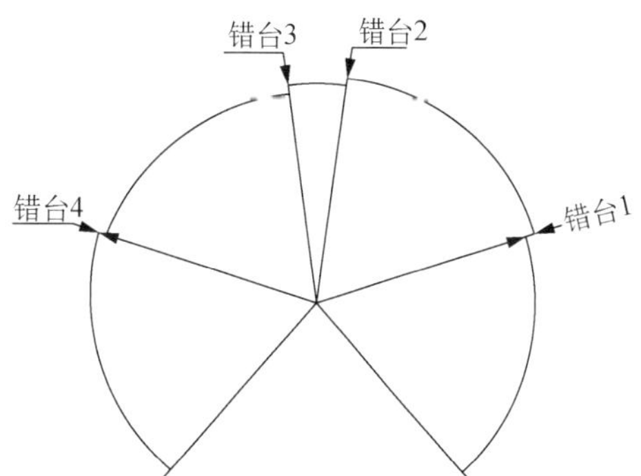

图 5-30 断面错台示意图

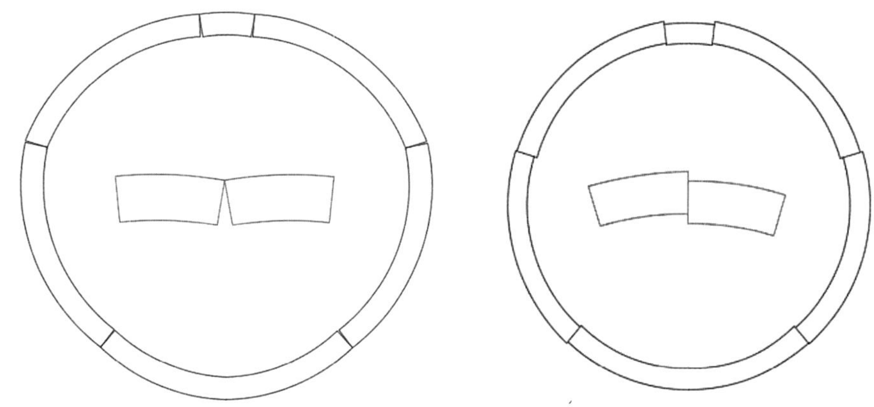

图 5-31 管片相对转动和相对错动

使用分段圆弧拟合方法，对断面进行分段拟合，分别求出 5 段圆弧（X_1，Y_1，R_1），

(X_2, Y_2, R_2), …, (X_5, Y_5, R_5)，其中 X，Y 为圆心坐标，R 为圆弧半径。设相邻两个圆弧接缝位置的天顶距为 α，根据 α 分别计算两个圆弧在接缝处的坐标 (x_1, y_1)，(x_2, y_2)。该处错台量为

$$d=\left|\sqrt{(x_1-x_0)^2+(y_1-y_0)^2}-\sqrt{(x_2-x_0)^2+(y_2-y_0)^2}\right| \tag{5-11}$$

式中，(x_0, y_0) 为断面中心。

5）分段圆柱等角正切投影法影像生成

激光扫描仪主动发射的激光不受环境光线的影响，获取的点云数据中不仅包括扫描点的三维坐标信息，还有扫描点的反射率信息，根据激光反射率信息可以生成隧道管壁的正射灰度影像。隧道管壁影像的生成主要分三步。

（1）隧道管壁影像坐标投影

每一环的点云数据可以抽象为一个圆柱体模型，将各圆柱体侧面按照数学投影原理展开成平面，并保持其沿里程方向上的连续性，就生成了隧道断面的正射投影。移动扫描近似垂直于轨道，由于轨道曲线的连续光滑特性，投影后不需要经过轴线旋转、坡度改正，可直接将其连续拼接形成隧道的二维平面。

（2）圆柱等角正切投影

隧道环片点云 P_i 在坐标系 $oo\text{-}xxyyzz$ 下的极坐标可表示为 $\theta_i=\arctan\dfrac{zz_i}{xx_i}$，$y_i=yy_i$，$r=\sqrt{xx_i^2+zz_i^2}$，沿里程方向，即 yy 轴圆柱等角正切投影后各点的 $X_i=yy_i$，$Y_i=\theta_i\times R/2$。

如图 5-32 所示，以每一扫描列的弧顶方向，即天顶距为 0°的位置为原点，隧道管壁上的每个点到原点的弧长为投影后的 Y 坐标，在 Z 轴左侧的 Y 坐标为负。

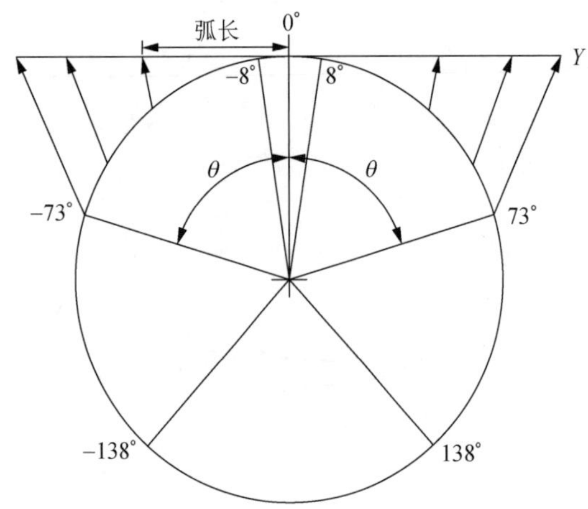

图 5-32　隧道环片按圆柱等角正切投影示意图

（3）影像生成

经坐标投影后的点云数据采用美国摄影测量与遥感学会(ASPRS)的 Las1.1 格式存储，Las 文件主要用来存储 LiDAR 点数据，有固定公开的数据格式使得不同的 LiDAR 软硬件工具都能够进行处理，数据为二进制形式，包含一个头文件区、变长记录区和点记录区。所有数据都是 little-endian 格式。头文件区包含一个公共区，后面紧接着变长记录。公共区块包含一些描述数据整体情况的记录，比如点记录数、坐标边界。变长记录包含一些变长类型数

据,有投影信息、元数据、波形数据包信息和用户应用数据。

原始点云数据经格式转换生成 Las 文件后,可直接使用 ArcGIS 的转换工具 LasDatasetToRaster 工具插值生成栅格影像,最后生成输出 TIFF 格式的图片文件供生产需要。转换过程及结果如图 5-33 所示。

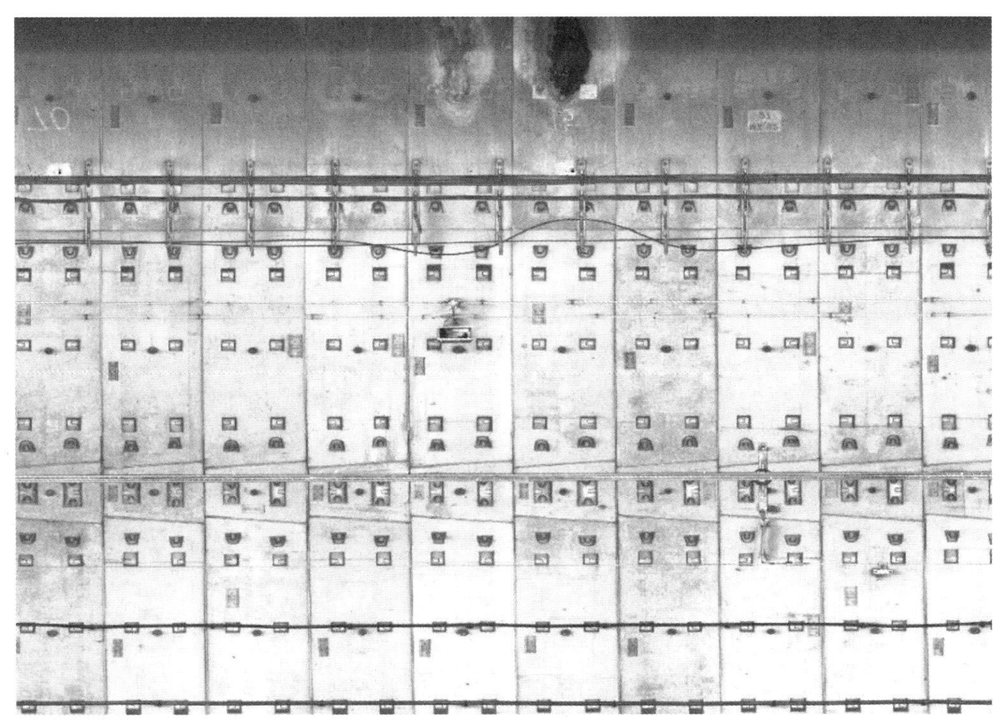

图 5-33 隧道管壁栅格影像

3. 误差分析

激光扫描收敛测量的误差主要来源于以下几个方面。

1) 距离测量误差

距离测量误差包括测距系统误差和测距偶然误差。其中:①标称距离测量误差为 ±2 mm,近似认为其对收敛测量的影响是一个常数,是收敛测量的主要误差来源之一;②在 10 m 位置 10%反射率时的测距噪声为 0.4 mm,由于盾构隧道的激光扫描断面基本对称,有效收敛测量点数一般超过 1 000 点/断面,可认为该项误差影响较小。距离测量误差可通过基线重复测量比对求解直径收敛的改正数,也可使用扫描仪计量检定的距离常数差进行改正,并在试验区段与全站仪测量成果进行比对验证。

2) 断面与隧道轴线垂直误差

当扫描断面若与隧道轴线不完全垂直时,对隧道直径测量的误差影响为 $\Delta d = R \cdot$

$\left(\frac{1}{\cos\alpha}-1\right)$，其中，$R$ 为隧道直径，α 为垂直夹角。当 $\alpha=1°$时，$\Delta d=+0.84$ mm；当 $\alpha=2°$时，$\Delta d=+3.35$ mm。因此，断面与隧道轴线的垂直误差是直径收敛测量的一个重要误差源。

一般情况下，轨道轴线与隧道轴线精确平行，仅在转弯区段(圆曲线及缓和曲线段)发生一定的偏移。若 1.2 m 环宽的衬砌环偏转角为 1°，则该环的横向偏差为 20.5 mm，若连续 5 环偏转角为 1°，则该段累计横向偏差达 14.5 cm，已接近隧道的净空值，与实际情况不符。因此，轨道轴线与隧道轴线偏转角应小于 1°，轨道与衬砌环中轴线的偏移量对隧道直径收敛测量影响较小。

为保证扫描断面精确垂直于隧道轴线方向，在采集数据前，在扫描仪的连接基座两端增加激光校正器(图 5-34)，通过旋转、平移使两边激光同时瞄准同一环片的环缝，完成对扫描仪姿态的校正，保证扫描断面垂直隧道中轴线。

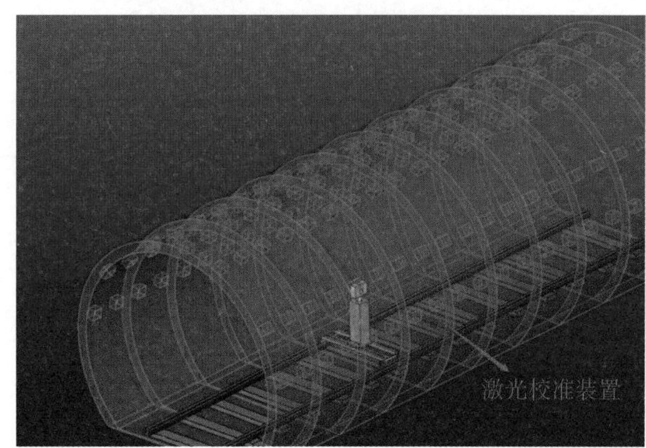

图 5-34　一种校正扫描仪扫描姿态的装置

3) 其他偶然误差

来自轨道不平顺、外部震动、轨行区行人干扰等其他偶然误差的影响，通过移动测量车和仪器台的减震设计、杜绝人为干扰等措施减少其对收敛测量的影响。

4. 精度评定

1) 内符合精度评定

采用相同的仪器、相同的测量方法对相同的地铁进行两次重复测量，评定三维激光扫描数据的内符合精度。经过多次数据采集，共获得 9 463 组重复测量数据，该数据主要来自上海地铁 2 号线、10 号线、12 号线多个区间的实际测量数据。本节列出部分区间重复测量数据的对比，如图 5-35 和图 5-36 所示。

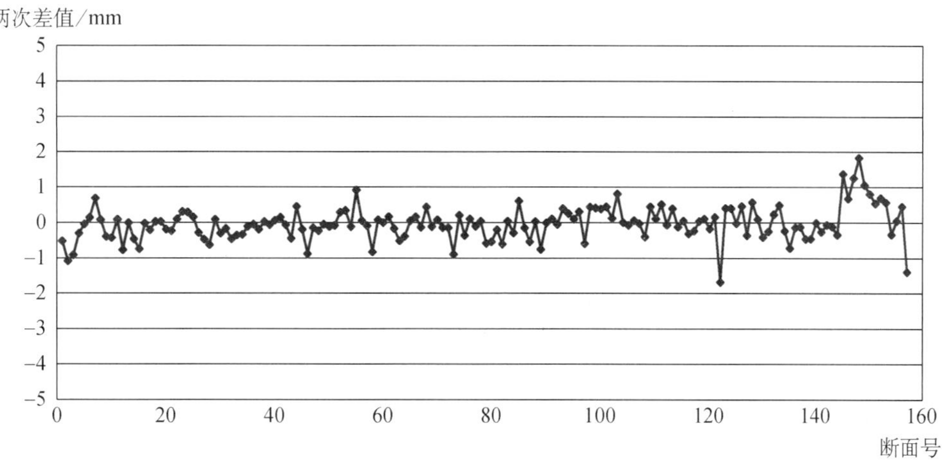

图 5-35 地铁 10 号线某区间激光扫描重复测量差值曲线图

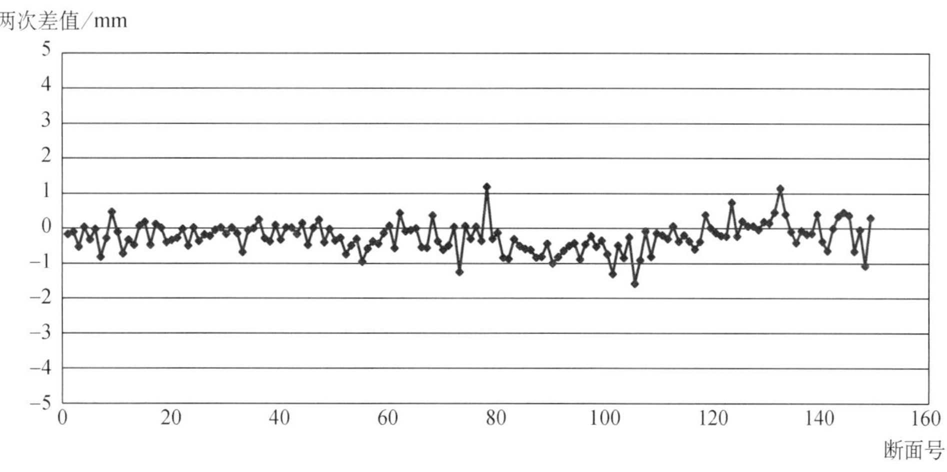

图 5-36 地铁 12 号线某区间激光扫描重复测量差值曲线图

对上述 9 463 组重复测量数据的差值进行统计分析，其中，最大值为 2.7 mm，最小值为−2.8 mm，平均值为−0.1 mm，中误差 σ 为 0.6 mm。详细统计结果见表 5-28 和图 5-37。

表 5-28 激光扫描重复测量差值统计表

范围	个数	百分比
$-\sigma \sim \sigma$ mm	7 669	81.0%
$-2\sigma \sim 2\sigma$ mm	9 300	98.3%
$-3\sigma \sim 3\sigma$ mm	9 449	99.9%

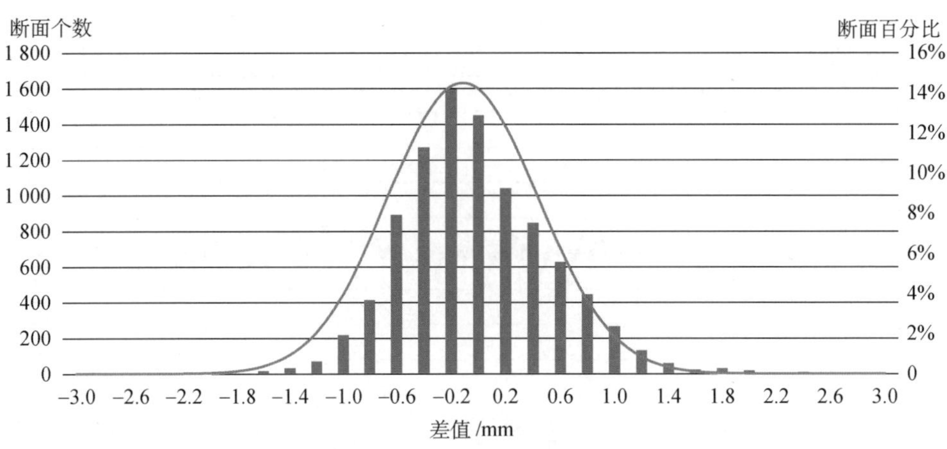

图 5-37　两次重复扫描数据差值分布统计图

按正态分布表查得，在大量同精度观测的一组误差中，误差落在$(-\sigma, +\sigma)$、$(-2\sigma, +2\sigma)$和$(-3\sigma, +3\sigma)$的概率分别为

$$\begin{cases} p(-\sigma < \Delta < +\sigma) \approx 68.3\% \\ p(-2\sigma < \Delta < +2\sigma) \approx 95.5\% \\ p(-3\sigma < \Delta < +3\sigma) \approx 99.7\% \end{cases} \tag{5-12}$$

从上述数据分析可知，三维扫描仪重复测量水平直径差值基本服从正态分布的规律，重复测量精度为 0.6 mm。

2）外符合精度评定

为保证移动激光扫描收敛测量精度与现行永久结构收敛测量成果一致，分别采用全站仪与扫描仪两种测量方法对同一段隧道进行收敛测量，并以全站仪数据作为基准，评价扫描仪数据的外符合精度。经过多次数据采集，共获得 1 572 组测量数据，该数据主要来自上海地铁 2 号线、10 号线、12 号线多个区间的实际测量数据。两种方法测量的水平直径差值（全站仪减扫描仪）如图 5-38 和图 5-39 所示。

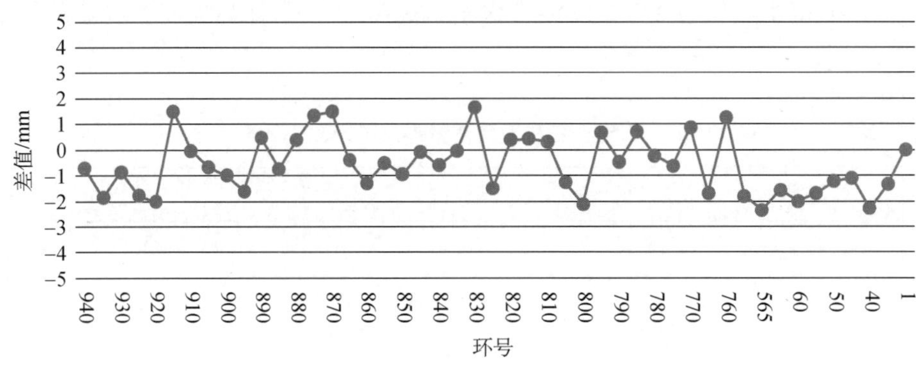

图 5-38　地铁 12 号线某区间扫描仪与全站仪测量差值曲线图

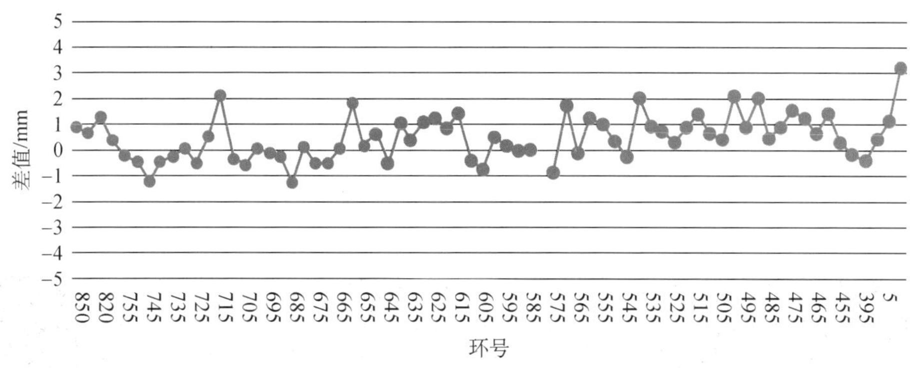

图 5-39　地铁 10 号线某区间扫描仪与全站仪测量差值曲线图

对上述 1 572 组重复测量数据的差值进行统计分析，其中，最大值为 7.5 mm，最小值为−8.4 mm，平均值为−0.3 mm，中误差 σ 为 2.2 mm。详细统计结果见表 5-29 和图 5-40。

表 5-29　　激光扫描外符合精度统计表

范围	个数	百分比
$-\sigma \sim \sigma$ mm	1 093	69.5%
$-2\sigma \sim 2\sigma$ mm	1 510	96.1%
$-3\sigma \sim 3\sigma$ mm	1 558	99.1%

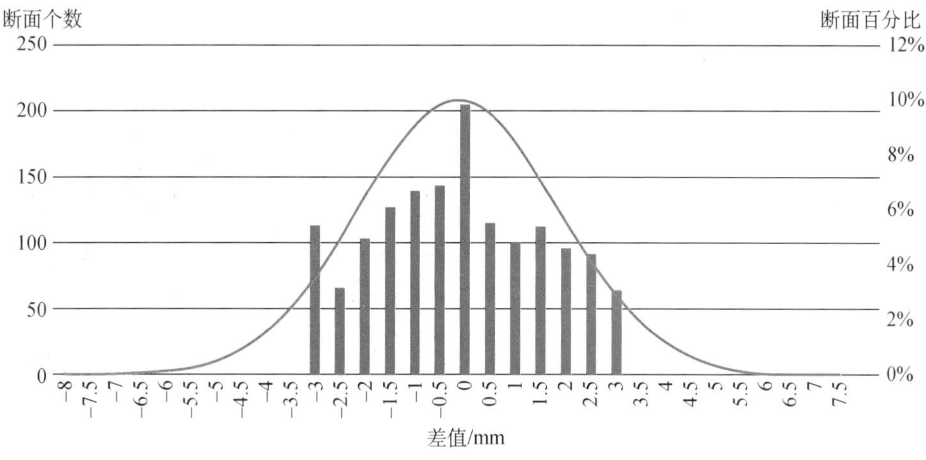

图 5-40　两种方法测量的水平直径差值分布统计图

从上述数据分析可知，三维扫描仪重复测量水平直径差值基本服从正态分布的规律，外符合测量精度为 2.2 mm。

5. 解算平台和成果管理

SAAS(Software As a Serverice)是一种通过 Internet 提供软件的模式，厂商将应用软件统一部署在自己的服务器上，客户可以根据自己实际需求，通过互联网向厂商定购所

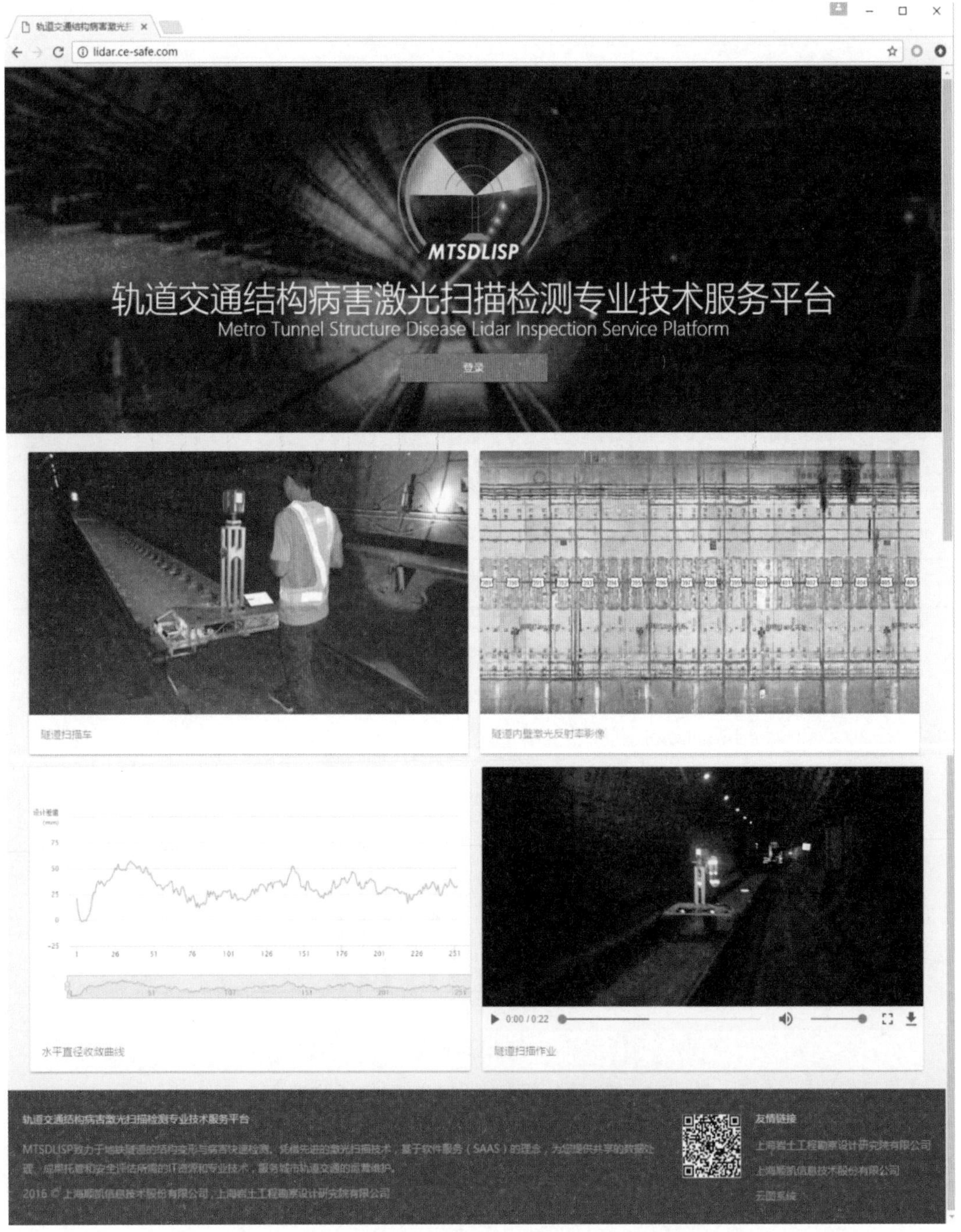

图 5-41　轨道交通结构病害激光扫描检测专业技术服务平台

需的应用软件服务，按订购服务的多少和时间长短向厂商支付费用，并通过互联网获得厂商提供的服务。用户购买基于 Web 的软件或服务，而不是将软件安装在自己的电脑上，用户也无须对软件进行定期维护与管理，服务提供商会解决硬件配置、软件环境、运营维护和其他增值服务。

相较于传统的软件交付和使用模式，SAAS 模式具有如下优势。

(1) 无须安装，只需要通过互联网接入便可，无须耗费本地磁盘或服务器空间，还可以通过电脑、移动终端等多种方式接入软件系统，实现随时随地的操作和管理。

(2) 软件部署更加灵活，适应多样、多变、专业化的工程应用需求。客户无须一次性支付软件采购成本，对人员进行简单培训即可开展应用。

(3) 部署时间更快，适用时间和范围更广。整套系统的部署时间成本几乎为零，提供标准化或定制的访问接口和托管服务，可方便嵌入到自有应用系统。

(4) 数据安全性更有保障。SAAS 数据系统部署在可靠的阿里云服务(可靠性 99.9999%)上，而传统工作计算机没有任何异地备份。

轨道交通结构病害激光扫描检测专业技术服务平台示例如图 5-41 所示。

5.4.2 视觉表观病害检测

1. 隧道结构表观病害自动采集系统研究

隧道内表观病害的自动化采集具体工作流程如图 5-42 所示。

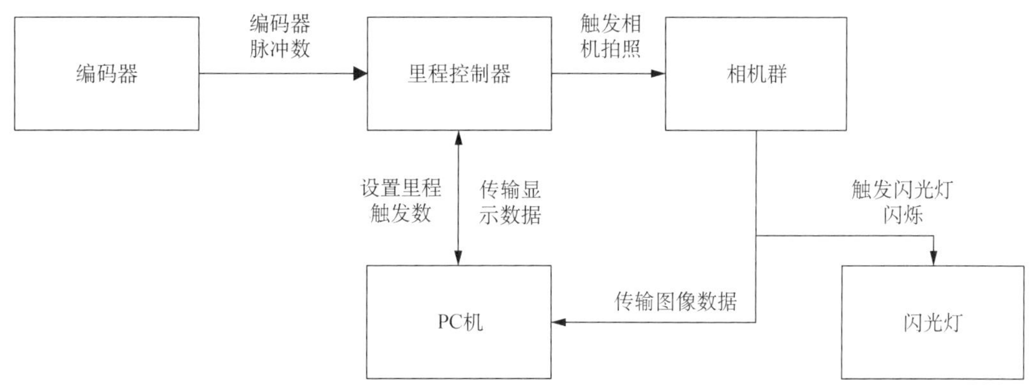

图 5-42 隧道表观病害自动采集流程图

检测系统前进时，编码器跟随轮子转动，输出脉冲计数给里程控制器。里程控制器有无进行数据记录与编码器的输出脉冲数无关，只要编码器上电并跟随车轮一起转动即输出脉冲。

里程控制器接收编码器传输来的脉冲。如果 PC 机之前已经设定了里程控制器可以工作，那么里程控制器将按照预定的触发阈值进行计算，一旦为触发阈值的整数倍，即发出触发拍摄信号给相机群。如果 PC 机未对里程控制器设定可以开始工作，则里程控制器不发生动作。

相机群接收到里程控制器发来的触发拍摄信号后进行拍摄操作，同时发出闪光信号给闪光灯，使闪光灯同步点亮，协同进行拍摄操作。拍摄采集图像完成后，相机将数据传给 PC 机进行存储。

闪光灯独立于相机以外，实际上闪光灯的功能附属于相机群，其功能是为了提供更好的照明条件，提高图像采集质量。一旦闪光灯接收到相机群进行拍摄的信号时，闪光灯即点亮。

PC 机主要起到控制和信息采集的作用。一方面，PC 机可以打开和关闭里程控制器，设置里程控制器内的触发阈值；另一方面，PC 机能够接收里程控制器的触发信号次数，接收相机传来的图像信息。在整个工作流程中，系统的开启和关闭都是由 PC 机完成的，PC 机作为采集控制中心，其工作一直贯穿在系统的全部流程中。

1）隧道结构表观病害定位技术研究

表观病害自动采集系统的定位技术主要依靠编码器和里程控制器进行。编码器能够记录所在的里程位置，里程控制器将该信息添加到图像数据中，实现病害的精确定位。

编码器每转一周，均匀稳定地输出固定的脉冲数，轮子的周长是一个固定数值，将编码器与轮子固定在一起，即可通过记录编码器的脉冲总数推算图像所在的里程位置。

若编码器每转一周输出 N 个脉冲，轮子的周长为 C，拍摄图像时编码器已经发出了 m 个脉冲，则图像所在的里程位置 M 为

$$M = C \cdot \frac{m}{N} \tag{5-13}$$

另外，表观病害采集系统在行进过程中还可能遇到倒退的情况，为了保证里程计算的精确性，里程控制器根据编码器输出脉冲信号的特征，设计了如下一套算法。

编码器工作时输出 A、B 两路信号，B 路信号始终落后 A 路信号 π/4 个波长。里程控制器接收到编码器的 A、B 两路信号后，依据 B 信号是否落后 A 信号 π/4 个波长来判断表观病害采集系统是前进还是后退(前进时 B 信号始终落后 A 信号 π/4 个波长)。若里程控制器判断表观病害采集系统是前进，则在原脉冲数的基础上加上接收到的脉冲数；若里程控制器判断表观病害采集系统是后退，则在原脉冲数的基础上减去接收到的脉冲数。通过这种计算的方法可以消除表观病害采集系统刹车和后退时对计算带来的误差，保证表观病害采集系统每次拍到的照片必定对应照片中实际相应的里程，避免重复拍摄、拍摄重叠、拍摄信息不全等影响检测的效果。

2) 隧道结构表观病害数据处理技术研究

系统共有 4 个相机,每个相机覆盖一定的角度范围,最终采集到整个隧道的内表面图像。为了保证数据采集的简洁性和规范性,按照相机编号将数据分为 4 个通道,每个通道最终存储的数据仅为 1 个 *.avi 文件,并且该文件可以使用通用影像播放软件查看。

系统处理采集图像的数据过程如下:

(1) 创建对应通道的流文件,文件名为通道号。

(2) 通过里程控制器的触发计数值给图像编号,将该图像放置到对应的帧号位置。

(3) 关闭采集时,对流文件进行收尾,形成通道号.avi 文件。

实际使用的时候,由通道号和帧号在.avi 文件中提取对应的图像数据进行分析,这样对文件的操作既简洁明了,又能够有效减少文件的大小。数据压缩处理过程如图 5-43 所示。

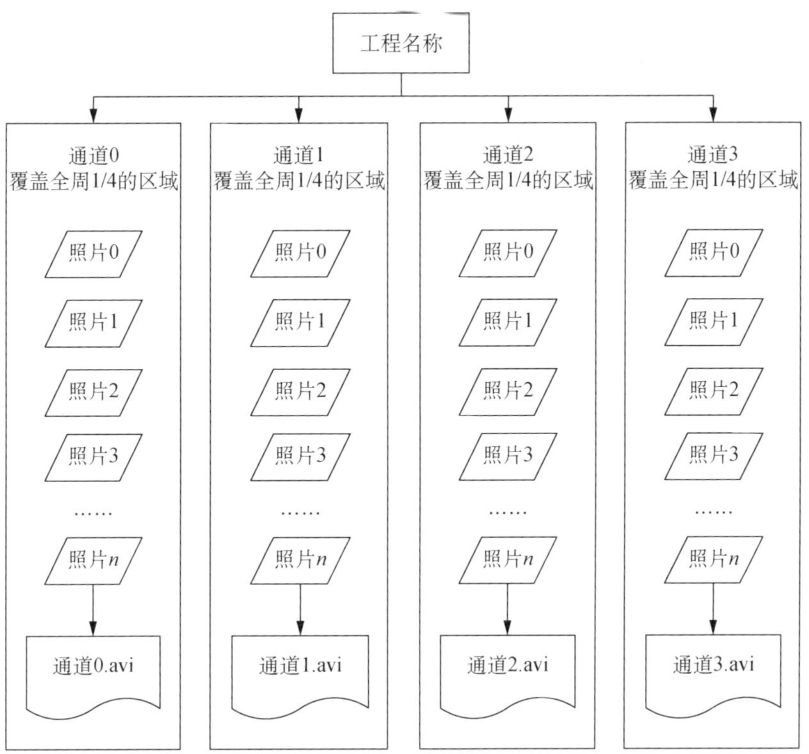

图 5-43 数据压缩处理过程

2. 隧道结构横断面收敛变形检测方法

1) 横断面收敛变形数据采集系统设计

(1) 硬件组成

本设备包括的主要硬件有:相机群、激光发射器、编码器和 PC 机。激光颜色为绿色。

(2) 工作流程

使用上述硬件装置进行隧道横断面收敛变形检测的流程如下：

① 打开结构光源，即激光发射器。观察激光发射器在隧道内壁上的位置，确认其正好和隧道轴线垂直，使其轮廓线与隧道的横断面接近。

② 将相机群、编码器和 PC 机均接通电源，打开各装置，使其处于待工作状态。

③ 打开 PC 机上的图像采集程序，等待所有装置就绪后，将检测系统推到制定的起点位置处。

④ 调整图像采集参数，推行检测系统，使其在隧道内匀速行驶。

⑤ 到达终点后，停止推行检测系统，关闭图像采集程序。

⑥ 关闭电源，拆卸检测系统，完成隧道横断面变形检测数据的采集。

2) 横断面收敛变形解析计算算法研究

(1) 横断面收敛变形算法流程

① 相机参数标定。确定相机的属性参数、空间位置以及成像模型，以便确定空间坐标系中物体与它在像平面上的像点之间的位置关系，包括确定相机内部参数和外部参数。

② 畸变参数标定。以相机拍摄的图像为对象，根据标定的信息计算出理想图像的大小和像素位置，完成畸变校正的过程。

③ 图像预处理。通过灰度变换、细化、去噪等步骤，处理现场采集的横断面图像，提高照片质量，以便于得到较为精确的收敛变形计算结果。

④ 解析计算。根据几何原理，构造投影体系矩阵，利用向量几何关系，建立投影变换矩阵，构建相机坐标系与世界坐标系之间的关系，最终得到采集点位的坐标数据。

(2) 相机测量参数标定

相机标定是为了确定相机的属性参数、空间位置以及成像模型，以便确定空间坐标系中物体与它在像平面上的像点之间的位置关系，包括确定相机内部参数和外部参数，其中内部参数包括几何特征和光学特性，而外部参数指相对于世界坐标系的摄像机坐标的三维位置和方向。

本系统采用自标定方法进行相机内部参数标定。该方法基于平行双方靶模型，可以同时标定出相机的内部参数与外部参数。

工业定焦相机在进行空间摄影测量时主要以针孔模型获得物体的三维坐标，针孔模型的光路模型如图 5-44 所示。图中包括两个坐标系，即相机坐标系和成像平面坐标系。

相机坐标系的原点为相机中心，该中心为物体的像透视汇交在相机中的某一个固定位置。一般情况下，该中心在 CCD 中心与镜头中心的连线上。CCD 中心到镜头中心的轴为相机坐标系的 z 轴。成像平面位于相机前方，大小为 CCD 像素面积的矩形，相机坐标系的 z 轴穿过该矩形，并且与该矩形所在平面正交。成像平面的中心为该矩形的中心，

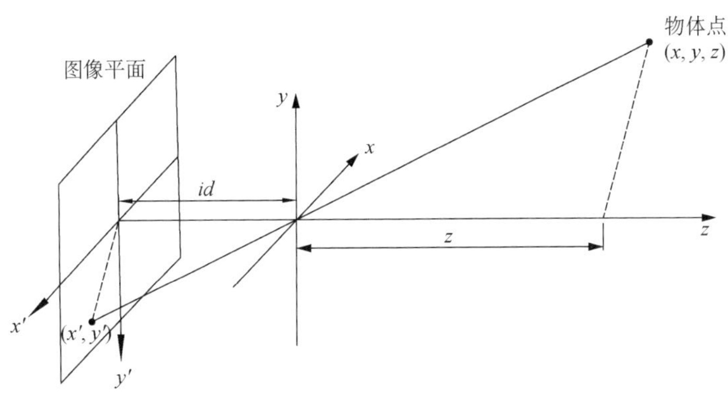

图 5-44 针孔模型物理光路示意图

x 轴沿矩形的长边方向，y 轴沿矩形的短边方向。相机空间坐标系的 x 轴、y 轴为成像平面的 x 轴、y 轴平移到相机中心所得。相机的内部参数是成像平面中心到相机中心的距离，记为像距 id，该距离对于固定的相机是不变的。

通过针孔模型，对于被测点 A(x, y, z)，若相机 id 已知，则可以根据其在图像平面上的 A(x, y, z)，利用相似三角形原理求出被测点 A 到达相机中心的距离等信息，从而确定 A 的位置。

相机 id 标定具体方法步骤如下(图 5-45)。

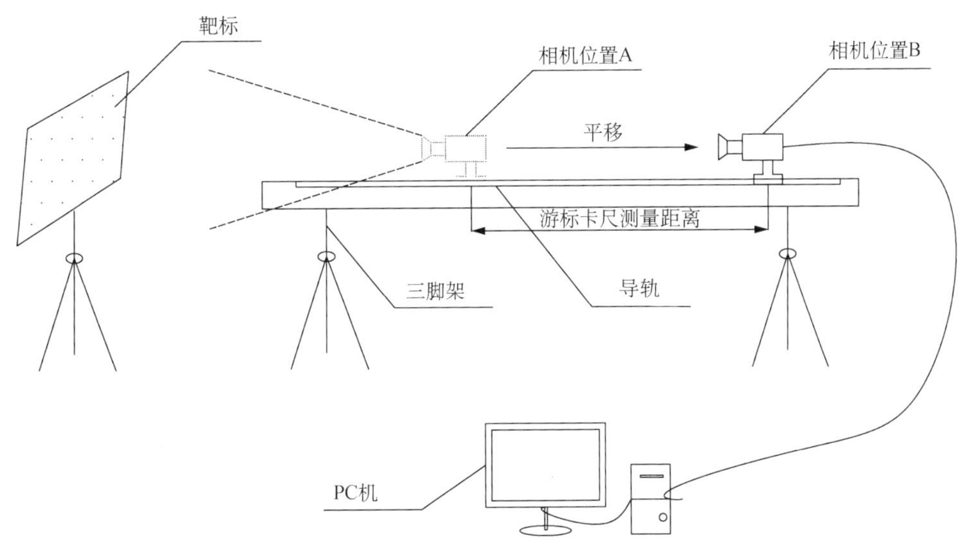

图 5-45 相机标定工作示意图

① 图像采集装置就位

组装相机平移系统，将三脚架竖立在地面上，滑轨的两端固定在三脚架上，滑块可以在滑轨上自由移动。放置好靶标，然后将待标定相机安装在滑块的顶部，调整相机位置使靶标在相机的视场内，固定相机。该位置记为 A。

② 相机在步骤①的位置处采集靶标图像 A

用待标定相机在位置 A 处拍摄靶标的图像，通过计算机扫描计算可以得到该靶标上 4 个点的像素坐标，记为 $A_1(x, y)$，$A_2(x, y)$，$A_3(x, y)$，$A_4(x, y)$。

③ 平移相机至导轨上的固定位置 B

相机与滑块已经固定，将相机与滑块一起移动至导轨上的固定位置 B 处。用游标卡尺测量位置 A 到位置 B 的距离，记为 D。

④ 在步骤③移动后的位置 B 处采集靶标图像 B

用待标定相机拍摄该位置靶标的图像，通过计算机扫描计算可以得到该靶标上 4 个点的像素坐标，记为 $B_1(x, y)$，$B_2(x, y)$，$B_3(x, y)$，$B_4(x, y)$。

⑤ 迭代计算相机的内部参数和外部参数

利用正方形靶点的中心距和成像点信息，结合相机的平移距离，通过计算机迭代计算得到相机的内部参数和外部参数。

(3) 畸变参数标定

由于相机镜头的物理非线性特征，在成像过程中不可避免地会造成实物形状在图像上的畸变。这种几何畸变不仅影响采集图像的视觉效果，而且如果直接应用到工业近景测量上，将会降低相机测量精度，对结果产生不利的影响。相机在元件的加工和镜头装配过程中还存在各种误差，也将加剧图像的几何畸变结果。普通工业相机成本低、使用方便，但是在成像过程中存在畸变大、几何失真严重等缺点。

目前，相机的几何畸变标定方法可以分为两大类：一类是基于专业光学仪器的方法，该方法需要专业人员在专用的仪器上进行标定，成本高、普适性差，限制了该方法的推广；另一类是对生成的图像进行处理，不需要专门的仪器，只需要相机拍摄几幅靶标或者标定物的图像，通过计算机程序进行计算处理，从而标定出相机的几何畸变参数。这种方法操作简单，现阶段被广泛地研究和应用。

本研究提供了一种新的相机几何畸变校正的方法，以克服畸变标定操作复杂和物理来源不明等问题，解决了现有技术的不足。

在畸变校正的过程中，以相机拍摄的图像为对象，根据标定物的信息计算出理想图像的大小和像素位置，即完成了畸变校正的过程。该过程不使用畸变模型，同时能够很好地克服相机元件和装配误差造成的图像畸变。

进行畸变校正的步骤主要如下：

① 建立相机坐标系。以相机中心为原点，相机光轴为 Z 轴，图像水平方向为 X 轴，图像竖直方向为 Y 轴的空间坐标系(图 5-46)。

② 提取原图像的网格点坐标。通过图像处理技术提取靶标上的网格点中心，计算网格在相机坐标系中的空间坐标(图 5-47)。

③ 计算网格点靶标平面在相机坐标系中的方程。

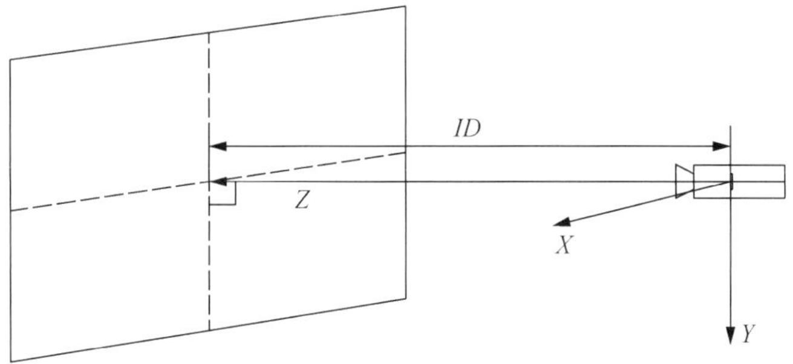

图 5-46 相机坐标系示意图

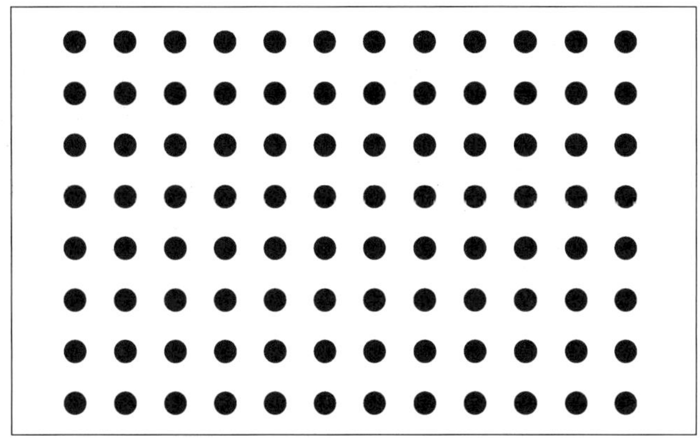

图 5-47 网格靶标示意图

④ 生成成像面上的理想网格点。根据靶标平面上靶点之间的位置关系,生成同等大小的网格靶点,再将上述靶点对应生成到成像平面上,得到理想网格点。

⑤ 根据理想网格点与原图像中网格点的对应关系,利用差值得到畸变校正参数。

⑥ 校正畸变。对于原始图像中每个像素点,根据上述畸变校正参数进行校正,得到校正后的图像。

(4) 数据提取

在对隧道断面拍照的过程中,由于环境相对较为恶劣,所得到的图像常常不尽如人意,如拍摄过程中往往会引入噪声、照片局部可能会欠曝或过曝,因此在数据提取的过程中还要进行相应的处理。

这部分处理主要是为了达到两个目的:①改善图像的视觉效果,提高图像成分的清晰度;②使图像变得更有利于计算机的处理。

① 细化

在数字图像处理中,很重要的环节就是进行分支的细化工作。细化就是在不改变图像像素拓扑连接性关系的前提下,连续地剥落图像的外层像素,使之最终成为单像素宽的图像骨架,细化后骨架的存储量要比原来的图像点阵少得多,降低了图像处理的工作量。

它是在图像目标形状分析、信息压缩、特征提取与描述的模式识别等应用中经常运用的基本技术。一个好的细化算法可以减少细化造成的形变，找到能反映字符真实形状的特征点，使系统有较高的识别率；相反，一个不好的细化算法会产生伪特征点，给字符分类带来困难，甚至导致误识或拒识。

本系统采用提取骨架的方法对图像进行细化处理，提高后期数据提取的效率。图 5-48是数据细化前后的对比图片。

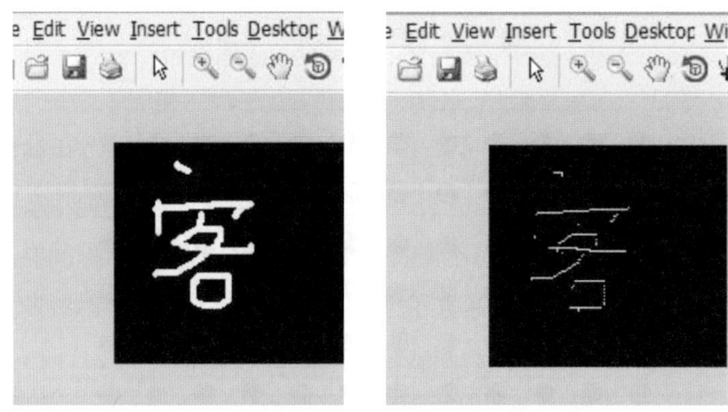

图 5-48　细化算法效果

② 去噪声

数字照相中的噪声(noise)也称为噪点、噪音，主要是指 CCD、CMOS 将光线作为接收信号在接收、输出过程中所产生的图像中的粗糙部分，也指图像中不该出现的外来像素，通常由电子干扰产生。噪声产生的原因很多，以隧道中的拍摄为例，其噪声主要是由于在高感光度(ISO)、大光圈、慢快门条件下长时间曝光，CCD 无法处理因快门速度较慢所带来的巨大工作量，致使一些特定的像素失去控制而造成。

使用中值滤波可以有效减少采集图像中的噪声，图 5-49 为滤波前后两幅隧道内图像的对比。

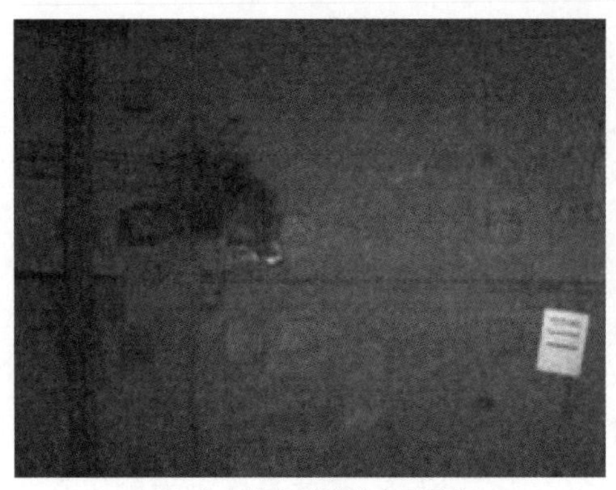

(a) 含有噪声的隧道表面图像

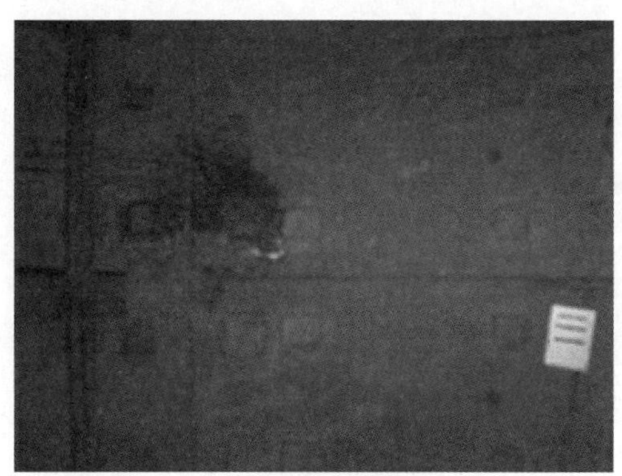

(b) 中值滤波后图像

图 5-49　滤波处理效果对比

(5) 解析计算

本系统中解析计算部分主要涉及的内容是根据几何原理构造投影体系矩阵，利用向量几何关系，建立投影变换矩阵，构建相机坐标系与世界坐标系之间的关系。

① 投影与投影体系矩阵

将空间的物象 P(图 5-50)，以点 V 为投影中心投影到投影面 S 上，得到像点 P_s。投影中心 V 和投影面 S 就构成了关于空间物象 P 的投影体系。

建立一个用户坐标系 $OXYZ$，在其中用向量 $\boldsymbol{v}(x_v, y_v, z_v)$ 表示投影中心，向量 $\boldsymbol{o}(x_o, y_o, z_o)$ 表示画面坐标系原点，单位向量 $\boldsymbol{h}(x_h, y_h, z_h)$ 表示画面坐标系的横坐标轴方向，单位向量 $\boldsymbol{u}(x_u, y_u, z_u)$ 表示画面坐标系的纵坐标轴方向。由以上四向量构成矩阵可表示

$$\begin{bmatrix} \boldsymbol{h} \\ \boldsymbol{u} \\ \boldsymbol{v} \\ \boldsymbol{o} \end{bmatrix} = \begin{bmatrix} x_h & y_h & z_h \\ x_u & y_u & z_u \\ x_v & y_v & z_v \\ x_o & y_o & z_o \end{bmatrix} \tag{5-14}$$

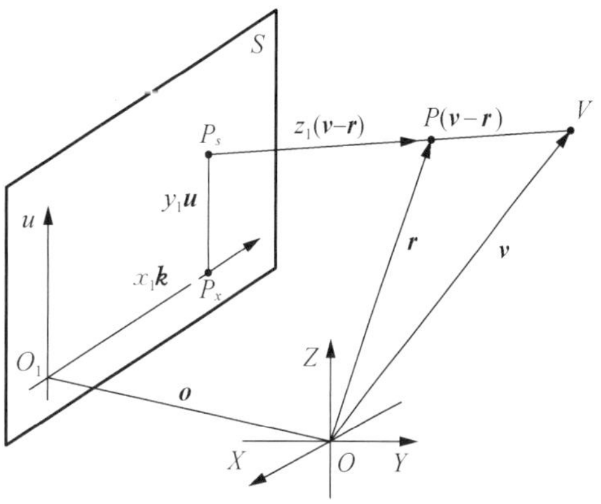

将式(5-14)扩展为齐次坐标方阵可写为

$$\boldsymbol{E} = \begin{bmatrix} x_h & y_h & z_h & \boldsymbol{e}_h \\ x_u & y_u & z_u & \boldsymbol{e}_u \\ x_v & y_v & z_v & \boldsymbol{e}_v \\ x_o & y_o & z_o & \boldsymbol{e}_o \end{bmatrix} \tag{5-15}$$

图 5-50 投影体系示意图

由于画面坐标系的横坐标轴方向向量 $\boldsymbol{h}$ 为单位方向向量，分量 $\boldsymbol{e}_h=0$；画面坐标系的纵坐标方向向量 $\boldsymbol{u}$ 为单位向量，分量 $\boldsymbol{e}_u=0$；画面坐标系的原点 O 为固有点，向量 $\boldsymbol{o}$ 中的分量 $\boldsymbol{e}_o=0$，而 (x_v, y_v, z_v) 为非齐次坐标。可取 $\boldsymbol{e}_v=1$ 平行投影的投影中心 V 在无穷远点，$\boldsymbol{v}$ 为指向投影方向的单位向量，$\boldsymbol{e}_v=0$。故矩阵式(5-15)可写为

$$\boldsymbol{E} = \begin{bmatrix} x_h & y_h & z_h & 0 \\ x_u & y_u & z_u & 0 \\ x_v & y_v & z_v & \boldsymbol{e}_v \\ x_o & y_o & z_o & 1 \end{bmatrix} \tag{5-16}$$

其中，平行投影 $\boldsymbol{e}_v=0$；中心投影 $\boldsymbol{e}_v=1$。矩阵 $\boldsymbol{E}$ 即构造了一个具体的投影体系，称为投影体系矩阵(PSM)。

② 投影变换矩阵

设在二维画面坐标系 O_sHU 中用 $P_s(x_s, y_s)$ 表示像点在画面上的位置，则有

$\overrightarrow{O_s P_x} = x_x \boldsymbol{h}$，$\overrightarrow{P_z P_s} = y_x \boldsymbol{u}$。又设：

$$\overrightarrow{P_s P} = z_s(\boldsymbol{v} - \boldsymbol{r}) \tag{5-17}$$

这样，给定的投影系由 $\overrightarrow{OO_s}(\boldsymbol{o})$，$\overrightarrow{O_s P_x}(x_x \boldsymbol{h})$，$\overrightarrow{P_x P_s}(y_s \boldsymbol{u})$，$\overrightarrow{P_s P}(z_s(\boldsymbol{v} - \boldsymbol{r}))$ 以及 $\overrightarrow{PO}(-\boldsymbol{r})$ 构成一个向量封闭链。故 $\boldsymbol{r}(\overrightarrow{OP})$ 可以写成其他向量的和：

$$\boldsymbol{r} = \boldsymbol{o} + x_s \boldsymbol{h} + y_s \boldsymbol{u} + z_s(\boldsymbol{v} - \boldsymbol{r}) \tag{5-18}$$

式(5-18)为中心投影的一般情况下的变化矢量式，可以化为

$$\boldsymbol{r}(z_s + 1) = \boldsymbol{o} + z_s \boldsymbol{h} + y_s \boldsymbol{u} + z_s \boldsymbol{v} \tag{5-19}$$

在平行投影情况下 $\overrightarrow{P_s P}$ 可以用无穷远的视点单位向量 $\boldsymbol{v}$ 表示为

$$\overrightarrow{P_s P} = z_s \boldsymbol{v} \tag{5-20}$$

则式(5-18)可以改写为

$$\boldsymbol{r} = \boldsymbol{o} + z_s \boldsymbol{h} + y_s \boldsymbol{u} + z_s \boldsymbol{v} \tag{5-21}$$

比较式(5-19)和式(5-21)，两式可统一写为

$$K\boldsymbol{r} = \boldsymbol{o} + z_s \boldsymbol{h} + y_s \boldsymbol{u} + z_s \boldsymbol{v} \tag{5-22}$$

式中，中心投影 $K = (z_s + 1)$；平行投影 $K = 1$。

即：

$$\rho K T = \boldsymbol{T}_s \cdot \boldsymbol{E}(\rho \neq 0) \tag{5-23}$$

式中，$\boldsymbol{E}$ 即为投影体系确定的投影体系矩阵。

为了求出投影点在画面坐标系中的坐标 $\boldsymbol{T}_s$ 矩阵，解式(5-23)即得投影变换矩阵式为

$$\boldsymbol{T}_s = K\,\boldsymbol{T}'_s = KT \cdot \boldsymbol{E}_0 \tag{5-24}$$

式中，$\boldsymbol{T}'_s = [x'_s y'_s z'_s e'_s]$，$\boldsymbol{T} = [x\ y\ z\ l]$，为空间物象在用户坐标系中的坐标矩阵；$\boldsymbol{E}_0$ 为由式(5-23)确定的投影坐标系矩阵 $\boldsymbol{E}$ 的逆矩阵，即投影变换矩阵；K 为矩阵方程系数，中心投影 $K = (z_s = 1)$，平行投影 $K = 1$。

式(5-24)即为中心投影变换和平行投影变换统一矩阵。

根据投影变换矩阵，可以将采集到的图像点在相机坐标系中的坐标变化为世界坐标系中的坐标，从而得到所有点位的坐标信息，以用于进一步计算需要。

(6) 误差估算

检测车断面检测的误差主要来自三个方面：安装位置误差、横断面不重合引起误差和标定模型误差。横断面不重合主要是由隧道转弯半径引起，该部分误差并非检测车本身

可以控制的，仅在后期结果处理部分可以加以修正。标定模型误差主要由标定模板的拼接和起伏引起，这部分误差在改进的标定模型中基本依据可以修正。因此以下主要针对安装误差进行分析。检测车坐标系示意如图 5-51 所示。

① 相机安装支架与激光平面安装位置发生平移

首先规定，数台相机安装在一个圆盘上，圆盘中心在检测横断面上的投影为坐标原点。横断面上任一点的坐标为 $P(x, y)$。

当发生前后移动时（图 5-52），按以下方法分别计算在 X 方向和 Y 方向引起的计算数值变化。

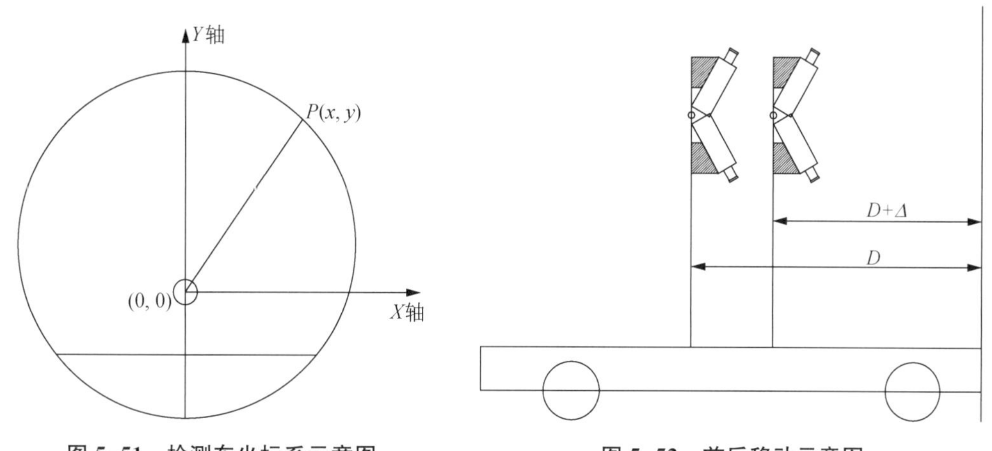

图 5-51 检测车坐标系示意图

图 5-52 前后移动示意图

由于悬臂下挠或者安装位置发生变化造成了相机与激光平面之间的位置发生变化。即由之前的 D 变化为 $D+\Delta$，评估由于该变化造成的模型计算误差。在 X 方向，公式推导如下（图 5-53）：

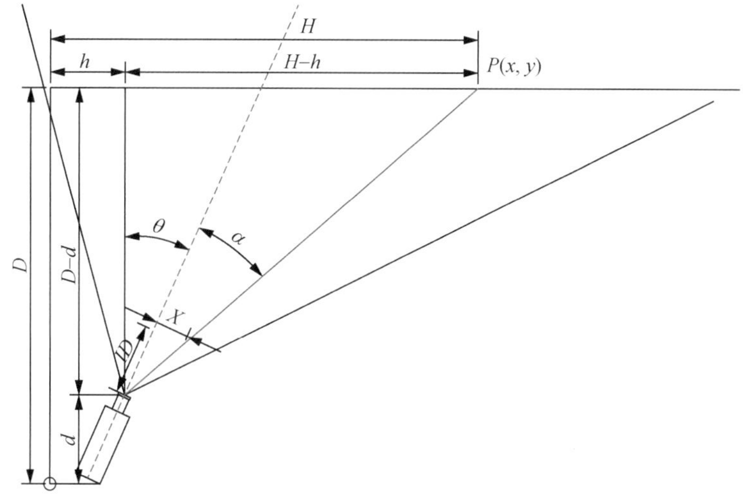

图 5-53 X 方向计算示意图

设 $P(x, y)$ 在像平面横轴方向上的投影坐标值为 X，该坐标以中心坐标表示。相机中心距离圆盘中心两垂直分量分别为 h，d。

X 的坐标值可由相机参数 ID 和 α 确定，根据图中的几何信息，可以由式(5-25)计算 X：

$$X = ID \cdot \tan\alpha \tag{5-25}$$

式中，$\tan(\theta+\alpha)=\dfrac{H-h}{D-d}$，$\theta$ 是安装时已知的固定参数。

$$X = ID \cdot \tan\left[\arctan\left(\frac{H-h}{D-d}\right)-\theta\right] \tag{5-26}$$

当 D 变为 $D+\Delta$ 时，该投影坐标值变为 X'。

$$X' = ID \cdot \tan\left[\arctan\left(\frac{H-h}{D+\Delta-d}\right)-\theta\right] \tag{5-27}$$

该点在像平面上的移动由式(5-28)计算：

$$\Delta X = ID \cdot \left\{\tan\left[\arctan\left(\frac{H-h}{D+\Delta-d}\right)-\theta\right]-\tan\left[\arctan\left(\frac{H-h}{D-d}\right)-\theta\right]\right\} \tag{5-28}$$

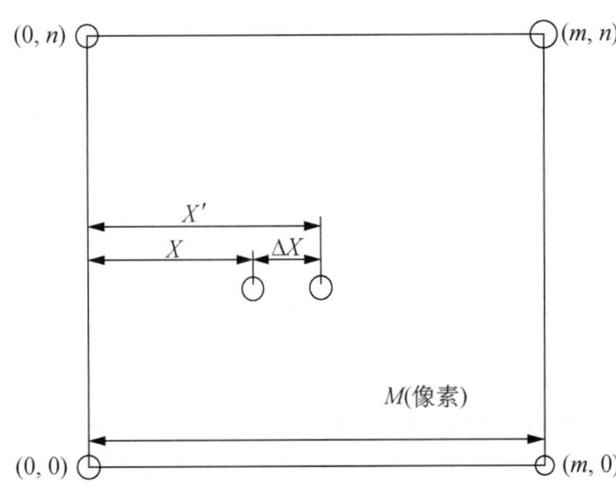

图 5-54　插值运算造成的误差

如果采用插值的方法计算点坐标，在 X 方向引起的计算数值的变化由式(5-29)计算(图 5-54)：

$$\Delta_X = \frac{\Delta X}{M} \cdot m \tag{5-29}$$

式中，Δ_X 和 M 为像素单位；m 代表两插值节点 X 方向的数值差。

在 Y 方向，公式推导如下(图 5-55)：

与 X 方向的计算类似。

$$Y = ID \cdot \tan\left[\arctan\left(\frac{V-v}{D-d}\right)-\theta\right] \tag{5-30}$$

当 D 变为 $D+\Delta$ 时，该投影坐标值变为 Y'。

$$Y' = ID \cdot \tan\left[\arctan\left(\frac{V-v}{D+\Delta-d}\right)-\theta\right] \tag{5-31}$$

该点在像平面上的移动由式(5-32)计算：

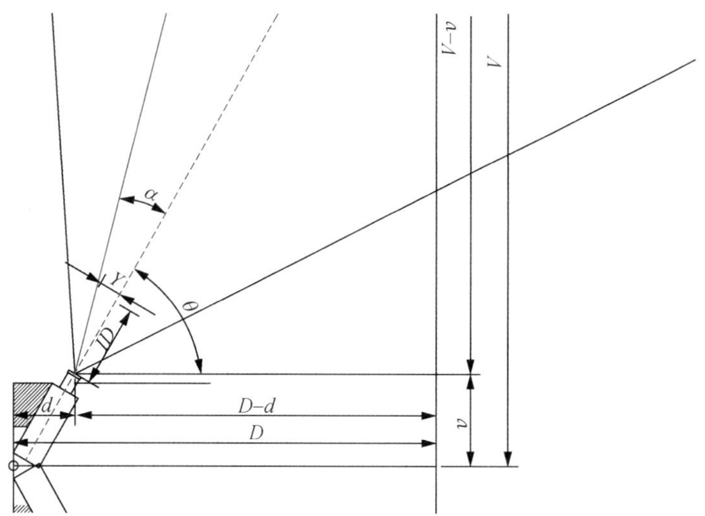

图 5-55 Y 方向计算示意图

$$\Delta Y = ID \cdot \left\{ \tan\left[\arctan\left(\frac{V-v}{D+\Delta-d}\right)-\theta\right] - \tan\left[\arctan\left(\frac{V-v}{D-d}\right)-\theta\right] \right\} \tag{5-32}$$

用插值的方法计算点坐标，在 Y 方向引起的计算数值的变化由式(5-33)计算：

$$\Delta_Y = \frac{\Delta Y}{N} \cdot n \tag{5-33}$$

式中 Δ_Y ——像素单位；

N——像素单位；

n——两插值节点 Y 方向的数值差。

当发生左右、上下移动，左右移动只影响 X 方向的计算数值变化，上下移动只影响 Y 方向的计算数值变化，计算简图和上述类似。需要注意的是，由于断面轮廓是不变的，一边上的点因为移动计算值变大，另一边上的点因为移动计算数值会变小。

左右移动(图 5-56)，即 H 发生了变化，变为 $H+\Delta$。

$$X = ID \cdot \tan\left[\arctan\left(\frac{H-h}{D-d}\right)-\theta\right] \tag{5-34}$$

$$X' = ID \cdot \tan\left[\arctan\left(\frac{H-h+\Delta}{D-d}\right)-\theta\right] \tag{5-35}$$

$$\Delta X = ID \cdot \left\{ \tan\left[\arctan\left(\frac{H-h+\Delta}{D-d}\right)-\theta\right] - \tan\left[\arctan\left(\frac{H-h}{D-d}\right)-\theta\right] \right\} \tag{5-36}$$

$$\Delta_X = \frac{\Delta X}{M} \cdot m \tag{5-37}$$

上下移动(图 5-57)，按以下计算。

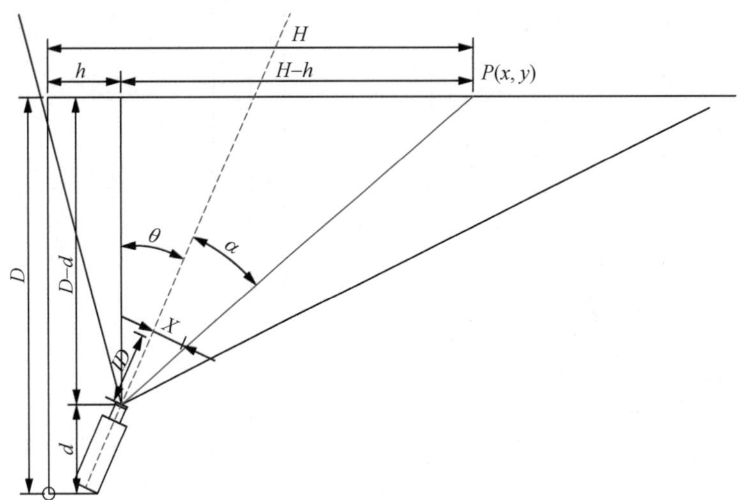

图 5-56　左右移动计算示意图

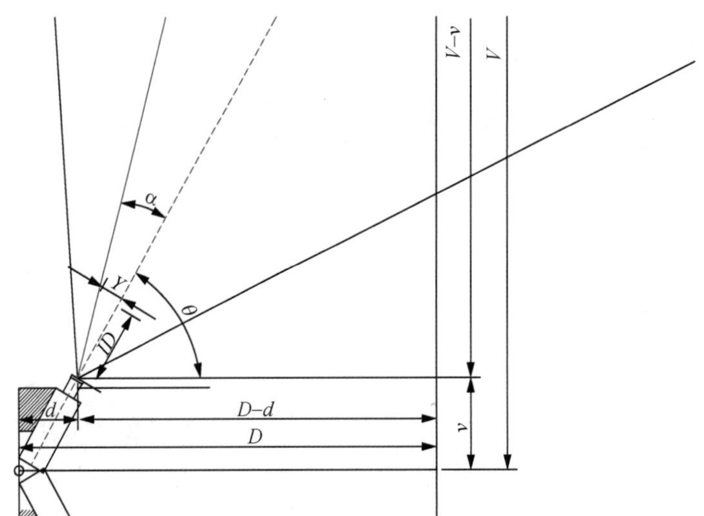

图 5-57　上下移动计算示意图

$$Y = ID \cdot \tan\left[\arctan\left(\frac{V-v}{D-d}\right)-\theta\right] \tag{5-38}$$

$$Y' = ID \cdot \tan\left[\arctan\left(\frac{V-v+\Delta}{D-d}\right)-\theta\right] \tag{5-39}$$

$$\Delta Y = ID \cdot \left\{\tan\left[\arctan\left(\frac{V-v+\Delta}{D-d}\right)-\theta\right]-\tan\left[\arctan\left(\frac{V-v}{D-d}\right)-\theta\right]\right\} \tag{5-40}$$

$$\Delta_Y = \frac{\Delta Y}{N} \cdot n \tag{5-41}$$

② 激光平面安装位置发生角度变化

这种情况是指再次安装时，激光平面和相机系统的夹角与标定时的夹角存在一定差异，该变化造成计算结果产生了误差。另外，由于转动时两边的反应不同，表现为一边测量结果变大，另一边测量结果变小，二者互为补偿，需要评估 2 个结果共同作用产生的影响。

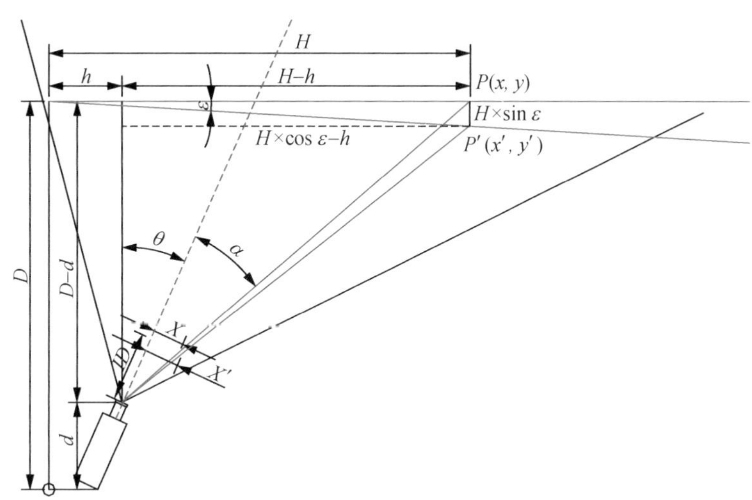

图 5-58 转动计算示意图

如图 5-58 所示，假设转角沿成像面横轴方向的分量为 ε，则有：

原成像位置

$$X = ID \cdot \tan\left[\arctan\left(\frac{H-h}{D-d}\right)-\theta\right] \tag{5-42}$$

转动后成像位置

$$X' = ID \cdot \tan\left[\arctan\left(\frac{H \cdot \cos\varepsilon - h}{D-d-H \cdot \sin\varepsilon}\right)-\theta\right] \tag{5-43}$$

$$\Delta X = ID \cdot \left\{\tan\left[\arctan\left(\frac{H \cdot \cos\varepsilon - h}{D-d-H \cdot \sin\varepsilon}\right)-\theta\right]-\tan\left[\arctan\left(\frac{H-h}{D-d}\right)-\theta\right]\right\} \tag{5-44}$$

$$\Delta_X = \frac{\Delta X}{M} \cdot m \tag{5-45}$$

同理，转角沿成像面竖轴方向的分量为 ϕ，则有：

$$Y' = ID \cdot \tan\left[\arctan\left(\frac{V \cdot \cos\phi - v}{D-d-V \cdot \sin\phi}\right)-\theta\right] \tag{5-46}$$

$$\Delta Y = ID \cdot \left\{\tan\left[\arctan\left(\frac{V \cdot \cos\phi - v}{D-d-V \cdot \sin\phi}\right)-\theta\right]-\tan\left[\arctan\left(\frac{V-v}{D-d}\right)-\theta\right]\right\} \tag{5-47}$$

$$\Delta_Y = \frac{\Delta Y}{N} \cdot n \tag{5-48}$$

3. 图像处理基本算法

表观病害的自动化识别主要依靠图像处理技术实现。由于表观病害如渗漏水、破损等与健康的管片在形状、颜色等特征上的差异，可以通过图像处理技术识别、提取和计算病害的特征。如发现某一区域的上述特征与健康管片不同，在经过分析确认后可将该区域标记为病害。

常用的图像处理算法有阈值分割、灰度变换、边缘检测、连通区计算等，其功能各不相同。

1）阈值分割

图像阈值分割是根据一定的阈值将目标从视场背景分离出来的过程。通常情况下，利用目标区域和背景区域在灰度方面的差异，可以实现对图像的分割，即基于灰度的图像分割。根据图像本身的特点以及处理要求的不同，可有多种阈值选择方法。根据划分方法的不同，可以将灰度阈值法分为以下三种。

（1）直接阈值法

如果在目标区域和背景区域的内部，像素间的灰度都基本一致，而目标和背景区域的像素灰度有一定差异，可以根据灰度不同直接设定灰度阈值进行分割。

（2）间接阈值法

如果对图像做一些必要的预处理然后再运用阈值分割法，可以有效地实现图像分割。

（3）多阈值法

有时一幅图像含有两个以上不同类型的区域，用直接或者间接单阈值的方法无法将两个以上的目标区域提取出来，这时可以使用多个阈值将这些区域划分开。

阈值选择的准确性直接影响分割的精度及图像描述分析的正确性。通常根据先验知识确定阈值，或者利用灰度直方图特征和统计判决方法确定灰度分割阈值。

① 灰度变换

灰度变换是图像处理最基本的方法之一，灰度变换可使图像动态范围加大、图像对比度增强、图像清晰、特征明显，是图像增强的重要手段。

图像的灰度变换又称为灰度增强，是指根据某种目标条件按一定变换关系逐点改变原图像中每一个像素灰度值的方法。即设原图像像素的灰度值 $D=f(x, y)$，处理后图像像素的灰度值 $D'=g(x, y)$，则灰度变换可表示为

$$g(x, y)=T[f(x, y)] \text{ 或 } D'=T(D) \tag{5-49}$$

当灰度变换关系 $D'=T(D)$ 确定后，则确定了具体的灰度增强方法。$D'=T(D)$ 通

常是一个单值函数。

2）边缘检测

边缘检测的目的是标识数字图像中灰度变化明显的点。图像属性中的显著变化通常反映了属性的重要事件和变化。这些包括深度上的不连续、表面方向不连续、物质属性变化和场景照明变化。边缘检测是图像处理和计算机视觉中，尤其是特征提取中的一个研究领域。

图像边缘检测大幅度地减少了数据量，并且剔除了可以认为不相关的信息，保留了图像重要的结构属性。有许多方法用于边缘检测，它们的绝大部分可以划分为两类：基于查找的一类和基于零穿越的一类。基于查找的方法通过寻找图像一阶导数中的最大和最小值来检测边界，通常是将边界定位在梯度最大的方向。基于零穿越的方法通过寻找图像二阶导数零穿越来寻找边界，通常是 Laplacian 过零点或者非线性差分表示过零点。

3）膨胀和腐蚀

图像的腐蚀和膨胀是数学形态学方面的研究内容。数学形态学（Mathematical Morphology）诞生于 1964 年，它是一门建立在严格数学理论基础上的学科，其基本理论和方法在图像处理和计算机视觉中得到了广泛应用。形态学图像处理已成为数字图像处理的一个重要研究领域。

膨胀是通过把邻接背景的背景像素设置为目标像素来达到增加目标面积的作用。膨胀定义为：目标 A 内部的所有元素 a 同结构化函数 B 内所有元素 b 的矢量加的集合。形式如下：

$$A \oplus B = \{\boldsymbol{t} \in Z^2,\ \boldsymbol{t} = a = b,\ a \in A,\ b \in B\} \tag{5-50}$$

式中，矢量 $\boldsymbol{t}$ 是图像空间 Z^2 内的一个元素。结构化函数可以根据需要进行定义，它可以为方形，圆形等结构元素，也可以是一个子图像。

腐蚀是膨胀的对偶运算，具有收缩图像的作用，它通过把邻接背景目标像素设置为背景像素来达到减小目标面积的作用。腐蚀可定义为目标 A 的补集与结构化函数 B 进行二值膨胀所得结果的补集。形式如下：

$$A \ominus B = (A^C \oplus B^C) \tag{5-51}$$

式中，A^C 和 B^C 分别是 A 和 B 的补集。膨胀可以使图像特征扩大，腐蚀可以使图像特征缩小。

膨胀和腐蚀并不是互为逆运算，所以可以结合使用，从而达到平滑图像并且保证不失真的效果。开运算和闭运算就是基于腐蚀膨胀两种顺序不同的连运算，开运算可以去除比结构元素更小的明亮细节，闭运算可以去除比结构元素更小的暗色细节：开运算是先腐蚀后膨胀；闭运算是先膨胀后腐蚀。开运算与闭运算均可以去除比结构元素小的特点图像细节，同时保证不产生全局的几何失真。

4. 图像处理算法流程

系统对病害的识别、提取和计算通过 4 个主要步骤完成，即图像预处理、图像分割、病害特征计算和病害分类。

1）图像预处理

图像预处理主要是为了将图像中的噪声滤去，增强病害的图像特征，提高病害的可提取性，方便后续的图像分割和特征计算。本系统使用的图像预处理技术主要包括灰度化和图像滤波。

（1）灰度化

采集得到的图像为 24 位真彩图像，每个像素对应于三个 8 位的基本分量 RGB，即红绿蓝三个值。为了运算时的方便，并考虑病害的识别主要依靠病害的亮度值比管片背景暗的原理，所以首先进行灰度化处理，可以方便以后对图像的操作和运算。根据三种颜色对亮度贡献的加权系数，可以得出图像的灰度图，将图像灰度化的计算公式如下：

$$Y = 0.299R + 0.587G + 0.114B \tag{5-52}$$

式中 Y——像素点的灰度值；

R——像素点的红色分量值；

G——像素点的绿色分量值；

B——像素点的蓝色分量值。

对在隧道中采集图像的处理均是在灰度化的基础上进行的，在进行图像运算的时候可以直接取出像素值，同时又不会丢失很多图像中的信息。

（2）图像滤波

图像传感器在拍照过程中会受到电流噪声的干扰，具体表现在图像上为高斯白噪声，即分布随机无规律的黑白点。为了降低该干扰因素对图像处理的影响，可以对图像进行滤波后再运算。

滤波的算子一般采用中值滤波。中值滤波是一种非线性的空间滤波器，滤波器窗口对区域内的像素灰度进行排序，将排序中值赋予滤波器中心的像素。滤波的作用在于模糊处理和减小噪声，减少图像中没有必要的细节，便于提取目标物。如：采用 3×3 的模板来完成裂缝图像的中值滤波，即将模板在图像中漫游，将模板中心与图像中某个像素的位置重合；然后读取模板中各对应像素的灰度值，并将这些灰度值从小到大排成一列，找出这些值中排在中间的一个；最后将这个中间值赋给对应模板中心位置的像素，这样就完成了中值滤波。

2）图像分割

图像分割是为了将背景和病害分离开，提取完整的隧道病害图像，为进行下一步特征计算做准备。图像分割操作中包含了阈值分割和数学形态学处理等技术。

（1）阈值分割

阈值分割是通过自动化或者经验的方法选择灰度阈值，然后将图像进行二值化，并提取目标物的方法。阈值选择的准确性直接影响分割的精度及图像描述分析的正确性。通常根据先验知识确定阈值，或者利用灰度直方图特征和统计判决方法确定灰度分割阈值。

一般情况下并没有关于图像充分的先验知识，因此只能从图像本身的特征出发来确定阈值，图像的统计特征可以提供分割的依据。利用灰度直方图特征确定灰度分割阈值的原理是：如果图像所含的目标区域和背景区域大小可比，而且目标区域和背景区域在灰度上有一定的差别，那么该图像的灰度直方图会呈现双峰一谷状（图 5-59）：其中一个峰值对应于目标的中心灰度，另一个峰值对应于背景的中心灰度。由于目标边界点较少且其灰度介于它们之间，所以双峰之间的谷点对应着边界的灰度，可以将谷点的灰度作为分割阈值。

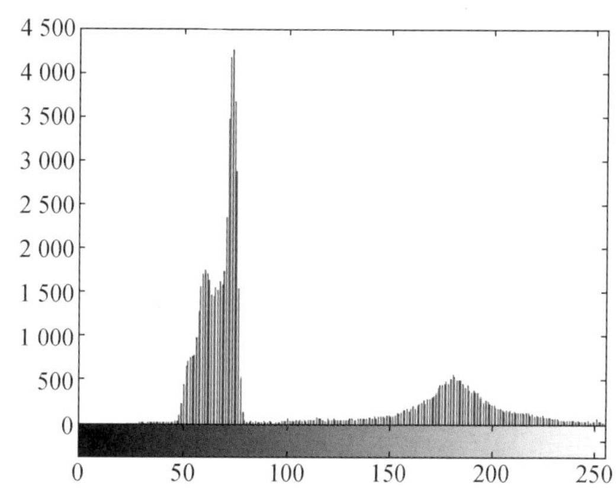

图 5-59 具有两个灰度峰值的灰度图像

在不知道图像灰度分布的情况下，还可以采用模式识别中最大类间方差准则确定分割的最佳阈值。其基本思想是对像素进行划分，通过使划分得到的各类之间的距离达到最大，来确定合适的阈值。最大方差法适用于灰度分布不均匀的图像。

设图像 f 中，灰度值为 i 的像素数目是，总像素数为

$$N = \sum_{i=1}^{L} n_i \tag{5-53}$$

各灰度出现的概率为

$$p_i = \frac{n_i}{N} \tag{5-54}$$

设以灰度 k 为分割阈值将图像分为两个区域，灰度为 $1\sim k$ 的像素和灰度为 $k+1\sim L$ 的像素分别属于区域 A 和区域 B，则区域 A 和区域 B 的概率分别为

$$\omega_{\mathrm{A}} = \sum_{i=1}^{k} p_i \tag{5-55}$$

$$\omega_{\mathrm{B}} = \sum_{i=k+1}^{L} p_i \tag{5-56}$$

为简便起见，定义 $\omega_A = \omega(k)$。

区域 A 和区域 B 的平均灰度为：

$$\mu_A = \frac{1}{\omega_A} \sum_{i=1}^{k} i \times p_i \frac{\mu(k)}{\omega(k)} \tag{5-57}$$

$$\mu_B = \frac{1}{\omega_B} \sum_{i=k+1}^{L} i \times p_i \frac{\mu - \mu(k)}{1 - \omega(k)} \tag{5-58}$$

式中，μ 为全图的平均灰度。

$$\mu = \sum_{i=1}^{L} i \times p_i = \omega_A \mu_A + \omega_B \mu_B \tag{5-59}$$

两个区域的方差为：

$$\sigma^2 = \omega_A (\mu_A - \mu)^2 + \omega_B (\mu_B - \mu)^2 = \frac{[\mu\omega(k) - \mu(k)]^2}{\omega(k)[1 - \omega(k)]} \tag{5-60}$$

按照最大类间方差的准则，从 1 至 L 改变 k，并计算类间方差，使式(5-60)最大的 k 即是区域分割的阈值。处理步骤如下：

① 读取图像并灰度化；

② 适当划分灰度等级，例如 0～255 级灰度可以按一值一级划分为 256 级，返回图像矩阵各个灰度等级的像素个数；

③ 计算各灰度出现的概率，即每个灰度的像素数除以总像素数；

④ 计算图像灰度平均值；

⑤ 计算出选择不同 k 值时 A 区域的概率，k 值可依次取最小灰度值到最大灰度值；

⑥ 求出不同 k 值时类间的方差，并求出最大方差对应的灰度级。

(2) 数学形态学处理

腐蚀和膨胀是经典的除噪声算法，二者的不同组合被称为开运算和闭运算。本程序中也使用了腐蚀算法和膨胀算法，采用的是先腐蚀后膨胀的开运算。腐蚀能够减少图像中的噪声，避免将噪声误识别为病害；膨胀能够填充因为分割造成的空洞和边缘毛刺，提高病害计算特征的准确性。

针对二值图像的处理，膨胀(dilation)的直观解释是：将结构元素 B 做映像后，在图像 A 上移动，当 A 与 B 的映像有交集的时候，B 的映像的原点所经过的所有的点构成的集合就是 B 膨胀 A 的结果，具体原理如图 5-60 所示。而腐蚀(errosion)的直观解释是：当结构元素 B 完全包含在图像 A 中时，B 的原点位置的集合就是用 B 腐蚀 A 的结果，具体原理图如图 5-61 所示。

阈值分割后生成的二值图像主要有麻点、孔洞以及病害区域断裂等情况。腐蚀的效果是将图像中多余的麻点和边缘毛刺除去，减少识别的错误率。而膨胀的结果是将某一片病害区域中的孔洞连接起来，并且可以连接两个相邻的病害区域，减少病害区域的个

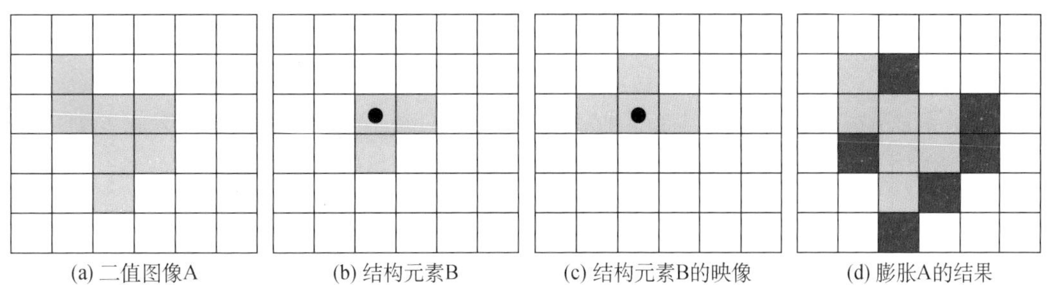

(a) 二值图像A　(b) 结构元素B　(c) 结构元素B的映像　(d) 膨胀A的结果

图 5-60　二值膨胀运算的结果(深色的部分就是相对原图扩大的部分)

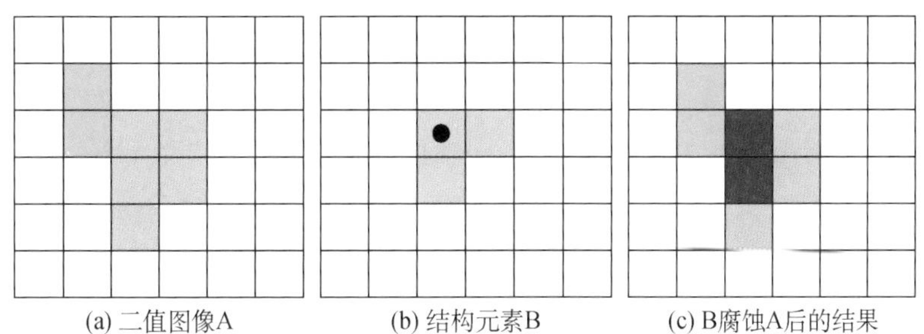

(a) 二值图像A　(b) 结构元素B　(c) B腐蚀A后的结果

图 5-61　二值腐蚀运算的结果(深色的部分就是相对原图剩下的部分)

数。经过腐蚀和膨胀后的图像看起来更美观,而且在病害大小和长度的计算上不会有太大的误差。

3）病害特征计算

病害特征的计算主要是连通区算法,通过连通区算法可以得到特征信息包括,面积大小、占空比、长宽比、灰度差等。

经过腐蚀和膨胀后的图像即可对病害进行连通区信息计算,该算法流程如下。

(1) 从照片的第一个像素开始,在图像中依顺序查找亮度为 1(即白色,在二值图中亮度只有 1 和 0,1 为白色,0 为黑色)的像素,当找到第一个亮度为 1 的像素时停止,把此像素设置序号为 1。

1	0	1
0	1	1
0	0	1

图 5-62　中心像素的相邻 8 个位置

(2) 在该位置的相邻 8 个像素点开始查找亮度为 1 的像素,若发现有亮度为 1 的像素,则将该像素标记为序号 1(图 5-62)。

(3) 只要有序号为 1 的像素,即对该点进行步骤(2)的运算,直到该位置周围没有亮度为 1 的像素。所有序号为 1 的像素是相邻的,被称为连通区 1。

(4) 继续查找亮度为 1 的像素,查找过程中跳过序号为 1 的区域,当其他位置有亮度为 1 的像素时,则将该位置标为序号 2。

(5) 在序号为 2 的位置上重复步骤(2)、步骤(3),直到该序号位置周围没有亮度为 1 的像素。所有序号为 2 的像素也是相邻的,被称为连通区 2。

(6) 按照上述步骤依次查找图像中的连通区并编号，直到图像中没有无标记的病害区域。

(7) 依次计算编号为 N 的连通区域的面积大小、占空比、长宽比、平均灰度差等参数。各参数计算公式如下。

$$连通区\ n\ 面积大小=\left[\sum(编号为\ n\ 的像素个数)\right]\times 每个像素对应的实际面积$$

$$占空比=\frac{连通区\ n\ 面积大小}{包含连通区\ n\ 的最小矩形面积} \tag{5-61}$$

$$长宽比=\frac{包含连通区\ n\ 最小矩形的水平长度}{包含连通区\ n\ 最小矩形的竖直长度} \tag{5-62}$$

$$平均灰度差=\frac{连通区\ n\ 内的像素灰度总和}{连通区\ n\ 的像素个数} \tag{5-63}$$

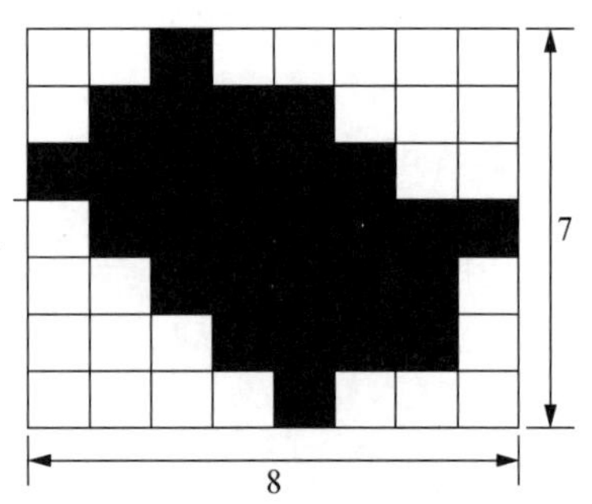

图 5-63　包含连通区的最小矩形

其中包含连通区的最小矩形如图 5-63 所示。

包含连通区的最小矩形水平长度等于该连通区最左边像素位置和最右边像素位置之差，竖直长度等于该连通区最上面像素位置和最下面像素位置之差。包含连通区的最小矩形面积等于宽度乘以高度，在图 5-63 中，该连通区的水平长度为 8，竖直长度为 7，面积为 56。

该步骤使图像中的每一块病害区分开来，计算得出了病害的特征信息，为病害的识别和分类做准备。

4) 病害分类

病害的分类通过对病害的特征信息如面积大小、占空比、长宽比、灰度差进行分析来进行。渗漏水、破损和裂缝等病害在特征上存在一些统计规律，程序通过不断学习和修正，可以得到合适的参数对病害进行分类。

根据人工在隧道内检测识别的经验，渗漏水、破损和裂缝的特征各不相同，但是同种病害的特征有一定的规律，表 5-30 是各种病害的特征信息。

表 5-30　不同病害的连通区特征

病害类型	面积大小	占空比	长宽比	灰度差
裂缝	小	小	大	小
渗漏水	大	大	中等	大
破损	中等	大	小	中等

根据以上各种病害不同的特征信息，通过统计经验确定大小阈值，可以识别出每个病害连通区所属的病害类型。另外，还可以根据检测系统记录的每张照片所在的里程数，定位出病害所在位置。以病害的大小、类型和位置，可以统计出病害在隧道内的空间分布。

5.4.3 壁后注浆效果检测

1. 检测内容

壁后注浆效果检测内容包括两个方面，即壁后注浆层厚度和注浆层缺失范围。

2. 检测方法原理

壁后注浆体由于其浆体的介电常数等电学特性均和管片及土层存在不同程度的差异，为采用探地雷达法提供了基本的物理前提。

隧道检测时将探地雷达发射天线在隧道衬砌(或管片)表面向其内部发射频率为数百至数千兆赫兹的高频电磁波，当电磁波遇到不同界面时会发生反射及透射，反射波返回衬砌表面，又被接收天线所接收(所用的天线为收发合一的屏蔽天线)，如图 5-64 所示。

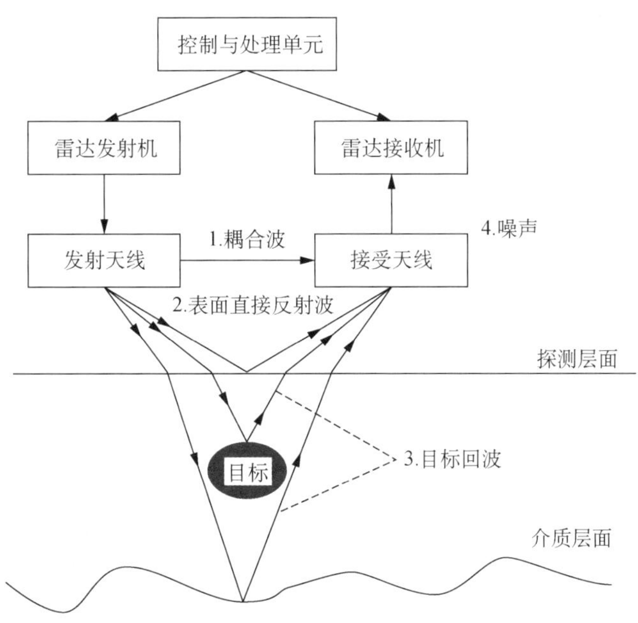

图 5-64 雷达探测原理示意图

由于注浆体的介电常数与管片和土层的介电常数存在差异，且注浆体与管片的差异要小于与土层的差异，由探地雷达法的基本原理可知，雷达波在检测对象内部存在介电常数差异的界面会发生反射，形成反射波。而界面两侧的介电常数差异越大，反射波的能量越强。因此根据注浆体与土层界面的雷达反射波时间便可计算出壁后注浆层的厚度，同时，根据管片与注浆体之间界面反射波形态及能量可判定壁后注浆是否存在缺失。

由于地铁隧道内部存在复杂的电磁干扰环境，因此检测设备应采用具有屏蔽天线的探地雷达，同时为保证探测分辨率和探测深度，天线频率应宜选中高频 400～900 MHz 为宜。仪器的主要性能和技术指标应符合以下要求。

（1）系统增益不应小于 150 dB。

（2）系统应具有可选的信号叠加、时窗、实时滤波、增益、点测或连续测量、位置标记和定位等功能。

（3）应有多种中心频率的天线可供选择。

（4）计时误差不应大于 1.0 ns。

（5）最小采样间隔不应高于 0.5 ns，A/D 转换不应低于 16 bit。

（6）应具有多种增益以及曲线、色阶与灰阶等多种显示形式可供选择。

3. 检测实施

由于探地雷达是通过连续快速收发高频电磁波实现对检测对象内部的检测，因此可在隧道内部的管片表面布置线状测线，将相应的探地雷达天线贴紧管片表面，并沿线状测线快速移动，便可对测线对应位置管片壁后注浆体进行快速检测。

由于管片表面存在较多的规律分布螺栓孔，同时，隧道内表面也装置了大量的通信、电力等各类管线及排架，因此测线布置时应尽量避开管片螺栓孔及各类管线和排架，以减少检测过程中的干扰因素，提高检测的精度。

4. 检测成果

检测成果应以完整的检测报告提交，报告主要应包括工程概况、执行的标准规范、测线布置示意图（图 5-65）、检测解释成果图以及相应的文字说明等。其中，检测解释成果图应以探地雷达检测剖面为底图，并在剖面上对注浆的厚度及缺失区域进行详细的标注，同时，应在剖面上标注对应的管片环号等信息，方便与实际隧道位置对应，检测剖面应为深度剖面（图 5-66）。

图 5-65　测试布置示意图

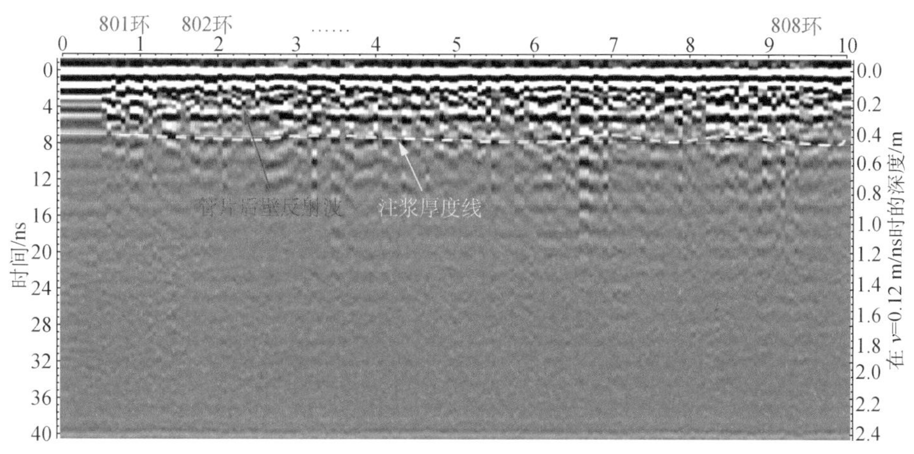

图 5-66 检测剖面图

5.4.4 结构裂缝检测

1. 检测内容

结构裂缝检测的内容为结构裂缝的深度。

2. 检测方法

在隧道内部对管片裂缝进行检测时，相应的设备仅能布置于管片表面，当裂缝为张开性裂缝，且裂缝面近似垂直管片表面时，可采用超声波平测法对裂缝深度进行检测。其原理简述如下。

单面平测法的基本原理是将超声脉冲发射源由混凝土表面向其内部激发高频弹性脉冲波，并用高精度的接收系统记录该脉冲波在混凝土内传播过程中表现的波动特征。当混凝土表面存在裂缝缺陷时，裂缝处通常填充空气，在固-气交界面上，由于空气的波阻抗远小于混凝土的波阻抗，超声波几乎发生全反射，因此可以认为没有波动能量穿透空气直达接收器，而能被接收器接收的波将是绕过裂缝下缘的衍射波，又称为绕射波，该现象可以用 Huygens-Fresnel 原理定性解释。根据波的初至时间特性进行对比分析，可以获得测区范围内混凝土的裂缝发育深度情况。测试记录测区内同一裂缝的多个测点上的跨缝和不跨缝的超声波动特征，经过处理分析就能判别该裂缝的深度发育情况。

常用的检测设备包括模拟式和数字式两大类。前者接收信号为连续模拟量，具有采集并储存数字信号、测读声学参数和对数字信号处理的智能化功能。后者的接收信号转换为离散数字量，具有采集并储存数字信号、测读声学参数和对数字信号处理的智能化功能。超声波检测仪同时应满足以下要求。

(1) 具有波形清晰、显示稳定的示波装置。

(2) 声时最小分度为 0.1 μs。

(3) 具有最小分度为 1 dB 的衰减系统。

(4) 接收放弃频响范围 10～500 kHz，总增益不小于 80 dB，接收灵敏度(在信噪比为 3∶1 时)不大于 50 μV。

(5) 电源电压波动范围在标称值±10%的情况下能正常工作。

(6) 连续正常工作时间不少于 4 h。

收发信号的探头应满足以下要求：

(1) 厚度振动式换能器探头的频率宜采用 20～50 kHz。径向振动式换能器探头的频率宜采用 20～60 kHz，直径不宜大于 32 mm。当接收信号较弱时，宜选用带前置放大器的接收探头。

(2) 探头的实测主频与标称频率相差应不大于±10%。

3. 检测实施

检测时应在裂缝的被测部位，以不同的测距，按跨缝和不跨缝布置测点(布置测点时应避开钢筋的影响)进行检测，其检测步骤如下：

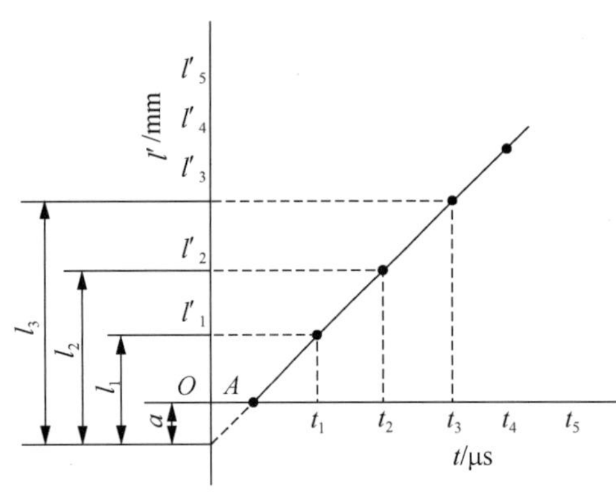

图 5-67 平测“时-距”图

不跨缝的声时测量：将发射和接收的探头放置于裂缝附近同一侧，以两个换能器边缘间距(l')等于 100 mm，150 mm，200 mm，250 mm，…，分别读取声时值(t_i)，绘制“时-距”坐标图(图 5-67)，或用回归分析的方法求出声时与测距之间的回归直线方程：

$$l_i = a + bt_i \tag{5-64}$$

每测点超声波实际传播距离 l_i 为

$$l_i = l' + |a| \tag{5-65}$$

式中 l_i ——第 i 点的超声波实际传播距离(mm)；

l' ——第 i 点的接收、发射探头内边缘间距(mm)；

a ——“时-距”图中 l' 轴的截距或回归直线方程的常数项(mm)。

不跨缝平测的混凝土声速值为：

$$v = (l'_n - l'_l)/(t_n - t_l) \quad (\text{km/s}) \tag{5-66}$$

$$\text{或 } v = b \ (\text{km/s}) \tag{5-67}$$

式中 l'_n, l'_l ——第 n 点和第 l 点的测距(mm)；

t_n, t_l ——第 n 点和第 l 点读取的声时值(μs)；

b——回归系数。

跨缝的声时测量如图 5-68 所示，将发射、接收探头分别放置于以裂缝为对称的两侧，l' 取 100 mm，150 mm，200 mm，…，分别读取声时值 t_i^0，同时观察首波相位的变化。

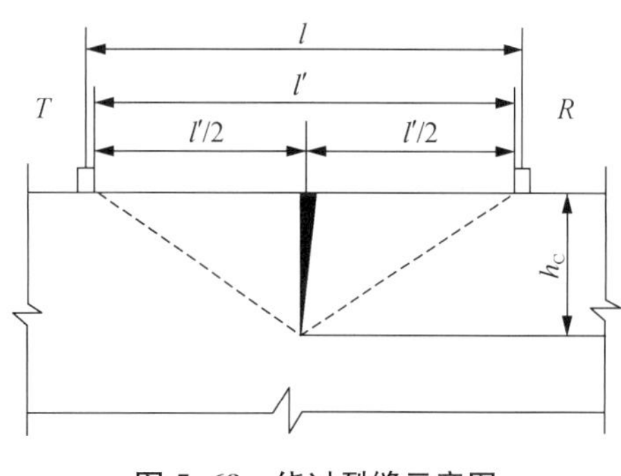

图 5-68 绕过裂缝示意图

平测法检测，裂缝深度计算如下：

$$h_{Ci}=l_i/2\cdot\sqrt{(t_i^0 v/l)^2-1} \quad (5\text{-}68)$$

$$m_{kc}=1/n\cdot\sum_{i=1}^{n}h_{Ci} \quad (5\text{-}69)$$

式中 l_i——不跨缝平测是第 i 点的超声波实际传播距离(mm)；

h_{Ci}——第 i 点计算的裂缝深度值(mm)；

t_i^0——第 i 点跨缝平测的声时值(μs)；

m_{kc}——各测点计算裂缝深度的平均值(mm)；

n——测点数。

裂缝深度的确定方法如下：

(1) 跨缝测量中，当在某测距发现首波反相时，可用该测距及两个相邻测距的测量值按式(5-68)计算 h_{Ci} 值，取此三点 h_{Ci} 的平均值作为该裂缝的深度值 (h_C)。

(2) 跨缝测量中如难以发现首波反相，则以不同的测距按式(5-68)、式(5-69)计算 h_{Ci} 及其平均值 (m_{kc})。将各测距 l_i' 与 m_{kc} 相比较，凡测距小于 m_{kc} 或大于 $3m_{kc}$，应剔除该组数据，然后取余下 h_{Ci} 的平均值，作为该裂缝深度值 (h_C)。

4. 检测成果

检测成果应以完整的检测报告提交，报告主要应包括工程概况、执行的标准规范、测线布置示意图、检测“时-距”数据表、平测“时-距”图、计算深度值以及相应的文字说明等。

5.4.5 混凝土强度检测

1. 检测目的

混凝土强度检测目的在于检测普通混凝土结构或者构件的表面硬度，以此来推定其抗压强度。

2. 检测原理

回弹法是用一个弹簧驱动的重锤，通过弹击杆弹击混凝土表面，并测出重锤被反弹回来的距离，以回弹值作为与强度相关的指标，来推定混凝土强度的一种方法，它属于表面硬度法的一种。

回弹仪按其冲击动能的大小，可分为重型、中型、轻型、特轻型四种规格。

(1) 重型回弹仪，其冲击能量为 26.41 J，可供大型构件、重型构件、路面、飞机跑道及其他大体积混凝土的强度检测。

(2) 中型回弹仪，其冲击能量为 2.21 J，用于一般的建筑物、桥梁工地、预制场等普通混凝土构件的强度检测。

(3) 轻型回弹仪，其冲击能量为 0.98 J，可用于各种轻质建筑材料和其他薄壁构件的强度检测。

(4) 特轻型回弹仪，其冲击能量为 0.27 J，可供检测砂浆强度。

3. 检测实施

1) 测试前的现场准备

(1) 了解测试对象的详细情况，其中包括结构或者构件的尺寸、数量、混凝土设计标号、原材料品种、施工情况、龄期和结构物的环境条件。

(2) 合理抽样和选定测试部位。对于单个推定结构或者构件的混凝土强度，可根据混凝土质量的实际情况决定测试数量；当用抽样方法推定整个结构或者成批构件的混凝土强度时，随机抽取数量不少于结构或者构件总数的 30%，且构件数量不少于 10 个，构件的受力部位及薄弱部位必须布置测区。

(3) 测面的要求。测区表面应为原状混凝土表面，应清洁、平整、干燥、无冰冻，不应有接缝、饰面层、粉刷层、浮浆、油垢及蜂窝麻面，必要时可用砂轮清除表面的杂物和不平整处，打磨后的表面应扫清残留的粉末状碎屑。

2) 回弹仪的操作要求

在测读回弹值的时候，除了按回弹仪的一般操作规定操作外，尤其要注意的是回弹仪的轴线始终要垂直于测试面，并缓慢均匀地施压，在弹击锤脱钩前不得施加冲力。

3) 回弹值的测读和计算

每个测区弹击 16 点，当一个测区布置两个相对的侧面时，每侧弹击 8 点，测点在侧面上均匀分布，避开外漏的石子和气孔，对隐藏在表层下的石子和气孔，测值明显异常时，测试者可予以舍弃，并补充测点。相邻测点间距一般不小于 2 cm，测点距结构或者构件边缘或者外露钢筋、铁件的距离一般不少于 3 cm。回弹值测读精确至 1。

回弹值测量完毕后，应选择不少于构件 30%测区数，在有代表性的位置上测量碳化深度值，取其平均值作为该构件每测区的碳化深度值。

4. 数据处理与分析

(1) 当回弹仪水平方向测试混凝土浇筑侧面时,应从每一测区的 16 个回弹值中剔除其中 3 个最大值和 3 个最小值,取余下 10 个回弹值的算术平均值作为该测区的平均回弹值,精确至 1 位小数。

$$m_{\mathrm{R}}=\frac{\sum_{i=1}^{n} R_i}{10} \tag{5-70}$$

式中 m_{R} ——测区平均回弹值,精确至 0.1;

R_i ——第 i 个测点的回弹值。

由于回弹法测强曲线是根据回弹仪水平方向测试混凝土试件侧面的试验数据计算得到的,因此当测试中无法满足上述条件时需要对测得的回弹值进行修正。首先根据非水平方向测试混凝上浇筑侧面时的数据计算平均回弹值,再根据回弹仪轴线与水平方向的角度计算出其修正值。

$$m_R=m_{Ra}+\Delta R_a \tag{5-71}$$

式中 m_{Ra} ——回弹仪与水平方向成 a 角测试时测区的平均回弹值,精确至 0.1;

ΔR_a ——按表查出的不同测试角度 a 的回弹值修正值,精确至 0.1。

当回弹仪水平方向测试混凝土浇筑表面或者地面时,应根据测得的数据求出测区平均回弹值后,按式(5-72)、式(5-73)修正。

$$R_{\mathrm{m}}=R_{\mathrm{m}}^{\mathrm{t}}+R_{\mathrm{a}}^{\mathrm{t}} \tag{5-72}$$

$$R_{\mathrm{m}}=R_{\mathrm{m}}^{\mathrm{b}}+R_{\mathrm{a}}^{\mathrm{b}} \tag{5-73}$$

式中 $R_{\mathrm{m}}^{\mathrm{t}}$, $R_{\mathrm{m}}^{\mathrm{b}}$ ——水平方向检测混凝土浇筑表面或底面时测区的平均回弹值;

$R_{\mathrm{a}}^{\mathrm{t}}$, $R_{\mathrm{a}}^{\mathrm{b}}$ ——按表查出的不同浇筑面的回弹修正值,精确至 0.1。

如果测试时仪器既非水平方向而测区又非混凝土的浇筑侧面,则应对回弹值先进行角度修正,然后再进行浇筑面修正。

(2) 回弹值测量完毕后,应选择不少于构件 30%测区数在有代表性的位置上测量碳化深度值,取其平均值作为该构件每测区的碳化深度值。当碳化深度极差大于 2.0 mm 时,应在每个测区测量碳化深度值。

(3) 计算混凝土强度

① 由各测区的混凝土强度换算值可计算出结构或者构件混凝土强度平均值,当测区数等于或者大于 10 时,还应计算标准差。

$$m_{f_{\mathrm{cu}}^{\mathrm{c}}}=\frac{\sum_{i=1}^{n} f_{\mathrm{cu}i}^{\mathrm{c}}}{n} \tag{5-74}$$

$$S_{f_{cu}^{c}}=\sqrt{\frac{\sum_{i=1}^{n}(f_{cu,i}^{c})^{2}-n(m_{f_{cu}^{c}})^{2}}{n-1}} \tag{5-75}$$

式中 $m_{f_{cu}^{c}}$ ——构件混凝土强度平均值，精确至 0.01 MPa。

n ——对于单个测定的构件或者结构，取一个试样的测区数；对于抽样测定的结构或构件，取抽检试样测区数之和。

$S_{f_{cu}^{c}}$ ——构件混凝土强度标准差，精确至 0.01 MPa。

② 确定构件混凝土强度推定值 $f_{cu,c}$。

当该结构或者构件测区数少于 10 个时：

$$f_{cu,e}=f_{cu,e,min} \tag{5-76}$$

式中，$f_{cu,e,min}$ 为构件重最小的测区混凝土强度换算值。

当该结构或者构件测区强度值中出现小于 10.0 MPa 时：

$$f_{cu,e}<10.0\ \text{MPa} \tag{5-77}$$

当该结构或者构件测区数不少于 10 个或者按批量检测时：

$$f_{cu,e}=m_{f_{cu}^{c}}-1.645\,S_{f_{cu}^{c}} \tag{5-78}$$

③ 对于按批量检测的构件，当该批构件混凝土强度标准差出现下列情况时，该批构件应全部按单个构件检测：

当该批构件混凝土强度平均值小于 25 MPa 时，$S_{f_{cu}^{c}}>4.5$ MPa；

当该批构件混凝土强度平均值等于或大于 25 MPa 时，$S_{f_{cu}^{c}}>5.5$ MPa。

5.5 自动化监测与检测

5.5.1 自动化监测系统概述

1. 物联网与自动化监测

物联网(The Internet of Things，简称 IOT)是指通过信息传感器、射频识别技术、全球定位系统、红外感应器、激光扫描器等各种装置与技术，针对任何需要监控、连接、互动的物体或过程，实时采集其声、光、热、电、力学、化学、生物、位置等各种需要的信息，通过各类可能的网络接入，实现物与物、物与人的泛在连接，实现对物品和过程的智能化感知、识别和管理。

物联网是一个基于互联网、传统电信网等的信息承载体，它让所有能够被独立寻址的普通物理对象形成互联互通的网络。物联网技术为继计算机、互联网之后信息产业发展的第三次浪潮。近些年,物联网产业处于高速发展模式,在家居电器、汽车、自动监测等众多行业领域已经得到广泛应用。

远程自动化监测是物联网在结构监测领域的典型应用,具有三大特征。

(1) 多源感知:利用倾角计、测距仪、测量机器人等多源传感器,可随时随地获取物体的信息。

(2) 可靠传递:通过各种专业网络与互联网的融合,将采集的信息实时准确地传递出去。

(3) 智能处理:利用云计算、模糊识别等各种智能计算技术,对海量的数据和信息进行分析和处理,对监测对象实施智能化控制。

自动化监测系统的主要事务包括以下方面。

(1) 事务管理,包括工程项目、采集终端、传感器等管理,计算方法定义。

(2) 按照预定义的时间,定时采集数据。

(3) 接收由用户发起的测量命令,实时采集数据。

(4) 版本更新、配置同步、数据与指令同步。

2. 自动化监测系统架构

自动化监测系统的物理层面由 5 个部分组成:传感器、采集器(工控机)、网络路由、服务器、管理中心。

(1) 传感器是直接采集测量数据(物理、几何等信息)的终端设备,安装在监测对象的结构上。传感器与采集器的连接分为有线连接和无线连接,有线连接通常有 RS485 双绞屏蔽线、RS485 与 RS232 转换器等;无线连接有无线短距离 Wi-Fi 通信、ZigBee、LoRa 等方式。

(2) 采集器(工控机)相当于电脑,部署着传感器管理程序,安装在前端现场,控制传感器采集时点、频率和数据临时储存。通常情况下,一台采集器设备可连接同类或多类、从数个到数百个传感器。采集器并通过网络与服务器同步测量数据和各项配置。

(3) 网络路由器是采集器与服务器之间的连接装置,通常采用的移动网络路由器可以插入中国移动、中国联通的上网卡,采用目前已经普及的 HSPA+(即通常所说的 3G)和 LTE(即通常所说的 4G)网络连接至公网。移动网络路由器本身可以发射 Wi-Fi 信号,供数据采集器连接,也可以用 RJ45 网线与工控机连接。采集器与服务器之间也可直接采用网线、光纤等物理连接。

(4) 服务器是管理所有一体化智能终端的中枢,一方面通过公网与所有联网的一体化智能终端维持网络连接,达到实时测量,实时返回数据的效果,并且服务器上的数据库存储了一体化智能终端的配置、测量计划、历史测量数据等信息,与一体化智能终端保持同步;另一方面通过服务器转发用户操作和一体化智能终端消息到浏览器。

（5）管理中心提供用户控制数据采集和数据展示的浏览器界面，包括发送测量命令、修改配置、查询测量数据等功能。

典型的自动化监测系统逻辑框架如图 5-69 所示。

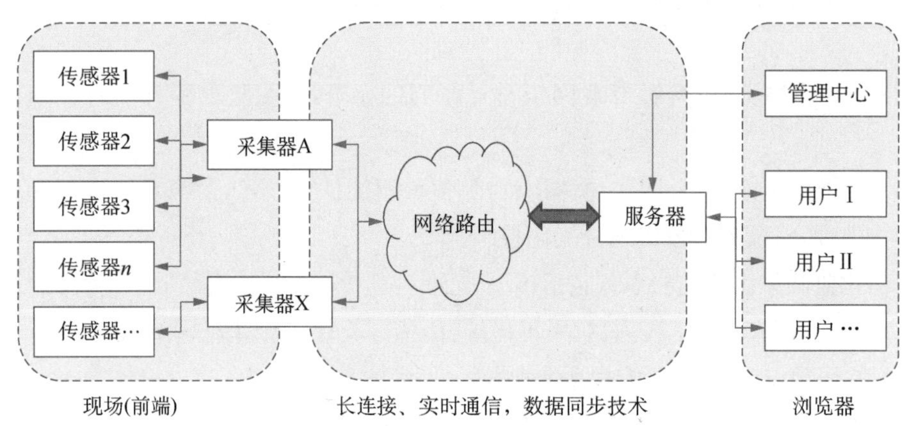

图 5-69　自动化监测系统架构示意图

3. 地下结构监护常用传感器类型

地下结构监护监测常用传感器类型如表 5-31 所示。

表 5-31　　自动化监测系统支持的传感器类型

传感器	物理量	采样速率	主要用途	实物图
倾角计	与水平面或铅垂线的角度	按用户自定义采样间隔进行采集，最高可达 10 s/次	隧道管片倾角、侧墙倾斜	
			与水平梁结合组成电子水平尺，监测纵向差异沉降	
固定式测斜仪	角度量	按用户自定义采样间隔进行采集，最高可达 1 min/次	土体深层水平位移	

续表

传感器	物理量	采样速率	主要用途	实物图
静力水准仪	液面高度量	按用户自定义采样间隔进行采集，最高可达 10 s/次	结构沉降	
全站仪	水平角、垂直角和斜距	按用户自定义采样间隔进行采集，平均每个棱镜测量时间约 5 s	三维姿态、水平位移、直径收敛等	
测距仪	距离量	按用户自定义采样间隔进行采集，最高可达 20 s/次	隧道管径收敛	
裂缝计	位移量	按用户自定义采样间隔进行采集，最高可达 10 s/次	环缝、裂缝张开	

5.5.2 电子水平尺沉降自动监测

1. 技术特点

电子水平尺(EL Beam Sensor)是一种能精确测量物体倾斜(即两点间高差)的仪器，多支电子水平尺首尾相接组成沉降观测系统，首先由美国 SLOPE INDICATOR 公司推出，在 2000 年首先引入上海。与静力水准系统相比，电子水平尺受运营行车扰动后的稳定速度快，能在列车运营间隔内有效监测，20 年来，当既有线路受新线施工穿越影响时，电子水平尺是采用最广泛的沉降自动监测技术。

2. 技术原理

电子水平尺由两部分组成:电解质传感器和数据自动采集系统。电子水平尺的核心部分是一个电解质倾斜传感器，它是利用电解质来进行水平偏差(即倾斜角)测量的仪器，它的显著特点是测角的灵敏度很高，可达 2″(相当于在 1 m 的直尺上由于两端有 10 μm 高差形成的倾角)，而且有极好的稳定性，单个单元的构造如图 5-70 所示。将上述电解质倾斜传感器(组件)安装在一支空心的直尺内,就构成了电子水平尺。使用时电子水平尺可以单支安装,也可以将多支电子水平尺的首尾相连,在监测区段内沿待测方向展开安装。工作时,所有电子水平尺的输出信号汇接到一台 CR 系列数据自动采集器上,可定时(调整范围为数秒或数小时)或即时地自动完成数据采集,将此数据传送到计算机中,借助专用的处理程序,计算断面上各点连续的沉降曲线。

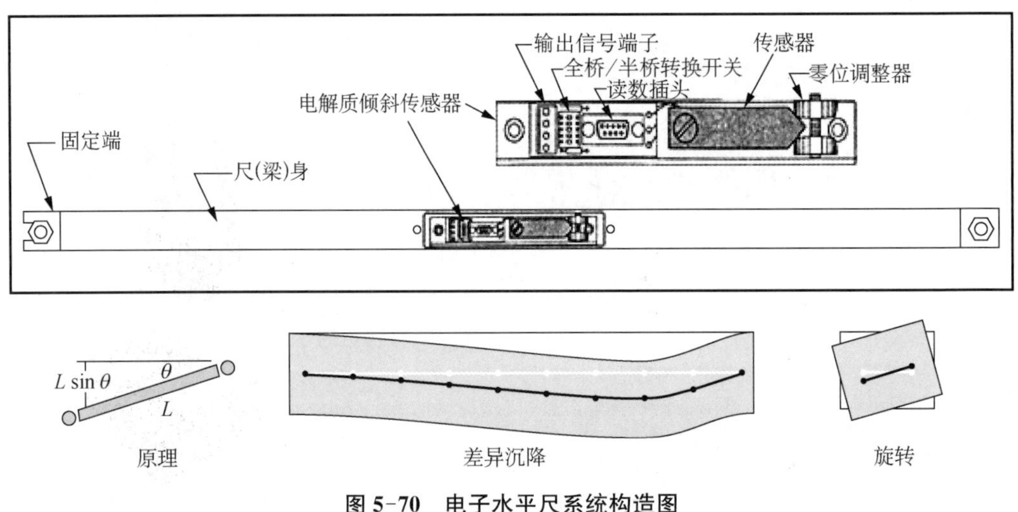

图 5-70 电子水平尺系统构造图

电子水平尺具有以下特点:

(1) 高分辨率。电子水平尺能检测到微小至 1″的倾角变化,相当于一根 1 m 梁两端发生 0.005 mm 的高差(位移)变化。

(2) 可靠的测量数据。当电子水平尺的长度确定后,其倾角的变化量就可简单且精确地换算成梁端的(0.01 mm 级)毫米级位移量,而与结构物本身的刚度无关。将多个电子水平尺首尾相连,则能计算出绝对位移并推断出沉降断面。

(3) 安装简单。电子水平尺因其外形设计简单,使得它在隧道内和其他很多地方都可以进行安装使用,尺的长度可因结构物不同改变。

(4) 简单且牢固。电子水平尺内部的电解质倾角传感器无活动部件,其绝缘的外壳能保证热量分布均匀,以避免温度升高和辐射热量产生的影响。

(5) 遥控测读。一般情况下,电子水平尺可连接到数据采集器上测读,能持续监测沉降变化;若检测到过大的沉降量则会发出报警信号。

(6) 安装时紧贴被测对象,基本不影响对被测对象的工作状态或影响很小;又可以自动读数,因此特别适合在行车时封闭的地铁隧道或其他封闭路段中进行连续的沉降监测。

电子水平尺系统现场安装如图 5-71 所示。

(a) 尺链　(b) 监测现场　(c) 数据采集器

图 5-71　电子水平尺系统现场安装

3. 监测方法

如图 5-72 所示，一个由 E_1, E_2, E_3, …, E_n 共 n 个首尾相接的电子水平尺组成的监测链，对于测点 P_0，依次经过 P_1, P_2, P_3, …，终至 P_n 点，它们构成了一个监测 P_0～P_n 范围内各点沉降的计算模型，它有 $n+1$ 个测量点，各电水平尺的长度为 L_i(通常长度相等)。

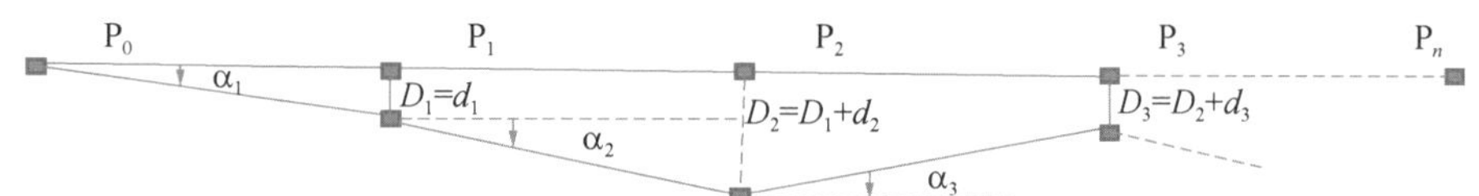

图 5-72　电子水平尺尺链沉降计算示意图

各传感器输出的电压信号换算成倾角角度，历次测得各传感器的倾角 α_i（i 为测点序号），各点相对于 P_0点的高差 D_i按式(5-79)计算：

$$D_i=\sum_{j=0}^{i} d_j=\sum_{j=0}^{i}(L_j\times\sin\alpha_j) \tag{5-79}$$

沉降发生前，计算得到各点相对于参考点 P_0的高差 D_i^0，第 k 次计算得到 D_i^k，对应相减后即得到各点的沉降量 ΔD_i^k。

由多支电子水平尺串联安装构成的“尺链”进行沉降测量时，应采用水准测量法定期联测尺链的起点与终点，根据水准测量成果修正各测点沉降变形成果。

4. 精度分析与措施

1）误差组成

任何测量都会产生误差，误差通常分为人为误差、系统误差和随机误差。电子水平尺系统采用自动监测，不存在人为误差；系统误差是监测系统的固有误差，在系统条件不变的情况下，会以相同的形式存在于历次观测中，计算时采用前后历次数据相减的方法求得沉降，结果中大部分系统误差得到消除，因此主要分析随机误差。

每支电子水平尺每次读数都存在随机误差，整个沉降监测链上各点数据相互累加更造成了随机误差的叠加。若单支电子水平尺的误差为 e_i，根据误差传播规律，尺链总误差可按式(5-80)估算：

$$E=\sqrt{\sum (e_i)^2}=e_i\sqrt{n} \tag{5-80}$$

根据经验，单个电解质倾斜传感器倾角变化量的精度为 3″，其与 1 m 的梁构成的单支电子水平尺的精度为 0.0145 mm(=1 000 mm×3″/206 265″)，2 m 的梁构成的单支电子水平尺的精度为 0.029 mm，用不同型号电子水平尺构成不同长度尺链的总体精度估算如表 5-32 所示。

表 5-32　不同型号电子水平尺和不同长度尺链组合的精度表　(单位：mm)

组合情况	50 m 尺链	100 m 尺链	150 m 尺链
用 1 m 电子水平尺	0.103	0.145	0.178
用 2 m 电子水平尺	0.145	0.205	0.251

2) 随机误差的校正(简单“归零”)

在实际监测项目中，尺链的两端延伸到施工影响范围外，认为尺链两端未受施工影响，是稳定的，两端部测量点的沉降量应为 0。但实际工作中，由于测量误差的影响，此值不为 0，设不符值为 Δ，通常按数据平差的方法进行校正：

$$H_i=\sum_{j=0}^{i} d_j-\frac{\Delta}{L_T}\sum_{j=0}^{i} L_j \tag{5-81}$$

当然，也应注意，并非所有的现场都能满足尺链两端稳定的条件，通常应对两端测量点采用定期人工测量方式校正。设首点校正量为 H_0，尾点校正量为 H_n，此时不符值 Δ、测站点 i 上实际沉降量为

$$\Delta=H_0+\sum_{j=0}^{i} d_j-H_n \tag{5-82}$$

$$H_i=H_0+\sum_{j=0}^{i} d_j-\frac{\Delta}{L_T}\sum_{j=0}^{i} L_j \tag{5-83}$$

5.5.3 静力水准系统

1. 技术特点

静力水准仪是测量高差及其变化的精密仪器。早期的静力水准系统，是利用相连的

容器中静止液面在重力作用下保持同一水平的特征，测量参考点间彼此高程差，从而计算垂直形变。静力水准仪一般安装在与被测物体等高的测墩上或被测物体墙壁等高线上，通常通过现场采集箱内置单机版采集软件实现数据自动采集并存储于现场采集系统内，再通过有线或无线通信与互联网相连进而传到后台网络版软件，从而实现自动化观测。

2. 技术原理

静力水准以结构简单、精度高、自动化性能好、无须通视等特点，广泛应用于高程测量和沉降监测领域，尤其在水电站、核电站、地铁、大型科学装置工程的沉降监测中发挥着重要作用。静力水准已广泛应用于管廊、大坝、核电站、高层建筑、基坑、隧道、桥梁、地铁等垂直位移和倾斜的监测。

根据容器液面状态的测量方式不同，静力水准测量系统可以分为两大类：

(1) 连通管测量系统——各个容器中的液体相互连通，存在液体交换，测量液面高度。

(2) 压力测量系统——各个容器间的连通管被金属膜片分隔，不存在液体间的相互交换，测量液体分断面处的压力变化。

两类测量系统原理如图 5-73 所示。

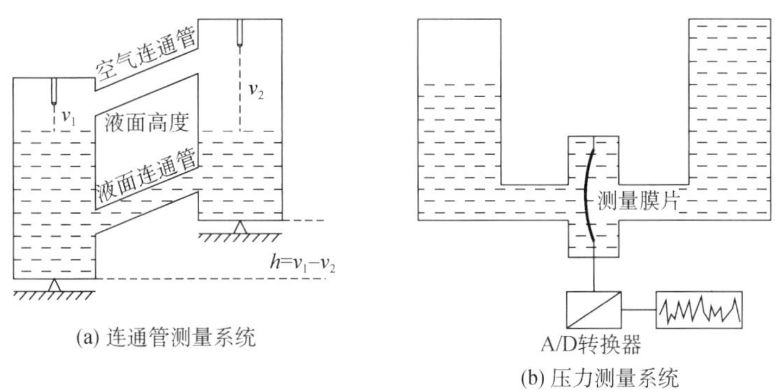

(a) 连通管测量系统
(b) 压力测量系统

图 5-73　连通管式与压差式静力水准系统原理图

根据数据采集方式的不同，静力水准又可分为多类(图 5-74)。

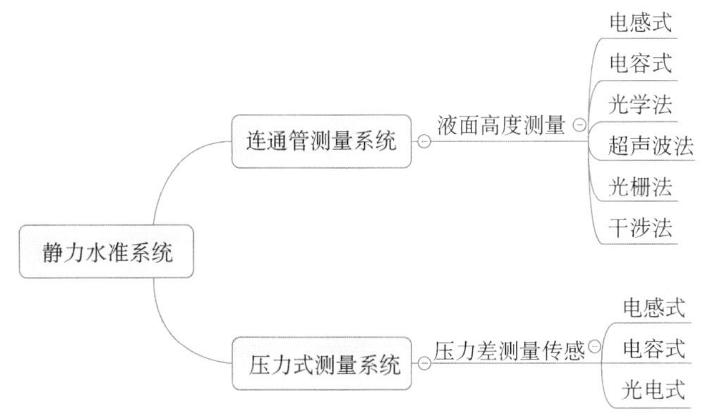

图 5-74　静力水准系统数据采集方式分类

3. 监测方法

在静力水准仪的系统中，所有各测点的垂直位移均相对于其中的一点（又叫基准点）变化，该点的垂直位移是相对恒定的或者可用其他方式准确确定，以便能精确计算静力水准仪系统各测点的沉降变化量，静力水准仪测量原理如图 5-75 所示。

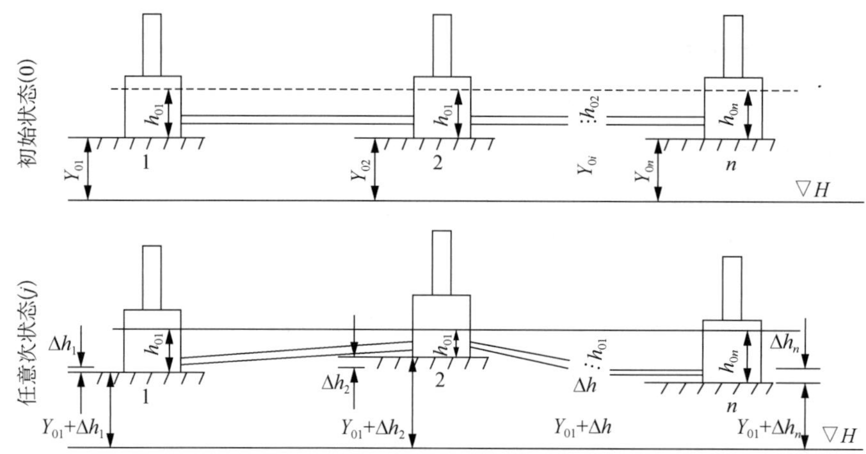

图 5-75 静力水准仪测量原理示意图

该仪器依据连通管的原理，用传感器测量每个测点容器内液面的相对变化，再通过计算求得各点相对于基点的相对沉降（隆起）量，与基准点相比较即可得测点的绝对沉降（隆起）量。如图 5-75 所示，设共布设有 n 个测点，1 号点为相对基准点，初始状态时各测量安装高程相对于（基准）参考高程面 ΔH_0 间的距离则为：Y_{01}，…，Y_{0i}，…，Y_{0n}（i 为测点代号，$i=0, 1, \cdots, n$）；各测点安装高程与液面间的距离则为 h_{01}，…，h_{0i}，…，h_{0n}，则有：

$$Y_{01}+h_{01}=Y_{02}+h_{02}=\cdots=Y_{0i}+h_{0i}=\cdots=Y_{0n}+h_{0n} \tag{5-84}$$

当发生不均匀沉陷后，设各测点安装高程相对于基准参考高程面 ΔH_0 的变化量为：Δh_{j1}，Δh_{j2}，…，Δh_{ji}，…，Δh_{jn}（j 为测次代号，$j=0, 1, \cdots, n$）；各测点容器内液面相对于安装高程的距离为 h_{j1}，h_{j2}，…，h_{ji}，…，h_{jn}。由图 5-75 可得：

$$\begin{aligned}(Y_{01}+\Delta h_{j1})+h_{j1}&=(Y_{02}+\Delta h_{j2})+h_{j2}=(Y_{0i}+\Delta h_{ji})+h_{ji}\\&=(Y_{0n}+\Delta h_{jn})+h_{jn}\end{aligned} \tag{5-85}$$

则 j 次测量 i 点相对于基准点 1 的相对沉陷量 H_{i1}：

$$H_{i1}=\Delta h_{ji}-\Delta h_{j1} \tag{5-86}$$

由式(5-84)可得：

$$\Delta h_{j1}-\Delta h_{ji}=(Y_{0i}+h_{ji})-(Y_{01}+h_{j1})=(Y_{0i}-Y_{01})+(h_{ji}-h_{j1}) \tag{5-87}$$

由式(5-84)可得：

$$Y_{0i}-Y_{01}=-(h_{0i}+h_{01}) \tag{5-88}$$

将式(5-87)代入式(5-86)得：

$$H_{i1}=(h_{ji}-h_{j1})-(h_{0i}-h_{01}) \tag{5-89}$$

即通过传感器测得任意时刻各测点容器内液面相对于该点安装高程的距离 h_{ji}（含 h_{j1} 及首次的 h_{0i}），则可求得该时刻各点相对于基准点 1 的相对高程差。如把任意点 g $(1,\cdots,i,\cdots,n)$ 作为相对基准点，将 f 测次作为参考测次，则按式(5-93)同样可求出任意测点相对 g 测点（以 f 测次为基准值）的相对高程差 H_{ig}：

$$H_{ig}=(h_{ji}-h_{jg})-(h_{fj}-h_{fg}) \tag{5-90}$$

连通管式静力水准系统要求所有测点的水面都位于一个水准面上，初始安装时要求各传感器安装在同一高度，安装高度的偏差直接影响沉降测量的量程。压差式静力水准系统的高差限制较宽，但也有相应要求。

对于有纵坡的线路结构，常常需分段、分组安装测线，相邻测线交接处应在同一结构的上、下设置两个传感器作为转接点（图 5-76）。变形测量作业现场，静力水准的参考点很难布设到稳定区域，点位稳定性很难满足基准点的要求，应定期进行几何水准联测。

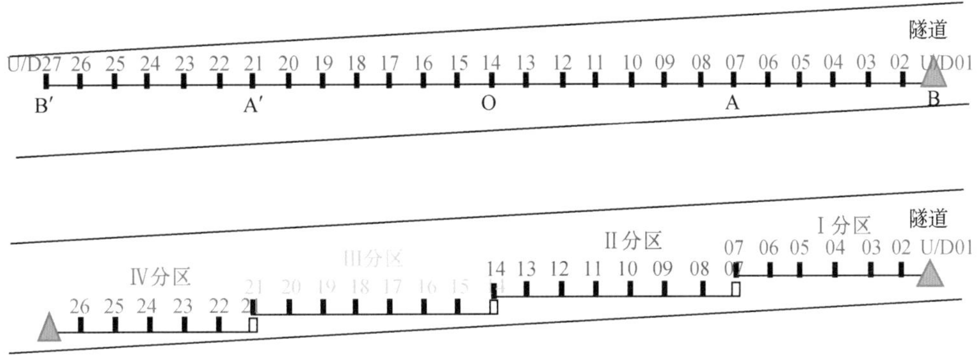

图 5-76　静力水准线路分组安装示意图

安装在隧道内的静力水准系统如图 5-77 所示。

4. 精度分析

静力水准系统的误差影响可分为两部分：一部分来自外界环境的影响，如在非均匀温度场和非均匀压力场下导致液体体积不均匀膨胀、液面高度变化；另一部分误差来源于液

图 5-77　安装在隧道内的静力水准系统

面高度或压力差的测量方法。对于高精度测量，应该对各个误差进行有效的消除或者计算补偿。

外界环境的影响源及主要削弱方法见表 5-33。

表 5-33　外界环境的影响源及主要削弱方法

序号	误差来源	影响方式	消除或减弱方法
1	气压	不同压力导致液面高度值错误	压力测量改正；增加气管，形成气压封闭系统
2	温度	密度改变和体积改变；管路温度不均对精度影响大	温度测量与改正；控制液面到管路最低点的高差；避免阳光直射或采取温度均匀性保护措施
3	液面振动	在真值上下晃动	等待稳定后取值或长时间多次测量取平均
4	零点	零点沉降	其他方法修正
5	管路气泡	影响压力或液面高度	精度安装，避免

值得一提的是，列车运行对安装于地铁轨行区的静力水准系统的影响不容忽视。对安装在地铁隧道内的一台电容式静力水准液面高度进行跟踪观测，列车开过前后典型的液面振荡曲线如图 5-78 所示。该图表明，此传感器在列车通过前后的振荡幅度达

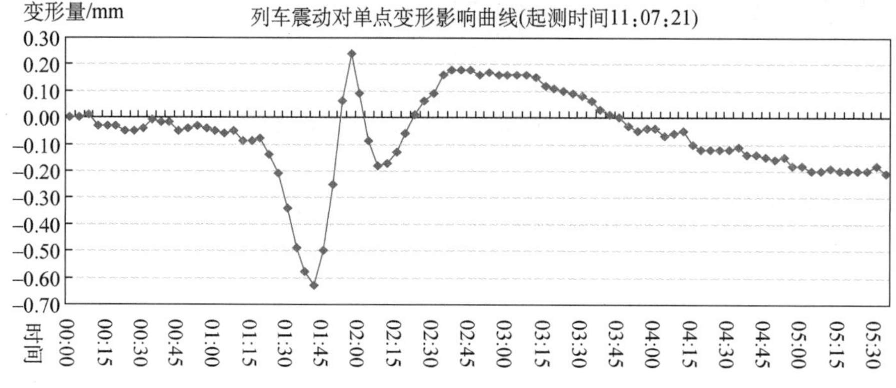

图 5-78　静力水准典型液面振荡曲线

0.85 mm。静力水准观测时间应选在气温最稳定的时段，观测读数应在液体完全呈静态下进行。

5.5.4 激光测距传感器

1. 技术特点

激光测距仪近年来飞速发展，具有测距快、体积小、性能可靠等优点，结合物联网通信技术，能够自动实时监测，并能够满足预报警需求，已经广泛应用于地下工程领域，如盾构隧道，其变形的敏感性关注焦点为收敛变形。目前，自动测距仪的使用需求较大。

2. 技术原理

激光测距仪根据测量距离和精度的需求以及测量原理可以分为脉冲测距法、相位测距法、脉冲-相位式测距法、激光三角法，其中激光三角法多用于短距离的工业测量和逆向工程。

1）相位法激光测距技术原理

相位法激光测距是利用固定频率的高频正弦信号，连续调制激光源的发光强度并测定调制激光往返一次所产生的相位延迟，通过相位延迟计算测量的距离，具有精度高的特点。在地下工程中使用相位法激光测距仪进行变形监测，可保证测量精度达到毫米级别。由于地下工程中灰尘及潮湿等不利条件，为了有效地反射信号，满足变形监测固定测量方法和路线的要求，须使测定的目标限制在与仪器精度相称的某一特定点上，并满足反射强度或反射率要求的反射介质，如图 5-79 所示。

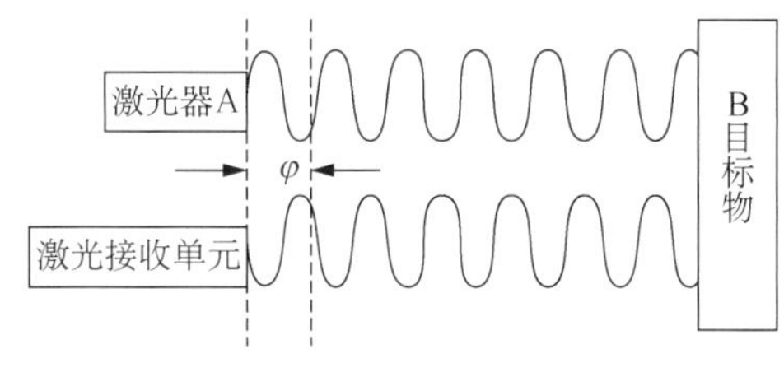

图 5-79　相位激光测距原理图

2）脉冲法激光测距技术原理

脉冲法激光测距的原理是：由激光发射器发射某一波段的激光脉冲，在空气介质或者其他介质中传播到达被测物表面，发生漫反射效应，衰减后的激光脉冲原路返回激光接收器，通过时间间隔测量模块得到发射脉冲与接收脉冲的时间差 T，根据式(5-91)计算得出所测量的距离值，如图 5-80 所示。

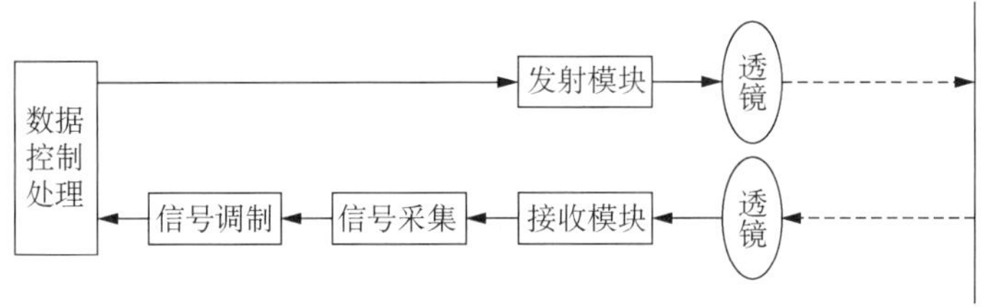

图 5-80　脉冲激光测距原理图

$$S=\frac{1}{2}cT \tag{5-91}$$

式中 S——待测距离；

c——光速；

T——时间差。

脉冲法测距的特点是时间间隔短、瞬时功率大，在没有合作目标时，可测得几公里的距离，但精度较差，在变形监测领域目前使用较少。

3. 监测方法

激光测距仪通常用来测量固定测线的长度变化。

隧道内的激光测距仪通常布置在水平直径位置，在测线一端设置激光测距仪、配套的无线数据采集器模块及 DC12V 电源，调整激光测距仪测线姿态以保证激光测距仪的测线方向与设计测线一致，安装好后在另一端设置对准点，以便分析运行过程中结构旋转对收敛变形的影响。监测过程中应确保激光测距的测线上无遮挡物，并定期采用人工管径收敛值验证自动化管径收敛测值。

测点埋设示意和实例如图 5-81 所示。

图 5-81 测距仪管径收敛自动化监测点埋设示意图

4. 精度控制

影响测距精度的因素主要有仪器本身的因素(如加常数、乘常数等)、大气变化引起的折射率变化、发射目标材质的影响。

地下工程的变形监测控制值一般为 20 mm，精度应达到 2 mm 以内。因此，应设置固定目标端点，精度应从固定端点的反射面材质、颜色、透明度和测距激光的入射角等方面进行控制。

当需要获取绝对的测量设计值时，初始测量时应对测距仪以及安装支架进行固定常数的改正。盾构隧道内的收敛监测，在现场条件允许的情况下，应安装于隧道水平直径位置，若现场条件不允许，需旋转测线位置时，应控制转动量不超过 10 cm 并记录旋转量。

5.5.5 测量机器人

1. 技术特点

自 20 世纪 80 年代 Leica 公司研制的视像马达经纬仪 TM3000V 及配套的 APS 监测软件组成了自动变形监测系统以来，测量机器人硬件、软件得到了快速发展，随之在国内大坝监测、边坡监测、轨道交通形变监测领域得到了广泛应用。

测量机器人(GeoRobot)是一种能进行自动搜索、识别及精确照准目标，并能自动获取距离、角度、三维坐标和影像等测量信息的智能型电子全站仪，并为用户提供开放的数据接口，使其支撑综合形变的自动监测成为可能。国内外多个厂商的测量机器人提供了各自不同的数据接口，如 Leica TPS 和 TM 系列全站仪提供的 GeoCOM 指令集、Trimble 全站仪 TSM Server 开发接口、Topcon MS 系列全站仪的串口指令等。

1）测量机器人适用于几何形变监测的特点

大量应用证明，测量机器人的监测成果质量稳定，测量精度达到毫米级。在提高测量速度、保证测量精度方面，高端测量机器人具有以下特点：

(1) 精度高。多家厂商主力产品的角度测量标称精度高达±0.5″，有棱镜测距精度 $\pm(0.6\ \text{mm}+1\times10^{-6}\times D)$，无棱镜测距精度为 $\pm(2\ \text{mm}+2\times10^{-6}\times D)$。

(2) 转速快。如 Leica 仪器采用压电陶瓷驱动技术，这种驱动技术不仅能提高仪器的转速而且还能有效降低转动噪声，转动速度最大 180°/s，加速度可达 $360°/\text{s}^2$，大大节约了测量工作中采集数据所用的时间。

(3) 高智能目标识别能力。仪器的智能照准识别系统一般达 1 200 m 以上，在性能优秀、环境良好情况下甚至可达 3 000 m，能提高监测半径和测量设站的灵活性。

(4) 小视场技术。如 TM30 的小视场技术使 ATR 系统对棱镜目标的识别分辨能力得到有效提高，从而确保在测量过程中，当仪器视场内存在多个棱镜返回信号时，都能够快速而准确地识别正确的目标棱镜。

2）测量机器人与其他监测系统的比较

与前述电子水平尺系统、静力水准系统相比，测量机器人综合监测系统有以下优缺点：

(1) 测量机器人测程长，基准点(参考点)设置范围大，容易得到相对稳定基准点的"绝对"变形量，适用于大范围、要求精度均匀、等级适中(1～2 mm 级)的场合；而电子水平尺等系统延伸覆盖范围的代价高，参考点常常需要其他手段定期检测，更适用于局部相对精度要求高(亚毫米级)的场合。

(2) 测量机器人本质上是测量空间点的三维坐标,通过坐标分量的比较可计算沉降、位移、收敛等多维度的变形,形成综合成果;相对于其他监测系统大多仅能监测一个测项、物理量或几何量,测量机器人的成果内容更丰富。

(3) 成果构成也不一样,测量机器人价格高,目标点价格较低,适合在监测点多、位置分散的场合,便于扩展;其他监测系统一般由多个基本对等的传感器串联组合,现场安装时高度或线性要求更严。

(4) 在监测速度上,测量机器人采用轮巡方式逐个瞄准、测量,每个监测点需数秒,速度慢、耗时长;其他传感器采用某种物理感应形式,数据采集相对更快。

2. 技术原理

1) 自动目标识别和定位技术

自动目标识别(Automatic Target Recognition, ATR)是指测量机器人在伺服马达驱动下自动寻找并照准目标,然后按设定的模式进行测量。自动目标识别部件安装在全站仪的望远镜上,ATR 测量时 CCD 光源先自主发射一束红外激光,通过光学部件同轴地投影在望远镜的视准轴上,然后由棱镜反射回来。望远镜里专用分光镜将反射回来的 ATR 光束与可见光、测距光束分离出来,引导 ATR 光束至 CCD 阵列上,形成光点,由内置 CCD 相机接收,其位置以 CCD 相机的中心作为参考点来精确地确定。CCD 阵列将接收到的光信号,转换成相应的影像,通过图像处理算法,计算出图像的中心,即棱镜的中心。ATR 校正示意如图 5-82 所示。

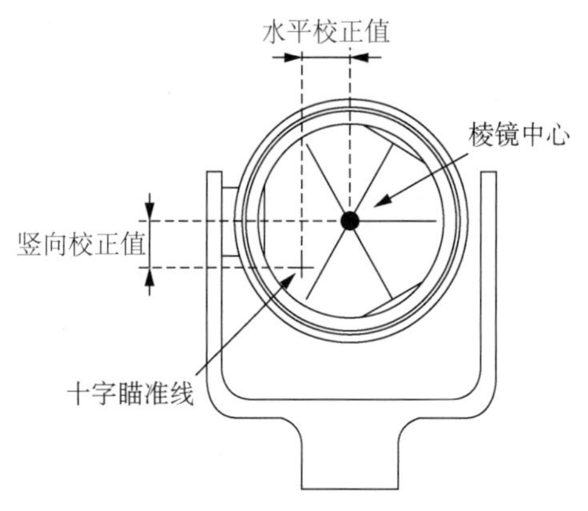

图 5-82　ATR 校正示意图

测量机器人运用 ATR 功能精密测量的过程就是“粗瞄—搜索—锁定—照准—测量”。即先对目标棱镜粗略瞄准,然后开启测量功能,ATR 自动搜索自定义窗口内的目标棱镜,如果探测不到棱镜,它将从头开始搜索,即望远镜进行螺旋式的连续运动。一旦探测到棱镜,望远镜马上停止运动,马达驱使望远镜去接近棱镜的中心,计算出十字丝中心与返回图像中心的偏移值,给出改正后的水平和垂直角度读数,得出测量值。

2) 在线通信控制技术

在线控制即程序不上载到仪器设备内,运用计算机程序通过一定的通信手段就能完成对测量机器人的控制。GeoCOM 接口技术是 Leica 测量系统公司专为测量机器人提供的二次开发平台,用户可以使用它自行编制更个性化的与自己应用习惯相符合的程序软件。目前,用户可以免费获取该接口技术,较多用户选择它来对 Lecia 测量机器人进行二次开发。

GeoCOM 的通信基于点对点协议进行，一个通信单元包含一条请求和一条相应的应答指令，当计算机发出一条请求指令时通信开始，当测量机器人接收该指令并做出反应向计算机发送一条应答时此次通信结束。

GeoCOM 技术有两种接口方式：高级函数接口方式和低级的 ASCII 码方式。ASCII 码方式由很多字符编码组成，函数功能不明显，使用起来较复杂，二次开发一般使用高级函数方式。GeoCOM 接口技术的高级函数方式就是一个函数包，测量机器人的各个功能模块被组织成子系统的形式统一封装在特定的动态链接库中，编程时用户使用高级编程语言直接调用即可。GeoCOM 子系统共有 12 类，图 5-83 是 GeoCOM 接口技术的 C/S 结构框架图。从图中可以看出，根据需要，作为客户端的计算机(PC)，通过串口向测量机器人发出请求命令；作为服务端的仪器，则同样通过串口接收发来的请求指令，然后根据命令标识符含义，分别向不同的子函数进行传送，进而控制对应的功能模块来完成相应的操作。最后，对应的功能模块完成相应操作后，由服务端的仪器经串口把结果返回给计算机。

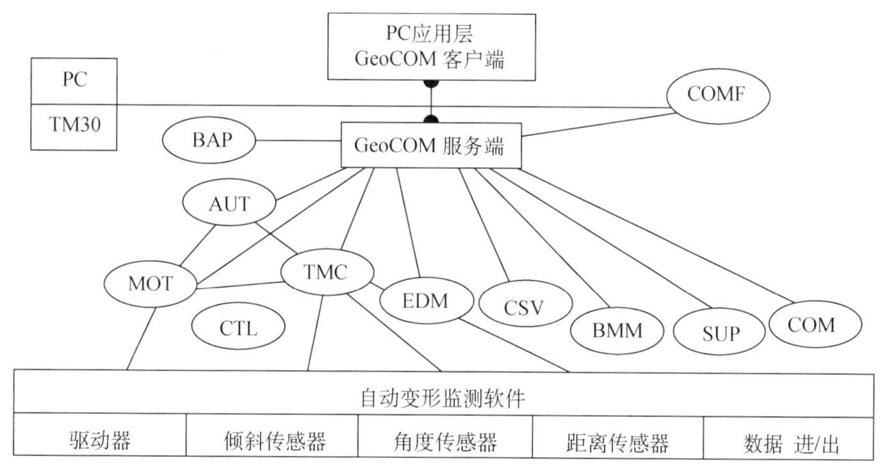

图 5-83 GeoCOM 接口的 C/S 框架图

3. 监测方法

测量机器人自动化测量适用于三维坐标测量，测量机器人与设置在监测对象上的观测目标共同组成观测系统，根据观测点设置的不同对应关系，可以得到水平位移、管径收敛、沉降或结构体倾斜等测量结果。

1）测点布置和安装

(1) 测量机器人设置：现场一般安装固定仪器观测台，观测台顶部安装强制对中装置，全站仪固定在强制对中装置上，通过通信电缆与数据采集器连接。固定仪器观测台安装在盾构法隧道结构内壁、车站侧墙或隧道、车站内(满足轨道交通限界要求),仪器观测台形式一般有仪器支架或钢筋三脚架,仪器支架通过膨胀螺丝钻孔安装在结构体上,钢筋三脚架底座由膨胀螺丝将钢筋角铁底座打入结构体内固定,设置如图 5-84 所示。

(2) 合作目标设置:合作目标一般为小棱镜,其设置一般等现场仪器安装完成后,通过仪器来确保二者之间是通视可测量的。为避免同一视场多棱镜目标,影响自动化测量精度和效率,合作目标相互之间要按照上、下或左、右错开安装的原则布设,错开量一般根据仪器到棱镜的距离 S 和仪器设置的自动搜索范围角度 θ 进行计算:错开量 $L = S \times \tan\theta$。

图 5-84 中全站仪前方白色亮点为棱镜监测点。

图 5-84 全站仪安装

2) 限差设置与观测程序

自动监测系统应正确设计以下参数。

(1) 限差设置

为保证观测的质量,测站上的观测成果理论上应满足一定的条件,测量成果必须在限差内才被认为是合格可靠的,否则就视为错误数据。

在全圆方向法的观测中,各项限差有:$2C$ 差、归零差、$2C$ 互差、测回互差,测量结果应根据不同项目、不同规范,满足各项指标要求。

(2) 重测设定

为了保证观测成果的质量,全站仪控制程序遵循如下规则:

① 上半测回归零差超限以及其他原因(如遮挡、多棱镜)未测完的测回需立即重测;

② 零方向的 $2C$ 互差超限或下半测回的归零差超限,应重测整个测回;

③ 测回中 $2C$ 互差超限或测回互差超限时,应重测超限方向并联测零方向。

(3) 观测流程

控制程序操作全站仪的自动观测应遵循极坐标观测法:在一个测回的观测中把测站上所要观测的方向逐一照准进行观测,在水平度盘上进行读数,得出各方向的方向观测值。在观测时,除了方向数较少(不大于3)的测站以外,一般都要求每半测回观测闭合到起始方向,以检查观测过程中水平度盘有无方位的变动,流程如图5-85所示。

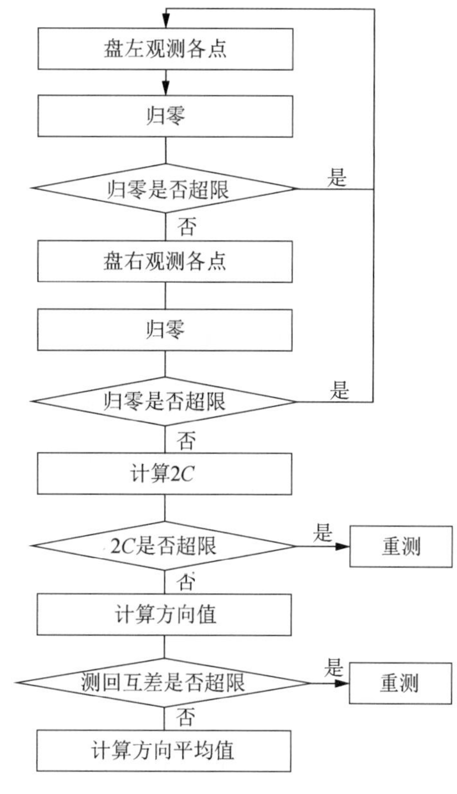

图5-85 测量机器人测量流程图

3) 基准网观测与稳定性检测

基准网有效性保证措施包括日常符合性检查和定期(月度)检测。日常符合性检查加强自动化监测与人工监测变化量的对比,保证变化量较差小于2倍中误差(即 $2\sqrt{m_{入}^2+m_{自}^2}$),否则立即查明原因,若是仪器台坐标变化则应修正仪器台坐标。

4) 数据采集

数据采集分为首次"观测点学习"与日常观测。首次观测时,需要对所有的点(基准点、工作基点、监测点)进行学习,流程如下。

(1) 工程配置:设定工程的2C互差、归零差、测回互差、测距误差等限差。

(2) 测站配置:输入测站名、仪器高以及测站的三维坐标。

(3) 学习点配置:依次输入观测点名称、棱镜高,确认后测量,得到学习点的三维坐标。

(4) 设定测回数,开始测量,仪器按照全圆观测法,对所有待测点进行指定测回数的测量,测量完成后自动保存数据。

(5) 若发生观测误差超限的情况,仪器自动重测(重测原则遵循上述重测设定)。

5) 数据处理

相对于静力水准和电子水平尺等测点分组单一、计算简单来说,测量机器人数据处理程序较复杂。计算时应进行外业成果的观测限差检查、测回差检查、控制点稳定性检查,计算后应输出精度统计信息。

数据处理应在服务器上专门开发一套数据处理算法,通常应具有以下功能。

(1) 支持一台或多台全站仪,可以适应大范围的监测区间。

(2) 多台全站仪可以一起协同工作,在同一时刻开始测量,保证数据的时效性;

(3) 采用间接平差模型,全站仪可以在变形区域内设站,观测完成后整体平差,自动对测站的坐标变化进行修正。

(4) 根据测点不同的对应关系,可以自动解算多种测量成果,包括管径收敛、道床沉降、水平位移或侧墙倾斜等。

数据处理模型示意如图 5-86 所示。

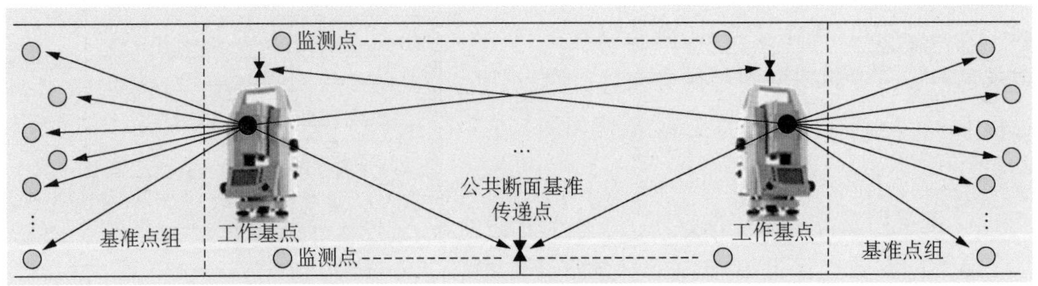

图 5-86　多测站数据处理模型示意图

经过数据处理计算完成的成果直接发布在多传感器自动化监测系统中,成果变化曲线如图 5-87 所示。数据结果可查询和导出,且任何接入网络的设备(电脑、PAD、手机等)都可以通过网页端实时访问查看。

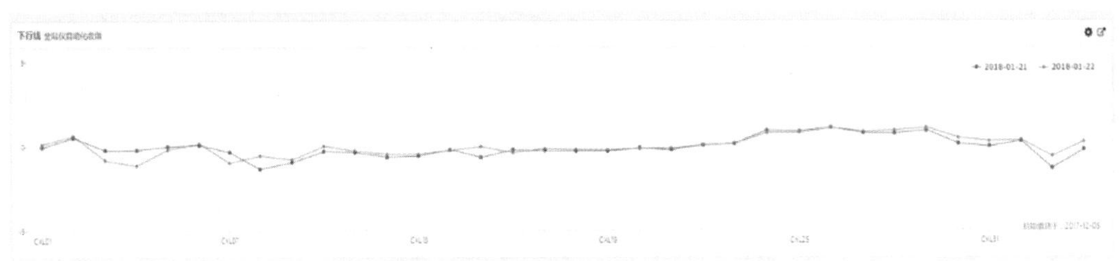

图 5-87　测量机器人数据发布示意

4. 精度分析

测量机器人观测成果的精度主要受基准点稳定性、仪器照准时测角和测距精度等误差源影响,影响因素较多,可参见"测量平差"等相关内容。

5.5.6　低空遥感保护区巡查技术

1. 技术特点

由于地下工程的复杂性,经常发生由于违规施工或堆载,给地下工程尤其是轨道交通结构带来巨大负面影响的事故,需要全面了解地下结构建成后上部地面荷载的变化情况,以此评价是否会对地下结构构成安全隐患。

传统保护区大比例尺地形图测绘主要采用网络 GNSS RTK 组合全站仪进行测量，以地铁隧道 50 m 的保护区为例，数据采集的一般标准为：沿隧道纵向方向的间隔为 30 m/断面，在每个隧道的横断面上采集点不少于 5 个（上、下行轴线外侧 20 m，隧道上、下行中线以及上、下行中间位置），根据地形起伏适当增加测点，对于地形起伏较大的区域，横断面按照至少 10 m/断面、断面内测点按照 5 m 间距进行测量，效率较低。

随着无人机领域的技术革命，无人机系统朝着模块化、系统化和标准化的趋势发展，经济及技术门槛迅速降低。无人机系统凭借集成高、操作简便、快速高效、机动灵活、成本低等优势，成为测绘领域的“新秀”，在低空遥感测绘领域发挥着日益重要的作用。近年来开始利用低空遥感技术，替代传统方法测绘地形及高程变化。

无人机低空摄影测量是以无人机系统搭载传感器设备，对目标作业区域进行航飞，获取影像数据和相对应的 POS 数据，通过对数据进行空中三角测量等处理，进而获得常用的 DOM、DSM 和 DLG 等数字产品及相关专题图等地理信息产品。低空航摄平台按机翼类型可分为固定翼和多旋翼两大类。

图 5-88　飞马 F100 无人机

固定翼型无人机通过动力系统和机翼的滑行实现起降和飞行，遥控飞行均容易实现，抗风能力强，类型多，应用广泛。起飞方式有滑行、弹射、车载等，降落方式有滑行、伞降和撞网等，其发展趋势是微型化和长航时。固定翼型无人机起降场地面积需求较大，自身体积和重量较大，为城区飞行带来极大的安全风险。主要考察调研了飞马无人机 F100 固定翼工业无人机（图 5-88）。该机型在结构设计方面做得比较好，例如可达性、易拆装性。可达性指的是无人机硬件在拆装调试过程中，能对各重要组件进行检查，对于损伤部位触手可及，便于修复。易拆装性是在野外场合能做到单人方便组装，机身的模块化和成组化为拆装提供了便利。

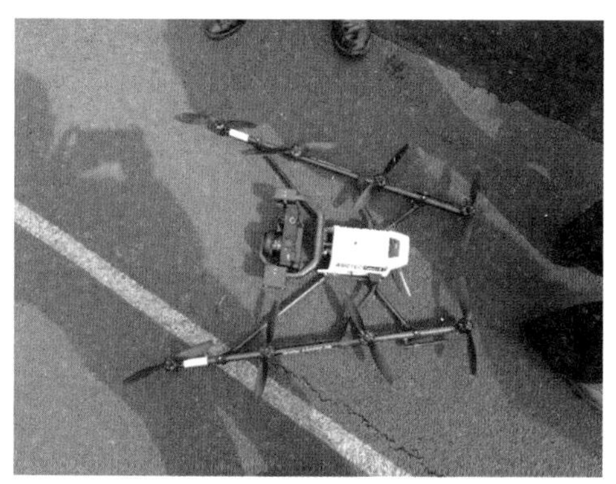

图 5-89　Falcon8 八旋翼

多旋翼无人机作为航拍机，满足了许多普通人关于天空的想象。它由电机的旋转，使螺旋桨产生升力而飞起来。为了避免飞机疯狂地自旋，在多旋翼螺旋桨中，相邻的两个螺旋桨旋转方向相反。多旋翼的优势在于原理简单，机身结构简单可靠，能很快上手飞行，不需要过多的调试和保养，在城市应用中更推荐使用多旋翼无人机（图 5-89）。

传感器设备主要搭载激光雷达，以前的激光雷达传感器如机载激光雷达和地面三维激光扫描仪都比较庞大、笨重。近几年，随着无人驾驶汽车市场火热发展，继谷歌之后，百度、Uber 等主流无人驾驶汽车研发团队都在使用激光雷达作为传感器之一，激光雷达传感器呈现除了小型化、廉价化的趋势，具备轻便、功耗低用途广等优点，不仅适用于无人驾驶，也逐步应用于无人机 LiDAR 领域。

2. 技术原理

无人机低空摄影测量系统通过将 POS 定位定姿技术和精密授时技术进行整合，来确定每一张相片在曝光瞬间的准确位置。这种精密定位技术可以直接获得每张像片的三维空间信息，即每张像片均可以作为控制点均匀的覆盖整个测区，然后将所有像片预处理后进行空中三角测量，计算出每张像片的 6 个外方位元素，完成空三加密，并在此基础上通过建立密集点云，生成格网和纹理，获得高分辨率的 DOM 和 DSM。实施过程中应进行系统调试、像控点布设和测定、数据采集及空三解算。

1）相机标定

传统的相机标定方法是将具有已知形状、尺寸的标定参照物作为相机的拍摄对象。然后对拍摄得到的图像进行处理，利用一系列数学变换和计算，求取相机模型的内部参数和外部参数。自标定方法不需要特定的参照物，仅通过信息机获取的图像信息来确定相机的参数。此方法需要利用场景中的集合信息，精度相对于传统方式略有不足，但灵活性较强，不需要复杂的地面检校场，检校结果更接近实际飞行时的相机参数，精度可靠。有一点十分重要，畸变参数是随镜头的调焦与对焦而变化的。航测中通常使用定焦头和手动对焦。相机畸变示意如图 5-90 所示。

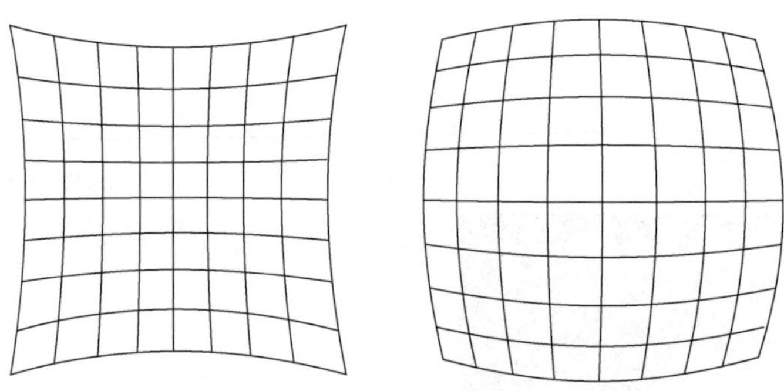

图 5-90　相机畸变示意图

日常可通过简易方式进行标定，竖向布置简易的标定场(图 5-91)，标定场为 2 m×3 m 的白色墙面，墙面上贴若干专用标识板，标识板按一定间隔错落布设。为创建类似地面高低不平的环境，将部分标识板贴泡沫垫高。标定场布设完成后，利用相机设定固定焦距，从不同角度、高度拍摄若干相片，将相片导入天工相机标定软件进行检校，能够快速、简捷地获得精确的相机内方位元素和畸变差参数。

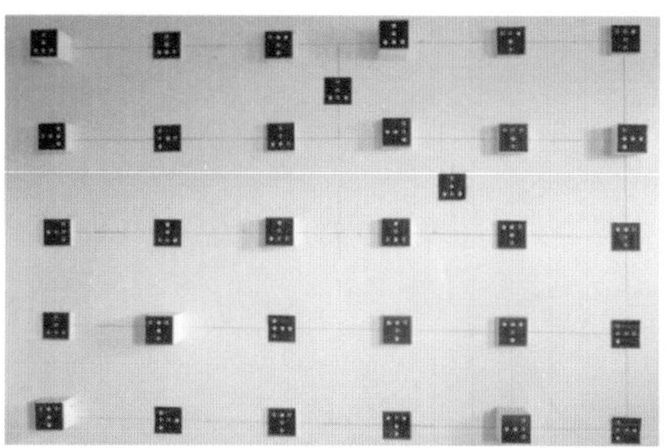

图 5-91 简易标定场

2）曝光度和快门设置

设置合理的相机参数例如快门、光圈、感光度等，建立曝光度、焦距等与外界环境相一致的经验。通过一些航拍试验分析，影响相机参数设置的主要因素包括以下几点。

（1）光源的强度。光源的强度是影响摄影曝光的重要因素之一。野外摄影的光源主要是自然光，而自然光的强弱又与天气阴晴、时间早晚、季节变化和地域差异有密切联系。天气的变化一般可分为晴空万里、薄云蔽日、阴云遮日、乌云密集，这 4 种天气在曝光控制上，一般为各差 1 级光圈或快门速度。光源的强度还伴随着时间的不同而有所差别：中午前后最大；日出后和日落前 2 h 为中午的 1/2；日出后和日落前 1 h 为中午的 1/5～1/4。日出时和日落时约为中午的 1/10。实际中应根据不同时间来调节曝光量。

（2）测光。在具体拍摄时，根据曝光需求来设置测光模式，期间多注意观察环境光线，并估算被摄物体的色调与环境反差之间的关系，从而适当调整光圈和快门，来获取各种不同需求的影像。在实际作业中一般先远处后近处测光，最后根据实际选取。

快门设置指的是在空中按照等距离曝光或者是按照等时间曝光，提前设定，并需要满足相应的条件。

运动模糊是景物在图像中的移动效果。它比较明显地出现在长时间曝光或场景内物体快速移动的情形里。设飞机飞行速度为 v，快门速度为 t，则在 t 时间内，飞机相对地面移动的距离 $s=vt$。

若以飞机作为参照物，则 t 时间内地面物体移动距离为 s，对应的物体在影像中的移动距离为 sf/H，换算成移动的像元数为 sf/H /pixel，因此在焦距、相对航高、飞行速度一定的情况下，像元尺寸越大，产生的运动模糊效果越弱。当运动模糊达 1 个像元以上时，影像就会发虚，地物特征将无法准确表达，影响后续成图。因此在曝光瞬间造成的像点位移一般不应大于 1 个像元。

要获取成像清晰、层次丰富、色调柔和且色彩平衡的影像，对于不同的地物、地貌，相机设置不同的参数。除了特别的应急需求，应尽量选择天气较好的时间进行航摄，以确保影像清晰度。在光线允许的条件下，使用定焦镜头，采用小光圈拍摄，并将相机 ISO 感光度调至最小。

3）影像重叠度和航高设置

现有的低空航摄系统自重小，飞行相对不稳定，需高重叠度的影像弥补由于影像姿态

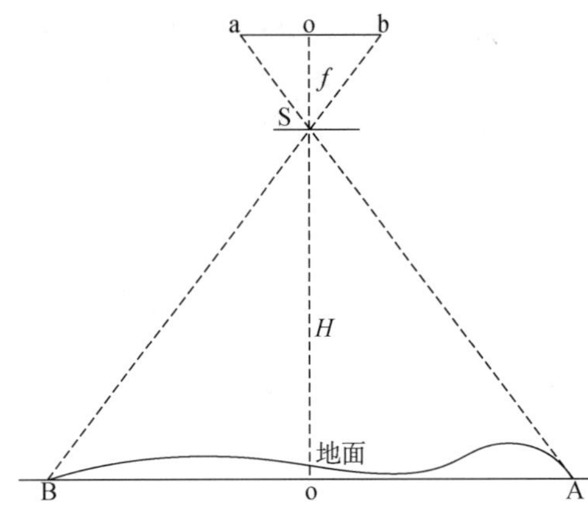

图 5-92 航高关系示意图

较差带来的影响。无人机影像的航向重叠度宜至少为 80%，旁向重叠度宜至少为 60%。

低空航摄的摄影比例尺与无人机飞行平台的航高具有紧密的联系。由于无人机摄影是以中心投影的方式进行航测任务，如图 5-92所示，a、b 点为像元的边缘，A、B 点位为 a、b 点相对应的地面点，ab 为像元的尺寸，f 为相机主距，H 为标准航高，AB 为地面采样距离 d_{GSD}。

由图 5-92 得出 △Sab ≌ △SAB，则有

$$\frac{f}{H}=\frac{\overline{ab}}{\overline{AB}} \tag{5-92}$$

因为$\overline{ab}$为像元尺寸 I，$\overline{AB}$为地面采样距离 d_{GSD}，式(5-92)可变为

$$H=\frac{f\times d_{GSD}}{I} \tag{5-93}$$

以某无人机搭载相机焦距 f 为 3.55 mm、像元尺寸为 1.57 μm 为例。进行 1∶500 大比例尺成图，地面采样距离 d_{GSD} 为 0.05 m。计算可得，无人机的相对航高 H 约为 113 m。进行 1∶1 000 大比例尺成图时，地面采样距离 d_{GSD} 为 0.10 m。计算可得，无人机的相对航高 H 约为 226 m。

4) 航线的设定

依据已确定的航高、重叠度和测区范围对航线进行规划。多旋翼无人机受限于电池电量，较难完成大面积的航摄，经常需要对测区划分航摄分区，分区需遵循以下原则。

(1) 分区接线与测区的图廓线一致。

(2) 分区内的地形高差不应大于 1/6 的相对航高，分区内的地形高差 $\Delta h = h_{高平均} - h_{低平均}$。

(3) 在满足(2)规定的前提下，分区的跨度应尽量大。

通常情况下航线的设定应按东西向直线飞行；特定条件下亦可根据轨道交通的走向或摄区范围的需要，按南北或者沿线路方向飞行。在摄区边界应保证航向覆盖超出摄区边界线不少于一条基线。

航线应尽可能平行于摄区图廓线；在有大面积河流水域时，航线敷设应尽可能避免像主点落水。相邻航摄分区如航线方向相同，旁向正常接飞，航向各自超出分区界线一条基线。

5）像控点的布设

像控点是摄影测量解析空三加密和测图的基础，其位置的选择和坐标的测定直接影响内业成图的数学精度。像控点的选择如果位置不当，其结果不仅影响内业成图的质量，而且给实地观测作业与内业成图工作造成一定困难。因此需要参照国家及行业规范并结合无人机特点进行外业控制点布设。像控点的布设采用区域网布设。

采用网络 RTK 的 VRS 技术逐一测设地面像控点。网络 RTK 测量获得的是大地高数据，需转换成吴淞高程系成果。在测区周边利用网络 RTK 测量三个等级的水准点，进行高程拟合，对像控点进行高程改正。同时可采用上海市似大地水准面精化成果网络服务精化到上海吴淞高程成果。

随着技术的进步（后差分技术、图像匹配技术），逐步出现免像控作业的模式。

6）空中三角测量原理

空中三角测量指在摄影测量过程中，利用航摄像片与所摄目标之间的空间几何关系，根据少量像片控制点，计算待求点的平面位置、高程和像片外方位元素的一种测量方法。

空三测量的主要步骤如图 5-93 所示。

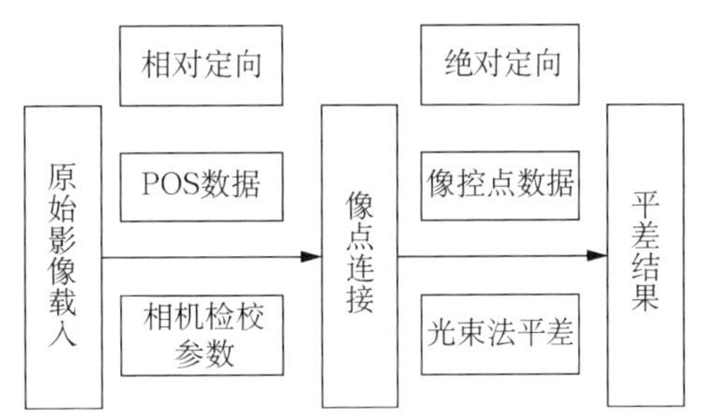

图 5-93　空三测量流程

7）光束法平差

空中三角测量按平差模型可分为航带法、独立模型法和光束法。光束法理论严密、精度最高、计算量较大，是目前解析空三的主流方法。

在一张像片中，待定点和控制点的像点与摄影中心及相应的地面点均应构成一条光束。光束法区域网空中三角测量是以一幅影像所组成的一束光线作为平差的基本单元，以中心投影的共线方程作为平差的基础方程。通过各个光线束在空间的旋转和平移，使模型之间公共点的光线实现最佳的交会，并使整个区域最佳地纳入已知控制点的地面坐标系统中，这里的旋转相当于光线束的外方位元素，而平移相当于摄站点的空间坐标，所以要建立全区域统一的误差方程式，整体求解全区域内每张像片的 6 个外方位元素以及所有待求点的地面坐标。在具有多余观测的情况下，由于存在着像点坐标的测量误差，所谓的相邻影像公共交点坐标应相等，和控制点的加密坐标与地面量测坐标应一致。这便是光束法区域网空中三角测量的基本思想（图 5-94）。

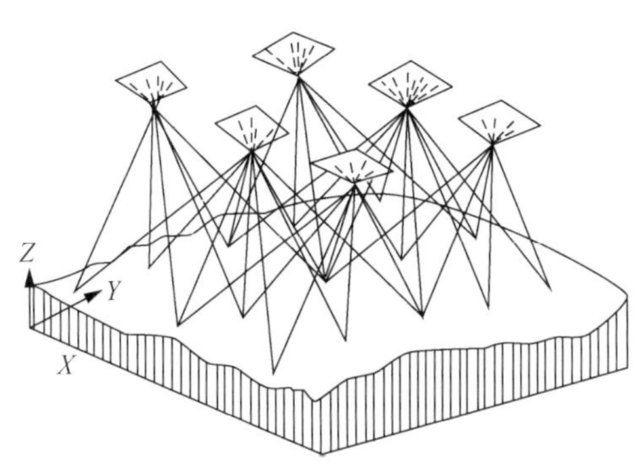

图 5-94　光束法空中三角测量示意图

光束法区域网空中三角测量的基本内容

包括以下几点。

(1) 获取每张像片的外方位元素及待定点地面坐标的近似值。

(2) 从每张像片上控制点、待定点的像点坐标出发，按共线方程列出原始误差方程式。

(3) 在最小二乘条件下，逐点法化建立改化法方程式，按循环分块的求解方法，确定出每张像片的外方位元素近似值的改正数和每个加密点的地面坐标近值的改正数，先求出其中一类未知数，通常先求每张像片的外方位元素。

(4) 按空间前方交会求待定点的地面坐标，对于相邻像片的公共点，应取其均值作为最后结果。

经光束法空三测量后，联合解算出各张像片的外方位元素和加密点的地面坐标。

3. 精度控制与技术成果

巡查内容应包括施工作业或地形地物显著变化后的范围、现状地面标高，并进行相对位置关系测量。巡查测量的点位中误差不大于±0.10 m，高程中误差不大于±0.10 m。巡查测量成果应包括平面图、剖面图，图上应标明与轨道交通中心线、结构边线的平面及竖向位置关系。对于树林、建筑物等密集的区域，需要通过 GNSS 网络 RTK 加全站仪碎部点采集相结合的方式进行修测。对每个区间的成果应有不少于 20%的重复抽样检查且检查点数不应少于 3 点。

无人机虽然具有快速、灵活、低成本、高影像分辨率的特点，但是无人机获取的影像存在数量多、相幅小、基线短等缺点，为了保证后续处理工作的顺利进行，针对外业采集的影像数据需进行初步检查及筛选。在数据处理前对航测影像的质量进行评定，主要包括以下几方面：影像重叠度、航线弯曲度、航高差、影像曝光点、脚印图、影像连接强度以及影像的色差等。优先采用相关软件进行检查，例如飞马无人机管家可以做到智检图。

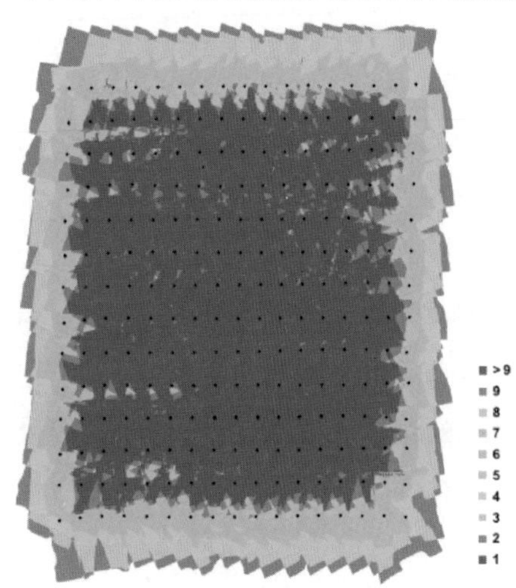

图 5-95 影像重叠度示意图

数据成果输出可借助第三方商业软件。快速建模成图，轻量化软件，如 Pix4D，PhotoScan，Pixel Grid。精细化建模，成熟的商业软件可生产 DSM、DOM 以及精细三维模型，如 Smart3D，SmartEarth，Pips。

1) 影像重叠度

检查飞行后影像重叠度是否达到飞行前设定的影像重叠度标准，影像重叠度较高时，应采取抽片处理。影像重叠度示意如图 5-95 所示。

$$
\left.\begin{aligned} p_X &= p'_X + (1 - p'_X)\Delta h / H \\ q_Y &= q'_Y + (1 - q'_Y)\Delta h / H \end{aligned}\right\} \tag{5-94}
$$

式中 p'_X，q'_Y——航摄像片的航向、旁向标准重叠度(以百分比表示)；

Δh——相对于摄影基准面的高差(m)；

H——摄影航高(m)。

2) 像片倾角、旋角

像片倾角一般不大于 5°，最大不超过 12°，出现超过 8°的片数不多于总数的 10%。

像片旋角应满足以下要求：像片旋角一般不大于 15°，同一条航线上旋角超过 20°的像片数不应超过 3 张，超过 15°旋角的像片数不得超过分区像片总数的 10%。

像片倾角和像片旋角不应同时达到最大值。

3) 航高差

不同航高所拍摄的影像分辨率有差别，对后期进行空三加密有较大影响。同一航线上相邻像片的航高差不应大于 30 m。

4) 漏洞补摄

将外业航摄中不符合要求的影像进行剔除。剔除后，航摄影像中可能出现相对漏洞和绝对漏洞，以上漏洞均要补摄。应采用同仪器、同方法、同精度补摄，补摄航线的两端应超出漏洞之外的两条基线。

5) 影像匀光匀色

在影像的获取过程中，由于各种环境因素使得每条航带里面的影像和航带间相互连接的影像都存在色差、亮度等多方面不同程度的差异，所以需要对原始影像进行匀光匀色处理，其目的是使影像在纹理、亮度、反差、灰度及色相一致性上保持较好特征。

利用相关影像灰度值变化软件对相邻航摄分区的影像进行调整，使影像清晰、反差适中，色调柔和。

空三解算完成后可进行成果输出，成果产品类型主要有 DSM、DOM 及三维模型等。

(1) 数字地表模型(DSM)

数字地表模型(Digital Surface Model，DSM)是很多测绘产品的一个很重要的中间产品，基于 DSM 可进一步编辑处理制作 DEM、DOM、DLG、三维模型等。DSM 最真实地表达了地面起伏情况，可以用于检查城市的发展情况、植被的生长情况、建筑工地建设情况等，因此较适用于各类动态监测。DSM 影像分层设色图如图 5-96 所示。

(2) 数字地面模型(DEM)

数字高程模型(Digital Elevation Model，DEM)是一定范围内规则格网点的平面坐标(X,Y)及其高程(Z)的数据集，它主要描述区域地貌形态的空间分布，是通过等高线或

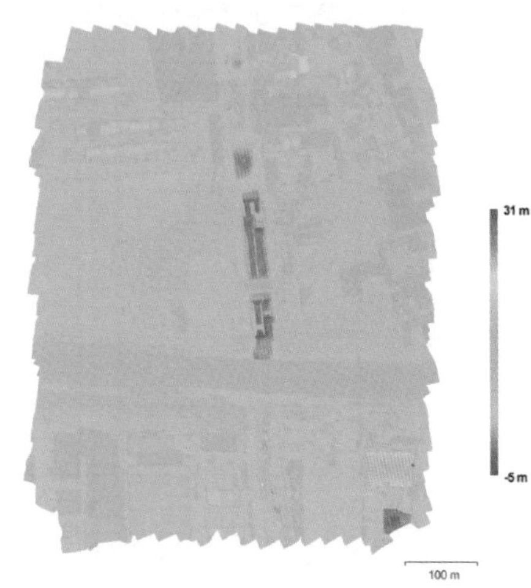

图 5-96 DSM 影像分层设色图

相似立体模型进行数据采集(包括采样和测量),然后进行数据内插而形成的。DEM 是对地貌形态的虚拟表示,可派生出等高线、坡度图等信息,也可与 DOM 或其他专题数据叠加,用于与地形相关的分析应用,同时它本身还是制作 DOM 的基础数据。

利用 DSM 加工,剔除地表的植被、建筑物后用离散地面高程点插值可建立成为 DEM。DEM 描述的是地面高程信息,在工程建设中,可用于如土方定量分析。

(3) 数字正射影像(DOM)

数字正射影像图(Digital Orthophoto Map, DOM)是利用 DSM 对航摄影像进行逐像元的数字微分纠正和镶嵌得到,可按规定图幅范围裁剪生成专题数据。DOM 具有地图几何精度和影像特征,精度高、信息丰富、直观真实。它可作为背景控制信息,评价其他数据的精度、现实性和完整性。

DOM 可以从宏观角度对工程活动进行动态监测,高分辨率的影像能实现对工程工况的跟踪及周边环境的监测。DOM 影像如图 5-97 所示。

图 5-97 DOM 影像

5.5.7 光纤光栅监测技术

1. 技术特点

光纤传感器是一种将被测对象的状态转变为可测光信号的传感器。目前,光纤式传感器根据光纤的工作原理不同主要分为强度型、干涉型和光栅型三种类型,在结构监测领域,光栅型传感器应用最为广泛。光纤的基本结构如图 5-98 所示。

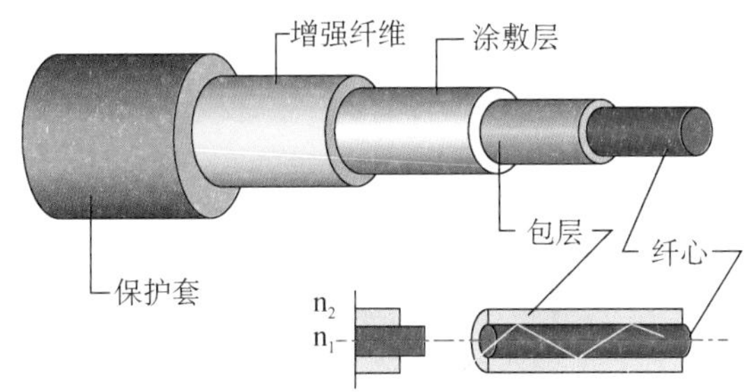

图 5-98 光纤的基本结构

光纤光栅传感器的主要优点包括：能避免电磁场的干扰，电绝缘性好；不受潮湿环境影响；耐久性好，具有抵抗包括高温在内的恶劣环境及化学侵蚀的能力，具有承受振动和冲击的能力；质量轻，体积小，对结构影响小，易于布置；既可以实现点测量，也可以实现分布式测量；绝对测量；节省线路，只用一根线就可以传送结构状态信号；信号、数据可多路传输，便于与计算机连接，单位长度上信号衰减小；灵敏度高，精度高；频带宽，信噪比高；等等。光纤光栅传感器监测方法已在国外很多领域得到应用，如桥梁、航空航天、复合材料、混凝土、高压输电线、医学等。

2. 监测原理

1）光纤光栅的光学特性

光纤光栅利用光纤材料的光敏性制成。所谓光敏性，是指激光通过掺杂质的光纤时，光纤的折射率随光强的空间分布发生变化，变化大小与光强呈线性关系并可永久保存，实质上是在纤芯内形成了一个窄带的滤波器或反射器。

掺杂质的光纤具有折射率的紫外(UV)光敏性，即 UV 光辐照引起光纤的晶格缺陷，从而引起折射率的变化。若没有对光纤进行处理，直接用 UV 光照射，光纤的折射率增加仅为 10^{-4} 数量级便已经饱和，所以制作优质的光纤光栅就需要提高光纤的光敏性。增敏方法主要有掺入光敏性杂质(如锗、锡、翻等)或多种掺杂剂(如锗、硼共掺等)。

光纤光栅是一种参数周期变化的光波导，其纵向折射率的变化将引起不同光波模式之间的耦合，并且可以通过将一个光纤模式的功率部分或完全转移到另一个光纤模式中去来改变入射光的频谱。在一根单模光纤中，纤芯中的入射基模既可以被耦合成向前传输模式，也可被耦合成向后传输模式，这依赖于光栅及不同传播常数决定的相位条件，即：

$$\beta_1 - \beta_2 = \frac{2\pi}{\Lambda} \tag{5-95}$$

式中 Λ——模式 1 耦合到模式 2 所需的光栅周期；

β_1——模式 1 的传输常数；

β_2——模式 2 的传输常数。

为了将一个向前传输模数耦合到一个向后传输基模，应满足：

$$\frac{2\pi}{\Lambda}=\beta_1-\beta_2=\beta_{01}-(-\beta_{01})=2\beta_{01} \tag{5-96}$$

式中，β_{01}为单模光纤中传输模式中的传播常数。在这种情况下得到的光纤周期较小($\Lambda<1\ \mu m$)，称为短周期光栅，也叫 Bragg 光栅。其基本特性表现为一个反射式光学滤波器，反射峰值波长称为 Bragg 波长(λ_B)。根据需要，可以做成带宽从 0.1 nm 到几十纳米的反射式滤波器。

光纤 Bragg 光栅的基本光学特性主要由三个量来表征：①峰值反射率；②反射带的半宽度；③位相特性。

2）光纤光栅测量应变温度的基本原理

光纤布拉格光栅(FBG)通常采用相位掩模法进行写入：利用光敏光纤的光致折射率变化，将光敏光纤贴近相位掩模，利用相位掩模的近场衍射所产生的空间干涉条纹在光纤中形成折射率的周期性变化，从而形成光纤光栅。布拉格光纤光栅的折射率沿光纤轴向呈周期性分布，具有良好的波长选择特性，满足布拉格衍射条件的入射光(波长为λ_B)在 FBG 处被耦合反射，其他波长的光会全部穿过而不受影响，反射光谱在 FBG 中心波长λ_B处出现峰值，如图 5-99 所示。

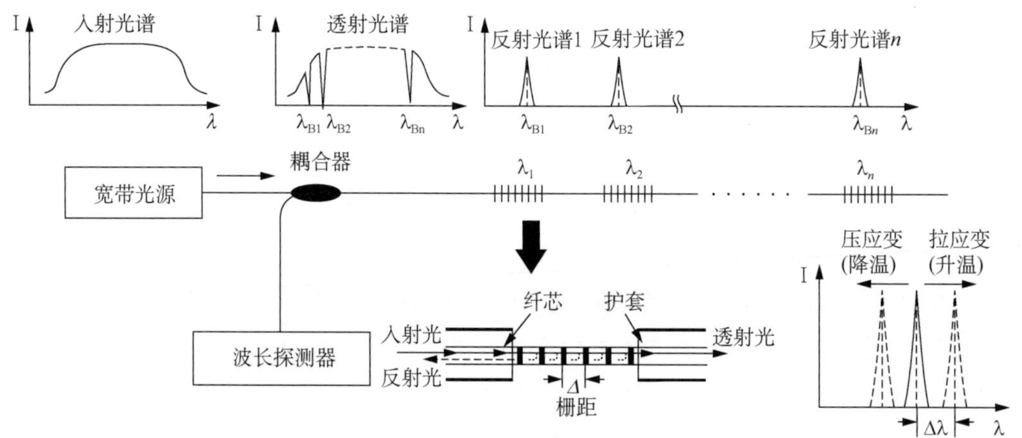

图 5-99　FBG 准分布式传感器测量原理图

布拉格衍射条件可表示为

$$\lambda_B=2n_{\text{eff}}\cdot\Lambda \tag{5-97}$$

式中　λ_B——FBG 中心波长；

n_{eff}——纤芯的有效折射率；

Λ——光纤光栅折射率调制周期。

当光纤光栅所处环境的应力、应变和温度等因素发生改变时，光栅周期Λ和有效折射率 n_{eff}都会相应地发生变化，从而使反射光谱中 FBG 中心波长发生漂移。不考虑波导效应，即不考虑光纤轴向变形对折射率的影响，假定温度恒定，光纤在轴向弹性变形下的应变与波长变化的数学关系可表示为

$$\frac{\Delta\lambda}{\lambda_{\mathrm{B}}}=(1-P_{\mathrm{e}})\varepsilon \tag{5-98}$$

式中 $\Delta\lambda$——FBG 中心波长的变化量；

P_{e}——有效光弹系数；

ε——光纤轴向应变。

温度变化引起光纤光栅折射率的变化，同时由于热膨胀也引起光纤光栅栅距的变化。在不考虑波导效应，假定光纤不受外力作用情况下，光纤光栅波长变化与温度的关系可表示为

$$\frac{\Delta\lambda}{\lambda_{\mathrm{B}}}=(\alpha+\zeta)\Delta T \tag{5-99}$$

式中 ΔT——温度变化量；

α——光纤的热膨胀系数；

ζ——光纤的热光系数。

因而，通过测量 FBG 中心波长的漂移值就可得出相应的应变或温度变化量。

3. 监测方法

1）监测系统选型分析

根据对象与测量环境、灵敏度的选择、频率响应特性、线性范围、稳定性、精度、耐久性原则确定传感器的类型，当传感器确定之后，与之相配套的测量方法和测量设备也就可以确定了。

结构监测经过多年的发展，目前普遍采用的监测设备主要有机械型传感设备和光纤式传感设备。

光纤光栅不仅具有光纤传感器的优点，同时还具有波长分离能力强、对环境干扰不敏感、传感精度和灵敏度极高、便于进行绝对数字测量和精确定位的优点。特别的是，光纤光栅可实现在一根光纤上的多个光栅空间分布传感和检测，并可进一步将多路光纤光栅传感器的光纤集合成空间分布的传感网络系统，因而被认为当前具有发展前途的传感方式。

2）光纤光栅传感系统集成技术

光纤式传感器断面内的连接方式有并联式和串联式两种。在实际的工程中，为了

保证传感器的成活率，不宜将所有的传感器都采用串联的方式连接。图 5-100 所示为现场传感器的布置形式；图 5-101 和图 5-102 所示为断面传感器链接的拓扑结构图。

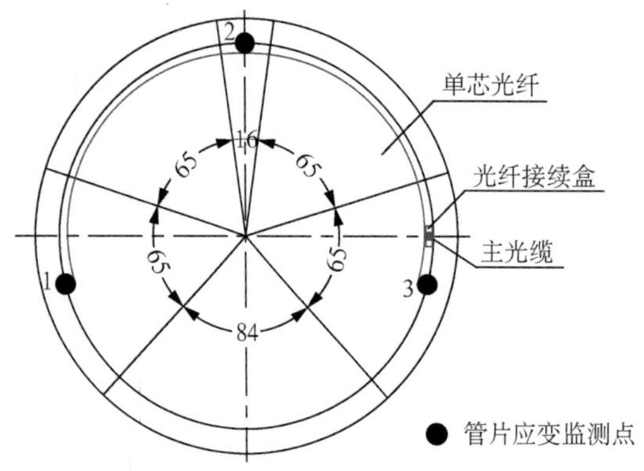

图 5-100　断面内应变计布设形式

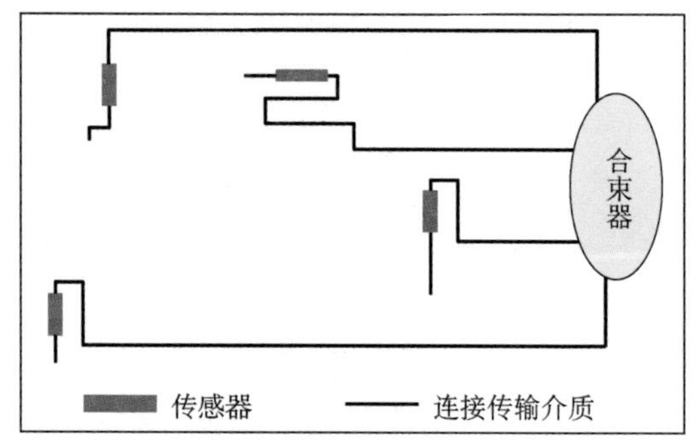

图 5-101　断面内传感器连接拓扑结构(并联式)

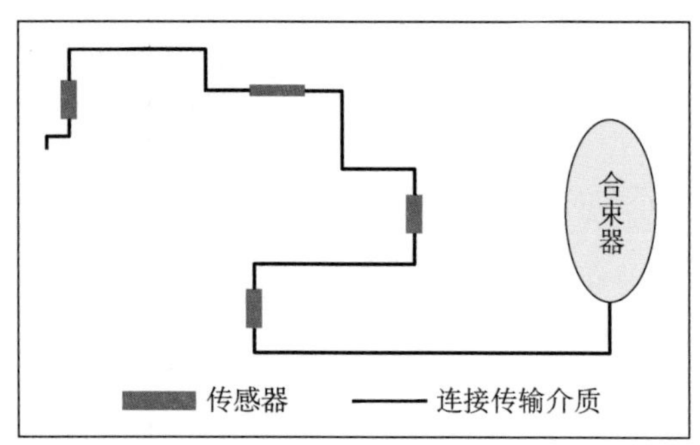

图 5-102　传感器断面内连接图(串联式连接)

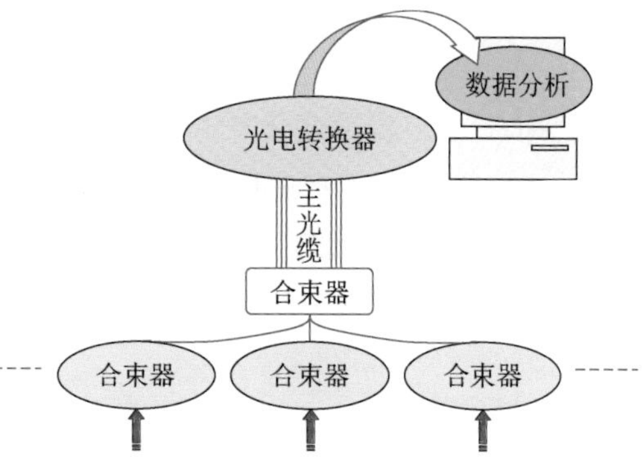

图 5-103　光纤式传感器断面间连接图

断面间感器连接如图 5-103 所示。每通道的传感器都将通过光纤合束器接入主光缆中。根据光缆的结构和光在光纤中的传输特点，主光缆中的每一根光纤都可以作为一个信号传输通道。数据信息通过主光缆进入信号解调仪中，并通过光电转换器转换成能够被主机识别的数字信息。在光纤光栅传感监测网络中，通道与通道之间既可以采用串联方式，也可以采用并联方式。

3）光纤光栅监测系统模型

现代隧道安全预测预警系统应该是一个集现代先进技术、能适应人们高效安全的交通理念、评价隧道通行能力、监控隧道发挥正常运营功能、警示隧道结构的安全隐患、协助处置隧道交通突发事件、保障隧道正常发挥功能的软硬件集成系统。具体功能归结如下：隧道内通行车辆及突发事件监控功能；隧道结构体系赋存条件健康监测功能；隧道运行环境实时监测功能；隧道结构体系安全状态评价功能；隧道通行能力评价预测功能；隧道交通安全辨识与决策功能;系统的集成与控制功能。隧道结构服役性能监测系统如图5-104所示。

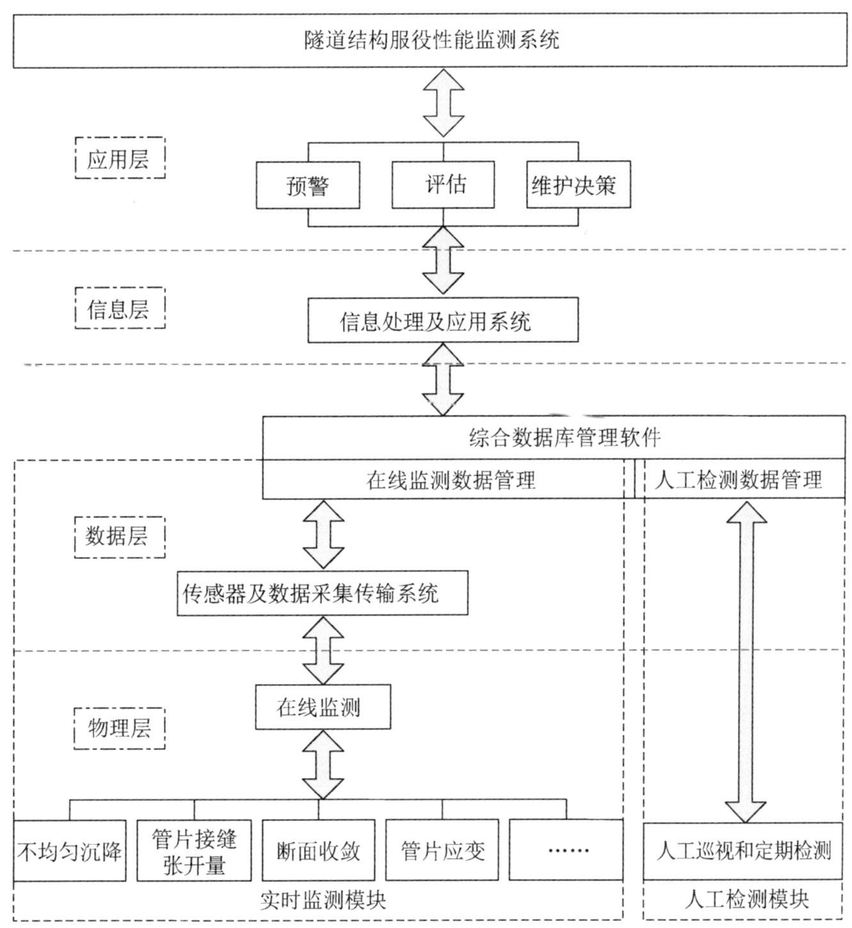

图 5-104　隧道结构服役性能监测系统

5.6　工程实例

5.6.1　某工程施工某地铁线路影响监测

1. 工程概况

此工程位于吴淞路、苏州路、乍浦路及天潼路所围之地,主要用途为金融、办公。项目由两座塔楼及商业裙楼组成,基坑普通区域设置四层地下室,邻近地铁区域设置两层地下室。图 5-105 为工程施工至 2018 年 7 月的照片。

图 5-105 工程现场

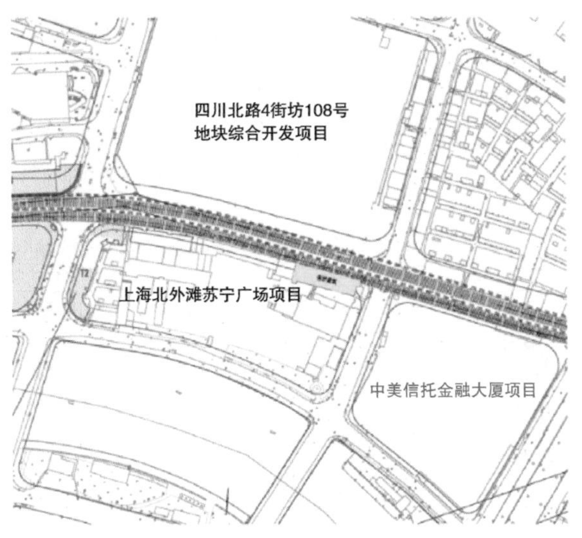

图 5-106 项目概况图

工程基坑总面积约为 10 000 m^2,总延长约为 400 m。地下四层区域基坑开挖深度为 19～20 m,邻近地铁侧的两层基坑开挖深度为 10.1～10.7 m。工程概况如图 5-106 所示。

基坑周边采用“两墙合一”的地下连续墙作为基坑围护,并隔断承压含水层。地下连续墙墙厚为 1 m,内墙厚为 0.8 m。地下四层区域基坑设置四道钢筋混凝土支撑体系。邻近地铁侧的基坑竖向设置三道支撑体系,第一道采用钢筋混凝土支撑,第二道至第三道支撑采用钢管支撑。邻近地铁基坑采用三轴水泥土搅拌桩满堂加固,地下四层区域基坑坑内被动区及邻近地铁基坑侧设置三轴水泥土搅拌桩加固。

项目邻近北外滩基坑项目有两个基坑,分别为苏宁广场基坑项目(简称“苏宁广场”)和四川北路 4 街坊 108 号地块基坑项目(简称“108 地块”)。两个深基坑项目位于地铁 12 号线的两侧。苏宁广场基坑开挖面积约为 8 000 m^2,最大挖深 20.4 m,距离地铁 12 号线上行线距离较近;“108 地块”基坑开挖面积约为 22 000 m^2,最大挖深 23 m,距离地铁 12 号线下行线距离近。“108 地块”基坑规模较苏宁广场项目深、大,两个基坑距离运营隧道结构最近距离约为 10 m。

1) 苏宁广场

苏宁广场项目位于上海市虹口区,由四川北路、苏州路、乍浦路、天潼路围成的地块内,主要用途为酒店、商业、餐饮等。主要建筑为一幢 10 层的酒店和四层地下室,主体建筑为一幢 10 层钢框架结构酒店,建筑高度 39.95 m。

工程基坑开挖面积约为 8 147 m^2,东西向长约 155 m,南北向宽约 60 m,基坑开挖深度 15.9～20.4 m。工程±0.00 m=+3.300 m,自然地坪相对标高约为-0.300 m。基坑加固地墙两侧三轴槽壁加固，坑内被动区三轴加固，第一道支撑至基地以下 8.8 m，宽约 10.45 m。基坑围护结构采用 1 m 厚地下连续墙，有效长度 47.9 m，埋深约 50.7 m。基坑Ⅰ区采用四道钢筋混凝土十字正交对撑，水平间距约 9 m，竖向间距 6.1 m，5.4 m，3.9 m，3.4 m；其余区采用一道混凝土支撑加三道钢管撑。

影响地铁 12 号线国际客运中心—天潼路区间在建隧道，沿线地铁线路长度约为 155 m。邻近地铁区域底板面相对标高－16.20 m，底板厚度 1 200 mm，基底区域相对标高－17.40 m，挖深－15.9 m。隧道直径 6 200 mm，隧顶埋深 20.70～23.70 m，隧道与本工程地下室最近距离约为 9.46 m。靠近基坑一侧为地铁上行线，基坑施工范围对应隧道环号区间为 840～970 环。

2）四川北路 4 街坊 108 号地块

该工程由四川北路、武昌路、乍浦路、天潼路围成的地块内，平面位置如图 5-106 所示。主要用途为办公楼及娱乐商场等。主要建筑为一栋 29 层办公楼，一栋 28 层办公楼和部分 3～4 层商业裙楼。该工程基坑开挖面积约为 22 600 m^2，东西向长 172 m，南北向宽 134 m，基坑开挖深度 22～23 m。

围护结构采用墙厚 1 m 或 1.2 m 地下连续墙，深度为 50.5 m 或 37.6 m；近地铁区域支撑结构采用第一道为钢筋混凝土支撑＋四道钢支撑，间距(纵向)约 4 m；地下室结构形式为地下连续墙＋框架＋塔楼核心筒。基坑内加固主要采用三轴水泥土搅拌桩进行土体加固。在近地铁分区内进行满堂加固，地下连续墙则使用槽壁加固。

影响地铁 12 号线国际客运中心—天潼路区间在建隧道，沿线地铁线路长度约为 170 m。邻近地铁 D、E 区域基坑底板面相对标高－16.40 m，底板厚度 1.2 m，基底区域相对标高－17.80 m，基坑开挖深度－17.6 m。隧道直径 6.2 m，隧道顶面埋深 20.70～23.70 m，隧道与本工程地下室最近距离约为 14.1 m。靠近基坑一侧为地铁下行线，对应的环号区间为 840～980 环；下行线南侧为上行线，与下行线的中心距 10 m，对应的环号区间为 845～985 环。

本项目影响地铁 12 号线国际客运中心站—天潼路站区间在建隧道，基坑与地铁隧道平行长度约为 110 m，对应环号为 720～810 环。本工程地下室与地铁隧道最近距离约为 10.3 m。靠近基坑一侧为地铁上行线。

基坑与地铁 12 号线区间隧道的平面，剖面关系如图 5-107 所示。

经勘察探明，该场地为古河道沉积区，浅部土层分布较稳定，中下部土层除局部区域有一定起伏外，一般分布较稳定。在所揭露深度 130.40 m 范围内属第四纪中更新世 Q2 至全新世 Q4 沉积物，主要由黏性土、粉性土、砂土组成，一般具有成层分布特点。根据土的成因、结构及物理力学性质差异可划分为 9 个主要层次(上海市统编地层第③层淤泥质粉质黏土、第⑥层暗绿色粉质黏土以及第⑩层黏性土缺失)。其中第②，⑤，⑧，⑨层根据土的成因、土性特征分为若干亚层(第$②_1$，②3 层；第$⑤_1$，$⑤_3$，⑤4 层；第$⑧_1$，$⑧_2$；第$⑨_1$，

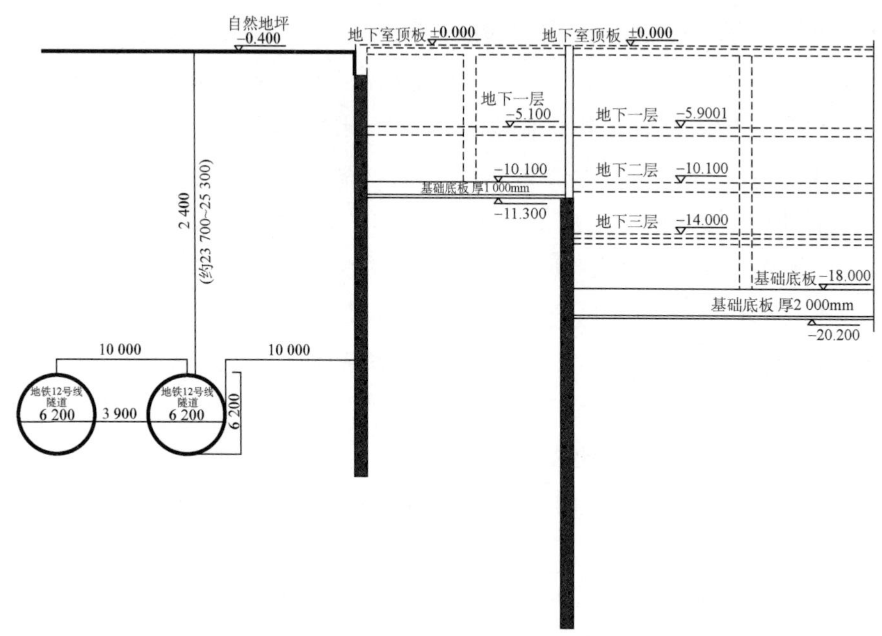

图 5-107　基坑与盾构隧道剖面关系图

⑨$_2$ 层)。场地地层分布主要有以下特点:

(1) 场地第①层填土,松散,上部约 1.5 m 范围以杂填土为主,夹石子、碎砖等杂物,土质不均匀;下部多以黏性土为主,夹植物根茎等。

(2) 第②$_1$ 层灰黄色粉质黏土夹黏质粉土,可塑至软塑,层面埋深约 2.0 m,含氧化铁斑点和铁锰质结核,夹砂质粉土,土质不均匀,填土较厚区域该层缺失。第②$_3$ 层灰色黏质粉土夹淤泥质粉质黏土,松散,局部夹砂质粉土,土质不均匀。

(3) 第④层淤泥质黏土,流塑,层面埋深约 8.0～10.0 m,分布较为稳定,属软弱黏性土。

(4) 第⑤层黏性土,层面埋深约 18.0 m,根据土性不同可分为三个亚层。第⑤$_1$、⑤$_3$ 层粉质黏土,软塑至可塑,分布较为稳定;第⑤$_4$ 层暗绿至灰绿色粉质黏土(上海地区俗称"次生硬层"),可塑至硬塑,层面埋深有一定起伏,层厚变化较大,局部区域该层底部夹弱泥炭质土,土质不均。

(5) 第⑦层粉砂,中密,层面埋深 40.0～47.3 m,在拟建场地大部分区域均有分布,层厚较薄,土性有一定变化(C8,C10,C11,C14,C17,C18 静探孔 P_s 值较小)。

(6) 第⑧$_1$ 层黏土,第⑧$_2$ 层粉质黏土与粉砂互层,软塑至可塑,层面埋深分别为 44.6～49.0 m 和 57.5～62.0 m,在拟建场地分布稳定、层面起伏平缓。

(7) 第⑨层顶面埋深一般为 73.0～77.0 m,密实,总厚度约 24.0 m,土质佳。其中第⑨$_1$ 层含砾中砂,厚度 10.0～14.5 m,上部夹层状黏性土,中下部夹粉细砂及粗砂;第⑨$_2$ 层粉砂,厚度 11.0～13.5 m,夹多量细砂。

（8）第⑪层含砾中砂，密实，层面埋深 99.0～101.0 m，厚度 23.8～24.9 m，在拟建场地内分布较为稳定。

（9）拟建场地第⑫层蓝灰至灰色粉质黏土，可塑至硬塑，夹层状粉性土，层面埋深约 124.8 m，至 130.40 m 未穿。

隧道所在地层剖面如图 5-108 所示，静力触探曲线如图 5-109 所示。

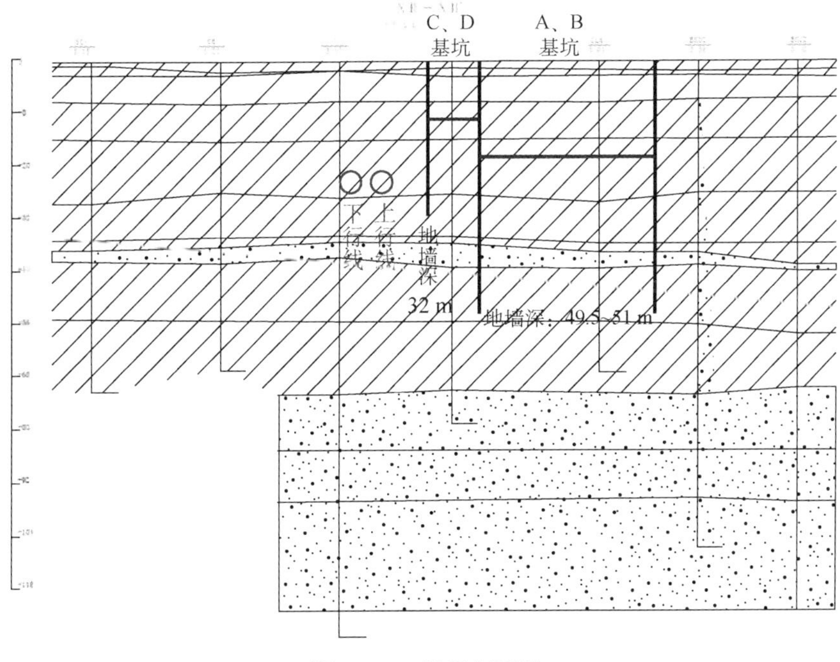

图 5-108　地层剖面图

本勘察通过采集现场土样，进行了室内土工试验，得到各层土体物理力学参数。物理力学参数如表 5-34 所示。

本场地地层浅部分布有较厚层粉性土，位于吴淞江故河道、黄浦江江滩土分布区，深部 40 m 范围内第⑥层缺失，第⑦层顶埋深大于 40 m，按照“技术报告五”中对上海中心城区各地质结构区的地层组合规则，该场地属于$Ⅱ_B$区。在基坑开挖过程中，应密切关注由于地下连续墙质量缺陷等原因造成坑外粉性土和砂性土变异性过大造成基坑风险，从而严重影响隧道变形。

项目场地浅部地下水属潜水类型，受大气降水及地表径流补给。上海市年平均高水位埋深为 0.50 m，低水位埋深为 1.50 m，勘察期间所测得的地下水静止水位埋深一般在 1.00～2.20 m 之间，其相应标高一般在 2.14～1.06 m 之间。场地内承压水主要为深部第⑦层、第⑨层及第⑪层承压含水层，对本工程有直接影响的为第⑦层承压水。根据上海地区已有工程的长期水位观测资料，承压水水位年呈周期性变化，水位埋深的变化幅度一般为 3.0～12.0 m。

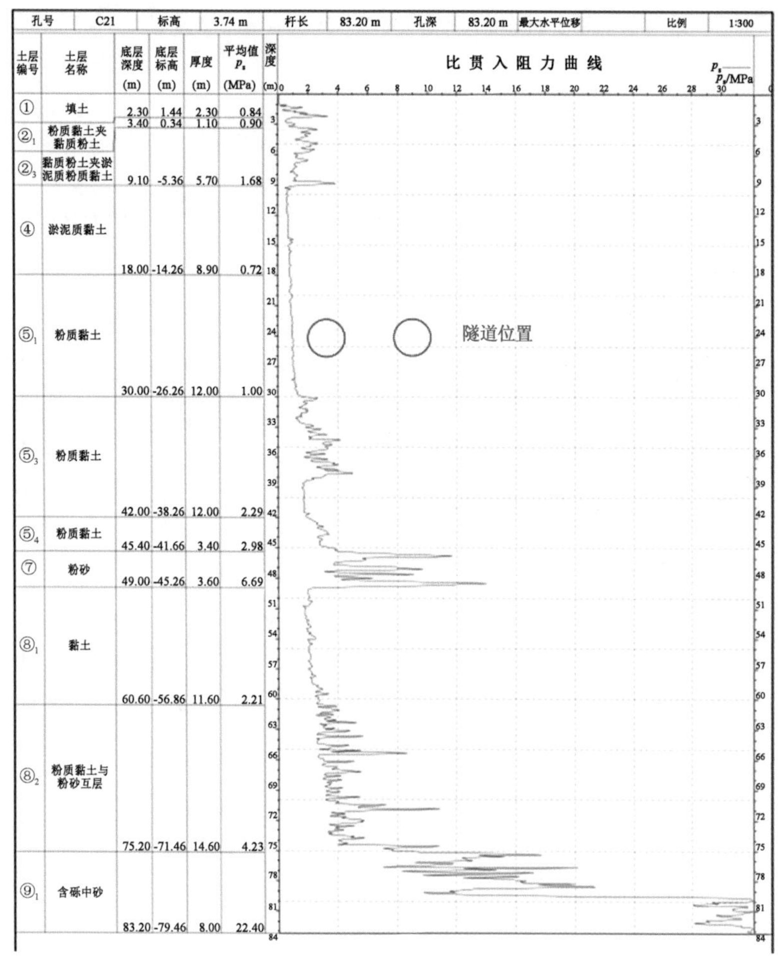

图 5-109 静力触探曲线

表 5-34 各层土体物理力学参数表

层号	地层名称	重度 γ /(kN·m^{-3})	标准贯入 N/击	比贯入阻力 P_s/MPa
②1	粉质黏土夹黏质粉土	18.7	—	0.82
②3	黏质粉土夹淤泥质粉质黏土	18.1	4.1	0.90
④	淤泥质黏土	16.6	—	0.58
⑤1	粉质黏土	18.0	—	0.94
⑤3	粉质黏土	18.1	—	1.52
⑤4	粉质黏土	19.4	—	2.11
⑦	粉砂	18.9	34.7	7.24
⑧1	黏土	17.6	—	1.94

地下水位较高，地基土呈饱和状态。地下水和土对混凝土有微腐蚀性；地下水对钢结构有弱腐蚀性；地下水在长期浸水环境下对钢筋混凝土结构中的钢筋有微腐蚀性，在干湿交替环境下对钢筋混凝土结构中的钢筋有弱腐蚀性。

2. 施工过程及工程影响监测

工程影响监测通过人工监测结合自动化监测的手段进行，内容有隧道道床沉降、收敛变形、水平位移。道床人工垂直位移监测采用精密水准测量，地铁结构沉降自动化监测采用静力水准仪。人工管径收敛监测采用全站仪自由设站极坐标法测量管径收敛，自动化管径收敛监测采用专用测距仪进行测量。管径收敛监测点与道床垂直位移监测点布设于同一断面。水平位移监测控制网采用Ⅱ等导线测量方法，水平位移监测点采用极坐标法进行测量。

监护量测范围为地面施工边线对应的地铁隧道区域(对应环号为：上行线 720～810 环，下行线 720～810 环)及沿线路方向两侧延伸 6 倍基坑开挖深度(约 64 m)的地铁 12 号线国际客运中心站—天潼路站区间隧道，即为上、下行线各 240 m(对应环号为：上行线 665～865 环，下行线 665～865 环)。图 5-110 为上、下行线道床垂直位移和管径收敛(人工、自动化)监测点示意图，其中上行的人工监测点为 SX01～SX41，下行为 XX01～XX41；自动化监测点上行线为 SL01～SL27，下行线为 XL01～XL27。图 5-111 为上行线环片垂直位移(自动化)、环片水平位移监测点示意图，其中上行线人工水平位移监测点为 SP01～SP27，自动化竖向位移为 JL01～JL22。

根据工程特点，针对不同的施工阶段、不同监护量测内容，对既有地铁隧道结构的人工监测频率如表 5-35 所示。

自动化监测从桩基施工开始至地上结构施工结束(桩基施工至地下结构施工期间监测频率为 1 次/天，地上结构期间 1 次/周)。

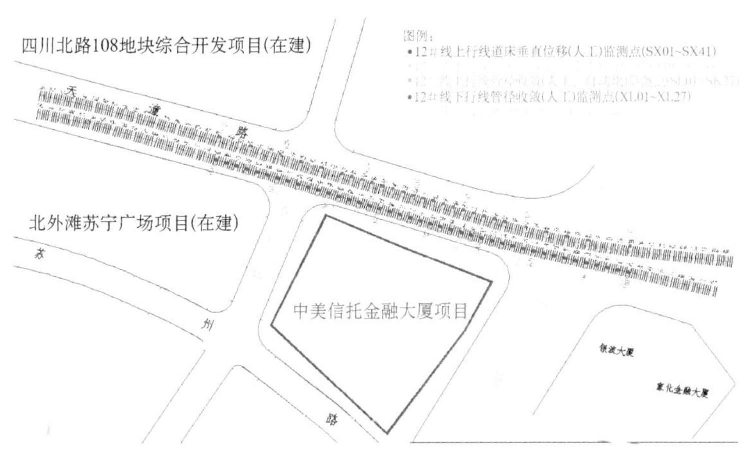

图 5-110 中美信托布点图 V2.0

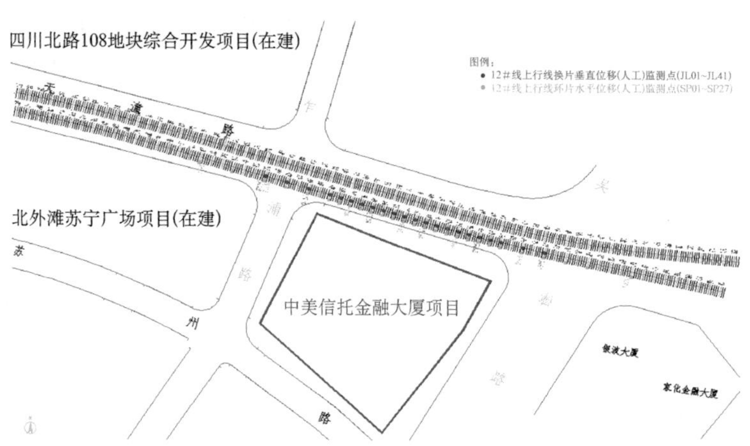

图 5-111　上行线环片垂直位移(自动化)、环片水平位移监测点示意图

表 5-35　人工监测频率

监测类别	施工阶段	监测频率		
		沉降	位移	管径收敛
人工监测	桩基施工	2 次/1 周	1 次/1 周	1 次/1 周
	基坑开挖	2 次/1 周	2 次/1 周	2 次/周
	地下结构	2 次/1 周	1 次/1 周	1 次/1 周
	地上结构	1 次/1 周	1 次/2 周	1 次/2 周
	后期跟踪	1 次/4 周	1 次/4 周	1 次/4 周

通过对比日变形量和监护量测累计变形量报警值(表 5-36)的大小进行项目日常管控。

表 5-36　监测项目报警值

监测项目	报警值/(mm·d^{-1})	累计变化量报警值/mm
道床沉降人工监测	连续三天同方向±0.5	±5.0
管径收敛变形监测	连续三天同方向±1.0	±5.0
环片水平位移人工监测	连续三天同方向±0.5	±5.0
环片沉降自动化监测	连续三天同方向±0.5	±5.0

本项目施工单位入场时间为 2013 年 12 月，截至 2018 年 11 月，建造历时大约 5 年。本项目存在较多旧桩(主要存在基坑 D 区)，基坑开挖前需要对场地进行清理，清理旧桩，时间大约从 2013 年 9 月至 2014 年 8 月，清除旧桩施工经历了 11 个月。此外，清除旧桩施工结束后，从 2014 年 9 月至 2014 年 12 月停工，停工时间约为 5 个月。

基坑采用分区、分层开挖，如图 5-112 所示，最先开挖的是离地铁 12 号线较远的深坑，按照 A→C→B→D 的顺序开挖。此外，由于施工单位在地铁上方搭建临时施工板房(图中深色范围)造成地铁 12 号线上行线区间隧道上方有局部加载。基坑开挖深度接近的 20 m，开挖面积 3 700 m^2，开挖土方量达 7.4 万 m^3。A 区基坑分为 4 次开挖，开挖后进行支护。内支护的结构主要采用钢筋混凝土结构。

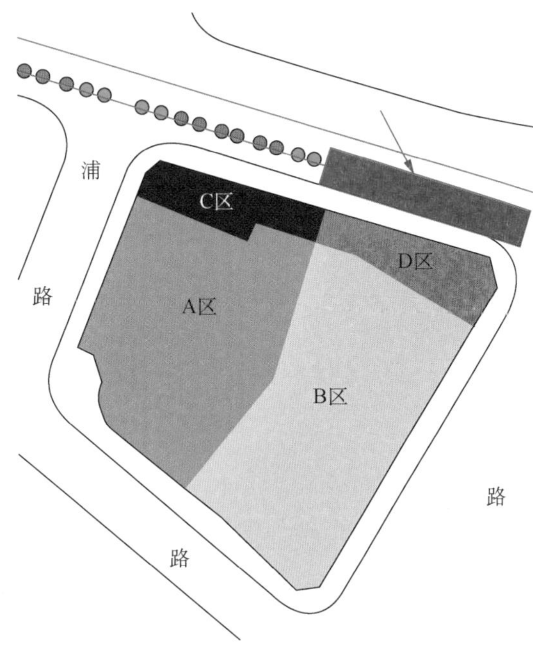

图 5-112 中美基坑分区图

具体的时间节点如表 5-37 所示。

表 5-37 施工进度概况

起始日期	工况概述
2013-07-18—2014-11-11	场地平整，旧桩清理
2014-11-12—2015-12-20	地下连续墙、立柱桩施工
2015-12-21—2016-09-17	A 区分 4 层开挖，底板施工完成
2016-09-18—2017-02-17	C 区共 3 层开挖，底板施工完成；A 区地下结构同步施工
2017-02-17—2017-05-27	B 区分 4 层开挖，底板施工完成；A 区地上施工；C 区地下施工
2017-05-27—2017-12-05	D 区分 3 层开挖，底板施工完成；A 区地上施工；C 区完成；B 区地下结构施工
2017-12-05—2018-03-20	D 区底板完成，底板施工完成；A 区地上结构施工；B 区地上结构施工
2018-03-21—2018-06-20	地上结构施工

3. 工程影响监测成果分析

工程影响监测数据分析需要紧密结合施工工况进行，需要将沉降、收敛、水平位移和工况进行结合对比分析，如图 5-113、图 5-114 所示。

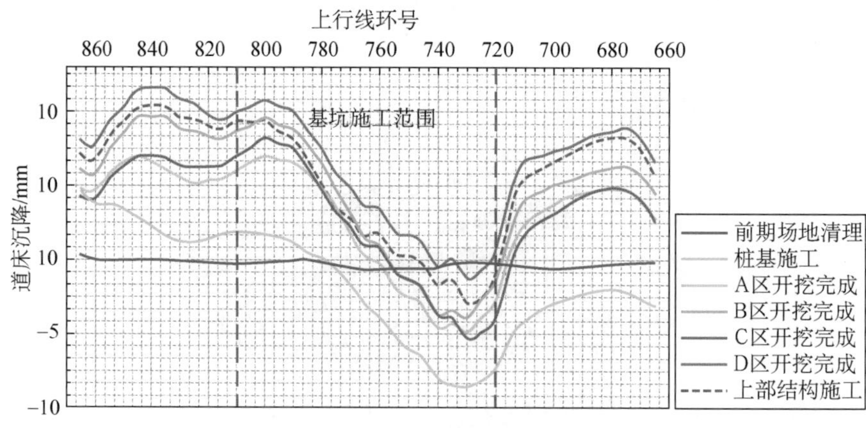

图 5-113　不同施工节点时隧道上行线道床沉降

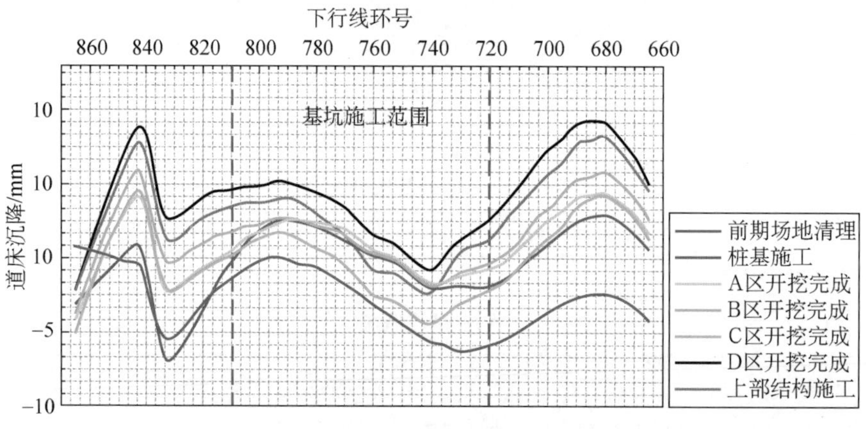

图 5-114　不同施工节点时隧道下行线道床沉降

图 5-115 为隧道典型环的沉降时程曲线，总体上几个典型监测点的数据变化表现为：上行线隧道沉降随施工变化范围比下行线大 1 倍，上、下行线沉降最大位置在 790 环附近，该位置主要受局部加载的影响。开挖期间道床沉降明显减小，开挖卸荷造成隧道上抬现象。开挖区域与隧道距离越近，影响越大。

基坑开挖顺序为 A 区→C 区→B 区→D 区。

总体来说，上行线的收敛变形在基坑范围内呈“驼峰”状，隧道最大收敛变形达到 10 cm。基坑施工正对范围内下行线隧道最大累计收敛变形约 43 mm(742 环)，和上行线

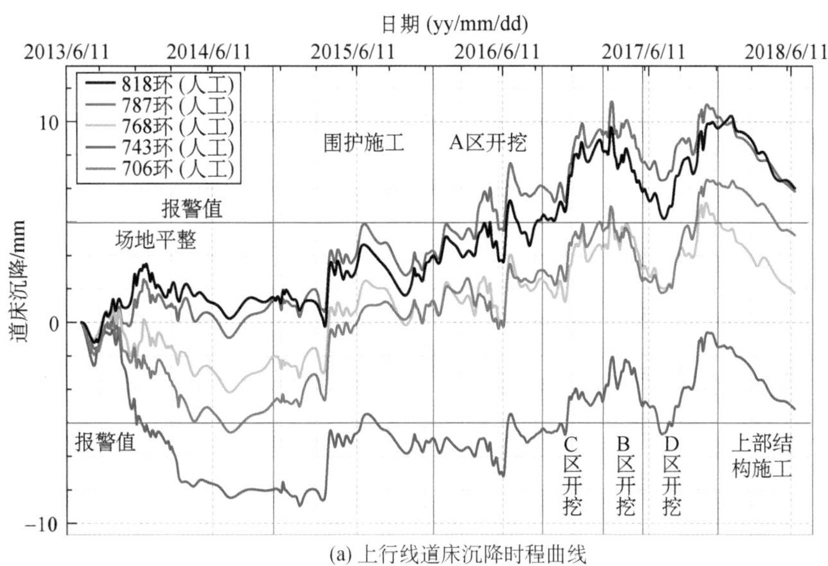

(a) 上行线道床沉降时程曲线

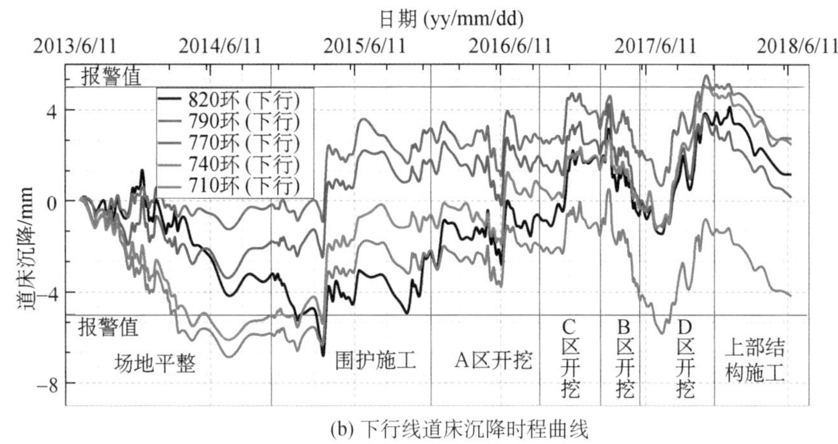

(b) 下行线道床沉降时程曲线

图 5-115 上、下行线典型截面道床沉降时程曲线

的最大收敛变形位置基本一致;下行线的收敛变形同样随着施工不断增大,但是各工况的变形量不大,且整个基坑对应范围内各环累计收敛差异不大;基坑施工外的管径收敛小于 20 mm,大约影响到的延伸范围为 20 环(每环 1.2 m,约 24 m),单个基坑对管径收敛产生的影响范围应该在 2 倍的基坑开挖深度。

图 5-117 为上行线 745 环、790 环和下行线隧道 745 环、790 环(为各自基坑 B、D 分区中部正对的环)收敛变形时程曲线。SL10 测点的收敛值在场地平整期间较其他测点增大更为明显,原因为该测点位于 D 区正对范围。D 区存在较多的旧桩,拔桩扰动了地层,且回填桩孔不及时或回填不密实易导致地层损失。场地平整期间 XL10 变化不大,可能由于距离拔桩施工的区域较远。

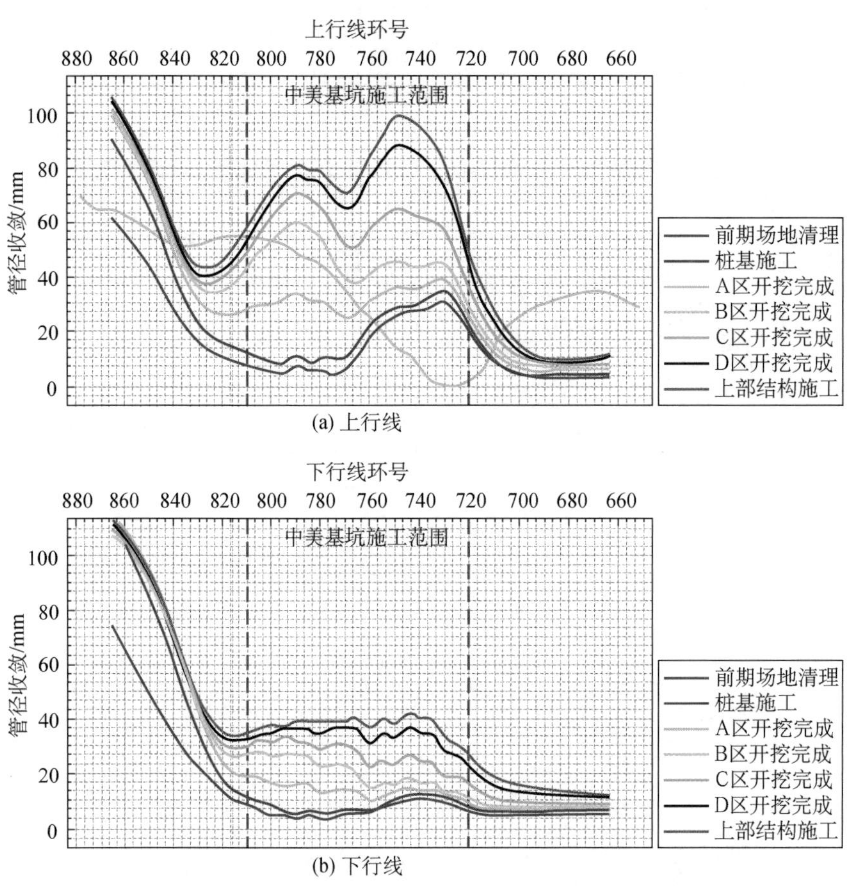

图 5-116　上、下行隧道水平收敛变形随施工工况的累计变化曲线

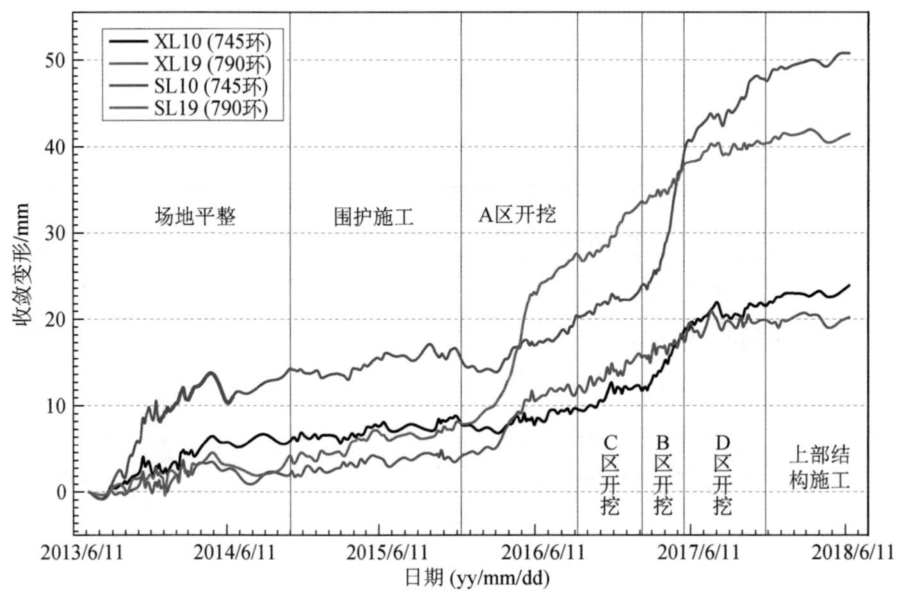

图 5-117　上、下行隧道典型截面的收敛变形时程曲线

围护结构施工阶段测点的收敛值相对变化较小；整个基坑开挖阶段隧道的收敛值不断增大，开挖 A、C 区时该区对应的 SL19 的增大速率较大，开挖 B、D 区时 SL10 的变化速率较大；上部结构施工阶段对收敛的影响不大，但是收敛仍有微小的增大趋势，这是由上部施工加荷作用造成的现象。

从图 5-118、图 5-119 可以得出，场地平整、围护施工、上部结构施工对隧道水平位移产生的影响不大，但隧道水平位移随邻近基坑的开挖不断增大，与沉降和收敛变形在同一断面表现为受影响程度相近。

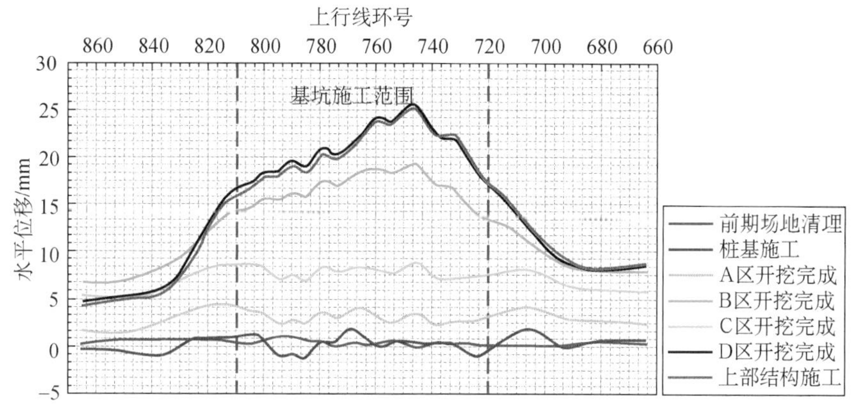

图 5-118 施工期间隧道上行线水平位移曲线

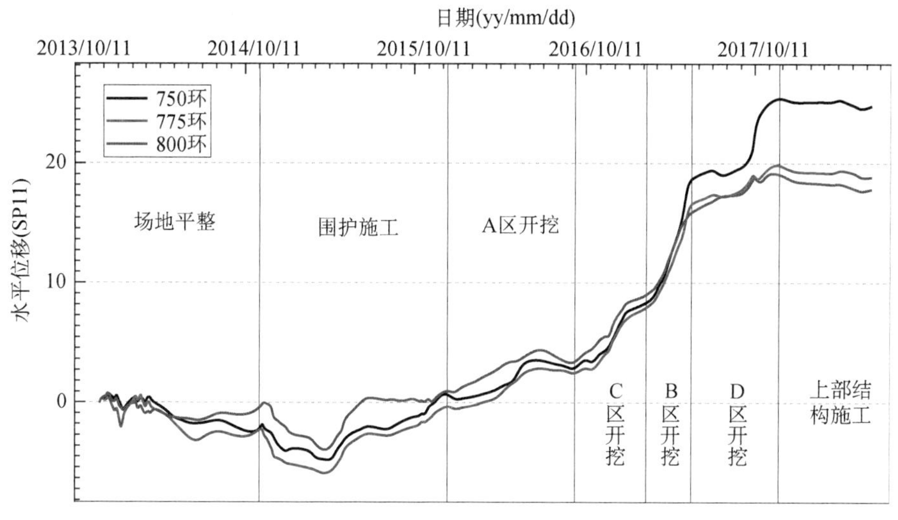

图 5-119 典型截面测点的水平位移时程曲线

5.6.2 地铁 10 号线长期沉降监测

1. 工程概况

上海地铁 10 号线是国内首条无人驾驶轨道交通线，一期由新江湾城站至虹桥火车站，主线在龙溪路站连接支线，抵达航中路站。线路全长 36 km，起点为上海西南角的虹桥机场，终点为上海东北角的新江湾城，沿途经过新天地、豫园老城厢、南京路、淮海路、四川路、五角场城市副中心等上海中心区域，共 31 座车站，正线涵盖虹桥机场西站—新江湾城站，共 28 座地下车站，组成 27 个区间，其中邮电新村站至同济大学站两区间为双圆区间，其他均为单圆区间；支线涵盖航中路站—龙溪路站，共 4 座地下车站，组成 3 个区间，并设吴中路停车场一座。正线全长 31.05 km、支线全长 4.97 km。其中龙溪路站以东及支线部分于 2010 年 4 月 10 日先期开通试运营，而主线龙溪路站以西于 2010 年 11 月 28 日开通。线路走向如图 5-120 所示。

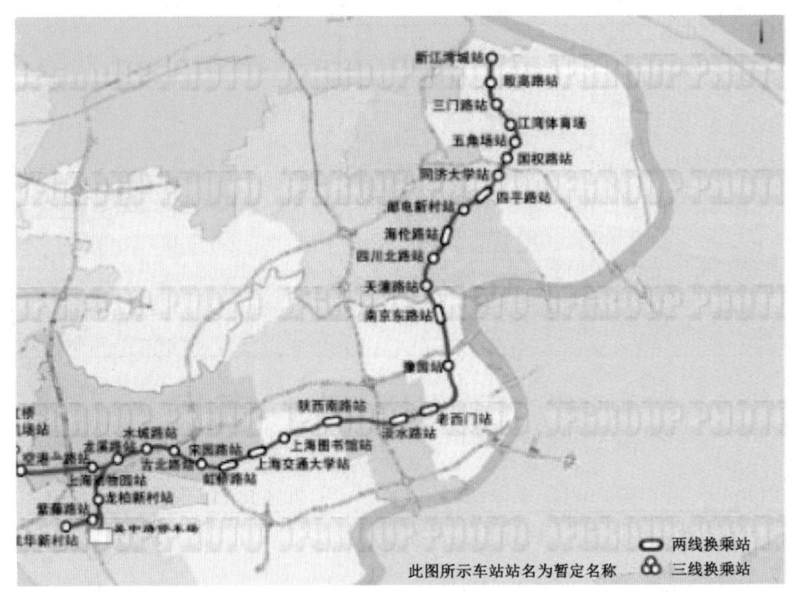

图 5-120　地铁 10 号线线路走向图

本项目主线道床沉降点为 15 383 个、支线道床沉降点为 2 234 个、吴中路停车场出入线沉降点为 440 个，总计沉降点为 18 057 个；全线直径收敛测量项目总计实际测量 9 765 个收敛断面。

2. 工程地质概况

上海地区位于长江三角洲冲积平原的东南前缘，境内除西南部裸露有零星火山岩残丘外，基岩面被厚 250～350 m 的第四系松散土覆盖，地面标高大多在 2.5～4.5 m 之间，西部为淀泖洼地，东部为蝶缘高地，东西高差 2～3 m。第四系松散土主要由黏性土、粉性土和砂性土组成，按其埋藏规律自上而下可分为表土层、软土层、一般黏性土层、第一硬土层、第二砂层、第二硬土层、第二砂层等。

上海地层受古河道切割影响可分为正常地层和古河道地层，古河道地层缺失第⑥层硬土层，且第⑤层厚度较大，加之土体的变异性造成古河道地层受扰动后易产生过大的变形，特别是有⑤$_{2}$层微承压含水层及夹有透镜体的⑤$_{3}$层分布时，更加大了地下空间开发及其对周边环境不利影响的风险。随着地下空间开发及轨道交通埋深越来越深，承压含水层对工程安全的影响越来越大，特别是当第⑧层黏性土层缺失时，第⑦层和第⑨层承压含水层相连，承压水突涌风险及工程降水对周边环境的影响急剧加大。根据有无第⑥层、有无⑤$_{2}$层、第⑦层和第⑨层承压含水层是否相连将上海地层分为 7 个分区，分区情况表如表 5-38、图 5-121 所示。

表 5-38　　上海地质分区土层组合特征

<table>
<tr><th colspan="2">分区</th><th colspan="3">土层组合特征</th></tr>
<tr><td rowspan="3">正常地层区域[有⑥层]</td><td>Ⅰ</td><td colspan="2" rowspan="2">有⑧层</td><td>②～⑨层普遍存在；⑦层层顶埋深 20～30 m</td></tr>
<tr><td>Ⅱ</td><td>⑤$_{1}$层厚度薄，局部缺失；⑦层顶板埋深浅，约 20 m</td></tr>
<tr><td>Ⅲ</td><td colspan="2">无⑧层</td><td>⑦层层顶埋深约 30 m；⑦、⑨层相连</td></tr>
<tr><td rowspan="4">古河道区域[⑥层缺失]</td><td>Ⅳ</td><td rowspan="2">有⑧层</td><td>无⑤$_{2}$层</td><td>⑤$_{3}$夹少量粉砂透镜体；⑦$_{2}$层顶板埋深约 40 m</td></tr>
<tr><td>Ⅴ</td><td>有⑤$_{2}$层</td><td>⑤2 层顶板埋深约 22 m；⑤$_{3}$层夹少量粉砂透镜体；局部⑤$_{2}$层与⑦层相连</td></tr>
<tr><td>Ⅵ</td><td rowspan="2">无⑧层</td><td>无⑤$_{2}$层</td><td>⑦层埋深约 40 m；⑦、⑨层相连</td></tr>
<tr><td>Ⅶ</td><td>有⑤$_{2}$层</td><td>⑤$_{2}$层埋深约 20 m；⑦层埋深变化较大，40～50 m；局部⑤$_{2}$层与⑦层相连；⑦、⑨相连，局部承压含水层总厚度达 130 m</td></tr>
</table>

结合地铁 10 号线勘察资料和上海地质分区情况，地铁 10 号线沿线自西南向东北依次穿越Ⅰ→Ⅴ→Ⅳ→Ⅰ→Ⅵ→Ⅳ→Ⅴ→Ⅰ→Ⅳ→Ⅰ→Ⅴ地质分区，其中除虹桥火车站、陕西南路、五角场等附近区域位于正常地层外，其他线路基本位于古河道地层，并且沿线多种类型地层相互交错，穿越及下卧地层变异性相对较大。沿途以居民住宅区以及商业区为主，地势平坦，地面标高 3.5～4.5 m。结合本线路沿线的工程地质和水文地质条件，工程的地质风险如下。

(1) 全线地层分布复杂，古河道切割范围广，比如动物园站到水城路站区间、四平路站到五角场站等区间大部分范围缺失第⑥层，第⑦层层面起伏大、厚度变化大。对于这些区域应重点关注其保护区内是否有工程活动，因为这些区域隧道的下覆软弱土层较厚，隧道受周边工程活动等情况影响后会产生更大的变形，在古河道与正常地层交界处以及第⑦层层面起伏比较大的地方，容易造成更大的差异沉降。

(2) 苏州河以北的广大地区（天潼路站到新江湾城站）浅部普遍分布厚层第②$_{3}$层粉土层或砂性土，支线西段（航中路站到紫藤路站）亦有薄层第②$_{3}$层粉土分布。相对于浅部软弱土层而言，第②$_{3}$层强度较高，但富水性高，并具有一定的微承压性，对于这些区域的隧道，应当关注两点：一是隧道渗漏的发生和发展情况，防止渗漏扩大产生漏泥沙现象，造成隧道周围地层损失，进而造成变形过大；二是关注保护区范围内地下空间开发情况，因地下连续墙施工过程中第②₃层易产生槽壁塌孔现象，影响隧道的变形及安全。

（3）海伦路站到四平路站、殷高东路站以北及支线龙柏新村站以西分布厚层⑤$_2$层粉土，对于这些区间应关注其周边的工程活动和隧道内的渗漏情况。第⑤$_2$层相对于⑤$_1$层和⑤$_3$层强度较高，但富水性高并具有一定的微承压性，在其与其他地层交替分布的位置，隧道长期运营及工程活动影响下易产生差异变形，并且同样应关注隧道的渗漏发生及发展情况，若渗漏有进一步扩大情况，应及时采取措施。

（4）上海图书馆站—豫园站区域第⑦、⑨层相连，应特别关注周边深层地下空间开发情况，尤其是是否有降水。这是因为当隧道下覆土层第⑦、⑨层相连或第⑧层较薄而存在局部⑦、⑨层间越流现象时，周边深层地下空间开发时往往会进行降水施工，而基坑地下连续墙往往无法隔断承压水，造成施工过程中降承压水影响范围广、坑外水位降深大，从而对周边一定范围内地铁沉降造成较大的影响。

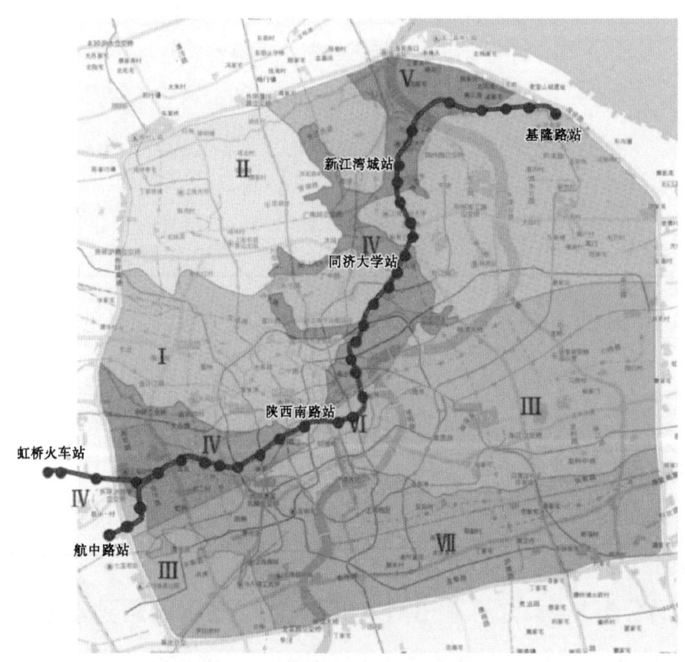

图 5-121　地铁 10 号线地质分区图

3. 监测成果概况

地铁 10 号线沉降监测如图 5-122 所示。

地铁 10 号线全线没有累计沉降超过－50 mm 的监测点，累计沉降量最大的区间为伊犁路站—宋园路站，沉降量为－44 mm。受沿线工程活动、地面加载或隧道自身结构的差异，全线存在不同程度的累计差异沉降，累计差异沉降较大区间有伊犁路站—宋园路

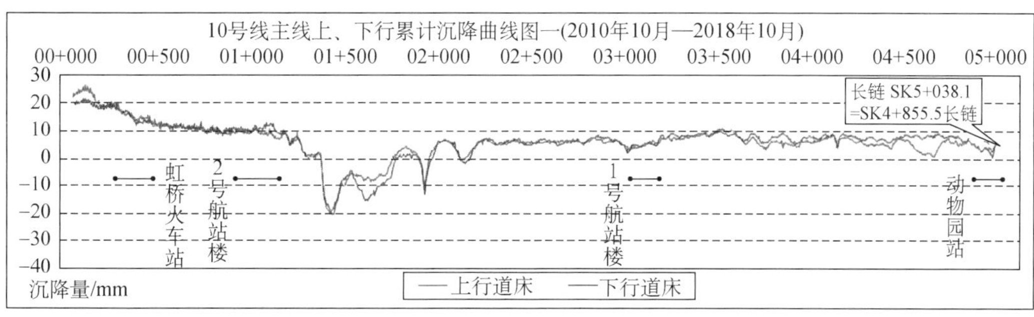

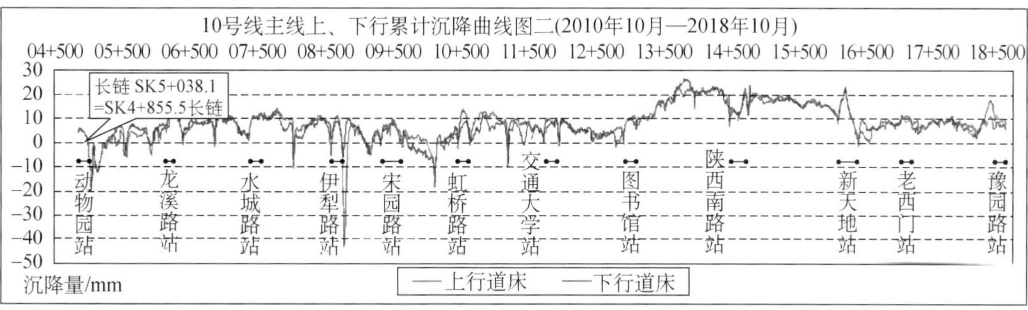

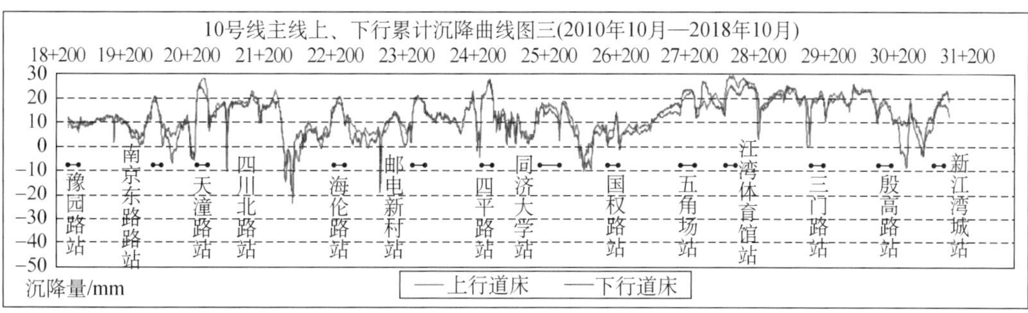

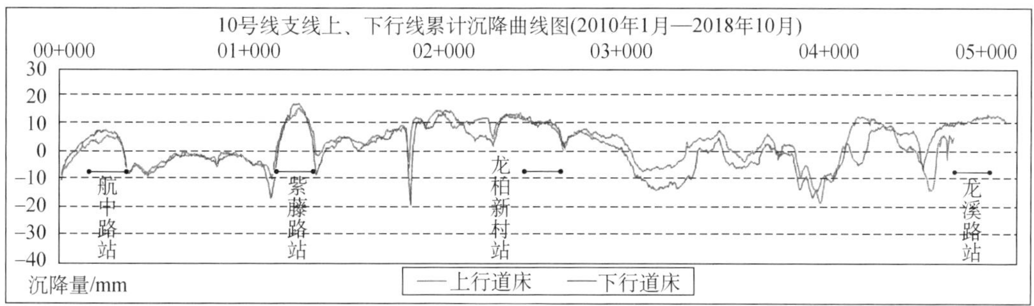

图 5-122　地铁 10 号线上、下行线累计沉降曲线图(2010 年 01 月—2018 年 10 月)

站、南京东路站—天潼路站、天潼路站—四川北路站、四川北路站—海伦路站、海伦路—邮电新村站、同济大学站—国权路站、殷高东路站—新江湾城站、航中路站—紫藤路、紫藤路站—龙柏新村站、龙柏新村站—龙溪路站、吴中路停车场入场线，上述区间累计差异沉降基本在 30～50 mm 之间。

5.6.3 上海某隧道工程盾构段管片壁后注浆探地雷达探测

1. 工程概况

上海某隧道北线隧道建于 20 世纪 80 年代,隧道全长 2 261 m,其中圆形隧道长1 476 m。南线隧道建于 1994 年至 1996 年年底,隧道全长 2 207.5 m,其中圆形隧道段1 310.5 m。南线与北线隧道组成双向 4 车道隧道。南、北线圆隧道外径均为 11.00 m,衬砌厚度 0.55 m。

该隧道从建成运营至今已逾二十年,其管片壁后注浆层在长期的列车振动影响下,是否仍维持着最初设计的形态,这是隧道大修工程需要探索解决的问题之一。本次探测的主要目的就是采用探地雷达这一无损探测技术对盾构段进行管片壁后注浆的厚度进行探测,客观地判别并展示管片壁后注浆层的空间分布。

2. 现场检测实施

1) 测线布置

根据隧道内的条件,数据采集的方向选择从浦东入口向浦西方向,共计布置了三条轴向测线。图 5-123 为雷达测线示意图,图 5-124 为拱顶(2 条)及下通道内(1 条)位置雷达数据实际采集线路。

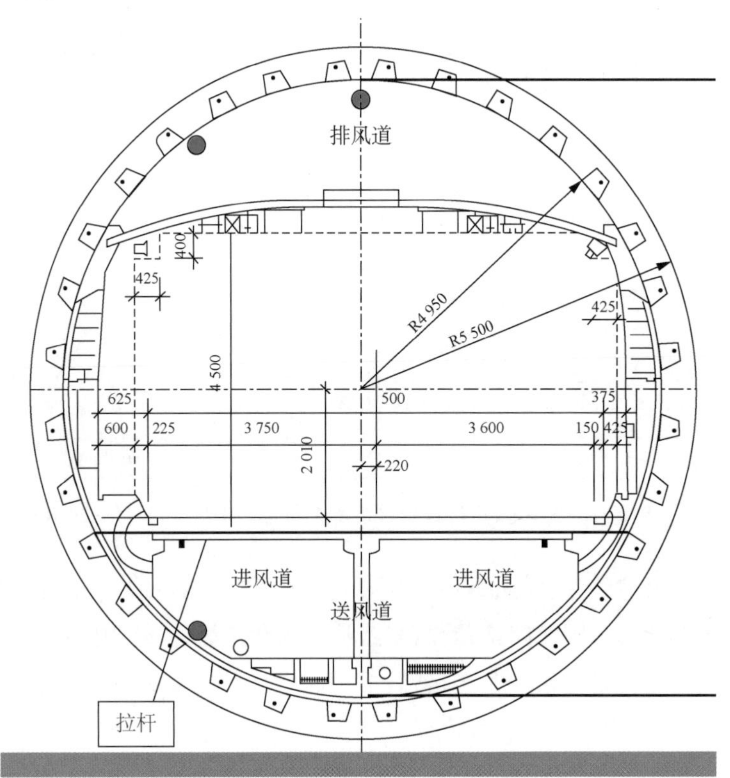

图 5-123 隧道北线内雷达测线布置示意图

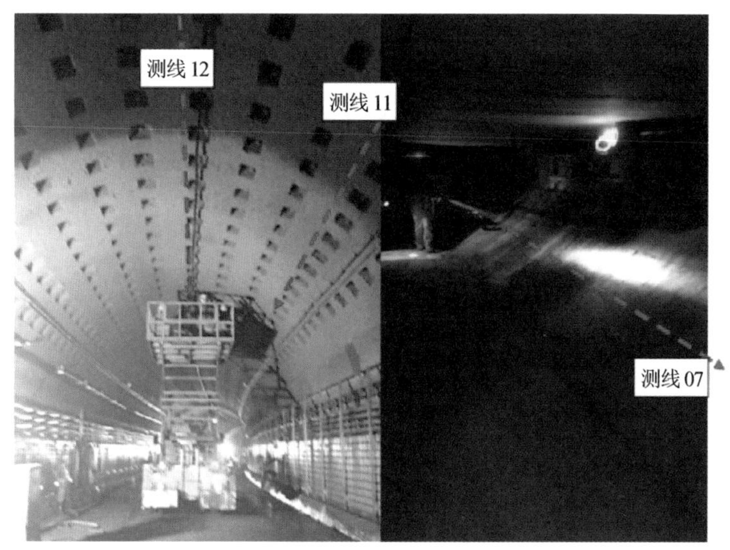

图 5-124　隧道北线内拱顶及下通道内测线实际布置示意图

2）仪器设备及参数设置

探地雷达检测采用加拿大 SSI 公司 pulse EKKO PRO 探地雷达，天线采用500 mHz 高频屏蔽天线，天线分离距固定为 0.38 m，迭加次数为 32，采样间隔为 0.1 ns，为保证测距及定位的准确性，采用触发轮控制数据采集，点距为 2.5 cm。

3. 检测结果分析

图 5-125 为下通道 7 点方向测线 07-0 探地雷达检测典型成果剖面，图中初始零点位置在 7.32 ns，测线范围内表层混凝土与管片之间的反射较强，表明表层混凝土与管片之间的存在一定的电性差异，双程旅行时间在 11.8 ns 左右变化；管片与注浆层之间的反射也较清楚，反映了管片与注浆层之间的电性也较明显，双程旅行时间在 22.8 ns 左右变化；而注浆层与土体之间的反射强度大，注浆层外边界面的双程旅行时间在 24.26～27.84 ns 范围变化，即电磁波在注浆层内的双程旅行时间在 1.46～5.04ns 范围变化（图 5－126 为目标界面时间解释剖面），则在该雷达测线范围内，管片壁后的注浆厚度在 5.8～20.1 cm 范围内变化，相应的注浆层解释成果如图 5-126 所示。

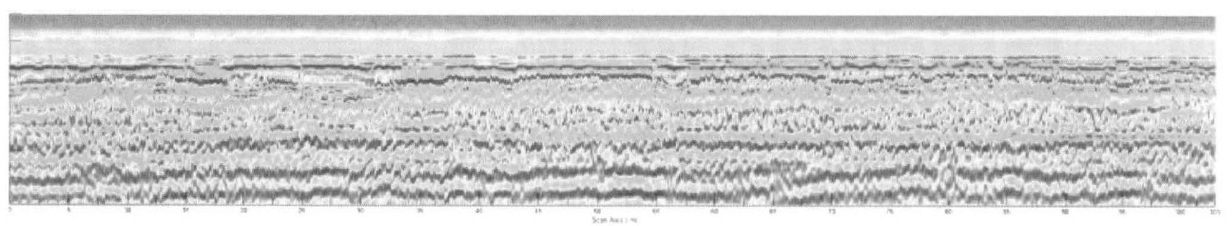

图 5-125　通道 7 点方向测线 07-0 探地雷达检测成果剖面图

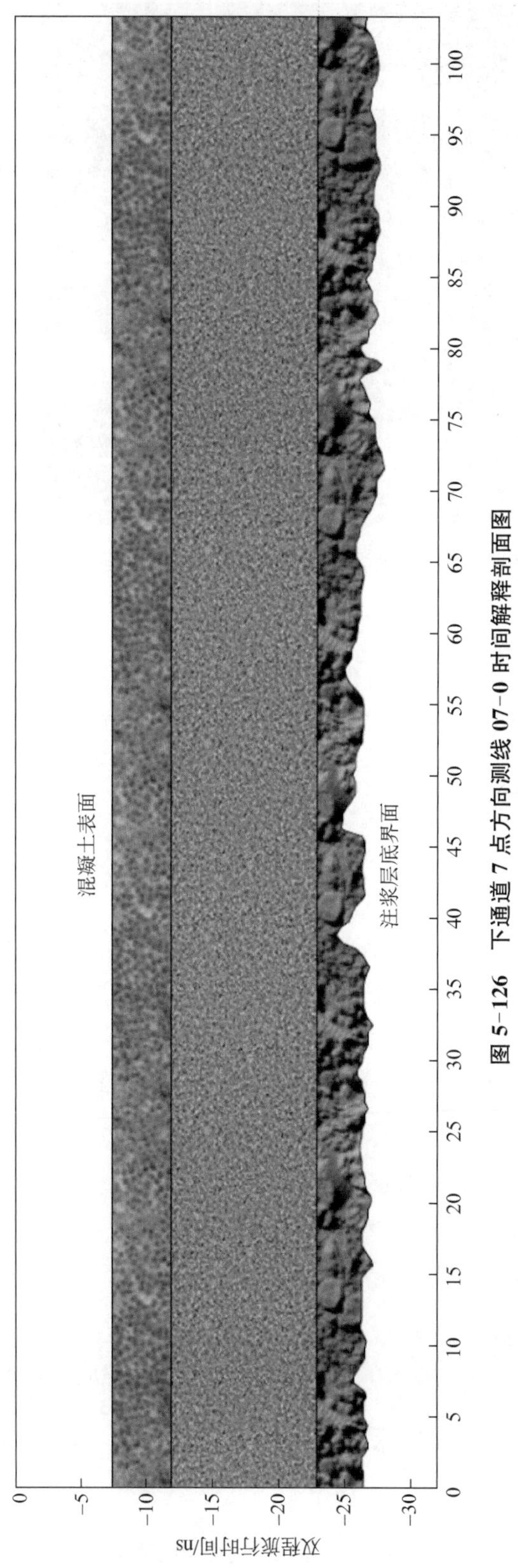

图 5-126　下通道 7 点方向测线 07-0 时间解释剖面图

6

地下工程远程监控与预警系统

受复杂水土条件、土体卸荷及扰动变形、设计施工理论不完善等诸多因素影响，深大基坑、长距离隧道工程自身及周边环境不可避免地会产生变形，严重时将发生风险事故，造成重大资金损失和人员伤亡，对城市正常运行带来重大威胁。因此，地下工程建设及管理必须全过程依赖监控技术和预警技术，以指导建设相关方进行科学决策，降低工程风险。随着云计算、大数据、地理信息系统（GIS）、建筑信息模型（BIM）等信息技术发展，已呈现“从单项自动化采集到全自动化采集”“从本地化的系统服务向基于云端的大数据分析服务”“从平面展示向三维虚拟与实景结合展示”的发展态势，且土木工程专业与 IT 技术的结合越来越紧密，基于工程模型的数字化、网络化、智能化的风险管控技术日趋成熟，构建地下工程远程监控与预警系统，已成为当前土木工程行业信息技术研究和应用的重点领域。

本章从地下工程远程监控与预警系统需求分析出发，介绍系统的总体设计方法、关键技术、核心功能等方面，可为相关地下工程信息化监控系统提供借鉴。

6.1 系统需求分析

6.1.1 目前存在的问题

1）地下工程监测数据采集信息化、自动化程度不足

地下工程监测数据是地下空间风险管控的重要数据来源。地下工程建设的工程风险在发展成为工程事故之前，往往存在着某些特定征兆和现象，监测数据必然会有异常反应，有经验的技术人员可根据数据状况，及时发现问题，并采取对策，以避免工程事故的发生或减少事故损失。然而，由于目前监测工程技术人员、现场操作人员的水平不一，缺少科学判断数据的能力，致使控制风险的作用有限。而且由于缺少先进的手段传送、处理数据，造成工程信息传输不畅，使得预示工程危险的一些重要信息不能及时送至管理决策人员处，失去了许多避免工程事故的时间和机会。

为了实现经济合理和技术安全，现行规范要求大型深基坑工程普遍采用信息化施工方法。信息化施工的核心在于随时根据现场地质情况和监测成果对设计和施工方案进行动态调整与优化，其关键在于获取可靠、全面的地质信息及施工监测信息并及时分析和反馈，因此，必须将监测工作与施工、设计紧密联系，使之成为一个集信息、管理、施工于一体的综合信息管理系统。但是在监测行业内，目前能够真正成功实现信息化、自动化监测的基坑项目并不多见，大多数情况仍然依赖落后的人工监测手段，监测工作技术含量不高，数据分析能力低。大多数的基坑监测系统只是起到了一些简单的反馈作用，自动化和智能化程度并不高，大多仅仅体现在数据采集方面，无法实现后台复杂的自动化逻辑计算，对各类传感器的性能也缺乏深入认识，分析手段落后，缺乏实用性。在软件系统功能方

面，多数国内基坑在施工期的监测信息没有采用相关平台软件进行管理，有些项目直接使用电子表格软件（如 Excel）或者关系数据库（Access）来管理监测成果，也仅仅停留在数据的存储和简单的整编和分析上。因此，行业与市场迫切需要将信息化技术、监测技术和岩土工程分析方法有机整合，形成有效的远程自动化监测服务，实现真正意义上的信息化施工。

2）多源数据集成与可视化管理能力不足

城市发展现阶段，地下空间建设了大量的地下管线、建（构）筑物基础、地铁隧道、车站等地下基础设施，面对大规模城市地下空间建设与运营工作的开展，大量的运营维护相关资料接踵而来，形成海量的数据，包括建设期数据、竣工初始数据以及运营维护数据。其中，建设期数据又包括地质勘察和工程结构数据，竣工初始数据包括结构本体的沉降、收敛、病害数据。运营维护数据又包含了如隧道长期监护、病害养护管理、周边工程监测、地下结构长期沉降等。这些海量数据从空间、时间各个维度组成地下空间运维的大数据，如何建立信息之间的关联，实现数据的可视化管理和应用成为地下工程信息化系统建设的重点之一。

3）基于地下工程监测数据分析的系统预警、报警智能化不足

国内已开展地下工程结构如基坑、轨道交通结构安全评估技术的研究和初步应用，但理论研究对实际工程指导不足，评价指标体系及控制预制的科学合理性缺乏定论。地下工程在振动、荷载影响下的系统响应和安全评估是一个多因素叠加影响的复杂过程，单凭某一理论模型难以预测分析，必须结合大量历史实测数据进行统计、回归与反演，提取安全敏感因素或指标，构建合理化的安全评估体系和控制指标。

6.1.2 解决方案

（1）大力发展自动化检测数据采集技术，不断提高数据采集质量。深大地下空间开发和城市精细化、智慧化管控等对地下空间信息数据采集提出了高精度、高效率等要求，传统以人工为主的信息采集技术已经难以满足工程质量控制和风险防控的需求。对于深大基坑围护结构，测斜仪、土压力、支撑轴力测试等数据既是判断工程安全与否的关键，也是揭示并验证设计理论的重要基础资料，因此对数据的精准与采集效率要求极高。而传统的活动式测斜仪、普通固定式测斜仪、传统挂布法安装的土压力计等测试方法，在超深条件测试时存在误差大、效率低、实时性差、安装难等问题，难以满足 100 m 以上地下连续墙变形监测在精度和效率方面的要求，因此对高精度、高效率的自动化数据采集技术需求极为迫切。对于邻近地铁隧道的监测而言，运营地铁线路每天能够留给工作人员进入隧道开展监测的时间仅为凌晨的两个小时，而随着城市轨道交通承担更多公共交通的压力，甚至可能不会留给工作人员进入隧道监测的时间，此外，安全事故的发生也存在其偶然

性，因此，采用实时的自动化监测技术成为必然选择。

（2）建立地下工程监测数据标准体系，实现时空数据管理一体化。地下工程牵涉面广、参与专业、单位众多，目前在勘察、设计、施工、监测、检测等各专业均在推进信息化技术，但采用的技术平台各有不同，数据分散在各专业单位和实施具体项目的单位手中，数据无法流通起来，难以实现共享。要实现地下工程全生命监测安全管控信息化平台，势必要对现有的各专业平台的数据接口和标准进行统一，打通各专业数据库，使同一专业分散在不同单位的数据整合起来，并通过地理信息系统或建筑信息模型技术，实现基于同一平台的多专业数据一体化管理，兼顾二维、三维展示需求，为地下工程监测数据分析和风险预警提供丰富的基础数据。

（3）建立实时预报警集成系统。目前国内地下空间风险管控大多停留在监控数据管理阶段，难以达到全天候预警、及时分析评估的精细化管控要求。随着近年云计算、物联网、移动互联网以及GIS和BIM等空间信息管理技术的发展，集成地下工程勘察、设计、施工、监测等多源数据，建设符合地下工程建设与运行全过程安全管控系统，日趋成为建设和管理单位亟待满足的需求，为防范风险与事故、降低管理成本提供技术支持。同时，随着大数据、人工智能等新一代信息技术的发展，基于数据挖掘技术开展的地下工程风险评估与预警，将为管理者提供高效、可靠的评估成果，有力保障地下空间安全。

6.2 系统总体设计

6.2.1 系统设计目标

地下工程远程监控与预警系统在设计过程中，应紧密结合工程建设管理或维护管理单位的需求，充分采用以地理信息技术、建筑信息模型技术、传感器技术、互联网技术为核心的信息化平台技术，以"一张图＋立体管控"的信息化手段，实现对地下工程施工监测，运维监测，日常巡查及其他工程结构勘察、设计、竣工基础资料高效率的科学管理，利用信息化改造现有的工程项目管理模式，丰富管理技术手段，促进效率提升，为充分保障地下工程本体及周边环境安全提供先进及可靠的技术支撑。具体而言，可遵循以下原则。

（1）数据标准化：规范人工及自动化采集数据、分析报表、管理报表、图档、GIS、BIM等数据标准，增强系统的数据集成能力，提高系统基础数据采集传输、存储、管理的规范性与安全性，降低数据维护和更新成本。

（2）采集高效化：通过传感设备、无线通信或智能中控系统，集成不同类型、不同厂商的自动化监测设备及传感器，实现实时监测数据的全覆盖与网络发布。

（3）分析动态化：结合实际管理需求和项目数据，动态变化报警阈值以及安全评价因素指标范围，实现更加合理、更加准确、更加符合实际的地下结构风险评价。

(4) 查询移动化:基于移动互联网技术,在移动终端实现监测信息随时随地查询。

(5) 系统集成化:基于统一网络通信及数据接口,实现不同业务子系统互联互通。

6.2.2 系统架构设计

地下工程远程监控与预警系统可划分为五个系统层,自下而上分别为设施层、数据层、支撑层、用户层、应用层。一般采用“一套底层数据、三大模块、多个功能系统”可分可合的模式开发,图 6-1 为系统的总体架构图。

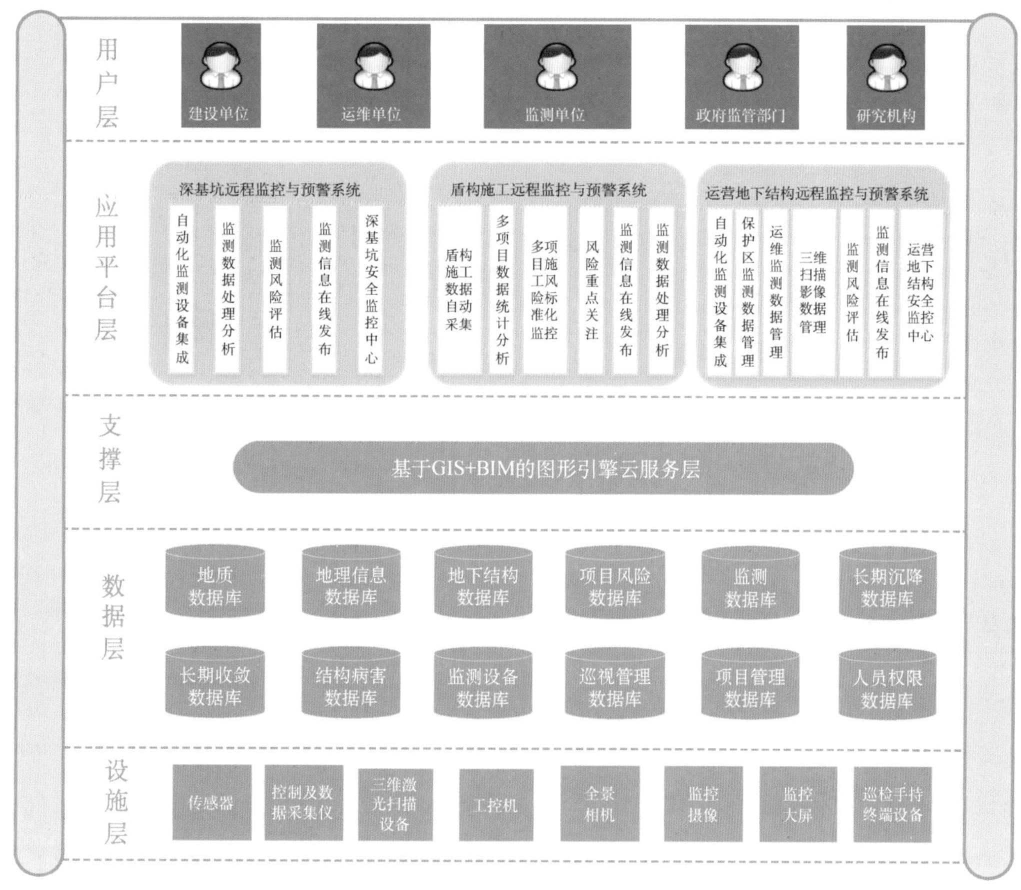

图 6-1 系统总体架构图

根据图 6-1 所示的架构体系,从软件功能设计层面,由于地下工程建设不同专业面对的用户及需求不同,核心应用层系统主要分为深基坑、盾构施工以及运营地下结构三个模块。深基坑远程监控与预警系统模块包括自动化监测设备集成、监测数据处理分析、监测风险评估、监测信息在线发布及深基坑安全监控中心。盾构施工远程监控与预警系统模块包括盾构施工数据自动采集、多项目数据统计分析、多项目施工风险标准化监控、风险重点关注、施工情况排名推送机制和盾构机全生命周期管理。运营地下结构远程监控与预警系统模块包括自动化监测设备集成、保护区监测数据管理、运维监测数据管理、三维扫描影像数据管理、监测风险评估、监测信息在线发布及运营地下结构安全监控中心。

从软件开发层面，为了提高系统的使用便捷性，降低维护成本，系统一般可采用云服务架构，基于浏览器-服务器(B/S)与移动端-服务器(M/S)架构开发，图 6-2 为系统运行网络架构图。浏览器端系统通过结合 Web-GIS 技术和 Web-GL 技术，解决基于地理信息和建筑信息模型的多维数据管理问题，适用于长线性地下工程与点状工程的统一管理；移动端系统结合目前流行的 IOS 和 Android 移动开发平台，实现了日常巡查、监测数据的报警信息发布，满足地下工程安全监测的实时性要求。

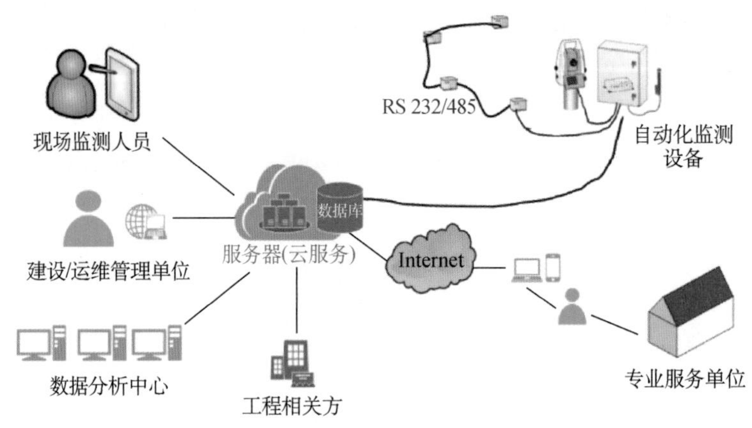

图 6-2　系统网络架构图

6.3　深基坑远程监控与预警系统

深基坑远程监控与预警系统主要解决传统方式下工程监测存在的问题，如无法实现全天候实时监测、监测信息传递的延误等不足，实现长期、连续地采集并传递反映工程安全状态、变化特征及其发展趋势的信息，并进行统计分析、信息反馈和安全预警。平台系统从功能上可划分为一个中心和四大应用系统，如图 6-3 所示。每个系统处于监测数据从传递到使用的不同环节，各司其职，面向不同层次用户提供服务，包括监测现场作业人员、专业分析人员、工程建设各方、咨询专家及政府监管部门，满足不同用户动态了解地下工程安全状态的需求。

6.3.1　自动化监测设备集成

自动化现场数据采集系统因工程特点、性能要求而不同，以及成本及适用性等因素，往往需要工程技术人员根据实际情况进行设计、选型和组建。现场数据采集系统一般由

图 6-3 系统总体功能架构

现场监测传感器、控制和数据采集设备、数据调制与解调装置、数据无线收发设备以及配套的供电及防雷设备组成。其中现场测试传感器一般选择便于进行自动化远程监测的测试方法。控制和数据采集装置可采用具有模数装换功能的测控单元(MCU),该装置的主要作用是采集各传感器的原始信号(电压、电流、频率等),同时还可以接收指令对采集频次、激发方式、激励电压等参数进行调整。数据调制与解调装置是将模拟信号转化为数字信号的装置,一般该装置与数据无线收发设备集成,组成相应的通信模块。图 6-4 为基坑工程自动化监测采集模式。

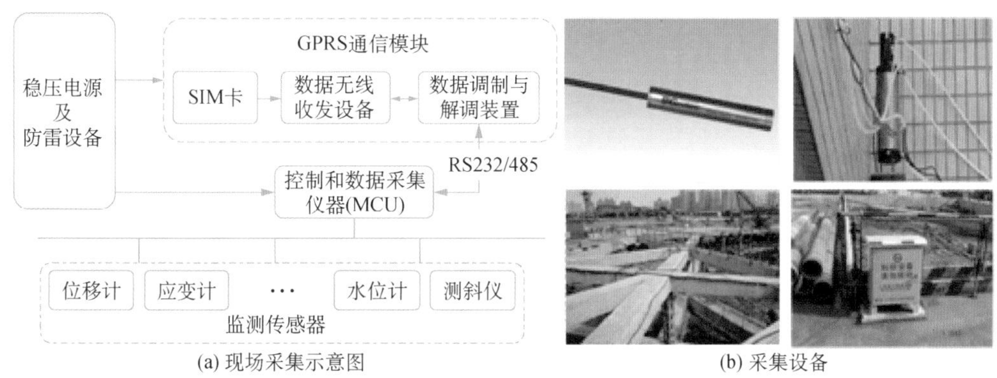

图 6-4 基坑工程自动化监测采集模式

该系统兼容目前通用的多种类型的自动化设备，根据现场情况以及监测工程的设备选型，可以灵活采取高效、稳定、安全的数据传输形式，尽量做到实时、准确。远程控制、实时采集、发送并分析功能，采用 GPRS 通信方式，针对多种终端测试设备，开发相应的接口，采用自动采集、发送数据系统实现了远程控制与实时数据采集，采集的设备包括固定式测斜仪、测量机器人、静力水准仪、倾角计等。

6.3.2 监测数据处理分析

1. 自动化监测数据处理

在监测中，数据获取是手段，指导施工、优化设计是目的。对于所得到的大量原始数据，并不能很直观地反映监测对象的变化情况，必须对它们进行相应的处理，并加以整理分类，制成一定格式的表格或图形曲线才能形象地反映其变化，并从其变化规律上判断监测数据是否正常，结构是否存在遭受损坏或破坏的危险。数据处理过程中涉及的相关专业技术包括统计检验法判定粗差、多测值权重整合计算、断点处理技术等。

(1) 统计检验法判定粗差：通过绘制监测效应量的时间过程线和空间分布图，查看离群尖点，根据测值自身的发展规律并结合原因量(如温度、时效等)的变化情况进行对比分析，根据常识和经验来进行判断。

(2) 多测值权重整合计算：对于多测值测量计算后整合到某个测点的情况，以支撑轴力为例，多个传感器合并到测点时，根据传感器稳定情况、传感器位置对每个传感器进行权重的分配，最终整合到测点成果中。

(3) 断点处理技术：当人为因素或施工机械等其他原因，对测点造成破坏性影响时，需对测点进行断点处理，重新设置初始值，以保持监测对象特征变化曲线的连续性、真实性。

2. 人工监测数据处理

该系统可实施各种监测项目的数据处理，包括位移/沉降、轴力/应力、地下水位、测斜、土压力/孔隙水压力、土体回弹、裂缝等，数据处理系统提供对各监测类型数据的计算、处理与分析，主要供监测项目现场使用。通过不同的方式导入原始监测数据，并对其进行粗差检验，若有粗差则发生警告，以便查找原因返工重测，然后再进行初步处理分析。系统具有数据错误检查，报表格式定义，实现数据录入、数据处理、分析图表、报表汇总、批量打印、数据上传、归档等功能，实现了大部分常见监测项目的数据批量录入与整编功能、计算处理以及监测日报表的自动生成功能，从而极大程度地为现场人员简化了工作流程，提高了监测服务的质量和效率。图 6-5 为报表处理程序界面。

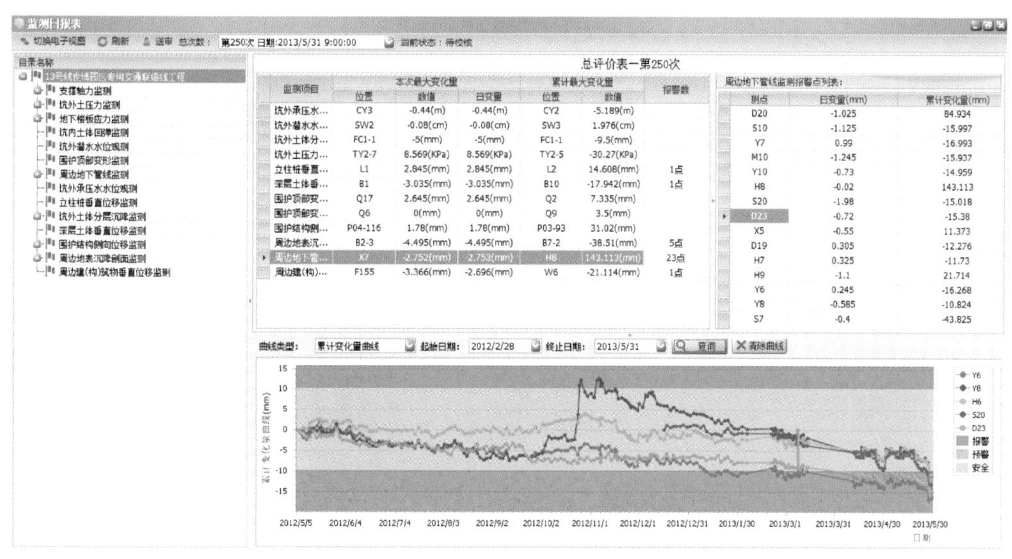

图 6-5　监测报表编辑和查看界面

6.3.3　监测风险评估

监测风险评估系统是针对目前监测分析理论性、实用性不足的现状，利用岩土工程专业化分析技术手段，以基坑工程为代表分析对象，基于主平台数据底层开发的专业化评估系统。系统根据分析方法的不同可分为监测安全报警、工程风险评估与参数化有限元数值评估三大功能模块。

监测安全报警是定量评价监测数据最直接的方法，应用于地下工程施工的全过程中。它通过建立基坑监测安全控制指标体系，识别并追踪关键监测指标数据的安全状态，采用数据曲线安全状态区分和分级预警两种方式进行安全报警。第一种方式通过指标数据结合阈值反映报警状态。一旦监测值超过既定的安全控制标准，系统及时给予报警，提醒工程施工和管理各方。基坑分级预警则基于规范建立监测安全控制指标体系，针对不同安全和环境等级的基坑工程，确定监测等级和关键监测指标的报警限值，根据关键指标在基坑开挖施工过程中的变化情况，评价其是处于安全可控状态还是处于安全报警状态，一旦超过既定的安全控制标准，系统及时给予报警，并根据多指标综合分析，对基坑整体进行分级预警，如图 6-6 所示。

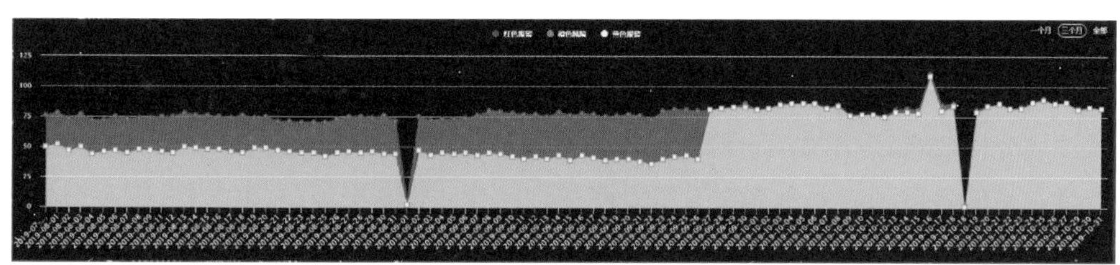

图 6-6　地下工程监测分级预警

基于专家打分法与层次分析法(AHP)的综合集成风险评估法进行相关风险的分析，辨识工程阶段存在的各类风险源，建立风险评估模型，评定监测对象的工程安全风险等级，提供风险控制建议，必要时结合监测数据进行动态风险跟踪评估，并能够依据评估结果定制规范化的风险评估报告。将评估成果纳入风险案例数据库，供相似案例参考。图 6-7为地下工程风险辨识与典型评价结果。

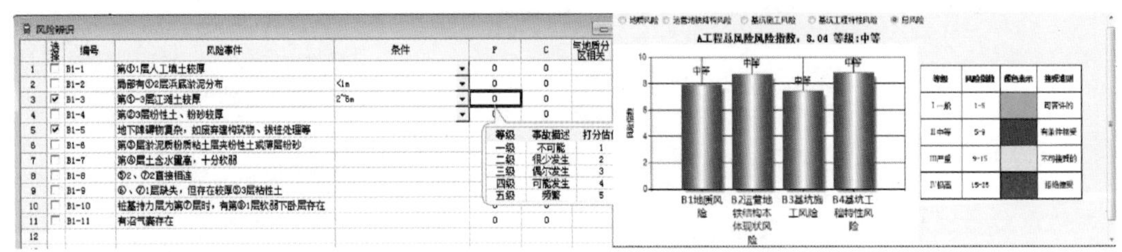

图 6-7　风险辨识与评价结果

有限元分析评估作为风险评估的补充，也可以根据后期施工过程中的监测数据进行反演分析。为了满足监测分析的实效性要求，可采用基于参数化建模的有限元分析技术，如图 6-8 所示。它是基于大型商业有限元软件的二次开发技术开发的快速建模计算基坑问题的分析模块，可通过设置参数，快捷建模，快速分析，实现定量分析实施监测的基坑在开挖过程中结构内力、变形以及周边环境的变形发展。同时还可以利用阶段性监测数据反演计算参数，优化计算参数和分析结果，为后续工况或类似工程提供分析支撑。

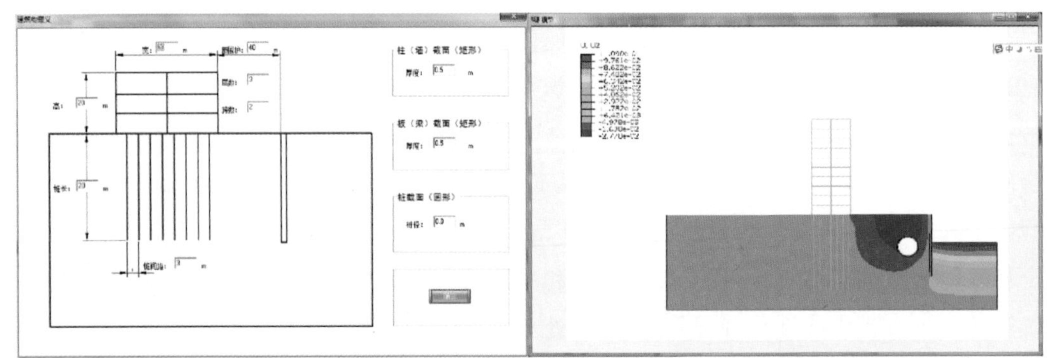

图 6-8　参数化有限元评估分析

6.3.4　监测信息在线发布

采用 Web 端浏览器或移动端 App 方式(图 6-9、图 6-10)，为使用者提供监测数据浏览及图表分析功能，是各方项目信息交流的公共平台。用户可通过远程登录，根据权限设置查询项目的各监测成果及有关工程文档、项目信息、监测报警、监测数据、图表分析、风险评估、工程文档、短信发送、视频监测、项目管理等，并结合移动终端摄像头功能可直接拍照记录现场巡检情况，通过移动网络上传至平台。

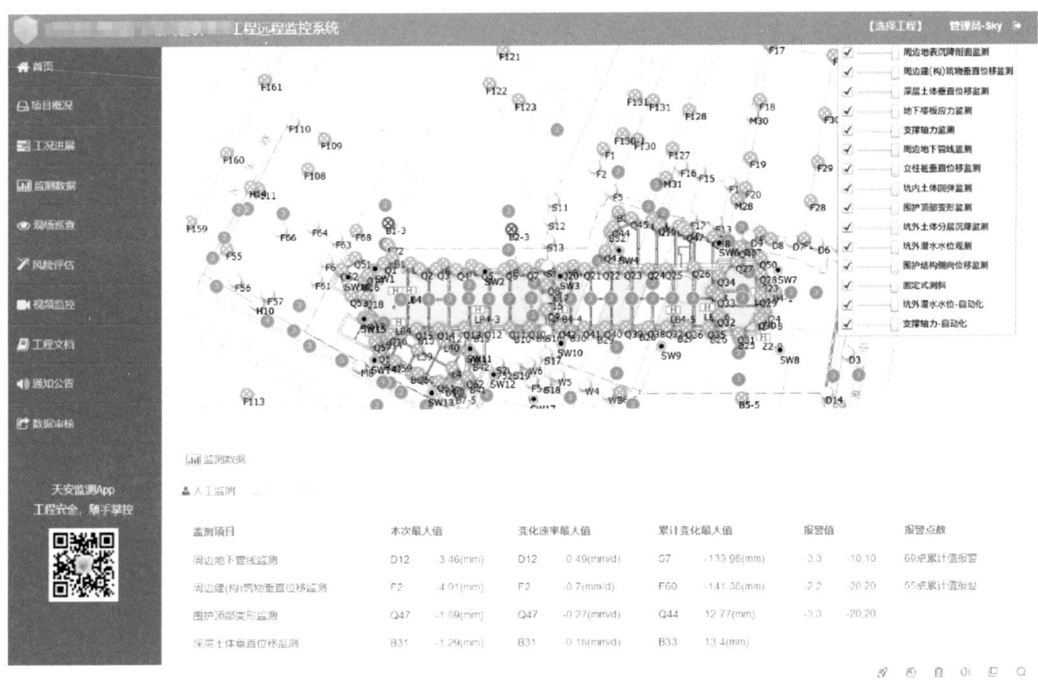

图 6-9 网页端监测信息发布界面

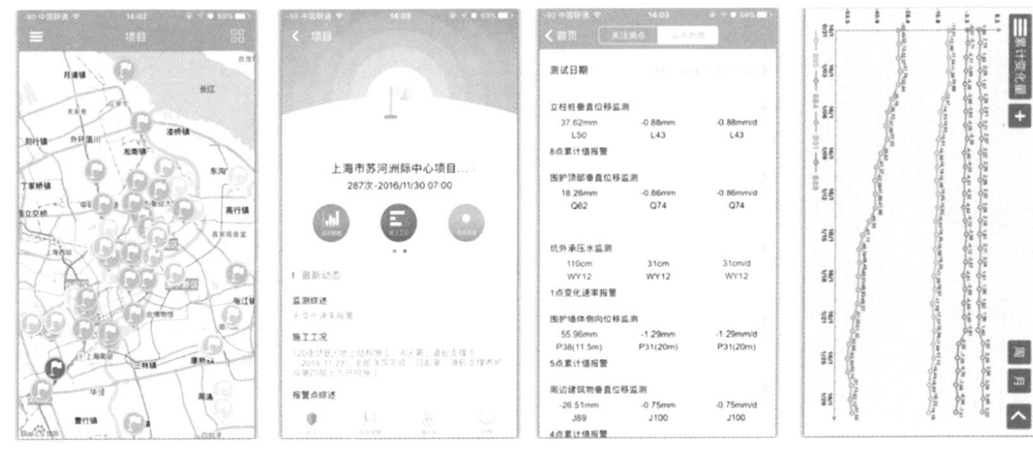

图 6-10 移动端 App 监测信息发布界面

6.3.5 深基坑安全监控中心

监控中心以 GIS 及 BIM 轻量化引擎技术作为可视化的基础，通过导入与监测项目有关的监测点布置图、周边环境图、场地地质图、工程设计图等 CAD 图件、工程 BIM，实现对工程结构本体及周边环境的数字化管理(图 6-11)。基于 GIS 动态测点图可直观显示报警测点工程分布情况，以及重点报警区域，可按照红、橙、黄三级安全报警，绿色为安全状态，点击测点可直接查询其历时数据变化曲线，通过 GIS 地图形式展现工程的地图分布，结合各类统计图表，用户可全局地了解多个工程的监测安全状态，实现远程过程监督、质量管理、报警处理、专家会商、风险评估等作用。

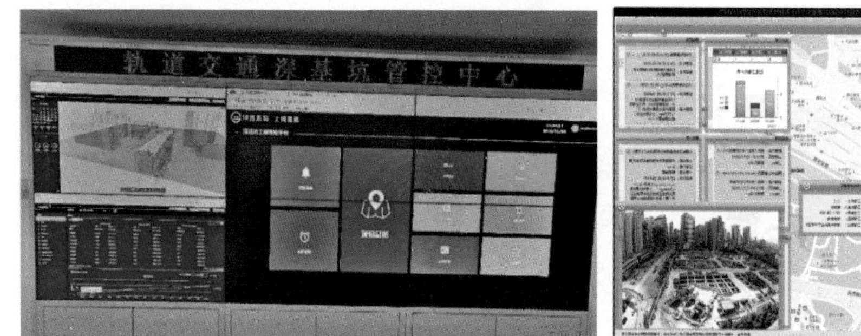

图 6-11　基于 GIS 与 BIM 的地下工程安全监控中心

6.4　盾构施工远程监控与预警系统

随着中国大力发展立体交通线网，盾构法隧道行业发展繁荣且潜力巨大。盾构行业取得了长足发展，积累了不少经验。但管理方法还是较为传统，传统的管理方法主要有以下四个方面的问题：①工程项目多、分布地域广导致经验技术共享难；②信息的不对称和迟滞性导致施工管理效率低；③管理跨度大以及指令下达响应慢导致风险控制能力差；④工程风险与质量隐患依然较大，影响工程顺利建设。

近年来“互联网＋”成为国家经济社会发展的重要战略，云计算、大数据等新兴技术影响各行各业。盾构施工远程监控与预警系统以传统盾构法隧道施工经验为基础，结合互联网技术、移动技术、云计算技术、大数据技术等，优化施工管理各项内容，提高管理及施工效率，实现信息共享和远程实时监控。

盾构施工远程监控与预警系统包括数据自动采集、数据统计分析、标准化监控、风险重点关注、施工情况排名推送机制和盾构机全生命周期管理等模块。系统体现了集中化、移动化、智能化的管理理念，创新形成以“实时数据动态管控＋数据分析辅助决策”的管理模式，实现盾构施工管控和盾构设备管控，以及对项目风险、质量、进度及设备的体系化管控。

6.4.1　盾构施工数据自动采集

自动化监测主要有三种形式：第一种是数据处理自动化，俗称“后自动化”；第二种是实现数据采集自动化，俗称“前自动化”；第三种是实现在线自动采集数据，离线资料分析，俗称“全自动化”。自动化监测主要包括数据采集的自动化、数据传输的自动化、数据管理的自动化和数据分析的自动化等内容。自动化监测系统应满足适应性、经济性、准确性、可靠性、开放性和通用性的原则。

盾构施工数据自动化采集一般通过自动采集数据软件来实现，如 ShieldDA 盾构机自动采集系统，系统能自动采集盾构机数据、测量系统数据以及注浆系统数据等，使得人工基础数据规范得以精简，规范了基础资料的格式，并能定期上传动态基础数据。还可以采集风险视频监控系统资料，包括进洞视频、出洞视频和联络通道视频等。数据自动化采集在实现数据管控的基础上为后续管控及大数据分析提供数据基础与依据。数据自动化采集如图 6-12 所示。

(a) ShieldDA盾构机自动采集系统

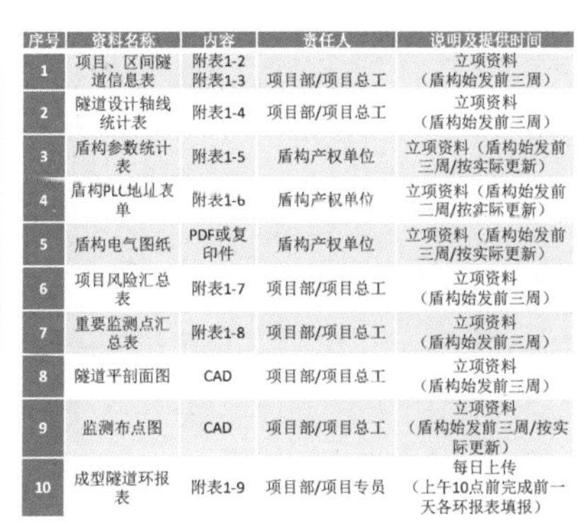

序号	资料名称	内容	责任人	说明及提供时间
1	项目、区间隧道信息表	附表1-2 附表1-3	项目部/项目总工	立项资料（盾构始发前三周）
2	隧道设计轴线统计表	附表1-4	项目部/项目总工	立项资料（盾构始发前三周）
3	盾构参数统计表	附表1-5	盾构产权单位	立项资料（盾构始发前三周/按实际更新）
4	盾构PLC地址表单	附表1-6	盾构产权单位	立项资料（盾构始发前二周/按实际更新）
5	盾构电气图纸	PDF或复印件	盾构产权单位	立项资料（盾构始发前三周/按实际更新）
6	项目风险汇总表	附表1-7	项目部/项目总工	立项资料（盾构始发前三周）
7	重要监测点汇总表	附表1-8	项目部/项目总工	立项资料（盾构始发前三周）
8	隧道平剖面图	CAD	项目部/项目总工	立项资料（盾构始发前三周）
9	监测布点图	CAD	项目部/项目总工	立项资料（盾构始发前三周/按实际更新）
10	成型隧道环报表	附表1-9	项目部/项目专员	每日上传（上午10点前完成前一天各环报表填报）

(b) 人工基础资料清单

(c) 视频监控系统

图 6-12 数据自动化采集

6.4.2 多项目数据统计分析

对监测数据进行及时的分析处理是自动化监测的一个重要特征，是及时发现工程隐患的重要手段。一般的数据分析主要是判断数据的正常或异常特征，并根据其异常特性作进一步的分析。

盾构施工远程监控与预警系统以盾构施工经验为基础，由管控专家团队进行数据的系统分析，为工程施工提供各类专业化管控咨询报告。对实时参数、隧道轴线、环境变形、历史曲线等数据进行统计分析，形成项目日报、项目周报、项目月报等各类常规报表，并针对特殊工况和特殊要求形成专项报告，以及提出各类意见建议，如图 6-13 所示。

盾构保持良好的姿态是盾构法施工的重要控制目标，它直接关系到隧道质量与施工成败，如何实现高水平的盾构姿态实时监控一直是盾构施工人员关心的工程难题，盾构姿态实时监控技术的重要性不言而喻。完整的盾构姿态实时监控系统包括盾构姿态偏差自动监测和自动控制两方面内容。盾构施工远程监控与预警系统实现对所有盾构姿态数据统一监管，利用控制框线、数据统计汇总、历史曲线等形式进行监控，如图 6-14 所示。

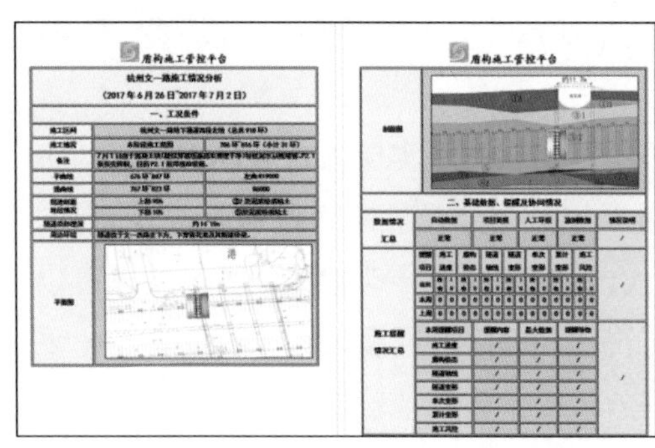

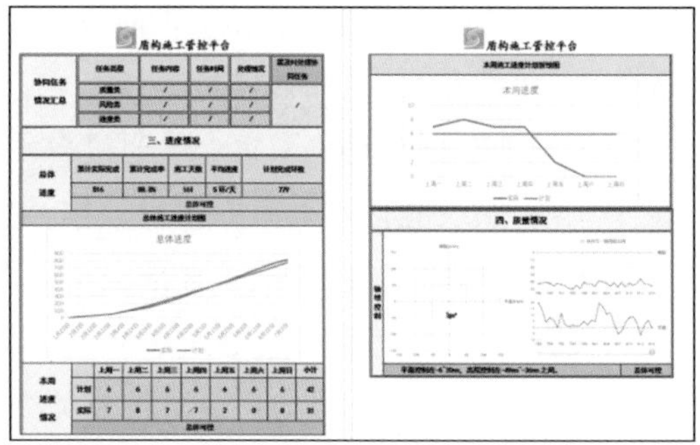

图 6-13　平台报告

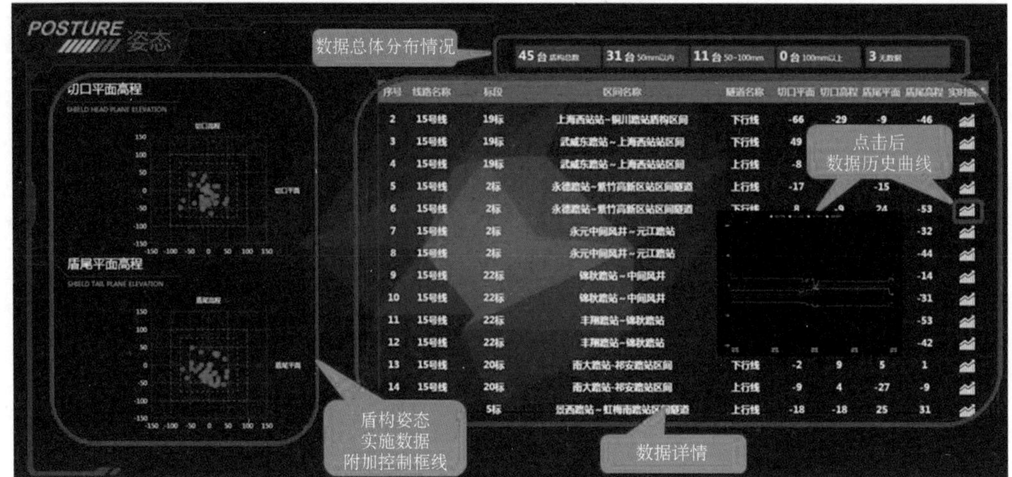

图 6-14　多项目数据统计

6.4.3　多项目施工风险标准化监控

风险监控是指在管理过程中通过风险识别、风险量化和风险控制，合适地采用多种管理方法、技术措施和工具，对施工中所涉及的风险实施有效控制和管理，采取主动行动，尽量最大化风险事件的有利后果，最小化风险事件所带来的不利后果，以最少成本，保证工程施工的安全、可靠地实现项目的总体目标。风险监控的主要内容包括风险识别、风险估计和评价以及风险规划和控制等。

盾构施工远程监控与预警系统采用集中化、标准化的方式，对工程施工中主要风险(如盾构始发、接收，重要穿越施工、联络通道施工)进行了全面管控，给出了主要风险的描述、影像资料以及关注点等(图 6-15)。

精细化管理是通过规则的系统化和细化，以专业化为前提，技术化为保证，数据化为标准，信息化为手段，使组织管理各单元精确、高效、协同和持续运行。其基本原则就是利用科学管理方式对施工个环节进行精确管理，从而降低各施工环节出现事故的可能性。精细化管理同时对管理者责任感提出了更高的要求，管理人员在实际工作中必须履行应

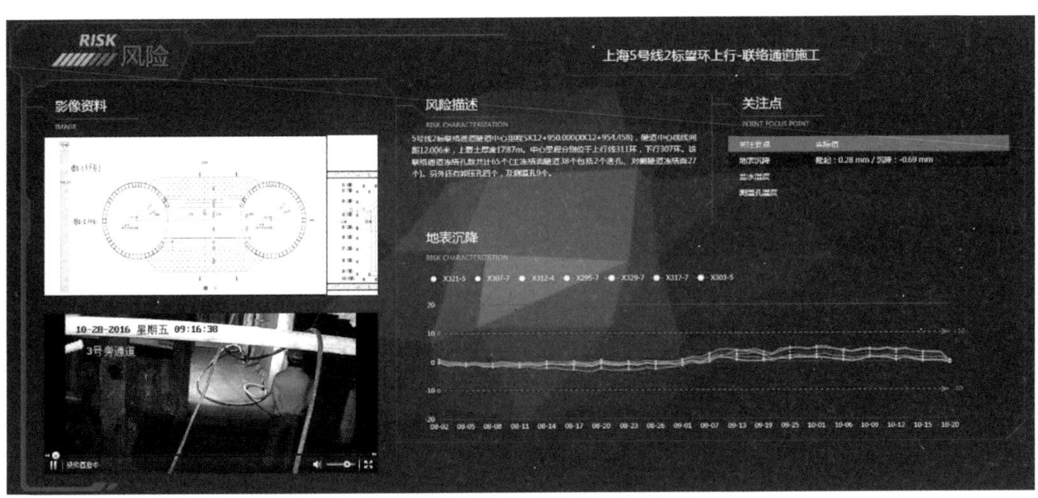

图 6-15 风险标准化监控

尽的义务，确保管理工作具体落实，并且要对施工情况进行实时监控，及时发现可能出现的问题并采取正确的解决方式进行预防。

盾构施工远程监控与预警系统通过建立盾构掘进指令单和反馈单进行精细化远程管控，规范化了指令单中的各类项目，对重点项目盾构掘进进行实时管控(图 6-16)。

施工指令单

编号：001　　日期：2017.06.28

工程名称		文一路项目	工程部位名称	北段区间
工程工序名称		盾构掘进施工		
内容		要求		
1	施工进度	完成+100 环~+105 环的推拼装工作，小计 5 环。		
2	推进速度	平均速度控制在+30mm/min，速度波动范围小于±5mm		
3	平衡压力	按两侧土压力进行控制，要求设定值为 0.15Mpa		
4	总推力	总推力控制在 3000t 以下		
5	扭矩	刀盘扭矩控制在 2800KN.m 以下，超出上限需进行土体改良		
6	土体改良	当扭矩超限时，先采用注水的方式进行改良，超限 20%采用泡沫		
7	同步注浆	每环注浆量控制在 2.8 方（150%左右）		
8	盾尾油脂	盾尾油脂每环压住量控制在 30KG		
9	出渣控制	观察出土情况，土质性质有变化及时反馈		
10	盾构姿态控制	目前进入右曲线施工，每环原则纠偏量需达到 30mm。		
11	隧道轴线控制	平面控制在+30mm，高程控制在-20mm 为宜		
12	管片选型控制	+100 采用直线管片，后连续四环采用右曲管片。		
13	超前量控制	即将进入下坡，需抓紧制作上超管片，每环增帖 5mm 楔子。		

其他重要事宜：

1、详述管片拼装质量。

2、详述管片渗漏水情况

3、加强同步注浆坍落度检测，每车浆液必须做试验，不符合要求的，禁止使用。

项目管控组：__________

施工情况反馈单

编号：001　　日期：2017.06.28

工程名称		文一路项目	工程部位名称	北段区间
工程工序名称		盾构掘进施工		
内容		执行情况		备注
1	施工进度	按要求按成+100~105 环施工		正常
2	推进速度	推进速度控制正常		正常
3	平衡压力	波动范围较大，设定 0.15Mpa，波动约±0.05Mpa		异常
4	总推力	总推力总体稳定		正常
5	扭矩	扭矩波动较大，建议实施土体改良		异常
6	土体改良	加水方式改良效果不理想，建议使用泡沫		异常
7	同步注浆	每环注浆量约达 2.9 方		正常
8	盾尾油脂	每环油脂注入量达 35Kg		正常
9	出渣控制	无明显变化		正常
10	盾构姿态控制	可按要求进行纠偏		正常
11	隧道轴线控制	可按要求进行纠偏		正常
12	管片选型控制	以按要求落实		正常
13	超前量控制	以采用 5mm 楔子		正常

其他重要事宜：

1、100 环拼装时，L 块与 B 块连接处约有 30cm 裂缝；105 环拼装时，盾尾下部间隙较小，约只有 5mm。

2、102 环 F 块与 L 块连接处有滴落现象。

3、注浆试验结果全部符合要求，坍落度均控制在 14~15cm 左右。

项目部：__________

图 6-16 施工指令单和反馈单

6.4.4 风险重点关注

盾构施工过程中常见的风险有坍塌、渗漏、沉降、洪灾、水灾、火灾和机械伤害等，这些风险可以单独存在或者相互关联，可以单独发生质量事故，有些风险亦可直接酿成安全生产事故。对于每一个工程项目，系统为项目配置关键数据监控页面，将信息进行整合，数据直观展示，提高项目管理的效率，有利于及时发现项目的风险，并采取有效的措施，避免工程事故的发生(图 6-17)。

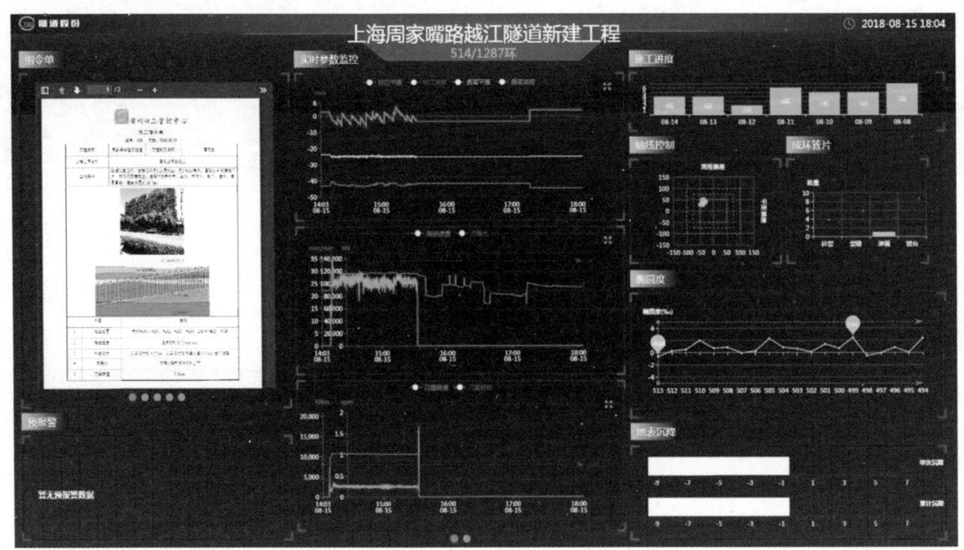

图 6-17　单项目专项定制

6.4.5 施工情况排名推送机制

为确保工程施工进度，系统对工程项目数据完整度情况、施工情况(施工进度、隧道轴线、隧道变形、环境变形等)进行统计分析，提供各项目、各施工企业的对比标准与排名，以期促进工程建设的顺利开展(图 6-18)。

图 6-18　项目的不同施工情况排名对比

在盾构施工的过程中，安全、质量与进度是最为关注的几个要素。如何摆正这些要素的位置、厘清之间的相互关系，理所当然地成为管理中的关键性命题。对于施工企业来说，最关心的自然是效益，而质量和进度是获得效益的直接保证；业主最关心质量，对于工程进度也有量化的要求；安全则与现场施工人员的切身利益密切相关。系统通过建立数据预报警机制，确定进度、质量、风险三大类指标，对指标进行合理分级，并根据数据分级情况制订详细的数据推送流程，协助管理人员掌控工程施工情况等各项情况(图 6-19)。

上海轨道交通盾构施工管控中心

施工数据分级及上报设定

报警类型	报警项目	等级	提示	关注	重视	严重（超标）		上报对象
			V	IV	III	II	I	
质量类	隧道轴线	管平（mm）	50~70	70~85	85~100	100~150	>150	1级
		管高（mm）	50~70	70~85	85~100	100~150	>150	1级
	隧道质量	椭圆度	±2%D	±2%D	±2.5%D	±3%D	±5%D	2级
		碎裂（每百环的数量）	3	4	5	6	7	2级
		裂缝（每百环的数量）	3	4	5	6	7	2级
		渗漏（每百环的数量）	3	4	5	6	7	2级
		碎裂+渗漏（每百环的数量）	7	8	9	10	15	2级
		错台（每百环的数量）	3	4	5	6	7	2级
	盾构姿态	切平（mm）	50~70	70~85	85~100	100~150	>150	3级
		尾平（mm）	50~70	70~85	85~100	100~150	>150	3级
		切高（mm）	50~70	70~85	85~100	100~150	>150	3级
		尾高（mm）	50~70	70~85	85~100	100~150	>150	3级
	过程参数	同步注浆	<110%or>230%	<110%or>230%	<100%or>250%	/	/	4级
		土仓压力实际值（Bar）差值	0.3	0.4	0.5	/	/	4级
		扭矩（额定扭矩）	0.65	0.7	0.75	0.8	0.9	4级
		总推力（额定推力）	0.65	0.7	0.75	0.8	0.9	4级
		盾尾油脂压注量	15kg	10kg	/	/	/	4级
风险类	建（构）筑物变形	运营隧道沉降	3.5mm	4mm	4.5mm	5mm	10mm	1级
		保护建筑物	10mm	15mm	18mm	20mm	30mm	1级
		居民房屋	10mm	15mm	18mm	20mm	30mm	2级
		地下管线	10mm	15mm	18mm	20mm	30mm	3级
	地面沉降	累计最大沉降（mm）	15mm	20mm	25mm	30mm	100mm	2级
		累计隆起（mm）	5mm	7mm	8mm	10mm	20mm	2级
		地层损失率	5%	7%	8%	10%	15%	2级
		单次变形（mm）	±1.5mm	±2mm	±2.5mm	±3mm	±5mm	3级
进度类	施工进度	超环施工	大于12	大于12	大于12	大于12	/	2级
		暂停施工	连续2天0环	连续3天0环	连续7天0环	连续10天0环	连续15天0环	2级

图 6-19　分级预报预警

6.4.6　盾构机全生命周期管理

全生命周期管理是指管理产品从需求、规划、设计生产、经销、运行、使用、维修保养直到回收再用处置的全生命过程。系统将原先复杂、繁琐的管理流程、过程信息、养维护等工作进行归类整合，真正实现盾构机设备的全生命管理效果(图 6-20)。实现移动化的盾构监控、程序化的管理流程、标准化的过程维保、信息化的备件管控以及智能化的报警管理。

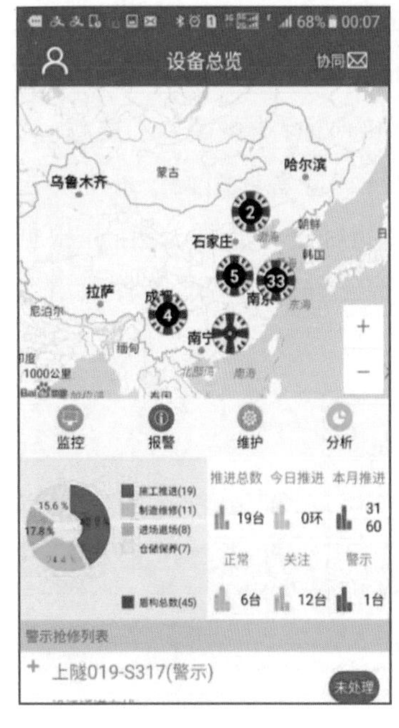

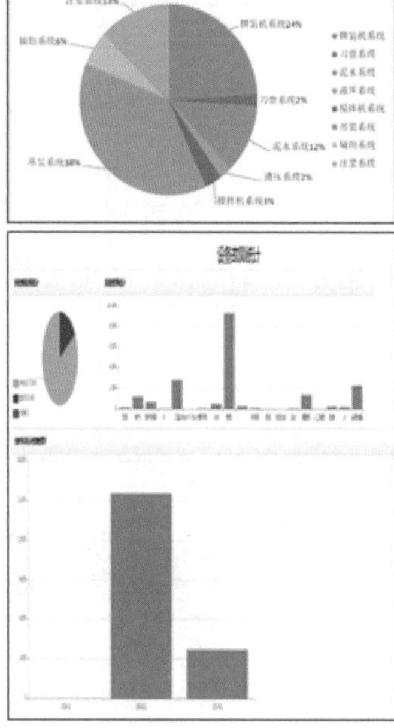

图 6-20　盾构机及设备故障统计

6.5　运营地下结构远程监控与预警系统

地下结构远程监控与预警系统功能包含自动化监测数据采集、保护区监测数据管理、运维监测数据管理、监测信息在线发布浏览、监测安全评价以及地下工程运营安全监控中心等模块。以地铁运营系统为例，该系统实现了地铁监护测量业务相关的集成发布，涵盖了地铁保护区相邻影响监护测量、长期监护测量、地铁沿线地面标高测量等业务，将上述业务的变形监测成果、施工相关信息、空间位置分布等相关内容集成到一个平台。

6.5.1　自动化监测设备集成

与地下工程施工期监测系统不同，运维期系统环境实施条件较好，自动化设备的保护难度较小，主要问题是解决地下结构不同变形指标监控设备的集成问题。一般可采用智能工控机设备与 WebSocket 协议，统一接口实现标准化接入，可以兼容结构沉降、收敛、位移、倾斜等形变多源传感器。以地铁隧道结构为例，目前可接入的设备包括静力水准、激光测距仪、倾角计、电子水平尺、全站仪和裂缝计 6 种传感器。由于每种监测设备的精确度有所不同，可以根据现场实际情况选择合适的监测设备。系统可以实时地进行自动化数据采集，自动化监测的项目可以通过系统对自动化设备下达实时采集指令并获取测量结果，用户可以根据自身的需要进行点位配置、设置自动化测量计划、下载自动化测量历史数据等，也可通过移动终端进行实时监控，以满足地下工程监控及时性要求。图 6-21 为隧道变形自动化采集示意图。图 6-22 和图 6-23 是同期人工与自动化监测数据对比，从图中可以得知：自动化监测和人工监测的数据比较吻合。

图 6-21 隧道变形自动化采集示意图

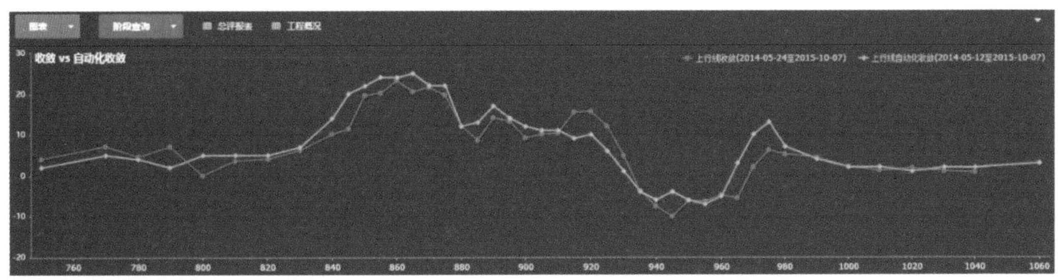

图 6-22 同期人工与自动化监测数据对比（上行线）

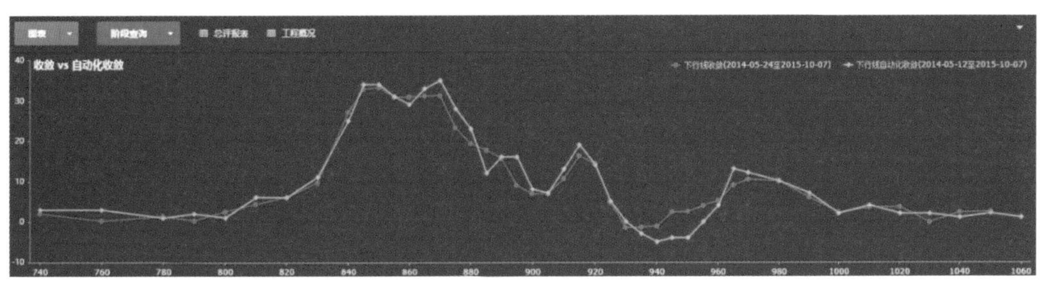

图 6-23 同期人工与自动化监测数据对比（下行线）

6.5.2 保护区监测数据管理

重要地下工程结构设施往往设立保护区范围。在保护区范围内各项施工活动对运行结构的影响都需要严密监控。运维期系统可提供保护区内施工项目的基本信息查询，包括现场施工工况、周边建筑，监测点布设位置（图 6-24），有条件时还可集成地面低空遥感影像数据（图 6-25），以直观了解布点位置与工程区域的位置对应关系，有助于进一步的数据分析。

图 6-24　监测点布置图

图 6-25　低空遥感影像

如图 6-26 所示，系统应满足各类监测数据的查询与管理的需求，包括监测内容查询、按时间查询、按单点查询、混合查询和所有测项汇总查询，并提供日历查询、对比查询和短时间查询三类高级查询：①日历查询可以实现按工况时间查询最近一次监测数据；②对比查询可以实现两个不同测向数据之间的对比查看；③短时间查询可以实现某一个短时间内的若干期数据的快速查询。系统可显示工程工况列表、文字以及照片描述，提供历史工况的回溯和任意工况节点之间的变形查询。

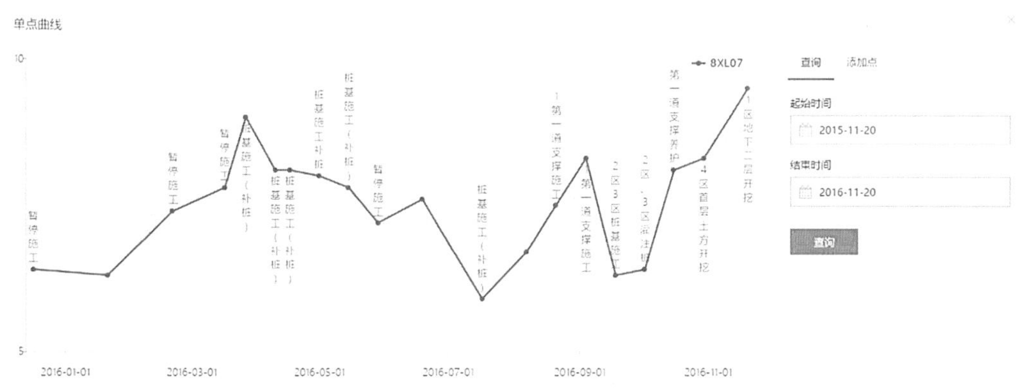

(a) 单点历时变化曲线查询

(b) 多点历时变化曲线查询

图 6-26　不同方式的监测数据查询方式

6.5.3　运维监测数据管理

该系统提供了长期直径收敛测量(图 6-27)与沉降测量(图 6-28)数据管理功能，可以查询全线的沉降与收敛统计。统计形式分两种，即“设计值查询”与“阶段值查询”，统计内容包含区间详情、最大值/最小值、平均值以及环数。对于沉降曲线，还提供曲率变径、累计变形及差异沉降的曲线分析功能。

图 6-27　长期收敛统计

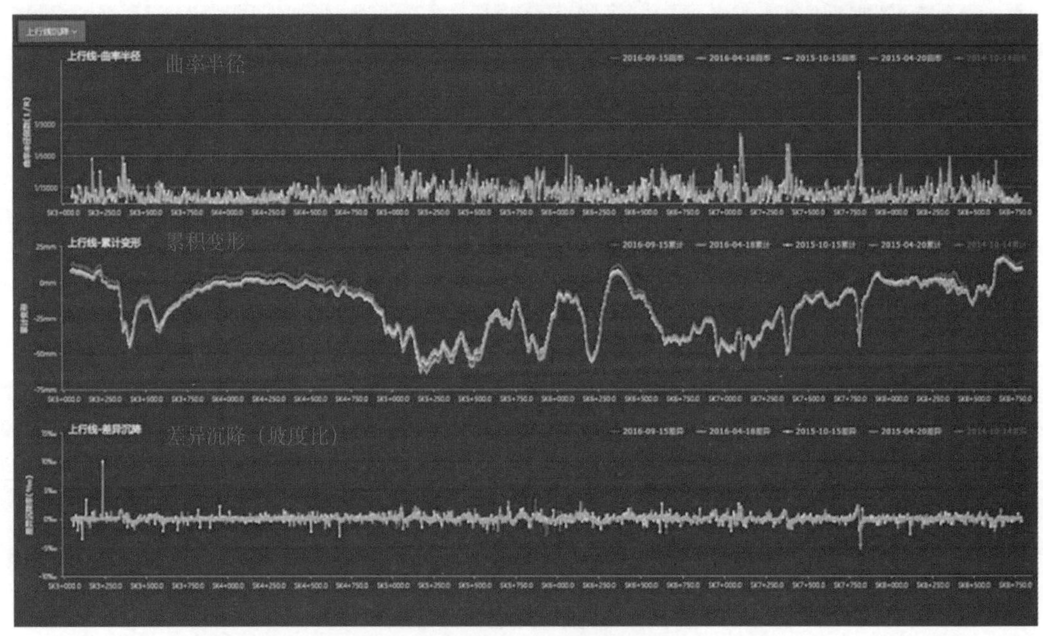

图 6-28　长期沉降监测数据分析

6.5.4　三维激光扫描影像数据管理

近年来，大量监护监测单位引进三维激光扫描设备，大力发展扫描测量技术，产生了海量的结构内壁影像数据。为发挥影像数据在表征结构附属设施、病害方面的作用，管理系统应兼容三维激光扫描测量成果数据格式，在线管理扫描测量成果，显示工程对应区域的隧道内壁高分辨率扫描影像，并支持环号、病害、附属设施等属性的标注，对比查看不同期段的影像图，如图 6-29 所示。

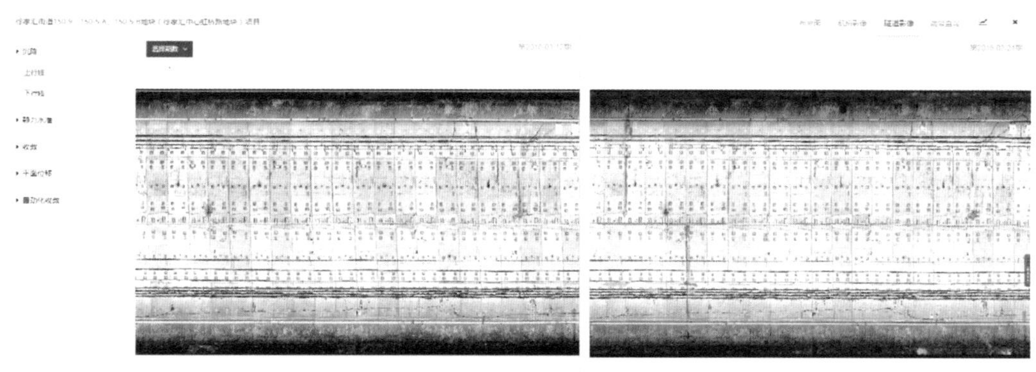

(a) 多期扫描影像对比

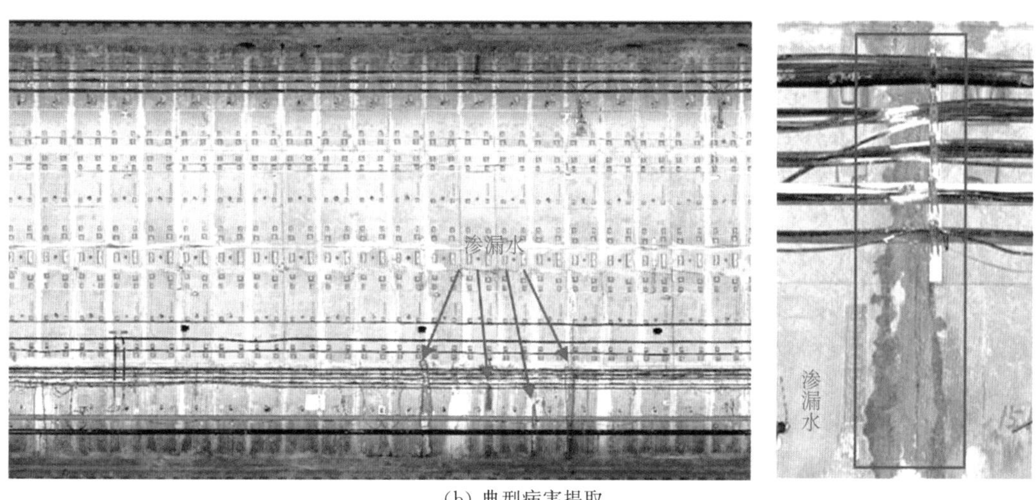

(b) 典型病害提取

图 6-29　地铁隧道三维激光扫描影像数据管理

6.5.5　监测风险评估

安全评估是指对一个具有特定功能的系统中固有的或潜在的危险及其严重程度所进行的分析与评估，并以既定指数、等级或概率值作出定量的表示，最后根据定量值的大小决定采取预防或防护对策，以达到工程、系统安全的过程。监测风险评估则是对监测过程中可能遇到的危险进行评价，并根据评价结果采取相应的措施，使得工程项目可以顺利地进行。

基于监测数据的统计分析，系统采用属性识别等评价方法对隧道结构进行安全评估，如图 6-30 所示，并通过在线工程风险管理的方式，以文字、图片、链接等形式进行评价、修改和推送，并支持历史评价信息的回溯，用户可以根据需要对相关信息进行新增、查看、编辑、删除等评价操作，如图 6-31 所示。

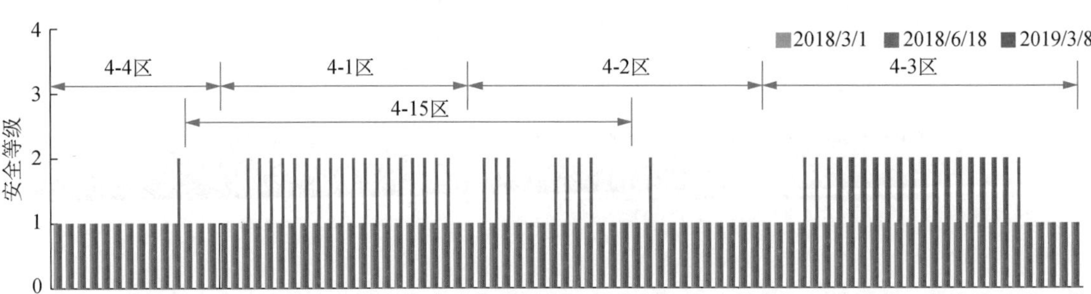

图 6-30　隧道安全评估

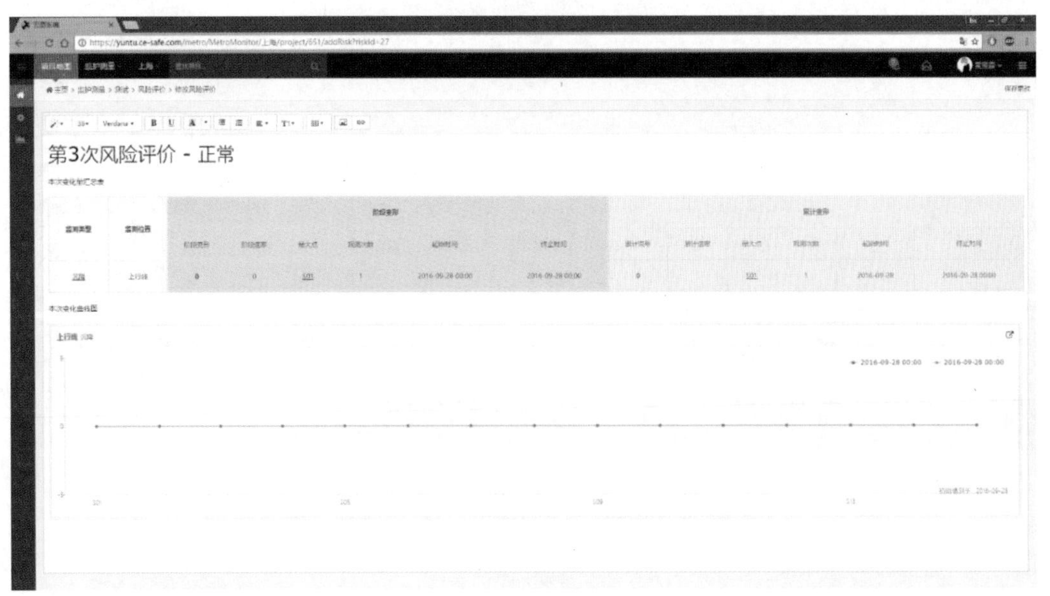

图 6-31　风险评价

6.5.6　监测信息在线发布

运维期在线发布网站如图 6-32 所示。运维管理单位可通过 GIS 地图查看各类项目监测成果及有关工程文档、项目信息、监测数据、工程文档、图表分析结果等。同时可通过移动终端 App，随时随地查询与网页端系统一致的监测数据，获取监测报警、风险评估信息，通过移动终端摄像头功能拍照记录现场巡检情况，如图 6-33 所示，达到运维监测移动化信息管理的要求。

图 6-32　Web 端系统监测信息发布界面

图 6-33　移动端 App 监测信息发布界面

6.5.7　运营地下结构安全监控中心

以地铁运营安全管理为例，地下工程运营安全监控中心可通过"一张图"管控全网络项目，可以查看不同等级监护项目的分布，分为特级、一级、二级和三级。同时可以快速查看重点监护的项目，查询项目监测点的状态、自动化监测数据、工程活动情况，多方面了解监测点的安全状态，以便采取合理的措施(图 6-34)。

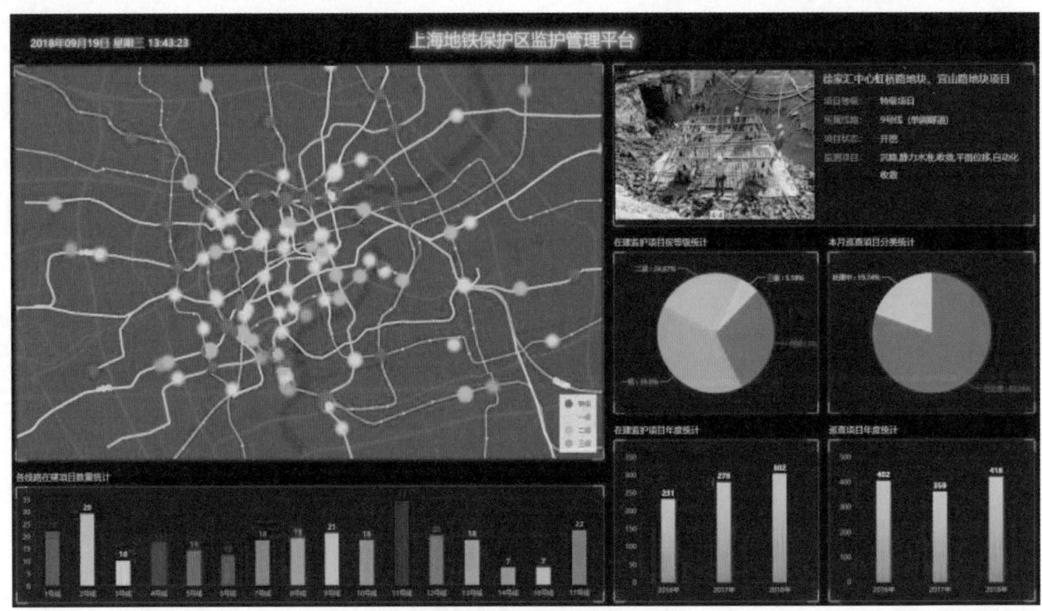

图 6-34　上海地铁运维监控中心大屏系统

7

地下工程监测检测技术发展趋势与展望

7.1 地下工程面临的挑战

7.1.1 深层地下空间开发

随着我国经济发展进入新阶段，城市面临着空间资源瓶颈约束，地下空间开发利用规模不断扩大，逐步呈现向深部开发、平面网络化拓展的态势。伴随地下空间开发向深层发展和延伸，涌现了大量超深超大基坑、超长距离隧道、超近工程，例如，上海苏州河深层排水调蓄管道系统工程工作井挖深约 58 m，地下连续墙深度达 105 m；上海浦西标志性建筑徐家汇中心，主楼高 370 m，基坑最大挖深达 34.5 m，且紧邻地铁 9 号线、11 号线，最近处离地铁 11 号线车站仅一墙之隔，在地铁 9 号线隧道正上方 1 m 处卸载。地下工程开发建设及运维的大量工程经验积累在中浅层地下空间，此类深、大、近、长的地下工程经验欠缺，特别是深层地下空间，面临着水土参数不确定性大、中浅层设计理论不适用、传统监测检测技术精度及效率难以满足工程要求等一系列技术难题，工程建设和运维风险极高。因此，迫切需要监测检测技术的升级和革新，精准、快速、实时感知深层水土和地下结构的变形、病害等信息，实现地下空间开发安全风险实时预警。

7.1.2 工程相互影响愈加复杂

为充分利用土地资源，拓展新的发展空间，地下空间也逐步向横向网络化发展，随之出现了越来越多距离近、相邻影响愈加复杂的地下工程，如上海市昌邑路地铁车站工程，涉及东西通道、地铁 14 号线、地铁 18 号线及江浦路隧道四个市重大工程叠加，共计地下五层结构，基坑最大开挖深度超过 35 m，工程设计、施工安全控制等级极高，测试难度极大。针对此类复杂重大工程本体和周边敏感环境，全过程、全覆盖、远程自动化测试数据采集、信息动态分析评估、实时智能预警等相关技术必不可少。

7.1.3 测试精度要求更高

为适应当前地下空间建设及城市精细化建设管理的高要求，现有测试技术尚不能满足工程应用需求，未来在地下工程测试技术领域值得关注、重点研究和应用的技术发展方向如下。

(1) 新型传感原理创新和测试传感器开发。例如，基于 MEMS 工艺的集成多参数传感器、耐高温压力传感器、光纤传感器等。传感器是测试技术的核心，对于基坑开挖深度超过 50～60 m、紧邻地铁隧道或敏感建筑，以及长距离盾构隧道工程的测试检测中，传统的测试技术在测试精度、稳定性、效率等方面显现出明显不足。随着微机电系统、集成电路、无线通信等技术的发展和成熟，以及传感器的信息获取技术从单一化逐渐向集成化、微型化和网络化发展，将有利于地下工程测试技术水平的升级和进步。

（2）更高效、经济的测试技术手段。地下空间开发在深度和水平范围上的拓展，带来成本的成倍增长，当前地下工程测试技术由人工向自动化测试发展，大量测试系统、装备正处在研发阶段，距离批量生产、工程化推广应用尚有距离，相应地，测试成本仍比较高。随着远程自动化采集、传输，系统自动处理，统计分析和综合分析评估等技术的成熟和完善，再融合大数据分析、人工智能等技术，将改变传统测试技术服务模式，节约大量人力成本，对推动行业高质量发展，节约社会资源具有重要意义。

7.2 地下工程监测检测技术发展趋势

7.2.1 微型化、低功耗、自动化、集成化的监测传感器

传感器是工程测试技术的“眼睛”，可将结构响应的物理量转化为可供采集、传输、分析的物理信号，直接决定了测试技术的准确性和可靠性。与地下工程测试技术发展相适应的，是现代传感器技术的进步，笔者认为工程监测传感器技术发展趋势可以分析概括为以下几个方面。

一是微型化传感器研发。微机电系统（MEMS）技术的进步带动着微型传感器技术的发展，通过微小尺寸的敏感元件设计，缩小传感器尺寸，实现体积小、重量轻等目标。针对复杂地下工程有限的测试空间，微型化传感器将有利于缩小布设间距，增加数据采集密度，提升工程测试精度。

二是低功耗传感器设计。无论在建设期还是运营期，地下工程监测都是一项持久工作，甚至希望在工程建设阶段埋设可监测工程全生命周期的传感器，这要求传感器有更长的使用寿命。低功耗、耐久性传感器的设计和应用，有助于延长传感器寿命，实现地下工程长期监测。

三是自动化传感器设计。当前地下工程已实现了初步的自动化监测，随着5G时代的到来以及物联网技术的发展，自动化传感器必将迎来一场升级，数据自动采集、无线传输、处理分析等环节效率将会大幅度提升。

四是集成化、组合式传感器研发。地下工程测试传感器布设空间有限，每个传感器只采集一个测项信息会严重影响测试数据采集效率。伴随技术的集成化趋势，传感器逐步走向组合式、模块化，通过将多类型传感器组合为一个采集模块，一次布设即可采集多种信息，将极大提升数据采集效率，加速地下工程测试自动化进程。

7.2.2 无损检测新设备与新技术

无损检测技术与传统有损检测技术相比，具有无损性、高效率、高精度等明显优势，特

别是随着地下空间开发进程推进，为避免结构检测时的二次损伤，有损检测技术越来越难以实施，无损检测技术已成为工程中不可替代的重要技术手段。

随着科学技术水平及仪器设备性能的不断提升，无损检测新方法技术、新设备层出不穷。其中，天然源面波探测技术是近年来发展形成的一种探测新技术，该方法利用由自然界和人类活动产生的微动信号，不受电磁及噪声干扰影响，探测深度大，已初步应用于国内工程勘探领域，有力补充了传统工程勘察技术。该技术具有无损、经济、高效等特点，优越性显著，是一种很有前景的新技术。

此外，还有以阵列式超声波仪器、多频率组合地质雷达法、可控源震源及超磁震源等新震源技术等为代表的无损检测新设备、新技术，在抗干扰能力、检测精度、检测效率等方面表现突出，未来将极大地提升无损检测技术解决超深地下工程问题的能力。

7.2.3 智能化监测与检测技术

人工智能技术已被提升到国家战略高度，在智能机器人、语音识别、图像识别等领域取得了显著的成效。得益于近年来互联网中海量数据的积累及硬件计算能力的长足进步，大数据挖掘在算法准确性和可靠性上产生了巨大突破。然而针对土木工程应用场景，人工智能与大数据分析技术研究应用刚刚起步，尤其是地下空间领域的拓展应用尚处于探索阶段，有大量问题需要探索和破解。

地下工程从建设期到运维期，会产生海量的多源数据，随着新一代信息技术高速发展，基于互联网、物联网、云计算、GIS、BIM 等新技术，高效集成地下空间多源信息，构建可视化大数据平台，实现信息互联应用已成为当前地下工程智能化测试技术发展的主流方向。在此基础上，融合大数据分析、人工智能算法，构建地下工程知识图谱，实现深度特征分析、精准预测及智能预警，将极大地提升地下工程智能风险管控能级。

名词索引
NOUN INDEX

参考文献
REFERENCES

[1] 方瑾.混凝土无损检测常用方法综述[J].安徽建筑,2011,18(6):175-177.

[2] 葛纪坤,王升阳.三维激光扫描监测基坑变形分析[J].测绘科学,2014,39(7):62-66.

[3] 李民,柳杨,汪海平.监测自动化的发展及网络技术对其的影响[J].中国农村水电及电气化,2005(2):52-54.

[4] 宋兵,徐明江.孔内摄像法在混凝土灌注桩桩身质量检测方面的应用[J].广州建筑,2016,44(1):29-32.

[5] 吕林.孔内摄像技术和钻芯法在基桩检测中的综合应用[J].建筑监督检测与造价,2013,6(3):17-19.

[6] 马强,李玉锋,王明明.地下工程中的几种无损检测技术[J].现代矿业,2010,26(4):122-125.

[7] 刘超.层状不均匀介质中弹性波的传播特性及其在岩土工程检测中的应用[D].上海:上海交通大学,2013.

[8] 沈斌.盾构姿态实时监控原理与方法[C]//上海隧道工程股份有限公司.大直径隧道与城市轨道交通工程技术——2005上海国际隧道工程研讨会文集.上海隧道工程股份有限公司:上海市土木工程学会,2005:618-624.

[9] 钟长平,米晋生,竺维彬,等.精细化管理在盾构施工中的应用[J].广东土木与建筑,2011,18(5):57-60.